国家骨干高职院校建设系列教材

工程地质与土力学

主　编：李洪涛
副主编：杨振生　伊欣琳　程　爽
主　审：张英才

中国铁道出版社有限公司

2023年·北京

内 容 简 介

本书是国家骨干高等职业院校建设成果教材之一。本书包括工程地质和土力学两大部分，全书共分为九个单元，主要介绍工程岩石、地质构造对铁道工程的影响分析、自然地质作用对铁道工程的影响分析、铁道工程中土的基本知识、铁道工程中土的渗透理论及应用、铁道工程中土的变形理论及应用、铁道工程中土的强度理论及应用、铁道工程中土压力理论及应用、特殊性土。本书注重应用，结合工程实际和教学实践，以培养生产第一线技术应用型人才为目标，在介结工程地质与土力学知识的同时，融合了土木工程施工岗位所需要的基础理论知识和专业知识，针对性强，实用性强。

本书可作为高职高专院校土木工程类专业的教学用书，也可供土木工程技术及管理人员参考使用。

图书在版编目(CIP)数据

工程地质与土力学/李洪涛主编．—北京：中国铁道出版社，2014.7(2023.1 重印)
国家骨干高职院校建设系列教材
ISBN 978-7-113-18910-5

Ⅰ.①工… Ⅱ.①李… Ⅲ.①工程地质－高等职业教育－教材 ②土力学－高等职业教育－教材 Ⅳ.①P642②TU43

中国版本图书馆 CIP 数据核字(2014)第 151345 号

书　　名：国家骨干高职院校建设系列教材
工程地质与土力学
作　　者：李洪涛

责任编辑：张卫晓　**编辑部电话：**010-51873193　**电子信箱：**zhxiao23@163.com
封面设计：郑春鹏
责任校对：龚长江
责任印制：樊启鹏

出版发行：中国铁道出版社有限公司(100054，北京市西城区右安门西街 8 号)
网　　址：http://www.tdpress.com
印　　刷：三河市宏盛印务有限公司
版　　次：2014 年 7 月第 1 版　2023 年 1 月第 6 次印刷
开　　本：787 mm×1 092 mm　1/16　印张：16.5　字数：408 千
书　　号：ISBN 978-7-113-18910-5
定　　价：43.00 元

前　言

本教材是高职高专高速铁道技术专业规划教材之一。

本教材根据教育部高职高专教学基本要求，以及应国家骨干院校教育教学水平的要求，在“高职高专工程地质与土力学课程教学大纲”基础上进行了修订，并结合兰新高铁、沪昆高铁等施工现场地质处理编写而成。在内容上，根据新发布的高速铁路相关规范，采用最新的数据资料，增加了近年发展起来的新技术、新工艺、新知识。

书中重点阐述了铁路中常见的地质问题、工程处理措施及土的强度、变形和渗透的计算方法。对学生将来走上工作岗位，尽快融入工作奠定基础。从岗位能力的需求方面来考虑，作为未来的铁道工程技术技能人才，需掌握工程地质与土力学理论知识和应用能力；从素质目标上考虑，力求使学生养成严谨求实的工作作用，使学生具备一定的协调和组织能力。所以本教材也是培养各种岗位能力和素质的敲门砖。

教材编写组长期从事工程地质和土力学方面的教学、科研、施工工作，既有教学经验，又有工程实践经验，对工程地质及土力学理论及其在铁道、地铁等轨道交通工程中的应用性和实践性有较深入的认识和研究。本书编写分工如下：李洪涛编写绪论、单元 1、单元 2、单元 8；杨振生编写单元 4、单元 9；伊欣琳编写单元 5、单元 7；程爽编写单元 3、单元 6。中铁三局集团教授级高级工程师张英才作为教材的主审。

本书在编写过程中参考、引用了铁路工程、高速铁路相关书籍和资料，在此对其编者一并表示衷心的感谢。

由于编者水平有限，难免有疏漏之处，敬请读者给予指正。

编者

2014 年 3 月

目　录

绪　论 …… 1

单元 1　工程岩石 …… 7

学习项目 1　造岩矿物的认识与鉴定 …… 7
学习项目 2　工程岩石的认识与鉴定 …… 11
学习项目 3　工程岩石的物理力学性质 …… 22

单元 2　地质构造对铁道工程的影响分析 …… 28

学习项目 1　认识地质年代 …… 28
学习项目 2　常见地质构造的认识与工程评价 …… 32
学习项目 3　地震对铁道工程建设的影响分析 …… 40

单元 3　自然地质作用对铁路工程的影响分析 …… 46

学习项目 1　风化作用 …… 46
学习项目 2　水的地质作用 …… 52
学习项目 3　岩溶作用 …… 70
学习项目 4　自然地质灾害 …… 76

单元 4　铁道工程中土的基本认识 …… 94

学习项目 1　土的组成 …… 94
学习项目 2　土的物理性质指标和物理状态指标 …… 99
学习项目 3　土的工程分类 …… 110
学习项目 4　土中的应力 …… 113

单元 5　铁道工程中土的渗透理论及应用 …… 127

学习项目 1　土的渗透原理 …… 127
学习项目 2　渗透力与渗透变形破坏 …… 133
学习项目 3　渗透变形的防治 …… 137

单元 6　铁道工程中土的变形理论及应用 …… 143

学习项目 1　土的压缩原理 …… 143
学习项目 2　地基的沉降计算 …… 155
学习项目 3　铁路地基沉降的防治 …… 167

单元 7　铁道工程中土的强度理论及应用 …… 172

学习项目 1　抗剪强度理论 …… 172
学习项目 2　抗剪强度指标的确定 …… 178
学习项目 3　地基破坏型式 …… 185
学习项目 4　地基承载力的确定 …… 188

单元 8　铁道工程中土压力理论及应用 …… 201

学习项目 1　土压力的基本认识 …… 201
学习项目 2　常用的土压力理论 …… 204
学习项目 3　特殊情况下的主动土压力计算 …… 211
学习项目 4　挡土墙的设计 …… 217

单元 9　特殊性土 …… 226

学习项目 1　软　　土 …… 226
学习项目 2　黄　　土 …… 231
学习项目 3　膨 胀 土 …… 238
学习项目 4　盐 渍 土 …… 244
学习项目 5　冻　　土 …… 249

参考文献 …… 256

绪　　论

工程地质与土力学是研究地表及一定深度范围内岩石和土的工程性质的一门学科，它实际是不同性质、不同研究方法、不同研究对象的两门学科。工程地质学是从地质学科发展而来的一门新兴学科，主要研究与工程建设有关的地质问题的学科。工程地质学可分为工程岩土学、工程动力地质学、工程勘察、区域工程地质学等分支学科。土力学是主要研究土的物理力学性质和土的渗透、变形、强度、稳定特性的一门学科。土力学是力学的一个分支，它的研究领域很广，现在已经形成很多分支，如土动力学、计算土力学、海洋土力学、冻土力学等。

工程地质与土力学虽各属不同学科范畴，但彼此间关系十分密切。随着科学的不断发展，这两门学科的相互结合已成为必然的发展趋势。地质学需吸取土力学中运用数学、力学等最新理论去研究土的工程地质性质的本质；土力学将吸取地质学从成因及微观结构等认识土的性质本质的研究成果去研究与工程建筑有关的土的应力、应变、强度和稳定性等力学问题。本课程把它们结合在一起就是顺应了科学发展的这种趋势，实现完整性和系统性，也能更好地解决实际工程中有关土的问题。

（一）工程地质学

工程地质学是介于工程学与地质学之间的一门边缘交叉学科，它研究土木工程中的地质问题，也就是研究在工程建筑设计、施工和运营的实施过程中合理地处理和正确地使用自然地质条件和改造不良地质条件等地质问题。工程地质学是为了解决地质条件与人类工程活动之间矛盾的一门实用性很强的学科。

地质环境对工程活动有制约作用，即地质条件以一定的作用方式影响工程建设。如：地震、软土地基、岩溶洞穴、滑坡、崩塌。而人类的工程活动又反作用于地质环境，如：大量抽取地下水引起地面沉降、海水入侵、水库修建诱发地震、人工开挖引起边坡破坏等。

1. 研究对象

在工程地质学中由于地质因素对工程建筑的利用和改造有影响，因而把这些地质因素综合称为工程地质条件，建筑场地及其邻近地区的地形地貌、地层岩性、地质构造、水文地质、自然地质作用与现象等都是工程地质条件所包含的因素。工程地质条件因地而异，千变万化。

平原地区与山区的工程地质条件就差异很大。如：在平原地区，一般上层较厚，且简单和均匀。如图 0-1 所示，建筑物的基础下为厚层平卧的黏性土层。对于工程地质的任务来说，须查明土层的分布、厚度、均匀性和其物理力学性质以及地下水等的工程地质条件，并评估地基承载能力和建筑物沉降量以及土体被挤出的可能性。这是地质条件最简单的场址勘察需求。对于山区的建筑场址，地质条件就比较复杂。如图 0-2 所示，在该场址的地质条件下，将会出现如下三个问题：

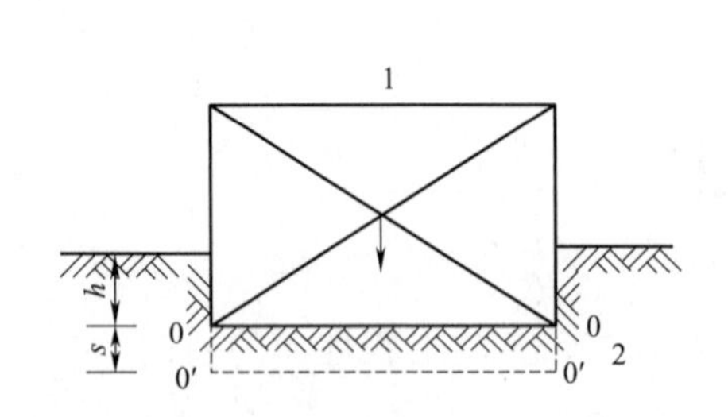

图 0-1　简单地质条件的地基

h—基坑深度；s—建筑物沉降量；1—建筑物；2—黏土层

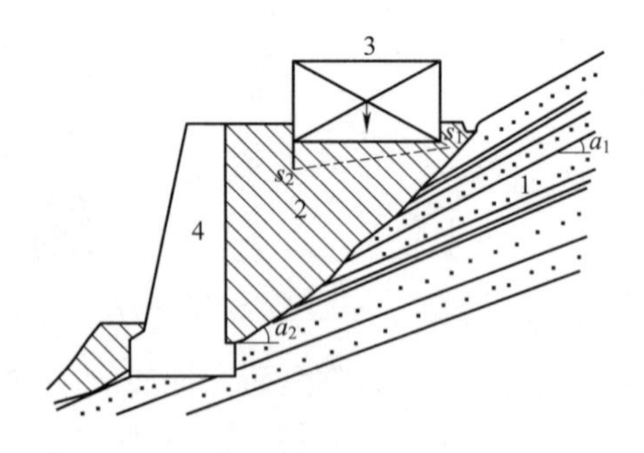

图 0-2　斜坡上建筑的稳定分析图

1—砂页岩；2—坡残积黏土；3—建筑物；4—挡土墙

(1)建筑物基础的不均匀沉降问题；

(2)黏土层在基岩面上的稳定问题；

(3)基岩滑坡问题。

从上两例中可见，平原地区与山区的地质条件不同，会产生各种地质灾害，它将会危及建筑物的安全。

2. 研究目的

阐明工程地质条件，指出对建筑物有利和不利的因素，论证存在的工程地质问题。定性与定量的对有关问题进行评价；选择良好的建筑场地，并根据场地条件，对建筑物配置提出建议；研究兴建后的建筑物对地质环境的影响，预测发展趋势，提出保护的对策；拟定改善和防止不良地质作用的措施方案。

修建一条能满足政治、国防及国民经济高速度发展所要求的高质量的铁路，取决于多方面的因素，但是当一条铁路走向和技术条件确定之后，地质条件就成为设计线路位置和线路上各种建筑物，如车站、桥梁、隧道、路基等的决定性因素之一。工程地质条件的认识程度和掌握的水平，在很大程度上决定着线路设计的质量和施工方案的合理性。如果工程地质勘测工作做得仔细，工程地质条件掌握得透彻，即使工程地质条件较为复杂，也能建成高质量的铁路。反之，如果勘测工作做得不足，没有如实地掌握客观的工程地质资料，即使在工程地质条件比较简单的地段，有时也会发生问题。

工程经验需要一个积累过程。我国在新中国成立初期修建的几条山区铁路，限于当时的设计水平和对工程地质条件认识不足，致使线路的个别地段质量不高，给施工和运营带来了困难。

案例一：宝成铁路乐素河至高谭子车站，现通车线位于嘉陵江右岸。由吴家隧道南口至高谭子隧道北口，这一段线路长约 11 km。线路平纵断面很不平顺(图 0-3)。原设计有隧道 5 座，共长 1 414 m。在施工过程时，由于地质条件不良，多处边坡发生崩塌或滑动，不得不增加明洞或接长隧道共 21 座，长 1 700 m。这样既增加了国家投资又延长了工期。如果定线设计时，不走江右岸现在通车线，而走江左岸研究比较线，既从吴家隧道南口改走江左岸，分别以 1 250 m 和1 310 m 两座隧道穿过两个小山嘴，再过江到右岸，在高谭子隧道北口与现在通车线相接。不但能节约大量资金，缩短工期，而且山体稳定，线路平直，也给运营和养护创造较好的条件。

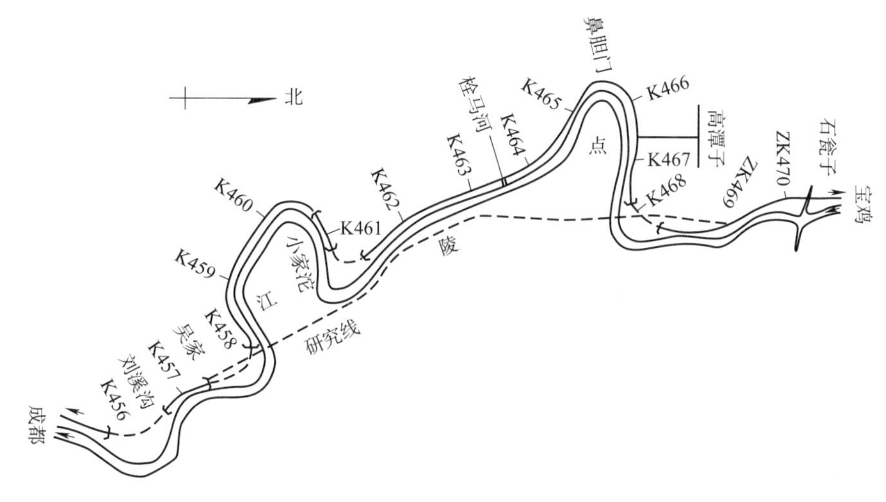

图 0-3　宝成铁路刘溪沟至高谭子站附近线路示意图

案例二:线路的越岭或展线地段,主要是克服高差,所以地形条件是控制因素。但是确定重点个体工程具体位置时,必须充分掌握足够的工程地质资料,分析山体的稳定情况,并且应该尽可能地绕避工程地质不良地段。成昆铁路沙木拉达越岭隧道南侧的展线(图 0-4),就是一个成功的例子。由沙木拉达隧道南口到联合乡车站的直线距离仅 11 km,但高程差却达 292.6 m。为了克服巨大的高差,原定测线利用河左岸韩都路沟和米市沟两条支沟作"羊角形"展线。线路出米市沟口后,沿孙水河左岸定线。展线区位于向斜构造之西翼。岩层为中生界侏罗系、白垩系泥、页岩和砂岩为主的红层。地层弯曲扭转,层位变化较大。小型褶曲和断裂发育,为地下水、地表水活动和风化作用提供了良好条件,故形成了地形较平缓,定线约束性不大的地段。施工前,进一步复核现场工程地质资料时,发现韩都路车站位于崩塌、滑坡较严重地区,米市沟车站位于不稳定的厚层堆积层上,还有其他工程地质不良地段共 17 处,车站站坪及另外 18 座隧道均须向山体内侧稳定地带移动,而且 18 座隧道中有 11 座工程地质条件恶劣,影响线路质量。经研究分析后又补作了 38 平方公里的区域地质测绘,钻孔 728 m,坑探 42 m,先后选出 8 个比较方案。经详细研究分析对比后,确定了右岸现在通车线。右岸线路迂回地区,虽然地形陡峻,但地质构造单一,岩体裸露,不稳定堆积层少。经过多年来的运营实践证明线路质量良好。

3. 研究内容

岩石和地质构造、土的工程特征、地下水、工程地质勘察、特殊土等的工程地质问题,不良地质现象的工程地质问题、建筑工程的工程地质问题以及工程地质勘察报告书和图件等。

4. 学习本课程时的要求

1)系统地掌握工程地质的基本理论和知识,能正确运用勘察数据和资料保证规划、设计、施工、维修顺利进行。

2)能根据工程地质的勘察成果,能运用已学过的工程地质理论和知识,进行一般的工程地质问题分析及对不良地质现象采取处理措施。

3)了解工程地质勘察的基本内容、方法和过程,各个工程地质数据的来源、作用以及应用条件,对中小型工程能够进行一般的工程地质勘察并提供所需的地质资料。

4)预测有关工程地质问题发生的可能性、发生的规模和发展趋势。

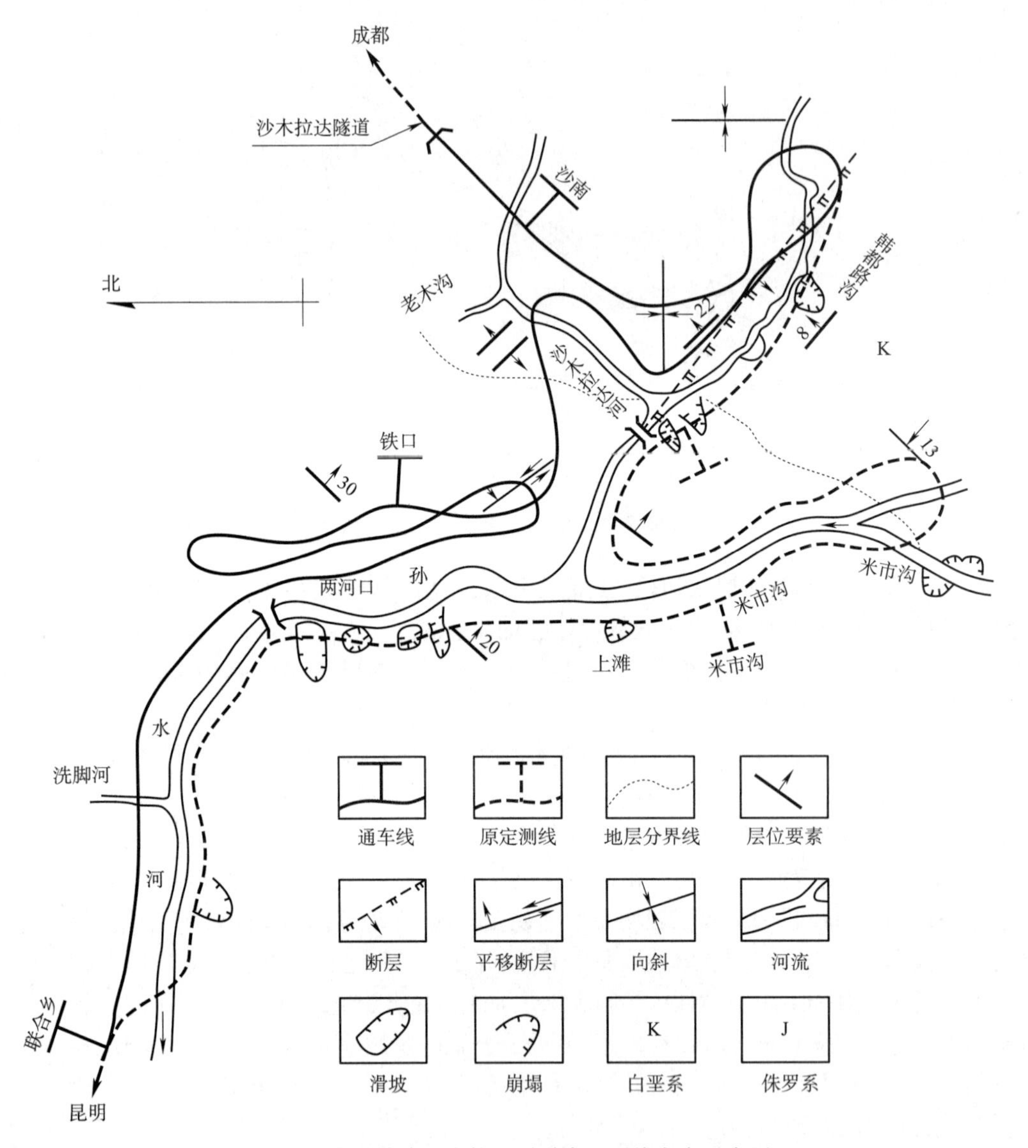

图 0-4 成昆铁路沙木拉达隧道南口展线方案示意图

(二)土 力 学

土力学是属于工程力学范畴的科学,是运用力学原理,同时考虑到土作为分散系特征来求得量的关系,其力学计算模型必须建立在现场勘察和实测土的计算参数(即工程地质性质指标)的基础上,因此土力学也是一门理论性和实践性很强的学科。

1. 研究对象

土力学的研究对象是与工程有关的土体,土的三大特点是散体性、多向性和自然变异性。土的形成经历了漫长的地质历史过程,它是地质作用的产物,是一种矿物集合体,为多相分散系统。极易受到外界环境(温度、湿度等)的变化而发生变化。由于土的形成过程不同,加上自然环境的不同,使土的性质有着极大的差异,而人类工程活动又促使土的性质发生变异。因此在进行工程建设时,必须密切结合土的实际性质进行设计和施工,在预测到因土性质的变异带来的危害，并加以改良，否则会影响工程的经济合理性和安全使用。

2. 研究内容

土力学主要研究土的物理性质和工程分类，与土的渗透性有关的规律，试验和渗透度形等土中的应力、压缩性与地基沉降问题，土的抗剪强度，以及地基承载力的确定方法等。

3. 与土有关的工程问题

1)变形问题

案例一：意大利比萨斜塔

举世闻名的意大利比萨斜塔就是一个典型实例。因地基土层强度差，塔基的基础深度不够，再加上用大理石砌筑，塔身非常重，达 1.42 万吨。500 多年来以每年倾斜 1 cm 的速度增加，比萨斜塔向南倾斜，塔顶离开垂直线的水平距离已达 5.27 m，比萨塔的倾斜归因于它的地基不均匀沉降。

案例二：苏州市虎丘塔

苏州市虎丘塔位于苏州市西北虎丘公园山顶，原名云岩寺塔，落成于宋太祖建隆二年(公元 961 年)，距今已有 1 000 多年悠久历史。1980 年 6 月虎丘塔现场调查，当时由于全塔向东北方向严重倾斜，不仅塔顶离中心线已达 2.31 m，而且底层塔身发生不少裂缝，成为危险建筑而封闭、停止开放。

虎丘塔地基为人工地基，由大块石组成，块石最大粒径达 1 000 mm。人工块石填土层厚 1～2 m，西南薄，东北厚。下为粉质黏土，呈可塑～软塑状态，也是西南薄，东北厚。塔倾斜后，使东北部位应力集中，超过砖体抗压强度而压裂。

案例三：上海锦江饭店

1954 年兴建的上海工业展览馆中央大厅，因地基约有 14 m 厚的淤泥质软黏土，尽管采用了 7.27 m 的箱形基础，建成后当年就下沉 600 mm。1957 年 6 月展览馆中央大厅四角的沉降最大达 1 465.5 mm，最小沉降量为 1 228 mm。1957 年 7 月，经苏联专家和清华大学陈希哲教授、陈梁生教授的观察、分析，认为对裂缝修补后可以继续使用(均匀沉降)。

2)强度问题

案例一：加拿大特朗斯康谷仓

加拿大特朗斯康谷仓严重倾倒，是地基整体滑动强度破坏的典型工程实例。1941 年建成的加拿大特朗斯康谷仓，由于事前不了解基础下埋藏厚达 16 m 的软黏土层，初次贮存谷物时，就倒塌了，地基发生了整体滑动，建筑物失稳，好在谷仓整体性强，谷仓完好无损，事后在整体结构下做了 70 多个支承在基岩上的混凝土墩，用了 388 个 500 kN 的千斤顶，才将谷仓扶正，但其标高比原来降低了 4 m。

3)渗透问题

案例一：意大利托克山滑坡

1963 年，意大利 265 m 高的瓦昂拱坝上游托克山左岸发生大规模的滑坡，滑坡体从大坝附近的上游打一展长达 1 800 m，并横跨峡谷滑移 300～400 m，估计有 2～3 亿立方米的岩块滑入水库，冲到对岸形成 100～150 m 高的岩堆，致使库水漫过坝顶，冲毁下游的朗格罗尼镇，死亡约 2 500 人，但大坝却未遭破坏。

案例二：长江堤坝险性

1998 年长江全流域特大洪水时，万里长江堤防经受了严峻的考验，一些地方的大堤垮塌，大堤地基发生严重管涌，洪水淹没了大片土地，人民生命财产遭受巨大的威胁。仅湖北省沿江段就查出 4 974 处险情，其中重点险情 540 处中有 320 处属地基险情，溃口性险情 34 处中除 3 处是涵闸险情外，其余都是地基和堤身的险情。

4. 学习建议

土力学的学习包括理论、试验和经验。理论学习中应掌握理论公式的意义和应用条件，明确理论的假定条件，掌握理论的适用范围；试验是了解土的物理性质和力学性质的基本手段，重点掌握基本的土工试验技术，尽可能多动手操作，从实践中获取知识，积累经验；经验在工程应用中是必不可少的，工程技术人员要不断从实践中总结经验，以便能切合实际地解决工程实际问题。

单元 1　工程岩石

【学习导读】矿物和岩石的学习是之后所有铁路工程地质研究内容的基础，它们是铁路工程环境的组成，亦是铁路工程建筑材料的基础，不同的矿物和岩石种类具有不同的工程性质，对铁路工程建设产生很大影响，故应认真学习相关的基本概念、基本知识、基本技能。

【能力目标】1. 具备鉴别常见的造岩矿物的能力；

2. 具备鉴别三大类岩石的能力；

3. 具备正确描述矿物及岩石特征的能力。

【知识目标】1. 掌握矿物、造岩矿物的概念及常见造岩矿物的主要物理性质；

2. 掌握三大类岩石的成分、结构及构造特征；

3. 掌握岩石的物理性质和力学性质。

学习项目 1　造岩矿物的认识与鉴定

一、引出案例

三峡库区某滑坡现象及其周围岩土矿物的含量变化特征显示，滑带形成过程中，滑带部位地下水因大气降水补给、地下水的氧化作用活跃，其中泥灰岩碎屑的水解泥化作用、方解石溶解作用和伊利石向伊—蒙混层矿物的转化作用，使滑带土抗剪强度减低，以致崩滑。

组成地壳的岩石，都是在一定的地质条件下由一种或几种矿物自然组合而成的矿物集合体。矿物的成分、性质及其在各种因素影响下的变化，都会对岩石的强度和稳定性产生影响。岩石是由矿物组成的，所以要认识岩石，分析岩石在各种自然条件下的变化，进而对岩石的工程地质性质进行评价，就必须先从矿物讲起。

二、相关理论知识

(一)矿物的基本概念

矿物：存在于地壳中的具有一定化学成分和物理性质的自然元素和化合物，称为矿物。

造岩矿物：构成岩石的矿物，称为造岩矿物。主要的造岩矿物有石英(SiO_2)、正长石、斜长石、白云母、黑云母、方解石、橄榄石、辉石、角闪石、白云石、石膏、绿泥石、滑石、高岭石、蒙脱石、石榴子石、赤铁矿、黄铁矿、褐铁矿等。造岩矿物绝大部分是结晶质。

结晶质：组成矿物的元素质点(离子、原子或分子)在矿物内部按一定的规律排列，形成稳定的结晶格子构造(图 1-1)，在生长过程中如条件适宜，能生成具有一定几何外形的晶体(图 1-2)。

次生矿物：当外界条件改变到一定程度后，矿物原来的成分、内部构造和性质就会发生变化，形成新的矿物称为次生矿物。

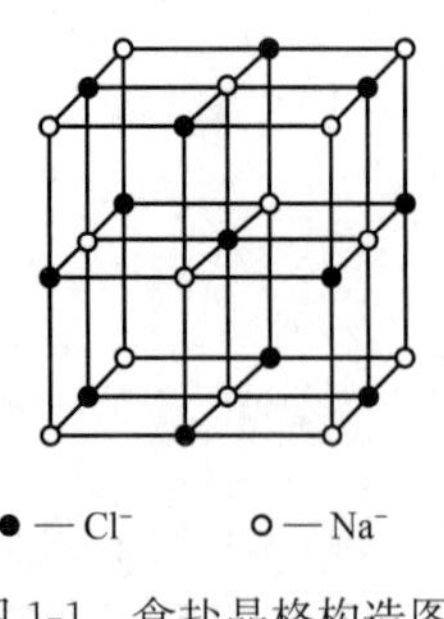

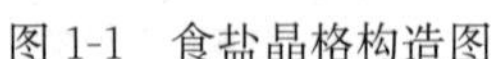

图 1-1　食盐晶格构造图

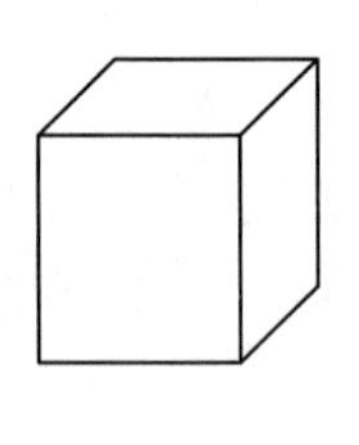

(a) 食盐晶体

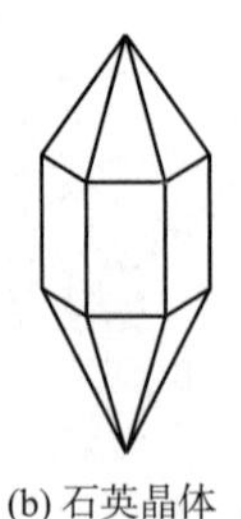

(b) 石英晶体

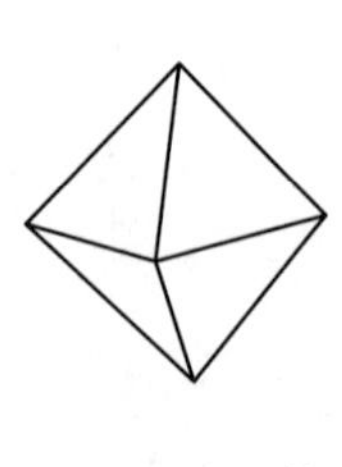

(c) 金刚石晶体

图 1-2　矿物晶体

(二)矿物的物理性质

矿物的物理性质,决定于矿物的化学成分和内部构造。由于不同矿物的化学成分或内部构造不同,因而反映出不同的物理性质。所以,矿物的物理性质是鉴别矿物的重要依据。

1. 光学性质

1)颜色

矿物的颜色是矿物对可见光波的吸收作用产生的。按成色原因,有自色、他色、假色之分。

自色是矿物固有的颜色,颜色比较固定。一般来说,含铁、锰多的矿物,如黑云母、普通角闪石、普通辉石等,颜色较深;含硅、铝、钙等成分多的矿物,如石英、长石、方解石等,颜色较浅。

他色是矿物混入了某些杂质所引起的,与矿物的本身性质无关。他色不固定,对鉴定矿物没有太大意义。

假色是由于矿物内部的裂隙或表面的氧化薄膜对光的折射、散射所引起的。如方解石解理面上常出现的虹彩;斑铜矿表面常出现斑驳的蓝色和紫色。

2)光泽

矿物表面呈现的光亮程度,称为光泽。它是矿物表面的反射率的表现。按其反射强弱程度,分金属光泽、半金属光泽和非金属光泽。造岩矿物绝大部分属于非金属光泽。

玻璃光泽:反光如镜,如长石、方解石解理面上呈现的光泽。

珍珠光泽:像珍珠一样的光泽,如云母等。

丝绢光泽:纤维状或细鳞片状矿物,形成丝绢般的光泽,如纤维石膏和绢云母等。

油脂光泽:矿物表面不平,致使光线散射,如石英断口上呈现的光泽。

蜡状光泽:石蜡表面呈现的光泽,如蛇纹石、滑石等致密块体矿物表面的光泽。

土状光泽:矿物表面暗淡如土,如高岭石等松细粒块体矿物表面所呈现的光泽。

3)条痕

矿物在无釉瓷板上摩擦时所留下的粉末痕迹,它是指矿物粉末的颜色。对不透明矿物的鉴定很重要。

2. 力学性质

1)硬度

矿物抵抗外力刻划、研磨的能力,称为硬度。硬度是矿物的一个重要鉴定特征。在鉴别矿物的硬度时,用两种矿物对刻的方法来确定矿物的相对硬度。

摩氏硬度计是硬度对比的标准,从软到硬依次由下列 10 种矿物组成,称为摩氏硬度计。

(1)滑石;(2)石膏;(3)方解石;(4)萤石;(5)磷灰石;

(6)正长石;(7)石英;(8)黄玉;(9)刚玉;(10)金刚石。

需要注意摩氏硬度只反映矿物相对硬度的顺序,它并不是矿物绝对硬度的等级。

野外工作中,常用指甲(2~2.5)、铁刀刃(3~5.5)、玻璃(5~5.5)、钢刀刃(6~6.5)鉴别矿物的硬度。

矿物硬度对岩石的强度有明显影响。风化、裂隙、杂质等会影响矿物的硬度,所以在鉴别矿物的硬度时,要注意在矿物的新鲜晶面或解理面上进行。

2)解理、断口

矿物受打击后,能沿一定方向裂开成光滑平面的性质,称为解理。裂开的光滑平面称为解理面。不具方向性的不规则破裂面,称为断口。

不同的晶质矿物,由于其内部构造不同,在受力作用后开裂的难易程度、解理数目以及解理面的完全程度也有差别。

根据解理出现方向的数目,有一个方向的解理,如云母等;有两个方向的解理,如长石等;有三个方向的解理,如方解石等。

根据解理的完全程度,可将解理分为以下几种:

极完全解理:极易裂开成薄片,解理面大而完整,平滑光亮,如云母。

完全解理:沿解理方向开裂成小块,解理面平整光亮,如方解石。

中等解理:既有解理面,又有断口,如正长石。

不完全解理:常出现断口,解理面很难出现,如磷灰石。

矿物解理的完全程度和断口是互相消长的,解理完全时则不显断口。反之,解理不完全或无解理时,则断口显著。如不具解理的石英,则只呈现贝壳状的断口。

解理是造岩矿物的另一个鉴定特征。

3. 形态特征

由于矿物的化学成分、内部排列构造不同,其外形特征也不同。

1)单体矿物形态

单向延长类型:晶体向一个方向发育,形成柱状、针状、纤维状。如纤维状石膏、角闪石等。

双向延长类型:晶体向两个方向发育,形成板状、片状。如板状石膏、云母、重晶石等。

三向延长类型:晶体向三个方向发育,形成立方体、八面体等。如黄铁矿、橄榄石。

2)集合体的形态

晶簇:在岩石空洞或裂隙中以共同的基底生长许多单晶,如石英晶簇、方解石晶簇。

纤维状:由许多针状矿物或柱状矿物平行排列,如纤维石膏。

粒状:大小略等,不具一定规律,聚合而成的形状。

鲕状:胶体围绕一个质点凝聚而成一个结核,形似鱼卵,如鲕状赤铁矿。

钟乳状:石钟乳、石笋等。

土状:细小颗粒聚集体的形状,如高岭土。

块状:无特征,如蛋白石等。

4. 其他性质

如滑石的滑腻感,方解石遇盐酸起泡等,都可作为鉴别这种矿物的特征。

(三)矿物的鉴定方法

主要是运用矿物的形态以及矿物的物理性质等特征来鉴定的。一般可以先从形态着手、然后再进行光学性质、力学性质及其他性质的鉴别。

对矿物的物理性质进行测定时,应找矿物的新鲜面,这样试验的结果才会正确,因风化面上的物理性质已改变了原来矿物的性质,不能反映真实情况。

在使用矿物硬度计鉴定矿物硬度时,可以先用小刀(其硬度在5左右),如果矿物的硬度大于小刀,这时再用硬度大于小刀的标准硬度矿物来刻划被测定的矿物,以便能较快的做出判断。

在自然界中也有许多矿物,它们之间在形态、颜色、光泽等方面有相同之处,但一种矿物却具有它自己的特点,鉴别时应利用这个特点,即可较正确地鉴别矿物。

(四)一些常见矿物的简单描述

1. 石墨C

片状晶体及鳞片状集合体,铁黑色,条痕灰黑色,不透明,金属光泽。硬度1~2,有一组极完全解理,薄片有挠性,比重2.2,有滑感,易污手,良导体,耐高温,化学性质稳定。用于制造坩埚、电极、铅笔,并用作滑润剂,原子能工业减速剂。

2. 石英SiO_2

六方柱状和锥状晶体,常见晶簇状、粒状、块状集合体,有时则为隐晶质。无色透明或因受杂质影响而呈乳白色、紫色、绿色、烟灰色、黑色等,晶面玻璃光泽,断口油脂光泽,硬度7,无解理,断口贝壳状,具压电性。用于无线电工业及制作玻璃、宝石等。

3. 石膏$CaSO_4 \cdot H_2O$

板状晶体,常见纤维状集合体。白色,有时无色透明,玻璃光泽,解理面呈珍珠光泽,纤维状集合体则呈丝绢光泽,硬度2,有一组极完全解理,薄片具挠性,较易溶于水。用作水泥原料,制造模型等。

4. 方解石$CaCO_3$

菱面体晶形,集合体有致密隐晶体、钟乳状、晶簇等。无色透明者称冰洲石,常被染成各种颜色(白、黄、玫瑰、灰黑等),玻璃光泽,硬度3,三组菱面体解理完全,性脆,加盐酸剧烈起泡放出CO_2。当冰洲石无色透明,无裂隙,双晶,无杂质,体积大于2.5 cm×1.2 cm×1.2 cm时,可作偏光镜。方解石可用作制造石灰,并用于作冶金熔剂。

5. 橄榄石$(Mg,Fe)_2SiO_4$

晶体少见,粒状集合体。黄绿色,玻璃光泽,硬度6.5~7,解理不显著,性脆,贝壳状断口,断口油脂光泽。

6. 普通辉石$(Ca、Na)(Mg、Fe、Al)[(Si、Al)_2O_6]$

短柱状晶体,粒状集合体。绿黑色,条痕浅色,玻璃光泽,硬度5~6,平行柱面的两组解理中等,夹角87°。

7. 普通角闪石$Ca_2Na(Mg,Fe)_4[(Si、Al)_4O_{11}](OH)_2$

柱状晶体,粒状集合体,绿褐色到绿黑色,玻璃光泽,硬度5.5~6,平行柱面的两组解理完全。

8. 黑云母$K(Fe,Mg)_3(AlSi_3O_{10})(OH,F)_2$

片状或及板状晶体,片状或鳞片状集合体,黑色、深褐色,不透明或半透明,玻璃光泽,硬度

2～3，片状解理极完全，薄片有弹性。

9. 白云母 $KAl_2(AlSi_3O_{10})(OH)_2$

板状或片状晶体，片状或鳞片状集合体。无色或浅色，透明，玻璃光泽，解理面上呈珍珠光泽，硬度2～3，片状解理极完全，纯净者有极好的隔电性能，用于电气工业和无线电工业。

10. 斜长石 $Na(AlSi_3O_8)Ca(Al_2Si_2O_8)$

板状及板柱状晶体，常具有聚片双晶，粒状集合体。白色或灰白色，玻璃光泽，硬度6～6.5，一组完全解理，一组中等解理。

11. 正长石 $K(AlSi_3O_8)$

柱状晶体，常具穿插双晶，也有粒状集合体。肉红色、褐黄色等，玻璃光泽，硬度6～6.5，一组完全解理，一组中等解理，交角90°。

12. 高岭石 $Al_4(Si_4O_{10})(OH)_3$

晶体少见，常为致密细粒状、土状集合体。白色或带浅红、浅绿、浅蓝等色，土状光泽，硬度1，具粗糙感，易搓碎成粉末状，干燥时有吸水性，加水具可塑性。常用于陶瓷、建筑、造纸工业中。

三、相关案例

辽宁省兴城葫芦岛地区位于中朝板块北部，实习队多次考察夹山地区的地质，以当地一种铜矿石为例。

矿石矿物：黄铜矿——无明显晶形，矿物集合体成不规则块状，分布在块状石英与梳状石英之间，约占25％。

脉石矿物：石英——有两种，一种具有柱状晶状，晶体平行排列，集中在脉的边部，长轴与脉壁垂直，形成栉状。另一种分布在矿石中部，灰白色，致密块状，无晶形，与黄铜矿界线很不规则。黄铁矿——矿脉及围岩中皆有，含量不多。在脉内多分布在栉状石英的顶尖部，与黄铜矿共生。在围岩中的呈小立方体晶形，呈浸染状分布。

除上述矿物外，矿石中还可见蚀变的闪长岩碎块，呈长条状，轮廓清楚。岩石为灰棕色，细粒，结构致密。

学习项目2　工程岩石的认识与鉴定

一、引出案例

新建铁路阿荣旗—莫旗线鸽子山隧道，工点位于内蒙古自治区莫力达瓦达斡尔自治旗境内后莫丁村东南侧的剥蚀丘陵中，隧道起讫里程为CK101＋000～CK102＋740，全长1 740 m，为中长隧道，最大埋深约88 m。工点内地层为第四系全新统残坡积、风积的粉质黏土和侏罗系上统大兴安岭组凝灰质砂岩和安山质凝灰岩，其岩性特征详述如下：

1. 粉质黏土：主要分布于隧道所处的山体地势较缓的山坡处，厚度0.0～3.0 m，黑色～黄褐色，局部含少量角砾，硬塑，岩土施工分级Ⅱ，容许承载力 σ_0＝120 kPa。

2. 粉质黏土：主要分布于隧道所处地区的丘前缓坡及丘间洼地处，厚度0.0～2.5 m，黑色～黄褐色，局部含少量角砾，硬塑，岩土施工分级Ⅱ，σ_0＝120 kPa。

二、相关理论知识

自然界有各种各样的岩石，按成因可分为岩浆岩、沉积岩和变质岩三大类。

（一）岩浆岩

1. 岩浆岩的形成

岩浆形成于地壳深部和上地幔中，是以硅酸盐为主和一部分金属氧化物、硫化物、水蒸气及挥发性物质（如 H_2O、CO_2、H_2S 等）组成的高温、高压熔融体。岩浆内部压力很大，不断向地壳压力低的地方移动，以致冲破地壳深部的岩层，沿着裂缝上升。上升到一定高度，温度、压力都要减低。当岩浆的内部压力小于上部岩层压力时，迫使岩浆停留下，冷凝成岩浆岩。

2. 岩浆的成分

主要有 SiO_2、TiO_2、Al_2O_3、Fe_2O_3、FeO、MgO、MnO、CaO、K_2O、Na_2O 等。依其含 SiO_2 量的多少，分为酸性岩浆、中性岩浆、基性岩浆和超基性岩浆。基性岩浆的特点是富含钙、镁和铁，而贫钾和钠，黏度较小，流动性较大。酸性岩浆的特点是富含钾、钠和硅，而贫镁、铁、钙，黏度大，流动性较小。

3. 岩浆岩的分类

1）按成岩的地质环境分类

（1）深成岩：岩浆侵入地壳某深处（约距地表 3 km）冷凝而成的岩石。由于岩浆压力和温度较高，温度降低缓慢，组成岩石的矿物结晶良好。

（2）浅成岩：岩浆沿地壳裂缝上升距地表较浅处冷凝而成的岩石。由于岩浆压力小，温度降低较快，组成岩石的矿物结晶较细小。

（3）喷出岩：岩浆沿地表裂缝一直上升喷出地表，这种活动叫火山喷发，对地表产生的一切影响叫火山作用，形成的岩石叫喷出岩。在地表的条件下，温度降低迅速，矿物来不及结晶或结晶较差，肉眼不易看清楚。

2）按照岩浆岩的产状分类

岩浆岩的产状是反映岩体空间位置与围岩的相互关系及其形态特征。由于岩浆本身成分的不同，受地质条件的影响，岩浆岩的产状大致有下列几种：

（1）岩基：深成巨大的侵入岩体，范围很大，常与硅铝层连在一起。形状不规则，表面起伏不平。与围岩成不谐和接触，露出地面大小决定当地的剥蚀深度。

（2）岩株：与围岩接触较陡，面积达几平方公里或几十平方公里，其下部与岩基相连，比岩基小。

（3）岩盘：岩浆冷凝成为上凸下平呈透镜状的侵入岩体，底部通过颈体和更大的侵入体连通，直径可大至几千米。

（4）岩床：岩浆沿着成层的围岩方向侵入，表面无凸起，略为平整，范围一米至几米。

（5）岩脉：沿围岩裂隙冷凝成的狭长形的岩浆体，与围岩成层方向相交成垂直或近于垂直。另外，垂直或大致垂直地面者，称为岩墙。

3）按照岩浆岩的矿物成分

组成岩浆岩的矿物，根据颜色，可分为浅色矿物和深色矿物两类：

浅色矿物：有石英、正长石、斜长石及白云母等。

深色矿物：有黑云母、角闪石、辉石及橄榄石等。

4)根据 SiO_2 的含量，岩浆岩分类见表1-1。

表1-1 根据 SiO_2 的含量岩浆岩分类

类　型	特　性
酸性岩类 （SiO_2含量＞65％）	矿物成分以石英、正长石为主，并含有少量的黑云母和角闪石。岩石的颜色浅，比重轻
中性岩类 （SiO_2含量65％～52％）	矿物成分以正长石、斜长石、角闪石为主，并含有少量的黑云母及辉石。岩石的颜色比较深，比重比较大
基性岩类 （SiO_2含量52％～45％）	矿物成分以斜长石、辉石为主，含有少量的角闪石及橄榄石。岩石的颜色深，比重也比较大
超基性岩类 （SiO_2＜45％）	矿物成分以橄榄石、辉石为主，其次有角闪石，一般不含硅铝矿物。岩石的颜色很深，比重很大

4. 岩浆岩的结构和构造

1)结构

岩浆岩的结构是指组成岩石的矿物的结晶程度、晶粒的大小、形状及其相互结合的情况。岩浆岩的结构特征是岩浆成分和岩浆冷凝时物理环境的综合反映。

(1)结晶程度(图1-3)

半晶质结构：岩石由结晶的矿物颗粒和部分未结晶的玻璃质组成。

全晶质结构：岩石全部由结晶的矿物颗粒组成。

非晶质结构：岩石全部由熔岩冷凝的玻璃质组成(玻璃质)。

图1-3 岩浆岩按结晶程度划分的三种结构

1—全晶质结构；2—半晶质结构；3—非晶质结构(玻璃质结构)

(2)颗粒大小

按相对大小分为：

等粒结构(全晶质)：同一种矿物的结晶颗粒大小近似者。

似斑状结构(全晶质)：岩石中的同一种主要矿物，其结晶颗粒如大小悬殊。

斑状结构(半晶质)：由结晶颗粒和基质组成。

按绝对大小分为(针对全晶质结构中)：

粗粒结构：矿物的结晶颗粒大于5 mm。

中粒结构：矿物的结晶颗粒5～2 mm。

细粒结构：矿物的结晶颗粒2～0.2 mm。

微粒结构：矿物的结晶颗粒小于0.2 mm。

注：似斑状结构岩石中，晶形比较完好的粗大颗粒称为斑晶，小的结晶颗粒称为石基。

2)构造

岩浆岩的构造是指矿物在岩石中的组合方式和空间分布情况。构造的特征主要取决于岩浆冷凝时的环境。岩浆岩最常见的构造主要有：块状构造、流纹状构造、气孔状构造、杏仁状构造。

块状构造：矿物在岩石中分布杂乱无章，不显层次，呈致密块状。如花岗岩、花岗斑岩等一系列深成岩与浅成岩的构造。

流纹状构造：由于熔岩流动，由一些不同颜色的条纹和拉长的气孔等定向排列所形成的流动状构造。这种构造仅出现于喷出岩中，如流纹岩所具的构造。

气孔状构造：岩浆凝固时，挥发性的气体未能及时逸出，以致在岩石中留下许多圆形、椭圆形或长管形的孔洞。气孔状构造常为玄武岩等喷出岩所具有。

杏仁状构造：岩石中的气孔，为后期矿物（如方解石、石英等）充填所形成的一种形似杏仁的构造。如某些玄武岩和安山岩的构造。气孔状构造和杏仁状构造，多分布于熔岩的表层。

5. 常见的岩浆岩

1）酸性岩类

花岗岩：深成侵入岩，多呈肉红色、灰色或灰白色，矿物成分主要的为石英和正长石，其次有黑云母、角闪石和其他矿物；全晶质等粒结构（也有不等粒或似斑状结构），块状构造；根据所含深色矿物的不同，可进一步分为黑云母花岗岩、角闪石花岗岩等。花岗岩分布广泛，性质均匀坚固，是良好的建筑石料。

花岗斑岩：浅成侵入岩，成分与花岗岩相似，所不同的是具斑状结构，斑晶为长石或石英，石基多由细小的长石、石英及其他矿物组成。

流纹岩：喷出岩，呈岩流产出；常呈灰白、紫灰或浅黄褐色，具典型的流纹构造，斑状结构，细小的斑晶常由石英或长石组成。在流纹岩中很少出现黑云母和角闪石等深色矿物。

2）中性岩类

正长岩：深成侵入岩，肉红色、浅灰或浅黄色；全晶质等粒结构，块状构造；主要矿物成分为正长石，其次为黑云母和角闪石，一般石英含量极少；其物理力学性质与花岗岩相似，但不如花岗岩坚硬，且易风化。

正长斑岩：浅成侵入岩，与正长岩所不同的是具斑状结构，斑晶主要是正长石，石基比较致密。一般呈棕灰色或浅红褐色。

粗面岩：喷出岩，常呈浅灰、浅褐黄或淡红色；斑状结构，斑晶为正长石，石基多为隐晶质，具细小孔隙，表面粗糙。

闪长岩：深成侵入岩，灰白、深灰～黑灰色；主要矿物为斜长石和角闪石，其次有黑云母和辉石；全晶质等粒结构，块状构造；闪长岩结构致密，强度高，且具有较高的韧性和抗风化能力，是良好的建筑石料。

闪长斑岩：浅成侵入岩，灰色或灰绿色；成分与闪长岩相似，具斑状结构，斑晶主要为斜长石，有时为角闪石；岩石中常有绿泥石、高岭石和方解石等次生矿物。

安山岩：喷出岩，灰色、紫色或灰紫色；斑状结构，斑晶常为斜长石。气孔状或杏仁状构造。

3）基性岩类

辉长岩：深成侵入岩，灰黑至黑色；全晶质等粒结构，块状构造；主要矿物为斜长石和辉石，其次有橄榄石、角闪石和黑云母。辉长岩强度高，抗风化能力强。

辉绿岩：浅成侵入岩，灰绿或黑绿色；具特殊的辉绿结构（辉石充填于斜长石晶体格架的孔隙中），成分与辉长岩相似，但常含有方解石、绿泥石等次生矿物，强度也高。

玄武岩：喷出岩，灰黑～黑色；成分与辉长岩相似；呈隐晶质细粒或斑状结构，气孔或杏仁状构造；玄武岩致密坚硬、性脆，强度很高。

(二)沉 积 岩

沉积岩是在地表和地表下不大深的地方,由松散堆积物在温度不高和压力不大的条件下形成。它是地壳表面分布最广的一种层状的岩石。

1. 成岩过程

出露地表的各种岩石经过风化破坏形成岩石碎屑、细粒黏土矿物、溶解物质,被流水等运动介质搬运到河、湖、海洋等低洼的地方沉积下来,然后长期压密、胶结、重结晶等复杂的地质过程形成沉积岩。

此外如沉积过程中的生物活动和火山喷出物的堆积,在沉积岩的形成中也有重要的意义。

2. 物质组成

碎屑物质:由先成岩石经物理风化作用产生的碎屑物质组成(原生矿物的碎屑、岩石的碎屑、火山灰等)。

黏土矿物:一些由含铝硅酸盐类矿物的岩石,经化学风化作用形成的次生矿物。这类矿物的颗粒极细(<0.005 mm),具有很大的亲水性、可塑性及膨胀性。

化学沉积矿物:由纯化学作用或生物化学作用,从溶液中沉淀结晶产生的沉积矿物。如方解石、白云石、石膏、石盐、铁和锰的氧化物或氢氧化物等。

有机质及生物残骸由生物残骸或有机化学变化而成的物质。如贝壳、泥炭及其他有机质等。

3. 沉积岩的分类

沉积岩的分类见表1-2。

表1-2　沉积岩的分类

类　型	主要特性
碎屑岩类	主要由碎屑物质组成的岩石。其中由先成岩石风化破坏产生的碎屑物质形成的,称为沉积碎屑岩,如砾岩、砂岩及粉砂岩等;由火山喷出的碎屑物质形成的,称为火山碎屑岩,如火山角砾岩、凝灰岩等
黏土岩类	主要由黏土矿物及其他矿物的黏土粒组成的岩石,如泥岩、页岩等
化学及生物化学岩类	主要由方解石、白云石等碳酸盐类的矿物及部分有机物组成的岩石,如石灰岩、白云岩等

4. 沉积岩的结构和构造

1)结构

结构是指组成物质、颗粒大小及其形状等方面的特点。

(1)碎屑结构:由碎屑物质被胶结物胶结而成。

按碎屑粒径的大小,可分为:

砾状结构碎屑:粒径大于2 mm。磨圆程度分角砾状结构和砾状结构。

砂质结构碎屑:粒径介于2～0.05 mm之间。

其中:2～0.5 mm,为粗粒结构,如粗粒砂岩;

0.5～0.25 mm,为中粒结构,如中粒砂岩;

0.25～0.05 mm,为细粒结构,如细粒砂岩。

粉砂质结构碎屑:粒径0.05～0.005 mm,如粉砂岩。

按胶结物的成分,可分为:

硅质胶结:由石英及其他二氧化硅胶结而成。颜色浅,强度高。

铁质胶结:由铁的氧化物及氢氧化物胶结而成。颜色深,呈红色,强度次于硅质胶结。

钙质胶结:由方解石等碳酸钙一类物质胶结而成。颜色浅,强度比较低,容易遭受侵蚀。

泥质胶结:由细粒黏土矿物胶结而成。颜色不定,胶结松散,强度最低,容易遭受风化破坏。

(2)泥质结构:几乎全部由小于 0.005 mm 的黏土质点组成。是泥岩、页岩等黏土岩的主要结构。

(3)结晶结构:由溶液中沉淀或经重结晶所形成的结构。由沉淀生成的晶粒极细,经重结晶作用晶粒变粗,但一般多小于 1 mm,肉眼不易分辨。结晶结构为石灰岩、白云岩等化学岩的主要结构。

(4)生物结构:由生物遗体或碎片所组成,如贝壳结构、珊瑚结构等。生物结构是生物化学岩所特有的结构。

2)构造

构造是指其组成部分的空间分布及其相互间的排列关系。沉积岩最主要的构造是层理构造,体现沉积岩成层的性质。由于季节性气候的变化,沉积环境的改变,使先后沉积的物质在颗粒大小、形状、颜色和成分上发生相应变化,从而显示出来的成层现象,称为层理构造。

层理构造分为:水平层理(图 1-4(a))、斜层理(图 1-4(b))、交错层理(图 1-4(c))等。

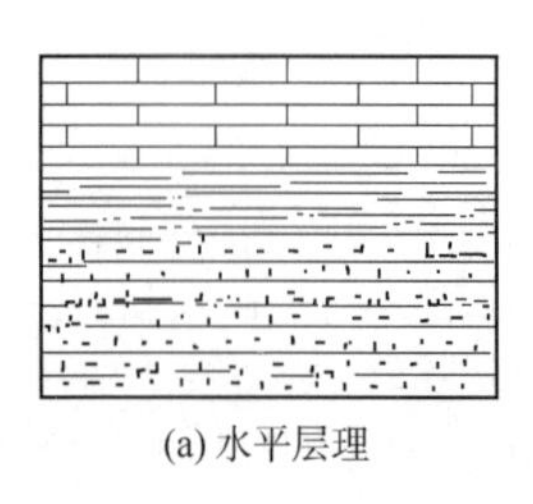
(a) 水平层理

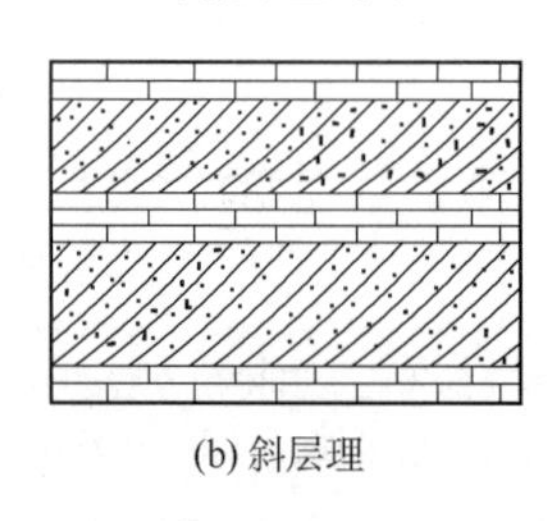
(b) 斜层理

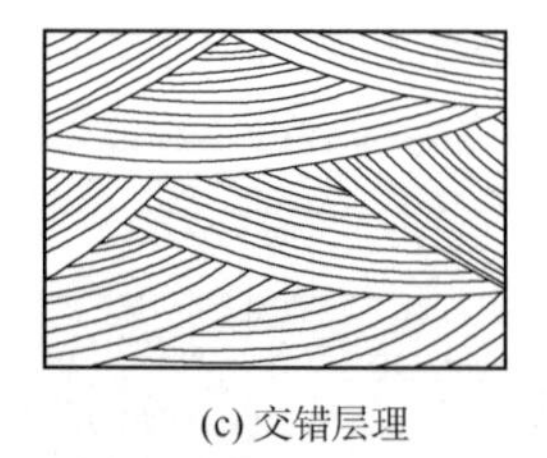
(c) 交错层理

图 1-4　层理构造

岩层:层与层之间的界面,称为层面。上下两个层面间成分基本均匀一致的岩石,称为岩层。它是层理最大的组成单位。一个岩层上下层面之间的垂直距离称为岩层的厚度。

在短距离内岩层厚度的减小称为变薄;厚度变薄以至消失称为尖灭;两端尖灭就成为透镜体;大厚度岩层中所夹的薄层,称为夹层。

沉积岩内岩层的变薄、尖灭和透镜体,可使其强度和透水性在不同的方向发生变化;松软夹层,容易引起上覆岩层发生顺层滑动。

沉积岩的层理构造、层面特征和含有化石,是沉积岩在构造上区别于岩浆岩的重要特征。在沉积岩的组成物质中,黏土矿物、方解石、白云石、有机质等,是沉积岩所特有的,是物质组成上区别于岩浆岩的一个重要特征。

5. 常见的沉积岩

1)碎屑岩类

(1)火山碎屑岩

火山碎屑岩是由火山喷发的碎屑物质在地表经短距离搬运,或就地沉积而成。由于它在成因上具有火山喷出与沉积的双重性，所以是介于喷出岩和沉积岩之间的过渡类型。主要有火山集块岩、火山角砾岩和凝灰岩。

火山集块岩：主要由粒径大于100 mm的粗火山碎屑物质组成，胶结物主要为火山灰或熔岩，有时为碳酸钙、二氧化硅或泥质。

火山角砾岩：火山碎屑占90%以上，粒径一般为2～100 mm，多呈棱角状，常为火山灰或硅质胶结。颜色常呈暗灰、蓝灰或褐灰色。

凝灰岩：一般由小于2 mm的火山灰及细碎屑组成。碎屑主要是晶屑、玻屑及岩屑。胶结物为火山灰等。凝灰岩孔隙性高，重度小，易风化。

(2)沉积碎屑岩

沉积碎屑岩又称为正常碎屑岩。由先成岩石风化剥蚀的碎屑物质，经搬运、沉积、胶结而成的岩石。常见的有砾岩、砂岩和粉砂岩。

砾岩及角砾石：砾状结构，由50%以上大于2 mm的粗大碎屑胶结而成。由浑圆状砾石胶结而成的称为砾岩；由棱角状的角砾胶结而成的称为角砾岩。角砾岩的岩性成分比较单一，砾岩的岩性成分一般比较复杂，经常由多种岩石的碎屑和矿物颗粒组成。胶结物的成分有钙质、泥质、铁质及硅质等。

砂岩：砂质结构，由50%以上粒径介于0.05～2 mm的砂粒胶结而成。按砂粒的矿物组成，可分为石英砂岩、长石砂岩和岩屑砂岩等。按砂粒粒径的大小，可分为粗粒砂岩、中粒砂岩和细粒砂岩。胶结物的成分对砂岩的物理力学性质有重要影响。根据胶结物的成分又可将砂岩分为硅质砂岩、铁质砂岩、钙质砂岩及泥质砂岩几个亚类。硅质砂岩的颜色浅，强度高，抵抗风化的能力强；泥质砂岩一般呈黄褐色，吸水性大，易软化，强度和稳定性差；铁质砂岩常呈紫红色或棕红色，钙质砂岩呈白色或灰白色，强度和稳定性介于硅质与泥质砂岩之间。砂岩分布很广，易于开采加工，是工程上广泛采用的建筑石料。

粉砂岩：粉砂质结构，常有清晰的水平层理。矿物成分与砂岩近似，但黏土矿物的含量一般较高，主要由粉砂胶结而成。结构较疏松，强度和稳定性不高。

2)黏土岩类

(1)页岩

由黏土脱水胶结而成，以黏土矿物为主，大部分有明显的薄层理，呈页片状。可分为硅质页岩、黏土质页岩、砂质页岩、钙质页岩及碳质页岩。除硅质页岩强度稍高外，其余岩性软弱，易风化成碎片，强度低，与水作用易于软化而丧失稳定性。

(2)泥岩

成分与页岩相似，常成厚层状。以高岭石为主要成分的泥岩，常呈灰白色或黄白色，吸水性强，遇水后易软化。以微晶高岭石为主要成分的泥岩，常呈白色、玫瑰色或浅绿色，表面有滑感，可塑性小，吸水性高，吸水后体积急剧膨胀。

黏土岩夹于坚硬岩层之间，形成软弱夹层，浸水后易于软化滑动。

3)化学及生物化学岩类

(1)石灰岩

简称灰岩。矿物成分以方解石为主，其次含有少量的白云石和黏土矿物。常呈深灰、浅灰色，纯质灰岩呈白色。由纯化学作用生成的具有结晶结构，但晶粒极细。经重结晶作用即可形成晶粒比较明显的结晶灰岩。由生物化学作用生成的灰岩，常含有丰富的有机物残骸。石灰岩中一般都含有一些白云石和黏土矿物，当黏土矿物含量达25%～50%时，称为泥灰岩；白云石含量达25%～50%时，称为白云质灰岩。

石灰岩分布相当广泛，岩性均一，易于开采加工，是一种用途很广的建筑石料。

(2)白云岩

主要矿物成分为白云石，也含有方解石和黏土矿物，结晶结构。纯质白云岩为白色，随所含杂质的不同，可出现不同的颜色。性质与石灰岩相似，但强度和稳定性比石灰岩为高，是一种良好的建筑石料。

白云岩的外观特征与石灰岩近似，在野外难于区别，可用盐酸起泡程度辨认。

(三)变 质 岩

变质岩是由原来的岩石(岩浆岩、沉积岩和变质岩)在地壳中受到高温、高压及化学成分加入的影响，在固体状态下发生矿物成分及结构构造变化后形成的新的岩石。在变质因素的影响下，促使岩石在固体状态下改变其成分、结构和构造的作用，称为变质作用。变质作用的因素主要是高温、高压及新的化学活动性流体。

高温的热源为：一是炽热岩浆带来的热量；二是地壳深处的高温；三是构造运动所产生的热。高压压力来源为：一是上覆岩层重量产生的静压力；二是构造运动或岩浆活动所引起的横向挤压力。高压变质指在静压力长期作用下，岩石的孔隙性减小，使岩石变得更加致密坚硬；会使岩石的塑性增强，比重增大，形成石榴子石等比重大的变质矿物；使岩石和矿物发生变形和破裂，形成各种破碎构造；有利于片状、柱状矿物定向生长；促进新的矿物组合和发生重结晶作用，而形成变质岩特有的片理构造。新的化学成分的加入来源，来自岩浆活动带来的含有复杂化学元素的热液和挥发性气体。

变质作用是在温度和压力的综合作用下，这些具有化学活动性的成分，容易与围岩发生反应，产生各种新的变质矿物，甚至会使岩石的化学成分发生深刻的变化。

1. 变质岩的矿物成分

原来岩石的矿物，有石英、长石、云母、角闪石、辉石、方解石、白云石等，变质矿物，有石榴子石、滑石、绿泥石、蛇纹石等(变质岩特有的变质矿物)。

2. 结构和构造

变质岩的结构和岩浆岩类似，几乎全部是结晶结构。但变质岩的结晶结构主要是经过重结晶作用形成的，所以在描述变质岩的结构时，一般应加“变晶”二字以示区别。如粗粒变晶结构，斑状变晶结构等。

变质岩的构造主要的是片理构造和块状构造(片理构造是变质岩所特有的)。比较典型的片理构造有下面几种：

1)板状构造：片理厚，片理面平直，重结晶作用不明显，颗粒细密，光泽微弱，沿片理面裂开则呈厚度一致的板状，如板岩。

2)千枚状构造：片理薄，片理面较平直，颗粒细密，沿片理面有绢云母出现，容易裂开呈千枚状，呈丝绢光泽，如千枚岩。

3)片状构造：重结晶作用明显，片状、板状或柱状矿物沿片理面富集，平行排列，片理很薄，沿片理面很容易剥开呈不规则的薄片，光泽很强，如云母片岩等。

4)片麻状构造：颗粒粗大，片理很不规则，粒状矿物呈条带状分布，少量片状、柱状矿物相间断续平行排列，沿片理面不易裂开，如片麻岩。

3. 常见的变质岩

1)片理状岩类

片麻岩:具典型的片麻状构造,变晶或变余结构,因发生重结晶,一般晶粒粗大,肉眼可以辨识。片麻岩可以由岩浆岩变质而成,也可由沉积岩变质形成。主要矿物为石英和长石,其次有云母、角闪石、辉石等。此外有时含有少许石榴子石等变质矿物。岩石颜色视深色矿物含量而定,石英、长石含量多时色浅,黑云母、角闪石等深色矿物含量多时色深。片麻岩进一步的分类和命名,主要根据矿物成分,如角闪石片麻岩、斜长石片麻岩等。

片麻岩强度较高,如云母含量增多,强度相应降低。因具片理构造,故较易风化。

片岩:具片状构造,变晶结构。矿物成分主要是一些片状矿物,如云母、绿泥石、滑石等,此外含有少许石榴子石等变质矿物。进一步的分类和命名是根据矿物成分,如云母片岩、绿泥石片岩、滑石片岩等。

片岩的片理一般比较发育,片状矿物含量高,强度低,抗风化能力差,极易风化剥落,岩体也易沿片理倾向塌落。

千枚岩:多由黏土岩变质而成。矿物成分主要为石英、绢云母、绿泥石等。结晶程度比片岩差,晶粒极细,肉眼不能直接辨别,外表常呈黄绿、褐红、灰黑等色。由于含有较多的绢云母,片理面常有微弱的丝绢光泽。

千枚岩的质地松软,强度低,抗风化能力差,容易风化剥落,沿片理倾向容易产生塌落。

2)块状岩类

大理岩:由石灰岩或白云岩经重结晶变质而成,等粒变晶结构、块状构造。主要矿物成分为方解石,遇稀盐酸强烈起泡,可与其他浅色岩石相区别。大理岩常呈白色、浅红色、淡绿色、深灰色以及其他各种颜色,常因含有其他带色杂质而呈现出美丽的花纹。

大理岩强度中等,易于开采加工,色泽美丽,是一种很好的建筑装饰石料。

石英岩:结构和构造与大理岩相似。一般由较纯的石英砂岩变质而成,常呈白色,因含杂质,可出现灰白色、灰色、黄褐色或浅紫红色。强度很高,抵抗风化的能力很强,是良好的建筑石料,但硬度很高,开采加工相当困难。

(四)三大类岩石的肉眼鉴别

鉴别岩石有各种不同的方法,但最基本的是根据岩石的外观特征,用肉眼和简单工具(如小刀、放大镜等)进行鉴别。

1. 岩浆岩的鉴别方法

根据岩石的外观特征对岩浆岩进行鉴定时,首先要注意岩石的颜色,其次是岩石的结构和构造,最后分析岩石的主要矿物成分。

1)先看岩石整体颜色的深浅。岩浆岩颜色的深浅,是岩石所含深色矿物多少的反映。一般来说,从酸性到基性(超基性岩分布很少),深色矿物的含量是逐渐增加的,因而岩石的颜色也随之由浅变深。如果岩石是浅色的,那就可能是花岗岩或正长岩等酸性或偏于酸性的岩石。但不论是酸性岩或基性岩,因产出部位不同,还有深成岩、浅成岩和喷出岩之分,究竟属于那一种岩石,需要进一步对岩石的结构和构造特征进行分析。

2)分析岩石的结构和构造。岩浆岩的结构和构造特征,是岩石生成环境的反映。如果岩石是全晶质粗粒、中粒或似斑状结构,说明很可能是深成岩。如果是细粒、微粒或斑状结构,则可能是浅成岩或喷出岩。如果斑晶细小或为玻璃质结构,则为喷出岩。如果具有气孔、杏仁或流纹状构造，则为喷出岩无疑。

3）分析岩石的主要矿物成分，确定岩石的名称，这里可以举例说明。假定需要鉴别的，是一块含有大量石英，颜色浅红，具全晶质中粒结构和块状构造的岩石。浅红色属浅色，浅色岩石一般是酸性或偏于酸性的，这就排除了基性或偏于基性的不少深色岩石。但酸性的或偏于酸性的岩石中，又有深成的花岗岩和正长岩，浅成的花岗斑岩和正长岩，以及喷出的流纹岩和粗面岩。但它是全晶质中粒结构和块状构造，因此可以肯定是深成岩。这就进一步排除了浅成岩和喷出岩。但究竟是花岗岩还是正长岩，这就需要对岩石的主要矿物成分作仔细地分析之后，才能得出结论。在花岗岩和正长岩的矿物组成中，都含有正长石，同时也都含有黑云母和角闪石等深色矿物。但花岗岩属于酸性岩，酸性岩除含有正长石、黑云母和角闪石外，一般都含有大量的石英。而正长岩属于中性岩，除含有大量的正长石和少许的黑云母与角闪石外，一般不含石英或仅含有少许的石英。矿物成分的这一重要区别，说明被鉴别的这块岩石是花岗岩。

2. 沉积岩的鉴别方法

鉴别沉积岩时，可以先从观察岩石的结构开始，结合岩石的其他特征，先将所属的大类分开，然后再作进一步分析，确定岩石的名称。

从沉积岩的结构特征来看，如果岩石是由碎屑和胶结物两部分组成，或者碎屑颗粒很细而不易与胶结物分辨，但触摸有明显含砂感的，一般是属于碎屑岩类的岩石。如果岩石颗粒十分细密，用放大镜也看不清楚，但断裂面暗淡呈土状，硬度低，触摸有滑腻感的，一般多是黏土类的岩石，具结晶结构的可能是化学岩类。

1）碎屑岩鉴别碎屑岩时，可先观察碎屑粒径的大小，其次分析胶结物的性质和碎屑物质的主要矿物成分。根据碎屑的粒径，先区分是砾岩、砂岩还是粉砂岩。根据胶结物的性质和碎屑物质的主要矿物成分，判断所属的亚类，并确定岩石的名称。

例如：有一块由碎屑和胶结物质两部分组成的岩石，碎屑粒径介子 0.5～0.25 mm 之间，点盐酸起泡强烈，说明这块岩石是钙质胶结的中粒砂岩。进一步分析碎屑的主要矿物成分，发现这块岩石除含有大量的石英外，还含有约 30%左右的长石。最后可以确定，这块岩石是钙质中粒长石砂岩。

2）黏土岩常见的黏土岩，主要的有页岩和泥岩两种，他们在外观上都有黏土岩的共同特征，但页岩层理清晰，一般沿层理能分成薄片，风化后呈碎片状，可以与层理不清晰、风化后呈碎块状的泥岩相区别。

3）常见的化学岩主要的有石灰岩、白云岩和泥灰岩等。它们的外观特征都很类似，所不同的主要是方解石、白云石及黏土矿物的含量有差别。所以在鉴别化学岩时，要特别注意对盐酸试剂的反应。石灰岩遇盐酸强烈起泡，泥灰岩遇盐酸也起泡，但由于泥灰岩的黏土矿物含量高，所以泡沫混浊，干后往往留有泥点。白云岩遇盐酸不起泡，或者反应微弱，但当粉碎成粉末之后，则发生显著泡沸现象，并常伴有噬噬的响声。

3. 变质岩的鉴别方法

鉴别变质岩时，可以先从观察岩石的构造开始。根据构造，首先将变质岩区分为片理构造和块状构造两类。然后可进一步根据片理特征和主要矿物成分，分析所属的亚类，确定岩石的名称。例如:有一块具片理构造的岩石,其片理特征既不同于板岩的板状构造,也不同于云母片岩的片状构造,而是一种粒状的浅色矿物与片状的深色矿物,断续相间成条带状分布的片麻构造,因此可以判断这块岩石属于片麻岩。经分析浅色的粒状矿物主要是石英和正长石,片状的深色矿物是黑云母,此外还含有少许的角闪石和石榴子石,可以肯定这块岩石是花岗片麻岩。

块状构造的变质岩,其中常见的主要是大理岩和石英岩。两者都是具变晶结构的单矿岩,岩石的颜色一般都比较浅。但大理岩主要由方解石组成,硬度低,遇盐酸起泡;而石英岩几乎全部由石英颗粒组成,硬度很高。

(五)归　纳

三大岩类岩石的主要区别见表 1-3。

表 1-3　三大类岩石的主要区别

项目	岩浆岩	沉积岩	变质岩
主要矿物成分	全部为从岩浆岩中析出的原生矿物,成分复杂,但较稳定。浅色的矿物有石英、长石、白云母等;深色矿物有黑云母、角闪石、辉石、橄榄石等	次生矿物占主要地位,成分单一,一般多不固定。常见的有石英、长石、白云母、方解石、白云石、高岭石等	除具有变质前原来岩石的矿物,如石英、长石、云母、角闪石、方解石、白云石、高岭石等外,尚有经变质作用产生的矿物,如石榴子石、滑石、绿泥石、蛇纹石等
结构	以结晶粒状、斑状结构为特征	以碎屑、泥质及生物碎屑结构为特征。部分为成分单一的结晶结构,但肉眼不易分辨	以变晶结构等为特征
构造	具块状、流纹状、气孔状、杏仁状构造	层理构造	多具片理构造
成因	直接由高温熔融的岩浆经岩浆作用而形成	主要由先成岩石的风化产物,经压密、胶结、重结晶等成岩作用而形成	由先成的岩浆岩、沉积岩和变质岩,经变质作用而形成

三、相关案例

武广高铁是中国第一条时速 300 km 的高速铁路,不仅在国内尚属首例,同时在国际上也具有重要影响,其基础绝对要有稳定可靠的承载力。因此对勘察工作也提出了很高的要求,必须保证较高的岩芯采取率,即土层采取率不低于 95%,完整岩层采取率不低于 90%,构造、断层破碎带、凝灰岩地层岩芯采取率不低于 70%。

前期勘探工程中湖北咸宁测段地层岩性为灰岩,弱风化,夹溶蚀。凝灰岩层在测段内南溪特大桥 3 号墩,枫树下特大桥 0 号墩(武汉台)有零星分布,压实胶结不紧密,手标本观察,颜色为白至灰白色。凝灰结构,块状构造。主要成分为极细小的火山凝灰,石英及长石晶屑约占 7%左右。岩石具粗糙感,有粘舌现象。薄片观察:主要成分为玻屑,呈楔状,局部已脱玻化变成石英、长石的微晶集合体。在玻屑中星散分布有酸性斜长石及少量透长石和石英的晶屑。长石和石英晶屑边缘有熔蚀现象,压实胶结不紧密的凝灰岩地层地层采取率极低(低于 10%),于是创造性地采用了“合金钻头+钢效钻头”两趟钻进这种易行、可靠的办法,解决岩芯采取率低的问题,使勘察工作圆满达到要求。

学习项目3　工程岩石的物理力学性质

一、引出案例

成贵铁路宜宾—兴文段遇红层泥岩分布，红层在我国分布广泛，其出露面总面积约460 000 km^2，红层软岩普遍成岩程度差、岩体强度低，四川红层地区泥岩在天然状态下较为完整、坚硬，力学性能良好，但遇水后短时间内迅速膨胀、崩解、软化，从而造成岩体的力学损伤，并导致其力学性能快速、大幅度降低。

泥岩遇水软化严重，施工过程中应特别注意防水、及时封闭。铁路工程都是修建在地壳表层的地质环境中，那么对于地壳中岩石的研究就至关重要。

二、相关理论知识

岩石的工程地质性质主要包括物理性质和力学性质两个方面。影响岩石工程地质性质的因素主要是矿物成分、岩石的结构和构造以及风化作用等。下面将介绍有关岩石工程地质性质的一些常用指标，供分析和评价岩石工程地质性质时参考。

(一)岩石的主要物理性质

1. 岩石的密度与重度

岩石的颗粒密度是指岩石固体部分单位体积的质量。它不包括岩石的孔隙，而取决于岩石的矿物密度及其在岩石中的相对含量。如含有铁、镁密度较大的暗色矿物，因而含这些矿物较多的基性岩和超基性岩一般具有较大的颗粒密度；而那些含有密度较小矿物的岩石，如酸性岩，一般颗粒密度较小。一般岩石的颗粒密度约在2.65 g/cm^3，大者可达3.1～3.3 g/cm^3。

岩石的密度是指岩石(包括岩石成分中固、液、气三相)单位体积的质量。它是具有严格物理意义的参数，单位为g/cm^3。根据岩石密度定义可知，它除与岩石矿物成分有关外，还与岩石孔隙发育程度及孔隙中含水情况密切相关。致密而孔隙很少的岩石，其密度与颗粒密度很接近，随着孔隙的增加，岩石的密度相应减小。常见的岩石，其密度一般为2.1～2.8 g/cm^3。

岩石的重度是指岩石单位体积的重量，在数值上等于岩石试件的总重量(包括孔隙中的水重)与其总体积(包括孔隙体积)之比。其单位为kN/m^3。岩石孔隙中完全没有水存在时的重度，称为干重度。岩石中的孔隙全部被水充满时的重度，则称为岩石的饱和重度。

2. 岩石的孔隙率

天然岩石中包含着不同数量、不同成因的粒间孔隙、微裂隙和溶穴，将其总称为孔隙。孔隙是岩石的重要结构特征之一，它影响着岩石工程地质性质的好坏。

岩石中的孔隙，有的产生于岩石的形成过程之中，有的则是岩石形成后产生的。例如尚未被胶结物完全充填的碎屑岩中的粒间孔隙、火山熔岩中的气孔、结晶岩石中晶粒间残存的孔隙等都属于前者；岩石中可溶盐类溶解后产生的溶穴即属后者。

岩石的孔隙率反映岩石中孔隙的发育程度，孔隙率在数值上等于岩石中各种孔隙的总体积与岩石总体积的比，用百分数表示。

岩石孔隙率的大小，主要取决于岩石的结构和构造。未受风化或构造作用的侵入岩和某些变质岩，其孔隙率一般是很小的，而砾岩、砂岩等一些沉积岩类的岩石，则经常具有较大的孔隙率。

3. 岩石的吸水性

岩石的吸水性反映岩石在一定条件下的吸水能力。一般用吸水率、饱和吸水率和饱水系数来表示。

岩石的吸水率是指单位体积岩石在大气压力下吸收水的质量与岩石干质量之比，用百分数表示。

岩石的饱和吸水率是指岩石在高压条件下（一般为 15 MPa 压力）或真空条件下的吸水率，用百分数表示。

岩石的饱水系数是岩石的吸水率与饱和吸水率的比值。表征岩石吸水性的三个指标，与岩石孔隙率的大小、孔隙张开程度等因素有关。岩石的吸水率大，则水对岩石颗粒间胶结物的浸湿、软化作用就强，岩石强度受水作用的影响也就较显著。

4. 岩石的软化性

岩石浸水后强度降低的性能称为岩石的软化性。岩石的软化性主要决定于岩石的矿物成分、结构和构造特征。岩石中亲水矿物或可溶性矿物含量高、孔隙率大、吸水率高的岩石，与水作用后，岩石颗粒间的连接被削弱引起强度降低、岩石软化。

表征岩石软化性的指标是软化系数。软化系数是岩石在饱和状态下的极限抗压强度与岩石在干燥状态下的极限抗压强度之比。其值越小，表示岩石在水作用下的强度越差。未受风化作用的岩浆岩和某些变质岩，软化系数大都接近于 1.0，是弱软化的岩石，其抗水、抗风化和抗冻性强；软化系数小于 0.75 的岩石，认为是软化性强的岩石，工程性质比较差。

5. 岩石的抗冻性

岩石孔隙中有水存在时，水结冰体积膨胀，就产生巨大的膨胀力，使岩石的结构和连接受到破坏，若岩石经反复循环冻融，则会导致其强度降低。岩石抵抗冻融破坏的性能称为岩石的抗冻性。在高寒冰冻地区，抗冻性是评价岩石工程性质的一个重要指标。

（二）岩石的主要力学性质

岩石在外力作用下所表现出来的性质称为岩石的力学性质，它包括岩石的变形和强度特性。研究岩石的力学性质主要是研究岩石的变形特性、岩石的破坏方式和岩石的强度大小。

1. 岩石的变形特性

岩石在外力作用下产生变形，且其变形性质分为弹性和塑性两种。图 1-5 是岩石典型的完整的应力应变曲线。根据曲率的变化可将岩石变形过程划分为 4 个阶段：

1）微裂隙压密阶段（图 1-5 中的 Oa 段）。岩石中原有的微裂隙在荷重作用下逐渐被压密，曲线呈上凹形，曲线斜率随应力增大而逐渐增加，表示微裂隙的变化开始较快，随后逐渐减慢。a 点对应的应力称为压密极限强度。对于微裂隙发育的岩石，本阶段比较明显，但致密坚硬的岩石很难划出这个阶段。

2）弹性变形阶段（图 1-5 中的 ab 段）。岩石中的微裂隙进一步闭合，孔隙被压缩，原有裂隙基本上没有新的发展，也没有产生新的裂隙，应力与应变大致呈正比关系，曲线近于直线，岩石变形以弹性为主。b 点对应的应力称为弹性极限强度。

3）裂隙发展和破坏阶段（图 1-5 中的 bc 段）。当应力超过弹性极限强度后，岩石中产生新的裂隙，同时已有裂隙也有新的发展，应变的增加速率超过应力的增加速率，应力应变曲线的斜率逐渐降低，并呈曲线关系，体积变形由压缩转变为膨胀。应力增加，裂隙进一步扩展，岩石局部破损，且破损范围逐渐扩大形成贯通的破裂面，导致岩石“破坏”。c 点对应的应力达到最大值，称为峰值强度或单轴极限抗压强度。

4)峰值后阶段(图 1-5 中 c 点以后)。岩石破坏后，经过较大的变形，应力下降到一定程度开始保持常数，d 点对应的应力称为残余强度。

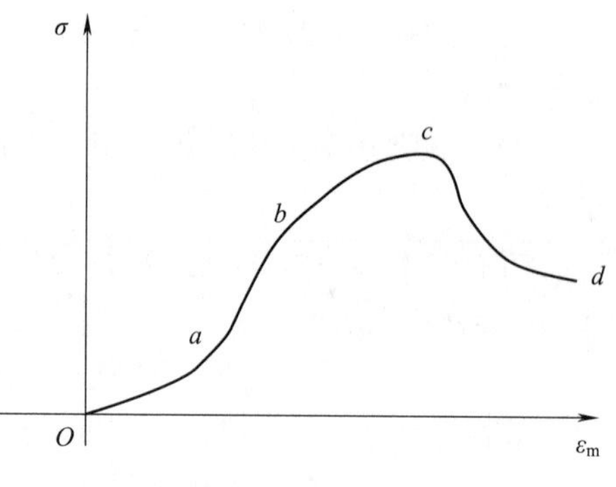

图 1-5　岩石典型的完整的应力应变曲线

由于大多数岩石的变形具有不同程度的弹性性质，且工程实践中建筑物所能作用于岩石的压应力远远低于单轴极限抗压强度。因此，可在一定程度上将岩石看做准弹性体，用弹性参数表征其变形特征。岩石的变形性能一般用弹性模量和泊松比两个指标表示。

弹性模量是在单轴压缩条件下，轴向压应力和轴向应变之比。国际制以“帕斯卡”为单位，用符号 Pa 表示。岩石的弹性模量越大，变形越小，说明岩石抵抗变形的能力越高。岩石在轴向压力作用下，除产生轴向压缩外，还会产生横向膨胀。这种横向应变与轴向应变的比，称为岩石的泊松比。泊松比越大，表示岩石受力作用后的横向变形越大。

严格来讲，岩石并不是理想的弹性体，因而表达岩石变形特性的物理量也不是一个常数。通常所提供的弹性模量和泊松比的数值，只是在一定条件下的平均值。

2. 岩石的强度

岩石抵抗外力破坏的能力，称为岩石的强度。岩石的强度单位用 Pa 表示。岩石的强度和应变形式有很大关系。岩石受力作用破坏，有压碎、拉断和剪断等形式，所以其强度可分为抗压强度、抗拉强度和抗剪强度等。

岩石的抗压强度指岩石在单向压力作用下抵抗压碎破坏的能力。在数值上等于岩石受压达到破坏时的极限应力(即单轴极限抗压强度)。岩石抗压强度是在单向压力无侧向约束的条件下测得的。常见岩石的抗压强度值列于表 1-4 中。

表 1-4　常见岩石的抗压强度值

岩石名称	抗压强度(MPa)
胶结不好的砾岩；页岩；石膏	<20
中等强度的泥灰岩、凝灰岩；中等强度的页岩；软而有微裂隙的石灰岩；贝壳石灰岩	20～40
钙质胶结的砾岩；微裂隙发育的泥质砂岩；坚硬页岩；坚硬泥灰岩	40～60
硬石膏；泥灰质石灰岩；云母及砂质页岩；泥质砂岩；角砾状花岗岩	60～80
微裂隙发育的花岗岩、片麻岩、正长岩；致密石灰岩、砂岩、钙质页岩	80～100
白云岩；坚固石灰岩；大理岩；钙质砂岩；坚固硅质页岩	100～120
粗粒花岗岩；非常坚硬的白云岩；钙质胶结的砾岩；硅质胶结的砾岩；粗粒正长岩	120～140
微风化安山岩；玄武岩；片麻岩；非常致密的石灰岩；硅质胶结的砾岩	140～160
中粒花岗岩；坚固的片麻岩；辉绿岩；玢岩；中粒辉长岩	160～180
致密细粒花岗岩；花岗片麻岩；闪长岩；硅质灰岩；坚固玢岩	180～200
安山岩；玄武岩；硅质胶结砾岩；辉绿岩和闪长岩；坚固辉长岩和石英岩	200～250
橄榄玄武岩；辉绿辉长岩；坚固石英岩和玢岩	>250

抗拉强度是岩石在单向受拉条件下拉断时的极限应力值。岩石的抗拉强度远小于抗压强度。常见岩石的抗拉强度值列于表 1-5 中。

岩石的抗剪强度指岩石抵抗剪切破坏的能力。在数值上等于岩石受剪破坏时剪切面上的极限剪应力。试验表明,岩石的抗剪强度随着剪切面上压应力的增加而增加。

表 1-5　常见岩石的抗拉强度值

岩石类型	抗拉强度(MPa)	岩石类型	抗拉强度(MPa)
花岗岩	4～10	大理岩	4～6
辉绿岩	8～12	石灰岩	3～5
玄武岩	7～8	粗砂岩	4～5
流纹岩	4～7	细砂岩	8～12
石英岩	7～9	页岩	2～4

在岩石强度的几个指标中,岩石的抗压强度最高,抗剪强度居中,抗拉强度最小。抗剪强度为抗压强度的 10%～40%,抗拉强度仅是抗压强度的 2%～16%。岩石越坚硬,其值相差越大,软弱的岩石差别较小。由于岩石的抗拉强度很小,所以当岩层受到挤压形成褶皱时,常在弯曲变形较大的部位受拉破坏,产生张性裂隙。

(三)岩体的工程分类

岩体工程分类既是工程岩体稳定性分析的基础,也是评价岩体工程地质条件的一个重要途径。岩体工程分类实际上是通过岩体的一些简单和容易实测的指标,把工程地质条件和岩体的力学性质联系起来,并借鉴已建工程设计、施工和处理等方面成功与失败的经验教训,对岩体进行归类的一种工作方法。其目的是通过分类,概括地反映各类工程岩体的质量好坏,预测可能出现的岩体力学问题。为工程设计、加固、建筑物选型和施工方法选择等提供参数和依据。

目前国内外已提出的岩体分类方案得到大家共识的有数十种之多,多以考虑地下洞室围岩稳定性为主。有定性的,也有定量或半定量的,有单一因素分类,也有考虑多种因素的综合分类。各种方案所考虑的原则和因素也不尽相同,但岩体的完整性和成层条件、岩块强度、结构面发育情况和地下水等因素都不同程度地考虑到了。

(四)岩石的工程地质性质评述

1. 岩浆岩的性质

岩浆岩具有较高的力学强度,可作为各种建筑物良好的地基及天然建筑石料。但各类岩石的工程性质差异很大,如:深成岩具结晶联结,晶粒粗大均匀,孔隙率小、裂隙较不发育,岩块大,整体稳定性好,但值得注意的是这类岩石往往由多种矿物结晶组成,抗风化能力较差,特别是含铁镁质较多的基性岩,则更易风化破碎,故应注意对其风化程度和深度的调查研究。

浅成岩中细晶质和隐晶质结构的岩石透水性小、抗风化性能较深成岩强,但斑状结构岩石的透水性和力学强度变化较大,特别是脉岩类,岩体小,且穿插于不同的岩石中,易蚀变风化,使强度降低、透水性增大。

喷出岩常具有气孔构造、流纹构造和原生裂隙,透水性较大。此外,喷出岩多呈岩流状产出,岩体厚度小,岩相变化大,对地基的均一性和整体稳定性影响较大。

2. 沉积岩的性质

碎屑岩的工程地质性质一般较好，但其胶结物的成分和胶结类型影响显著，如硅质基底式胶结的岩石比泥质接触式胶结的岩石强度高、孔隙率小、透水性低等。此外，碎屑的成分、粒度、级配对工程性质也有一定的影响，如石英质的砂岩和砾岩比长石质的砂岩为好。

黏土岩和页岩的性质相近，抗压强度和抗剪强度低，受力后变形量大，浸水后易软化和泥化。若含蒙脱石成分，还具有较大的膨胀性。这两种岩石对水工建筑物地基和建筑场地边坡的稳定都极为不利，但其透水性小，可作为隔水层和防渗层。

化学岩和生物化学岩抗水性弱，常具不同程度的可溶性。硅质成分化学岩的强度较高，但性脆易裂，整体性差。碳酸盐类岩石如石灰岩、白云岩等具中等强度，一般能满足水工设计要求，但存在于其中的各种不同形态的喀斯特，往往成为集中渗漏的通道。易溶的石膏、岩盐等化学岩，往往以夹层或透镜体存在于其他沉积岩中，质软，浸水易溶解，常常导致地基和边坡的失稳。

上述各类沉积岩都具有成层分布的规律，存在各向异性特征，因此，在水工建设中尚需特别重视对其成层构造的研究。

3. 变质岩的性质

变质岩的工程性质与原岩密切相关，往往与原岩的性质相似或相近。一般情况下由于原岩矿物成分在高温高压下重结晶的结果，岩石的力学强度较变质前相对增高。但是如果在变质过程中形成某些变质矿物，如滑石、绿泥石、绢云母等，则其力学强度(特别是抗剪强度)会相对降低，抗风化能力变差。动力变质作用形成的变质岩(包括碎裂岩、断层角砾岩、糜棱岩等)的力学强度和抗水性均甚差。

变质岩的片理构造(包括板状、千枚状、片状及片麻状构造)会使岩石具有各向异性特征，水工建筑中应注意研究其在垂直及平行于片理构造方向上工程性质的变化。

岩体是地壳表层圈层，经建造和改造而形成的具一定组分和结构的地质体。岩体在一般情况下是非均质的、各向异性的不连续体。在其形成过程中，经受了构造变动、风化作用及卸荷作用等各种内外力地质作用的破坏与改造，因此，岩体经常被软弱夹层、节理、断层、层面及片理面等地质界面所切割，使其成为具有一定结构的多裂隙体。一般把切割岩体的这些地质界面称为结构面。结构面在空间按不同组合，可将岩体切割成不同形状和大小的块体，这些被结构面所围限的岩块称为结构体。岩体就是由结构面、结构体这两个基本单元所组成的组合体。

岩体和岩石的概念是不同的。岩石是矿物的集合体，其特征可以用岩块来表征，其变形和强度性质取决于岩块本身的矿物成分、结构构造；岩体则是由一种岩石或多种岩石组成，是由结构面和结构体构成的组合体，其变形和强度性质取决于结构面和岩体结构的特性。

综上所述，不同种类的岩石，由于其成因、成分、结构和构造不同，岩石的工程地质性质差异是很大的，分析其工程地质性质时，还应结合具体工程的要求来进行评价。

【思考与练习题】

1. 矿物有哪些鉴定特征？常见的造岩矿物有哪些？

2. 简述岩石和矿物的区别？地壳中的岩石有哪几类？他们分别具有怎样的成分、结构、构造特征？

3. 解理、层理、片理及流纹构造有何区别？

4. 评价三大类岩石的工程性质。

【知识拓展】

水晶是优良石英结晶体，大多数是无色透明，少量因含各种不同的微量元素而呈现不同颜色。它硬度高、折光好。用优质天然水晶加工制作的项链和眼镜，成为美化生活、祛病保健的高档装饰品和实用品。它在光照下色彩斑斓，晶莹剔透，可产生特殊的“猫眼”现象。水晶中含有硒、锌、铝、钛等微量元素，它们不断地产生光电效应和电磁场，经加工研磨后，可聚焦蓄能，产生光华，长期佩戴能调节人体机能，使人精力旺盛、充满活力。但市场上常出现玻璃制作的假水晶，选购时必须认真加以鉴别。

(1)试硬度，水晶硬度是 7 度，用水晶可在玻璃及金属上划出痕迹，伪品则不具备这种品质。

(2)试相对密度(比重)，水晶相对密度为 2.60～2.66，重于有机玻璃(玻璃相对密度 2.5)，手掂轻重，感觉明显不同。

(3)试体感，水晶辛寒，手感凉爽，在同样低温下，水晶寒凉透骨，用舌头舔之，更感冰冷刺骨。

(4)试高温稳定性，水晶熔点 1713℃，放在 800℃以上高温中煅烧后再放入冷水中仍不炸裂。

单元 2　地质构造对铁道工程的影响分析

【学习导读】构造作用或构造运动常是其他地质作用的起始或触发的主要因素，它在于认识和运用地质体的成因和运动的规律性。本质的认识各种地质现象发生的原因和它们之间的内在联系及其发展规律，对铁道工程建设有指导意义，更是避免崩滑流、地裂缝、地面沉降等地质灾害发生重要的决定因素；因此研究地质构造对铁道工程建设有深刻的影响，故掌握本章内容是铁道工程施工中应具备的基本素质。

【能力目标】1. 具备确定岩层的相对地质年代的能力；
2. 具备野外识别褶皱基本类型的能力；
3. 具备野外识别断层基本类型的能力。

【知识目标】1. 掌握岩层产状的测量方法；
2. 掌握构造节理的分类及统计方法；
3. 了解地震的相关知识。

学习项目 1　认识地质年代

一、引出案例

青藏铁路是我国重大工程建设，它的建设不仅对增进民族团结、保持社会稳定、实施西部大开发战略具有极为重要的政治意义，而且也是保卫祖国西南边疆、维护国家主权及领土完整的政治需要。该项建设工作涉及工程、地质等各专业领域，其中对于地质灾害和地壳稳定性的研究极为重要。于是研究中重新建立青藏铁路沿线第四纪地质年代学框架，系统开展青藏铁路沿线第四纪地质调查与古环境研究，划分第四纪沉积类型。对第四纪湖相沉积、河流沉积和冰川沉积分别进行详细的剖面观测和年代学测试分析，对晚更新世—全新世湖相沉积进行高精度的 U 系等值线测年。对第四纪冰川沉积进行冰期划分、冰渍测年和时代对比，重新建立青藏铁路沿线第四纪地层划分与对比表，为活动断层调查、勘测建立可靠的第四纪地质年代学框架。

由案例可见，弄清地质年代对地质构造的研究具有重要意义。

二、相关理论知识

构造运动是由地球内力引起地壳乃至岩石圈的变位、变形以及洋底的增生、消亡的机械作用和相伴随的地震活动，岩浆活动和变质作用。构造运动产生褶皱、断裂等各种地质构造，引起海、陆轮廓的变化，地壳的隆起和凹陷以及山脉、海沟的形成等。

（一）地质年代

在整个地球历史中可分为若干发展阶段，地球发展的时间段落称为地质年代。地质年代按照记录方式分为绝对地质年代和相对地质年代。

绝对地质年代是指组成地壳的岩层从形成到现在有多少“年”。它能说明岩层形成的确切时间，但不能反映岩层形成的地质过程。

相对地质年代能说明岩层形成的先后顺序及其相对的新老关系，如哪些岩层是先形成的，是老的；哪些岩层是后形成的，是新的，它并不包含用“年”表示的时间概念。

在地质工作中，一般以应用相对地质年代为主。

（二）岩层相对地质年代的确定方法

1. 沉积岩相对地质年代的确定方法

1）地层对比法

以地层的沉积顺序为对比的基础。先沉积的岩层在下面，后沉积的岩层在上面，形成沉积岩的自然顺序，如图 2-1 所示。但在构造变动复杂的地区，由于岩层的正常层位发生了变化，运用地层对比的方法来确定岩层的相对地质年代就比较困难，如图 2-2 所示。

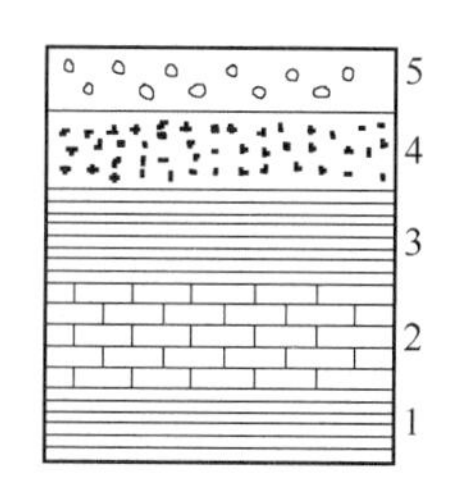

图 2-1　正常层位（1～5 代表岩层由老至新）

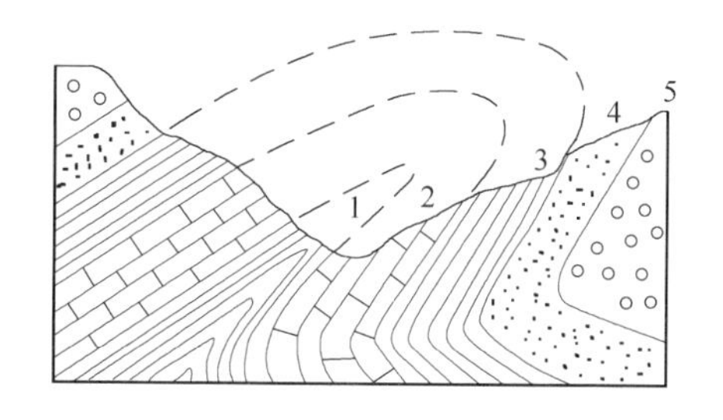

图 2-2　变动层位（1～5 代表岩层由老至新）

2）地层接触关系法

不整合接触：在岩层的沉积顺序中，缺失沉积间断期的岩层，上下岩层之间的这种接触关系，称为不整合接触。

不整合接触面以下的岩层先沉积，年代比较老；不整合接触面以上的岩层后沉积，年代比较新。

3）岩性对比法

岩性对比法以岩石的组成、结构、构造等岩性方面的特点为对比的基础。认为在一定区域内同一时期形成的岩层，其岩性特点基本上是一致的或近似的。

此法同样具有一定的局限性，因为同一地质年代的不同地区，其沉积物的组成、性质并不一定都是相同的；而同一地区在不同的地质年代，也可能形成某些性质类似的岩层。所以岩性对比的方法也只能适用于一定的地区。

4）古生物化石法

按照生物演化的规律，从古到今生物总是由低级到高级，由简单向复杂逐渐发展的。因此，在不同地质年代沉积的岩层中，会含有不同特征的古生物化石。含有相同化石的岩层，无论相距多远，都是在同一地质年代中形成的。所以，只要确定出岩层中所含标准化石的地质年代，那么这些岩层的地质年代自然也就跟着确定了。

上面所讲的几种方法各有优点，但也都存在着不足的地方。实践中应结合具体情况综合分析，才能正确地划分地层的地质年代。

2. 岩浆岩相对地质年代的确定方法

岩浆岩不含古生物化石，也没有层理构造，但它总是侵入或喷出于周围的沉积岩层之中。因此，可以根据岩浆岩体与周围已知地质年代的沉积岩层的接触关系，来确定岩浆岩的相对地质年代。

1)侵入接触：岩浆侵入体侵入于沉积岩层之中，使围岩发生变质现象，说明岩浆侵入体的形成年代，晚于发生变质的沉积岩层的地质年代，如图 2-3(a)所示。

2)沉积接触：岩浆岩形成之后，经长期风化剥蚀，后来在剥蚀面上又产生新的沉积，剥蚀面上部的沉积岩层无变质现象，而在沉积岩的底部往往存在由岩浆岩组成的砾岩或风化剥蚀的痕迹。这说明岩浆岩的形成年代，早于沉积岩的地质年代，如图 2-3(b)所示。

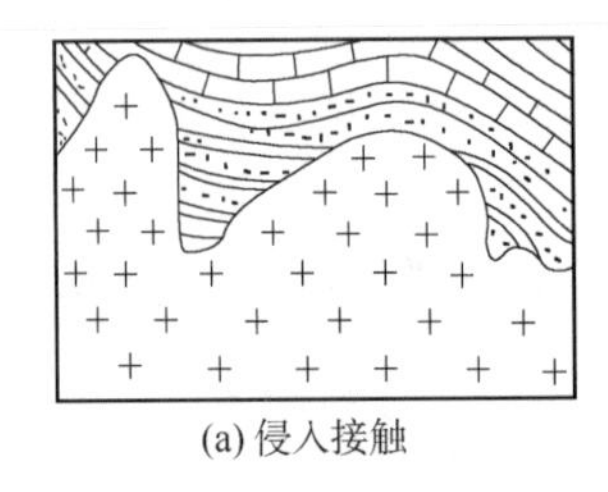
(a) 侵入接触

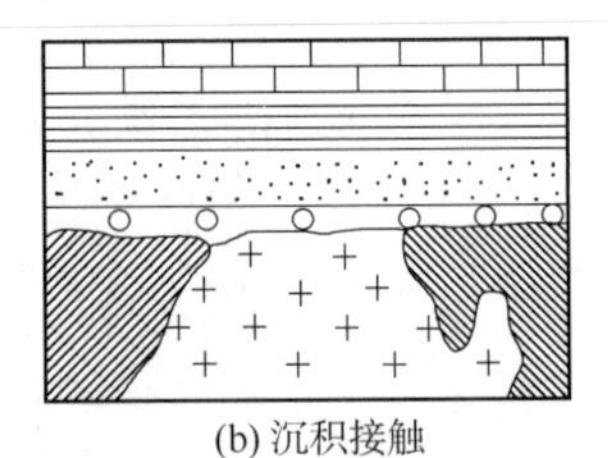
(b) 沉积接触

图 2-3 岩浆岩与沉积岩的接触关系

对于喷出岩，可根据其中夹杂的沉积岩，或上覆、下伏的沉积岩层的年代，确定其相对地质年代。

(三)地层年代的单位与地层单位

划分地层年代和地层单位的主要依据是地壳运动和生物演变。人们根据几次大的地壳运动和生物界大的演变，把地壳发展的历史过程分为五个称为"代"的大阶段，每个代又分为若干"纪"，纪内因生物发展及地质情况不同，又进一步细分为若干"世"及"期"，以及一些更细的段落，这些统称为地质年代。在每一个地质年代中，都划分有相应的地层。地质年代和地层的单位、顺序和名称，对应见表 2-1。

表 2-1 地质年代单位与相对应的地层单位表

使用范围	地质年代单位	地层单位
国际性	宙代纪世	宇界系统
全国性或大区域性	(世)期	(统) 阶带
地方性	时(时代、时期)	群组段(带)

地壳运动和生物演化在代、纪、世期间世界各地有普遍性的显著变化，所以在代、纪、世是国际通用的地质年代单位。次一级的单位只具有区域性或地区性的意义。地质年代见表 2-2。

三、相关案例

山西中南部铁路通道 ZNTJ－21 标段。本标段线路西起日照市巨峰镇大坡村，东至日照南站，起讫里程为 DK1247＋632～DK1279＋800，正线长度为 29.65 km。沿线地层出露较齐全，除泥盆系、志留系、二叠系、三叠系地层缺失外，其余各时代地层均有出露。

表 2-2　地质年代表

相对年代							绝对年龄/百万年	生物开始出现时期	
宙（宇）	代（界）	纪（系）		世（统）				植物	动物
显生宙（宇）	新生代（界）Kz	第四纪（系）Q		全新世	（统）	Q_4			
				晚（上）	更新世（统）	Q_3			
				中（中）		Q_2			
				早（下）		Q_1	2.48,1.64		
		第三纪（系）R	晚第三纪（系）N	上新世	（统）	N_2			哺乳动物
				中新世		N_1	23.3		
			早第三纪（系）E	渐新世	（统）	E_3			
				始新世		E_2			
				古新世		E_1	65	被子植物	
	中生代（界）Mz	白垩纪（系）K		晚（上）	白垩世（统）	K_2			
				早（下）		K_1			
		侏罗纪（系）J		晚（上）	侏罗世（统）	J_3	135(140)		
				中（中）		J_2			
				早（下）		J_1			爬行动物
		三叠纪（系）T		晚（上）	三叠世（统）	T_3	208		
				中（中）		T_2			
				早（下）		T_1			
	古生代（界）Pz　晚（上）古生代（界）	二叠纪（系）P		晚（上）	二叠世（统）	P_2	250		
				早（下）		P_1		裸子植物	
		石炭纪（系）C		晚（上）	石炭世（统）	C_3	290		两栖动物
				中（中）		C_2			
				早（下）		C_1			
		泥盆纪（系）D		晚（上）	泥盆世（统）	D_3	362(355)		
				中（中）		D_2			
				早（下）		D_1			鱼类
	早（上）古生代（界）	志留纪（系）S		晚（上）	志留世（统）	S_3	409	蕨类植物	
				中（中）		S_2			
				早（下）		S_1			
		奥陶纪（系）O		晚（上）	奥陶世（统）	O_3	439		
				中（中）		O_2			
				早（下）		O_1	510		
		寒武纪（系）∈		晚（上）	寒武世（统）	$\in_3$			
				中（中）		$\in_2$			
				早（下）		$\in_1$			
隐生宙（宇）	元古代（界）Pt	震旦纪（系）Z					570		
							800		无脊椎动物
							1 500		
	太古代（界）Ar						4 000	菌藻类	
地球天文时期									

豫北鲁西冲洪积平原主要为第四系冲洪积层，主要为粉土、粉质黏土和砂类土，局部地段下伏为第三系泥质砂岩、页岩等。鲁中南构造侵蚀低山丘陵、鲁东构造侵蚀丘陵出露的主要地层有第三系、白垩系、侏罗系、寒武系、震旦系碎屑岩（页岩、泥岩、砂岩、砾岩等），奥陶系、寒武系碳酸盐岩（白云岩、灰岩）及太古界变质岩（片麻岩、混合烟、角闪岩），燕山期及喜山期侵入岩（闪长岩、正长岩、正长斑岩、花岗岩、混合花岗岩、辉长岩等）。

学习项目 2　常见地质构造的认识与工程评价

一、引出案例

青藏铁路横穿青藏高原上大量的活动断裂带。施工前应对青藏铁路沿线的活动断裂带分布规律和地质病害进行研究。通过分析崩塌、滑坡、泥石流地质病害特点和典型路段的地质选线，总结断裂带地质选线的原则，主要包括：尽量在断裂带活动性较弱、宽度较窄的地段以垂直或高角度通过，尽量不设大中桥、高桥、隧道、高填深挖等难以修复的大型建筑物。事实证明，以上原则在绕避和通过活动断裂带时是正确可行的，可以在青藏线改建和其他铁路工程上借鉴运用。

地质构造的规模有大有小，大的如构造带可以纵横数千公里，小的则如岩石的片理等。尽管规模大小不同，但它们都是地壳运动造成的永久变形和岩石发生相对位移的踪迹，因而它们在形成、发展和空间分布上，都存在有密切的内部联系，而且造成了不同的工程影响和处理方法。本节着重就一些简单的和典型的基本构造形态进行讨论。

二、相关理论知识

由于地壳中存在有很大的应力，组成地壳的上部岩层，在地应力的长期作用下就会发生变形，形成构造变动的形迹，我们把构造变动在岩层和岩体中遗留下来的各种构造形迹，称为地质构造。下面介绍几种基本的地质构造类型。

(一)水平构造和单斜构造

水平构造指未经构造变动的沉积岩层，其形成时的原始产状是水平的，先沉积的老岩层在下，后沉积的新岩层在上，称为水平构造。通常分布在局限于受地壳运动影响轻微的地区。

单斜构造指原来水平的岩层，在受到地壳运动的影响后，产状发生变动，当岩层向同一个方向倾斜，形成单斜构造。单斜构造往往是褶曲的一翼、断层的一盘或者是局部地层不均匀的上升或下降所引起。

1. 岩层产状：岩层的空间位置，称为岩层产状。

1)产状三要素：岩层层面的走向、倾向和倾角(图 2-4)。

走向：岩层层面与水平面交线的方位角，称为岩层的走向。岩层的走向表示岩层在空间延伸的方向。

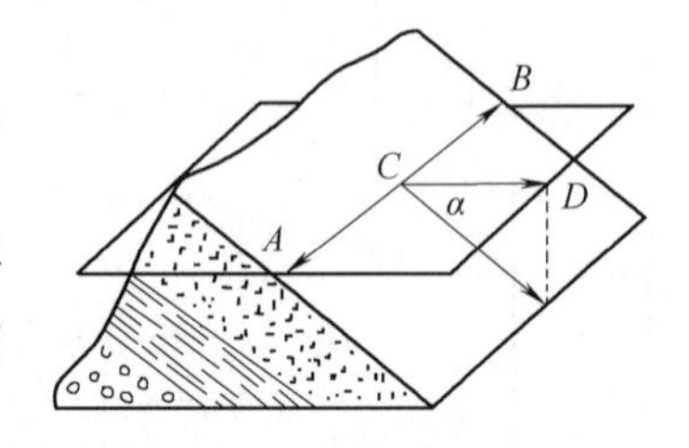

图 2-4　岩层产状要素

AB—走向；CD—倾向；α—倾角

倾向：垂直走向顺倾斜面向下引出一条直线，此直线在水平面投影的方位角，称为岩层的倾向。岩层的倾向表示岩层在空间的倾斜方向。

倾角：岩层层面与水平面所夹的锐角，称为岩层的倾角。岩层的倾角表示岩层在空间倾斜角度的大小。

用岩层产状的三个要素，能表达经过构造变动后的构造形态在空间的位置。

2)岩层产状的测定及表示方法

测定方法：岩层产状测量是地质调查中的一项重要工作，在野外是用地质罗盘直接在岩层的层面上测量。测量走向时，使罗盘的长边紧贴层面，将罗盘放平，水准泡居中，读指北针所示的方位角，就是岩层的走向。测量倾向时，将罗盘的短边紧贴层面，水准泡居中，读指北针所示的方位角，就是岩层的倾向。测量倾角时，需将罗盘横着竖起来，使长边与岩层的走向垂直，紧贴层面，调倾斜器上的水准泡居中后，读悬锤所示的角度，就是岩层的倾角。

表示方法：

(1)方位角表示法：一般记录倾向和倾角，如 SW205°∠25°，也可以写作 205°∠25°(多用这种方法)。前一读数为倾向的方位角，后一读数为倾角。

(2)角限角表示法：这是以北和南的方位作为 0°，一般记录走向、倾角和倾向象限。如 N30°E∠27°SE，即是走向北偏东 30°，倾角 27°，倾向南东。这种方法较少使用。

(二)褶皱构造

组成地壳的岩层受构造应力的强烈作用，使岩层形成一系列波状弯曲而未丧失其连续性的构造，称为褶皱构造。褶皱构造是岩层产生的塑性变形，是地壳表层广泛发育的基本构造之一。褶皱是褶曲的组合形态，两个或两个以上褶曲构造的组合。

1. 褶曲

褶皱构造中的一个弯曲，称为褶曲。褶曲是褶皱构造的组成单位。每一个褶曲都有核部、翼、轴面、轴及枢纽等几个组成部分，一般称为褶曲要素，如图 2-5 所示。

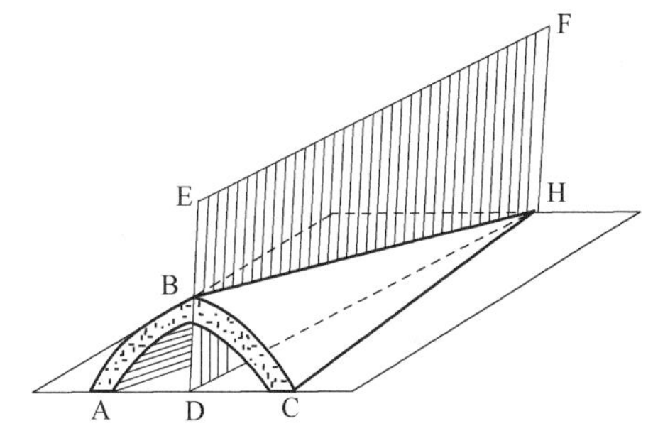

图 2-5　褶曲要素

ABC 所包围的内部岩层—核；ABH、CBH—翼；DEFH—轴面；DH—轴；BH—枢纽

核部：褶曲的中心部分，通常把位于褶曲中央最内部的一个岩层称为褶曲的核。

翼：位于核部两侧，向不同方向倾斜的部分，称为褶曲的翼。

轴面：从褶曲顶平分两翼的面，称为褶曲的轴面。

轴：轴面与水平面的交线，称为褶曲的轴。轴的方位表示褶曲的方位。轴的长度表示褶曲延伸的规模。

枢纽：轴面与褶曲同一岩层层面的交线，称为褶曲的枢纽。枢纽可以反映褶曲在延伸方向产状的变化情况。

2. 褶曲的类型

1)按褶曲的基本形态分为背斜和向斜(图 2-6)

背斜：岩层向上拱起的弯曲。较老的岩层出现在褶曲的轴部，从轴部向两翼，依次出现的是较新的岩层，“新包老”。

向斜：岩层向下凹的弯曲。在褶曲轴部出露的是较新的岩层，向两翼依次出露的是较老的岩层，“老包新”。

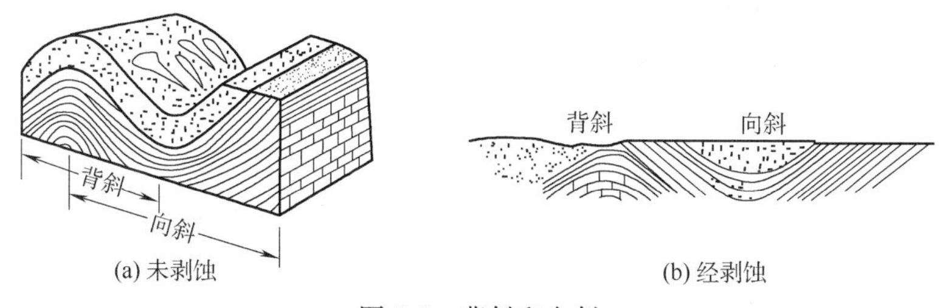

图 2-6　背斜和向斜

2)按褶曲的轴面产状分类(图 2-7)

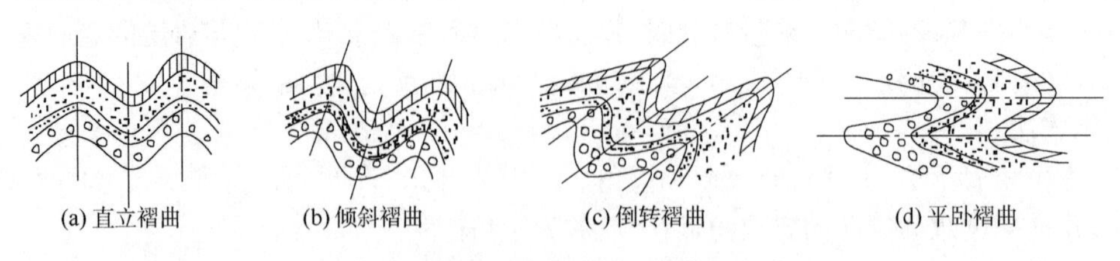

(a) 直立褶曲　(b) 倾斜褶曲　(c) 倒转褶曲　(d) 平卧褶曲

图 2-7　根据轴面产状划分的褶曲形态类型

直立褶曲:轴面直立,两翼向不同方向倾斜,两翼岩层的倾角基本相同,在横剖面上两翼对称,所以也称为对称褶曲。

倾斜褶曲:轴面倾斜,两翼向不同方向倾斜,但两翼岩层的倾角不等,在横剖面上两翼不对称,所以又称为不对称褶曲。

倒转褶曲:轴面倾斜程度更大,两翼岩层大致向同一方向倾斜,一翼层位正常,另一翼老岩层覆盖于新岩层之上,层位发生倒转。

平卧褶曲:轴面水平或近于水平,两翼岩层也近于水平,一翼层位正常,另一翼发生倒转。

3)按褶曲的枢纽产状分类

水平褶曲:褶曲的枢纽水平展布,两翼岩层平行延伸(图 2-8)。

倾伏褶曲:褶曲的枢纽向一端倾伏,两翼岩层在转折端闭合(图 2-9)。

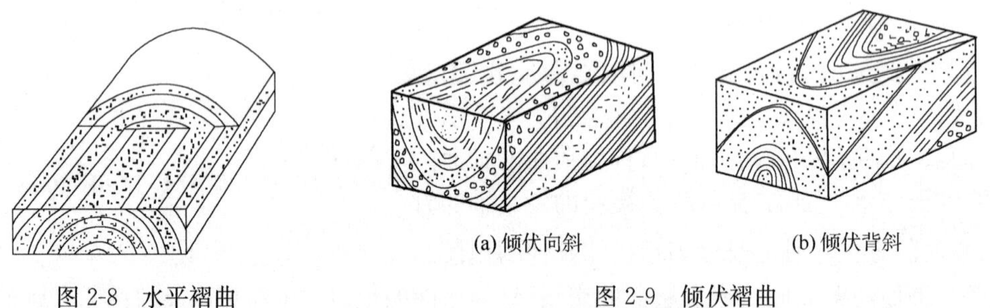

(a) 倾伏向斜　(b) 倾伏背斜

图 2-8　水平褶曲　　图 2-9　倾伏褶曲

当褶曲的枢纽倾伏时,在平面上会看到,褶曲的一翼逐渐转向另一翼,形成一条圆滑的曲线。在平面上褶曲从一翼弯向另一翼的曲线部分,称为褶曲的转折端。在倾伏背斜的转折端,岩层向褶曲的外方倾斜(外倾转折);在倾伏向斜的转折端,岩层向褶曲的内方倾斜(内倾转折)。

4)按褶曲构造延伸的规模分类

线形褶曲:长宽比大于 10∶1,延伸的长度大而分布宽度小的,称为线形褶曲。

短背(向)斜:褶曲向两端倾伏,长宽比介于 10∶1～3∶1 之间,成长圆形。

穹隆:长宽比小于 3∶1 的圆形背斜称为穹隆;

构造盆地:长宽比小于 3∶1 的圆形的向斜称为构造盆地。

3. 褶皱构造的工程地质评价和野外观察

1)褶皱构造的工程地质评价

(1)褶曲的翼部基本上是单斜构造,也就是倾斜岩层的产状与路线或隧道轴线走向的关系问题。

(2)对于深路堑和高边坡来说,路线垂直岩层走向或路线与岩层走向平行但岩层倾向与边坡倾向相反时，只就岩层产状与路线走向的关系而言，对路基边坡的稳定性是有利的。

(3)不利的情况是路线走向与岩层的走向平行，边坡与岩层的倾向一致，特别在云母片岩、绿泥石片岩、滑石片岩、千枚岩等松软岩石分布地区，坡面容易发生风化剥蚀，产生严重碎落坍塌，对路基边坡及路基排水系统会造成经常性的危害。

(4)最不利的情况是路线与岩层走向平行，岩层倾向与路基边坡一致，而边坡的坡角大于岩层的倾角，特别在石灰岩、砂岩与黏土质页岩互层，且有地下水作用时，如路堑开挖过深，边坡过陡，或者由于开挖使软弱构造面暴露，都容易引起斜坡岩层发生大规模的顺层滑动，破坏路基稳定。

(5)对于隧道工程来说，从褶曲的翼部通过一般是比较有利的。如果中间有松软岩层或软弱构造面时，则在顺倾向一侧的洞壁，有时会出现明显的偏压现象，甚至会导致支撑破坏，发生局部坍塌。

(6)在褶曲构造的轴部，从岩层的产状来说，是岩层倾向发生显著变化的地方，就构造作用对岩层整体性的影响来说，又是岩层受应力作用最集中的地方，所以在褶曲构造的轴部容易遇到工程地质问题，主要是由于岩层破碎而产生的岩体稳定问题和向斜轴部地下水的问题。

2)褶曲的野外观察

一般情况下，人们容易认为背斜为山，向斜处为谷。在一定的外力条件下，向斜山与背斜谷(图 2-10)的情况在野外也是比较常见的。但是，不能够完全以地形的起伏情况作为识别褶曲构造的主要标志。

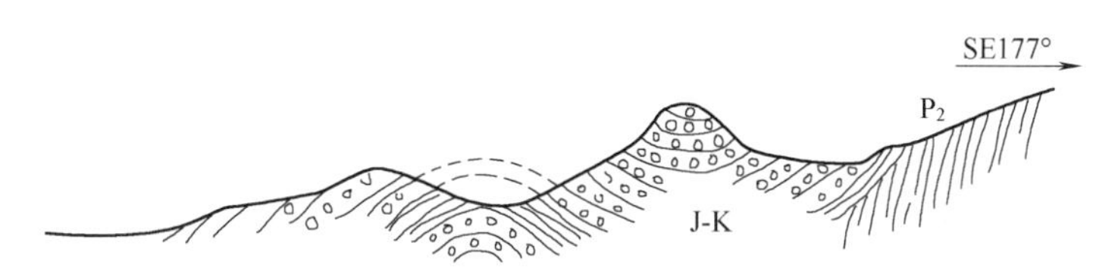

图 2-10　褶曲构造与地形

在野外就需要采用穿越的方法和追索的方法进行观察。穿越法是沿着选定的调查路线，垂直岩层走向进行观察。用穿越的方法，便于了解岩层的产状、层序及其新老关系。如果在路线通过地带的岩层呈有规律的重复出现，则必为褶曲构造。根据岩层出露的层序及其新老关系，判断是背斜还是向斜。分析两翼岩层的产状和两翼与轴面之间的关系，可以判断褶曲的形态类型。追索法是平行岩层走向进行观察的方法。平行岩层走向进行追索观察，便于查明褶曲延伸的方向及其构造变化的情况 当两翼岩层在平面上彼此平行展布时为水平褶曲，如果两翼岩层在转折端闭合或呈“S”形弯曲时，则为倾伏褶曲。在实践中一般以穿越法为主，追索法为辅，根据不同情况穿插运用。

(三)断裂构造

构成地壳的岩体受力作用发生变形，当变形达到一定程度后，使岩体的连续性和完整性遭到破坏，产生各种大小不一的断裂，称为断裂构造。断裂构造是地壳上层常见的地质构造，包括裂隙和断层等。

1. 裂隙

裂隙也称为节理，是存在于岩体中的裂缝，是岩体受力断裂后两侧岩块没有显著位移的小型断裂构造。

1)裂隙的类型

自然界的岩体中几乎都有裂隙存在,按成因可以归纳为构造裂隙和非构造裂隙两类。构造裂隙是岩体受地应力作用随岩体变形而产生的裂隙。它在空间分布上具有一定的规律性。按裂隙的力学性质,构造裂隙可分为下面两种:

(1)张性裂隙:在褶曲构造中,张性裂隙主要发育在背斜和向斜的轴部。裂隙张开较宽,断裂面粗糙一般很少有擦痕,裂隙间距较大且分布不匀,沿走向和倾向都延伸不远。

(2)扭(剪)性裂隙:一般多是平直闭合的裂隙,分布较密,走向稳定,延伸较深、较远,裂隙面光滑,常有擦痕。扭性裂隙常沿剪切面成群平行分布,形成扭裂带,将岩体切割成板状。两组裂隙在不同的方向同时出现,交叉成"X"形,将岩体切割成菱形块体。扭性裂隙常出现在褶曲的翼部和断层附近。

非构造裂隙是由成岩作用、外动力、重力等非构造因素形成的裂隙。主要有原生裂隙风化裂隙、卸荷裂隙等。

2)裂隙的工程地质评价

岩体中的裂隙,在工程上除有利于开挖外,对岩体的强度和稳定性均有不利的影响。

(1)岩体中存在裂隙破坏了岩体的整体性,促进岩体风化速度,增强岩体的透水性,因而使岩体的强度和稳定性降低。

(2)当裂隙主要发育方向与路线走向平行,倾向与边坡一致时,不论岩体的产状如何,路堑边坡都容易发生崩塌等不稳定现象。

(3)在路基施工中,如果岩体存在裂隙,还会影响爆破作业的效果。

2. 断层

岩体受力作用断裂后,两侧岩块沿断裂面发生了显著位移的断裂构造,称为断层。

1)断层要素(图 2-11)

断层面:两侧岩块发生相对位移的断裂面,称为断层面。

断层的产状:就是用断层面的走向、倾向和倾角表示的。

规模大的断层,经常不是沿着一个简单的面发生,而往往是沿着一个错动带发生,称为断层破碎带。由于两侧岩块沿断层面发生错动,所以在断层面上常留有擦痕,在断层带中常形成糜棱岩、断层角砾和断层泥等。

断层线:断层面与地面的交线,称为断层线。

断层线表示断层的延伸方向,其形状决定于断层面的形状和地面的起伏情况。

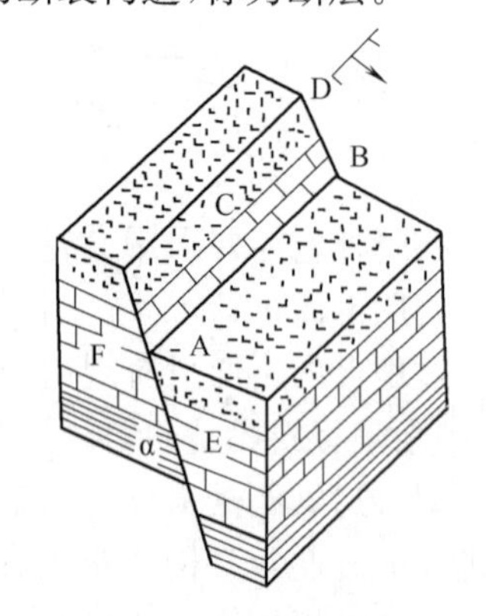

图 2-11 断层要素

AB—断层线;C—断层面;α—断层倾角;E—上盘;F—下盘;DB—总断距

上盘和下盘:断层面两侧发生相对位移的岩块,称为断盘。当断层面倾斜时,位于断层面上部的称为上盘;位于断层面下部的称为下盘,当断层面直立时,常用断块所在的方位表示,如东盘、西盘等。以断盘位移的相对关系为依据,则将相对上升的一盘称为上升盘,相对下降的一盘称为下降盘。

断距:断层两盘沿断层面相对移动开的距离。

2)断层的基本类型

断层的分类方法很多,所以有各种不同的类型。根据断层两盘相对位移的情况,可以分为下面三种。

(1)正断层(图 2-12(a))。上盘沿断层面相对下降,下盘相对上升的断层。正断层一般是由于岩体受到水平张应力及重力作用,一般规模不大,断层线比较平直,断层面倾角较陡,常大于 45°。

(2)逆断层(图 2-12(b))。上盘沿断层面相对上升,下盘相对下降的断层。逆断层一般是由于岩体受到水平方向强烈挤压力的作用。断层面从陡倾角至缓倾角都有,其中断层面倾角大于 45°的称为冲断层;介于 25°～45°之间的称为逆掩断层(图 2-12(d));小于 25°的称为辗掩断层,逆掩断层和辗掩断层常是规模很大的区域性断层。

(3)平移断层(图 2-12(c))。由于岩体受水平扭应力作用,使两盘沿断层面发生相对水平位移的断层。平移断层的倾角很大,断层面近于直立,断层线比较平直。

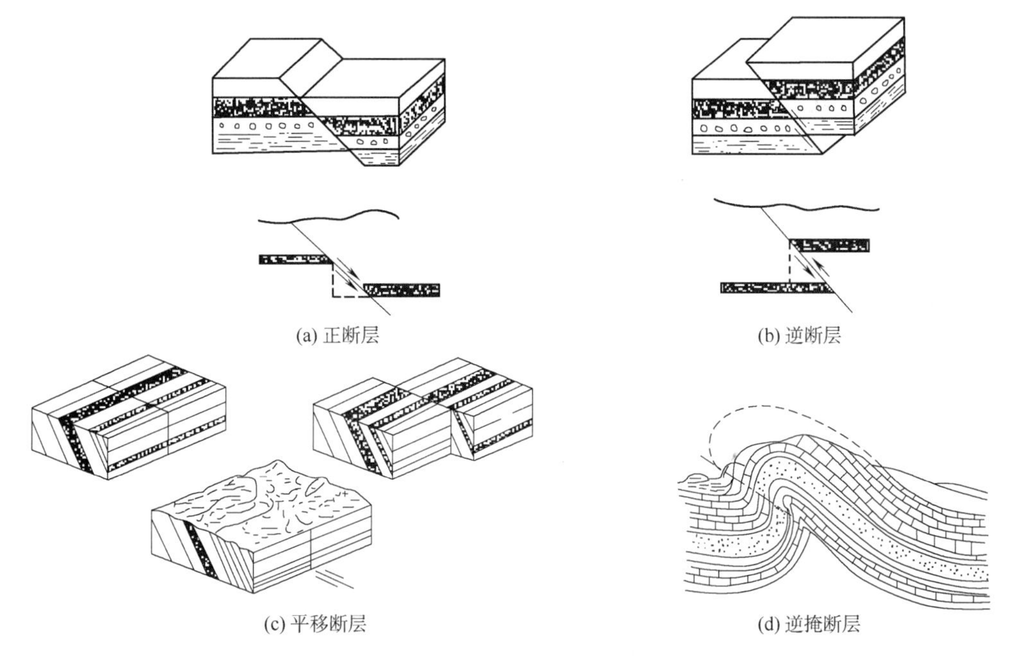

图 2-12　断层的类型

上面介绍的主要是一些受单向应力作用而产生的断裂变形,是断层构造的三个基本类型。断层的形成和分布不是孤立的现象,它受着区域性或地区性地应力场的控制,并经常与相关构造相伴生,很少孤立出现。在各构造之间,总是依一定的力学性质,以一定的排列方式有规律地组合在一起,形成不同形式的断裂带。

断裂带是局限于一定地带内的一系列走向大致平行的断层组合,如阶状断层、地堑、地垒和叠瓦状构造等,如图 2-13 所示。

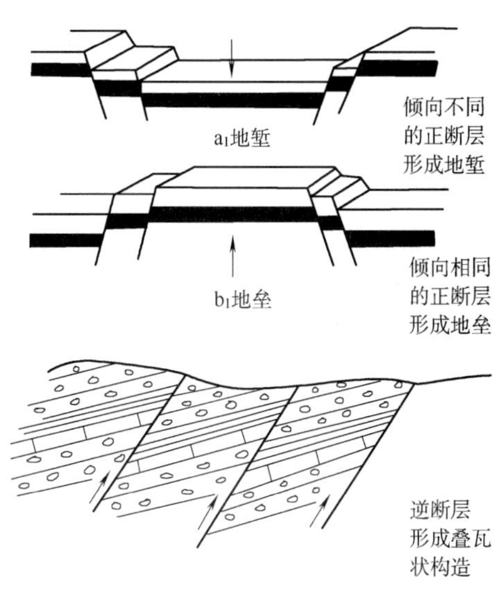

图 2-13　断层组合

地堑常形成狭长的凹陷地带,如我国山西的汾河河谷,陕西的渭河河谷等,都是有名的地堑构造。

地垒多形成块状山地,如天山、阿尔泰山等,都广泛发育有地垒构造。

3)断层的工程地质评价

(1)由于岩层发生强烈的断裂变动,致使岩体裂隙增多、岩石破碎、风化严重、地下水发育,从而降低岩石的强度和稳定性,对工程建筑造成种种不利的影响。

(2)在铁路工程建设中,如确定路线布局、选择桥位和隧道位置时,要尽量避开大的断层破碎带。

(3)在研究路线布局,特别在安排河谷路线时,要注意河谷地貌与断层构造的关系。当路线与断层走向平行,路基靠近断层破碎带时,由于开挖路基,容易引起边坡发生大规模坍塌,直接影响施工和铁路的正常使用。

(4)在进行大桥桥位勘测时,要注意查明桥基部分有无断层存在,及其影响程度如何,以便根据不同情况,在设计基础工程时采取相应的处理措施。

(5)在断层发育地带修建隧道是最不利的一种情况。由于岩层的整体性遭到破坏,加之地面水或地下水的侵入,其强度和稳定性都很差,容易产生洞顶塌落,影响施工安全。

(6)当隧道轴线与断层走向平行时,应尽量避免与断层破碎带接触。隧道横穿断层时,虽然只有个别段落受断层影响,但因地质及水文地质条件不良,必须预先考虑措施,保证施工安全。特别当断层破碎带规模很大或者穿越断层带时,会使施工十分困难,在确定隧道平面位置时,要尽量设法避开。

4)断层的野外识别

识别依据:

(1)改变原有地层的分布规律;

(2)断层面及其相关部分形成各种伴生构造;

(3)形成与断层构造有关的地貌现象。

识别方法:

(1)地貌特征:断层崖、断层三角面地形、沟谷或峡谷地形。山脊错断、错开、河谷跌水瀑布、河谷方向发生突然转折等。

(2)地层特征:岩层发生重复(图 2-14(a))或缺失(图 2-14(b)),岩脉被错断(图 2-14(c)),岩层沿走向突然发生中断、与不同性质的岩层突然接触等。

(3)断层的伴生构造现象:岩层牵引弯曲,断层角砾、糜棱岩、断层泥和断层擦痕等。

牵引弯曲是岩层因断层两盘发生相对错动,因受牵引而形成的弯曲(图 2-14(d)),多形成于页岩、片岩等柔性岩层和薄层岩层中。当断层发生相对位移时,其两侧岩石因受强烈的挤压力,有时沿断层面被研磨成细泥,称为断层泥;如被研碎成角砾,则称为断层角砾(图 2-14(e))。断层角砾一般是胶结,其成分与断层两盘的岩性基本一致。断层两盘相互错动时,因强烈摩擦而在断层面上产生的一条条彼此平行密集的细刻槽,称为断层擦痕(图 2-14(f))。顺擦痕方向抚摸,感到光滑的方向即为对盘错动的方向。此外,如泉水、温泉呈线状出露的地方,也要注意观察,是否有断层存在。

(四)不 整 合

在野外我们有时可以发现,形成年代不相连续的两套岩层重叠在一起的现象,这种构造形迹,称为不整合。不整合不同于褶皱和断层,主要由地壳的升降运动产生的构造形态,由于在地壳上升的隆起区域发生剥蚀,在地壳下降的凹陷区域产生沉积。当沉积区处于相对

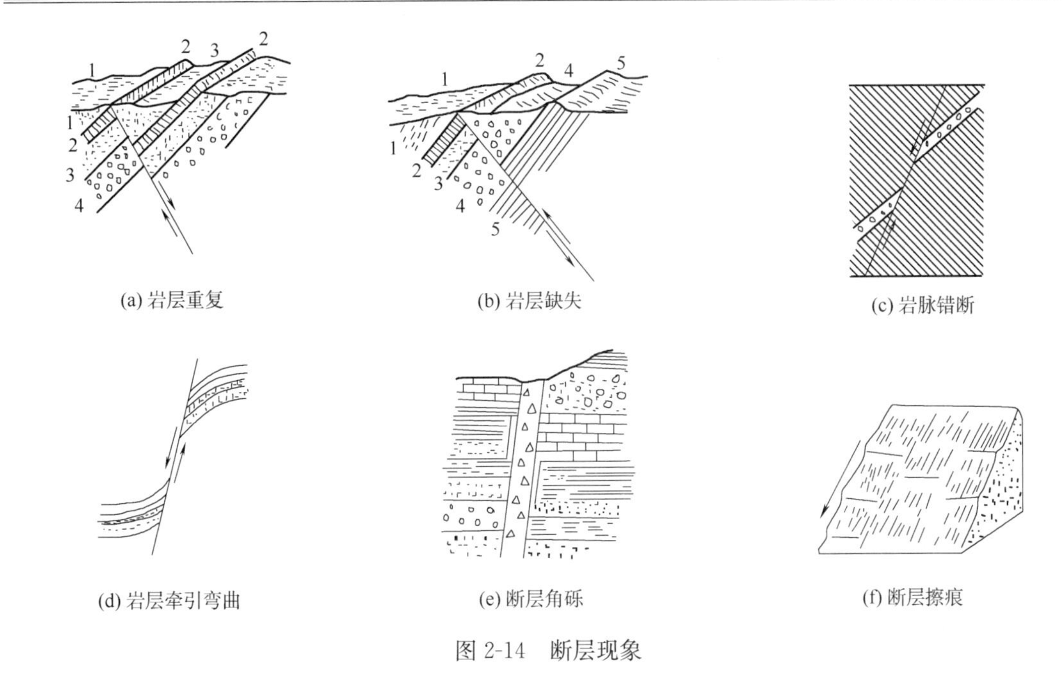

(a) 岩层重复　(b) 岩层缺失　(c) 岩脉错断

(d) 岩层牵引弯曲　(e) 断层角砾　(f) 断层擦痕

图 2-14　断层现象

稳定阶段时，则沉积区连续不断地进行着堆积，堆积物的沉积次序是衔接的，产状是彼此平行的，在形成的年代上也是顺次连续的，岩层之间的这种接触关系，称为整合接触，如图 2-15(a)所示。

1. 不整合的类型

不整合有各种不同的类型，基本类型有平行不整合和角度不整合两种。

平行不整合：不整合面上下两套岩层之间的地质年代不连续，缺失沉积间断期的岩层，但彼此的产状基本上是一致的，看起来貌似整合接触，又称为假整合，如图 2-15(b)所示。

角度不整合：角度不整合又称为斜交不整合。如图 2-15(c)所示，角度不整合不仅不整合面上下两套岩层间的地质年代不连续，而且两者的产状也不一致，下伏岩层与不整合面相交有一定的角度。这是由于不整合面下部的岩层，在接受新的沉积之前发生过褶皱变动的缘故。

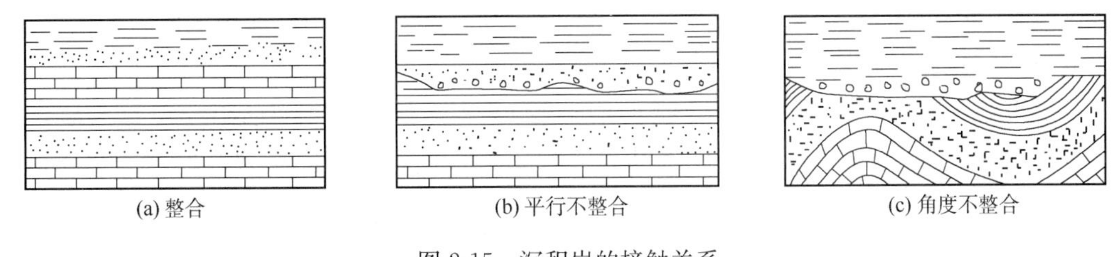

(a) 整合　(b) 平行不整合　(c) 角度不整合

图 2-15　沉积岩的接触关系

2. 不整合的工程地质评价

1)不整合面是下伏古地貌的剥蚀面，它常有比较大的起伏，同时常有风化层或底砾存在，层间结合差，地下水发育；

2)当不整合面与斜坡倾向一致时，如开挖路基，经常会成为斜坡滑移的边界条件，对工程建筑不利。

三、相关案例

案例一:某铁路SJS－Ⅲ标段,施工调查报告中地质构造部分

本标段位于某地台的中西部,燕山运动中形成平缓褶皱,南北边缘形成新生代地堑式断陷盆地。陕北黄土高原拱起地块新构造运动整体表现为间歇性缓慢上升,中、新生代地壳垂直形变不明显,地震活动水平低,区内断裂也较为稀少。

总体上说,本段区内岩层产状平缓,倾向西、西北,倾角5°～10°,区域地质构造简单,褶皱及断层稀少,属稳定区域。

案例二:东秦岭隧道

西安—南京铁路东秦岭隧道位于陕西蓝田、商州交界处。隧道穿越长江与黄河的分水岭——秦岭,岭脊总体呈北东向展布,山势北陡南缓。

东秦岭特长隧道位于华北地台南缘构造带,褶皱构造和断裂构造极为发育。褶皱构造在东秦岭特长隧道区较为发育,褶皱形态复杂,小褶曲发育,主要有以下两大褶皱构造带,即张家坪背斜和田家沟—垢神庙向斜。张家坪背斜向东倾伏,隧道区位于其倾伏端,由元古界铁铜沟组石英岩组成;其走向由北向南依次变化,石英岩均向北倾;其核部岩体较为完整,呈巨块状砌体结构;在其核部有长大的张开节理及节理密集带发育。田家沟—垢神庙向斜位于F6断层以南奥陶系地层中,为一紧密的复式向斜。其核部位于DK106＋600附近,岩体破碎,裂隙很发育;断裂构有张家坪—灞源断层(F5)和牛头岩断层(F6)等。

东秦岭隧道作为全线的控制性工程,地形、地质条件很复杂,在工期、投资以及后期运营等各方面均有特殊的要求。

学习项目3　地震对铁道工程建设的影响分析

一、引出案例

我国是一个多地震的国家,西南地区强震较多,绝大多数属于构造地震。地震活动是最新构造运动的表现,具有明显的地区性和成带性特点,例如川滇南北向断裂带是我国著名的强震活动带(称南北地震带),这是由(新)构造属性所决定的。根据《中国地震带图》,中国地震震中分布具有地区性和成带性的基本特征。

高烈度地震对不良地质条件下的地下工程危险较大。如1906年旧金山8.3级地震,使奈特1号铁路隧道水平错位1.37 m;1930年日本伊豆半岛7.0级地震,使丹娜断层活动,引起丹娜铁路隧道水平错位2.39 m和竖向错动0.6 m;1952年美国克恩县7.6级地震,使位于白狼断层破碎带的4座铁路隧道,有的边墙扭曲变形,有的地面出现大裂缝和洞穴穿透的严重破坏,均需改建或重建;1971年美国圣佛南多6.4级地震,使穿越塞尔玛断层的圣佛南多铁路隧道竖向错位2.29 m。而其他地质条件较好的隧道,在强震作用下绝大多数仅有混凝土掉块、破碎、裂缝等轻微破坏或无破坏。

二、相关理论知识

(一)地震的概念

地震指地壳发生的颤动或振动,是由地球内动力作用引起的。地震要素如图2-16所示。

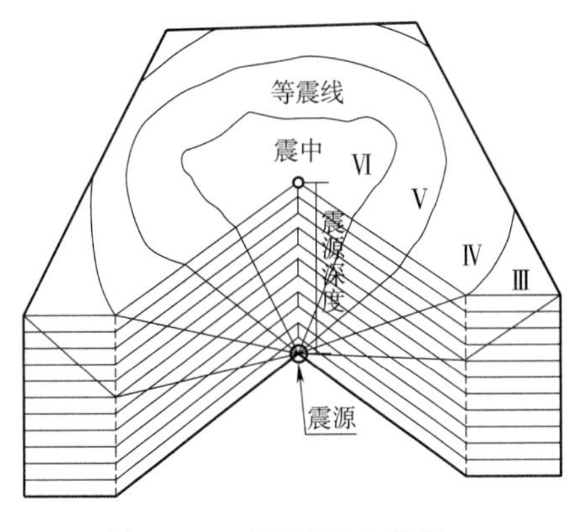

图 2-16　地震要素示意图

震源：在地壳内部振动的发源地。

震中：震源在地面上的垂直投影，可看作是地面上振动的中心。

震源深度：震中到震源的距离。

震中距：地面上任何地方到震中的距离。

地震波：地震发生时，震源处产生剧烈振动，以弹性波方式向四周传播，此弹性波称为地震波。地震波分为体波和面波，体波包括纵波和横波，纵波又称压缩波、P 波，引起地面上下颠簸；横波又称剪切波、S 波，使地面水平摇摆；面波分为瑞利波和乐甫波，引起地面波状起伏。

(二)地震的类型

1. 地震按成因可分为：构造地震、火山地震、陷落地震和人工诱发地震。

构造地震指由于地质构造作用所产生的地震，约占地震总数的 90%。构造地震中最为普遍的是由于地壳断裂活动而引起的地震，这种地震大部分是浅源地震，破坏性巨大。

火山地震是指由于火山爆发和火山下面的岩浆运动而产生的地面振动，占总数的 7%。

塌陷地震是指由于洞穴崩塌、地层陷落等原因发生的地震。特点为地震能量小、震级小，发生次数少仅占 3%。

诱发地震是指在构造应力原来处于相对平衡的地区，由于外界力量的作用，破坏了相对稳定的状态，发生构造运动并引起地震。例如：水库蓄水、爆破引起的地震。

2. 按震源深度的不同可分为：

浅源地震＜70 km；

中源地震 70～300 km；

深源地震＞300 km。

3. 按地震震级大小可分为：

弱震：震级＜3 级，如果震源不是很浅，这种地震人们一般不易觉察。

有感地震：3≤震级≤4.5 级，这种地震人们能够感觉到，但一般不会造成破坏。

中强震：4.5＜震级＜6 级，属于可造成破坏的地震，但破坏轻重还与震源深度、震中距等多种因素有关。

强震：震级≥6 级，其中震级大于等于 8 级的又称巨大地震。

(三)地震震级与地震烈度

地震震级是一次地震本身大小的等级，它是用来衡量地震能量大小的量度。地震烈度是指某地区地表面和建筑物受地震影响和破坏的程度。烈度的大小除与地震震级、震中距、震源深浅有关外，还与当地地质构造、地形、岩土性质等因素有关。

我国将地震烈度分为十二度。根据使用特点的需要，将地震烈度划分为：基本烈度、建筑场地烈度和设计烈度三种。基本烈度是指在今后一定时期内(如 50 年、100 年…)，在一般场地条件下，可能遭受的最大地震烈度。建筑场地烈度是指在建筑场地范围内，由于地质条件、地形地貌条件及水文地质条件不同而引起对基本烈度的提高或降低。设计烈度是指抗震设计中实际采用的烈度。它是根据建筑物的重要性、永久性、抗震性及经济性等的需要对基本烈度的调整。

地球上的地震有强有弱。用来衡量地震强度大小的尺子有两把，一把叫地震震级；另一把叫地震烈度，地震震级与地震烈度既有区别，又有联系。一次地震中，震级是唯一的，而地震烈度却在不同地区有不同烈度。一般认为，当环境条件相同时，震级愈高，震源愈浅，震中距愈小，地震烈度愈高。

举个例子来说，地震震级好像不同瓦数的日光灯，瓦数越高能量越大，震级越高。烈度好像屋子里受光亮的程度，对同一盏日光灯来说，距离日光灯的远近不同，各处受光的照射也不同，所以各地的烈度也不一样。地震震级是衡量地震大小的一种度量。每一次地震只有一个震级。它是根据地震时释放能量的多少来划分的，震级可以通过地震仪器的记录计算出来，震级越高，释放的能量也越多。我国使用的震级标准是国际通用震级标准，为"里氏震级"。

（四）地震动参数

地震动参数表征地震引起的地面运动的物理参数，包括峰值、反应谱和持续时间等。地震动参数是工程抗震设计的依据，不同工程对工程场地地震安全性评价的深度以及提供的参数的要求不同，这取决于工程的类型、工程的安全性、危险性以及社会影响等因素。比如对一般工业民用建筑，中国已经颁发的抗震设计规范都以基本烈度为基础来确定设防烈度，以烈度值换算成地震动峰值加速度进行抗震设计，但对一些重要工程和特殊工程如超高层建筑、大桥、大坝、核电厂等只提供峰值加速度还不能满足抗震设计要求，还必须提供地震过程的频率特性和强震动的持时等地动参数。

地震加速度是指地震时地面运动的加速度。地震加速度值为 2.5～8 cm/s^2时，多数人可以感到；达到 25～80 cm/s^2时，房屋强烈摇动。

地震动峰值加速度是指与地震动加速度反应谱最大值相应的水平加速度。

《铁路工程抗震设计规范》(GB 50111—2006)规定，抗震设防烈度和地震动峰值加速度的对应见表 2-3。

表 2-3　抗震设防烈度与地震动峰值加速度的对应表

抗震设防烈度(度)	6	7		8		9
多遇地震	0.02g	0.04g	0.05g	0.07g	0.10g	0.14g
设计地震	0.05g	0.10g	0.15g	0.20g	0.30g	0.40g
罕遇地震	0.11g	0.21g	0.32g	0.38g	0.57g	0.64g

注：对重要桥梁，在多遇地震作用下，表中数值应乘重要性系数 1.4。

（五）地震对铁路工程的破坏

强烈地震时地震波所产生的地震力对地震区的铁路工程将造成严重破坏，主要有：

1. 地面破裂：强震将导致岩体和土体的突然破裂和位移，产生断层和地裂缝，从而引起附近或跨断裂的铁路工程的变形和破坏。

2. 斜坡失稳：地震将引起斜坡地区的岩体和土体失去稳定，产生机械运动，导致该地区铁路工程的破坏。

3. 地基变形：地震常使松散地基压密下沉，发生砂土液化，淤泥流塑变形等，引起地基下陷和变形，导致上部结构破坏。

经验表明，水平振动对铁路工程的破坏影响最大，因而抗震设计一般只考虑水平地震作用。

（六）地震区选线

1. 在地震区选择线路和重要建筑位置时，应以预防为主。根据需要进行工程地质、水文地质和地震活动情况的勘察工作，按表 2-4 首先查明对抗震有利、不利和危险地段，尽量避免危险与不利地段。当避绕有困难时，应采用对抗震有利的建筑物通过或采取相应的有效措施。

表 2-4　抗震地段的划分

地段类别	地质、地形、地貌
有利地段	稳定的岩石、碎石类土及密度大、湿度小的均一土及平坦、开阔的地形
不利地段	饱和的软弱土，液化土，条形突出的山嘴，高耸孤立的山丘，非岩质的陡坡，河岸和边坡的边缘，平面分布上成因、岩性、状态明显不均匀的土层（如古河道、疏松的断层破碎带、暗埋的塘浜沟谷和半填半挖地基）等
危险地段	地震时可能发生滑坡、崩塌、地陷、地裂、泥石流等及发震断裂带上可能发生地表错位的部位，沼泽区、不稳定的填土堆石地区，地质构造复杂地区

2. 线路应该避开基本烈度为 9 度的地震区主要活动断裂带。难以避开时，应选择在其较窄处通过。

3. 在液化土和软土等松软地基地区，线路宜选择在有较厚覆盖层处以低路堤处通过，桥梁中线应与河流正交。

4. 在土质松软或岩层破碎、地质结构不利地段，不应做深长路堑。

5. 位于 7、8、9 度地震区的铁路的路基、挡土墙、桥梁、隧道等建筑物，应按不同的场地类别，根据现行的《铁路工程抗震设计规范》采取抗震措施，并按规定范围演算抗震强度和稳定性。

三、相关案例

5.12 汶川地震发生后，对当时正在拟建的兰渝铁路的影响进行影响分析。汶川大地震主震区出现了灾难性的破坏，震中烈度达到 11 度，兰渝铁路沿线受地震影响严重的地区是宕昌以南至广元，受影响较小的是宕昌以北至兰州，主要的判别依据为既有建筑物的破坏程度及沿线既有道路出现次生灾害的发育情况，在地质环境上研究了地震造成的地质构造、地层结构、不良地质等方面的变化。

汶川大地震造成了重大灾难，表明该地区设防标准不能满足工程抗震安全，于是 2008 年 6 月 11 日，国家标准化管理委员会发布并实施了《中国地震动参数区划图》（GB 18306－2001）国家标准第 1 号修改单及《四川、甘肃、陕西部分地区地震动峰值加速度区划图》等。

【思考与练习题】

一、名词解释

地壳运动　地质作用　褶皱构造　褶曲　断裂构造　节理　断层

二、简 答 题

1. 什么是岩层的产状要素？

2. 试简述岩层产状的测量方法。

3. 简述地质构造对工程建筑物稳定性的影响(从地质构造控制地质结构和地质环境两个方面总结分析)。

4. 试简述岩层和地层两概念的差别。

5. 简述地层划分和对比的方法及主要依据。

6. 平行不整合和角度不整合是怎样形成的?

三、读 图 题

识读图 2-17,写出此平面图中的地质构造类型及其形成时代,并判断各地层间的接触关系。(若同一构造类型有若干个,那么请在图上用①、②、③、④、⑤标出,然后分别描述)

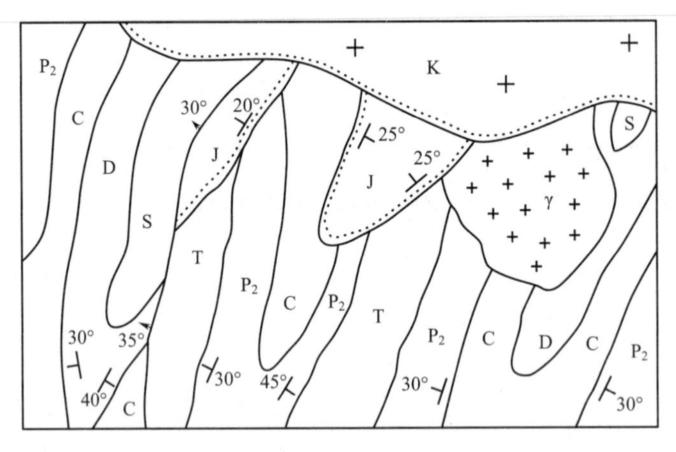

图 2-17　地质图

【知识拓展】

中国地震局的主要职责

(一)拟定国家防震减灾工作的发展战略、方针政策、法律法规和地震行业标准并组织实施。

(二)组织编制国家防震减灾规划;拟定国家破坏性地震应急预案;建立破坏性地震应急预案备案制度;指导全国地震灾害预测和预防;研究提出地震灾区重建防震规划的意见。

(三)制定全国地震烈度区划图或地震动参数区划图;管理重大建设工程和可能发生严重次生灾害的建设工程的地震安全性评价工作,审定地震安全性评价结果,确定抗震设防要求。

(四)依照《中华人民共和国防震减灾法》的规定,监督检查防震减灾的有关工作。

(五)对省、自治区、直辖市地震局实施以中国地震局为主的双重领导,建立和完善相应的管理与计划财务体制;指导省级以下地震工作机构的工作;管理局直属事业单位。

(六)管理全国地震监测预报工作;制定全国地震监测预报方案并组织实施;提出全国地震趋势预报意见,确定地震重点监视防御区,报国务院批准后组织实施。

(七)承担国务院抗震救灾指挥机构的办事机构职责;对地震震情和灾情进行速报;组织地震灾害调查与损失评估;向国务院提出对国内外发生破坏性地震作出快速反应的措施建议。

（八）指导地震科技体制改革；拟定地震科技发展规划和政策；组织地震科技研究与国家重点地震科技项目攻关；组织协调地震应急、救助技术和装备的研究开发；指导地震科技成果的开发与应用；承担地震科技方面的对外交流与合作，承担国际禁止核试验的地震核查工作。

（九）指导防震减灾知识的宣传教育工作。

（十）管理、监督地震事业费、基本建设经费和专项资金的使用。

（十一）承办国务院交办的其他事项。

单元 3　自然地质作用对铁路工程的影响分析

【学习导读】在工程地质学中，对建筑物的稳定、安全及人类生活环境有影响的自然地质现象，称为自然地质作用。自然地质作用的类型很多，本章重点研究风化作用、水文地质作用、岩溶作用、崩塌、滑坡、泥石流等地质作用。研究它们的发生、发展规律，预测它们对建筑物可能产生的危害。

【能力目标】1. 具备岩石风化辨别和处理的能力；

2. 具备岩溶处理的能力；

3. 具备对不良地质作用处理的能力；

【知识目标】1. 掌握风化作用的类型以及影响岩石风化的因素；

2. 掌握地表水和地下水的地质条件的影响因素；

3. 了解岩溶的一般形态，掌握岩溶发育的基本条件及影响因素；

4. 了解常见的自然地质灾害类型及它们的发展规律。

学习项目 1　风化作用

一、引出案例

为了保证列车安全、舒适、平稳的运行，高速铁路对路基变形有严格的要求。武广客运专线沿线的相当一段线路穿越全风化花岗岩地段，A、B 组填料缺乏，如果完全依靠外运合格填料，则既不经济又不合理。为了保证工程能够高效、安全、经济的建设，就要对一些地段的花岗岩风化物进行改良，使其达到所要求的填料标准。

武广客运专线韶关至花都段线路里程编号为 DK2058＋600～DK2095＋655.6 的地段基岩为燕山期花岗岩。研究的样品分别取自于岭牌隧道、岭牌大桥、柯树坝大桥、大石大桥、黄屋牌特大桥共 5 个工点的 6 个钻孔，每个钻孔各取一个强风化样品和一个弱风化样品，样品共 12 个。通过试验发现从宏观层面上讲，风化作用将会破坏岩体结构完整性和降低岩体力学参数指标。从微观层面上讲，风化作用会改变矿物成分及含量，使造岩矿物向黏土矿物转化，使微结构紧凑程度降低而趋向不稳定，破坏矿物粒间联结力，以致改变岩石的力学性能。

二、相关理论知识

风化作用是指地表或接近地表的坚硬岩石、矿物与大气、水及生物接触过程中产生物理、化学变化而在原地形成松散堆积物的全过程。风化作用是最普遍的一种地质作用，在大陆的各种地理环境中，都有风化作用在进行。风化作用在地表最明显，随着深度的增加，其影响逐渐减少甚至消失。

风化作用使完整的岩石破坏，改变岩石的结构、构造和化学成分，使岩石的强度和物理性质大为降低，给工程建设带来不利影响。另外，许多不良地质现象，如滑坡、崩塌、泥石流，基本上是在风化作用的基础上逐渐形成和发展起来的。因此，研究风化作用的机理，分析岩石风化程度，对评价工程地质条件是必不可少的。

（一）风化作用的类型

根据风化作用的因素和性质可将其分为三种类型：物理风化作用、化学风化作用和生物风化作用。

1. 物理风化作用

物理风化作用是指在外力作用下，岩石在原地产生机械破碎，而不改变其化学成分的过程。产生物理风化作用的原因有温度变化、水的冻结与融化、可溶盐的结晶与潮解和岩石释重。

1）温度变化

地球表面的昼夜与四季都有明显温度变化。由于岩石是不良导体，白天温度上升，岩石表面升温而膨胀，内部温度仍然较低，于是岩石内外层之间出现温差及胀缩不一致，产生与表面平行的风化裂隙。晚上温度降低，岩石表面迅速散热降温，产生收缩，而岩石内部仍在缓慢地升温膨胀，于是形成与表面垂直的径向裂隙。这个过程反复进行，风化裂隙日益扩大增多，使岩石表面呈层状剥落，坚硬岩石崩解、破碎。风化裂隙使岩石的棱角逐渐消失而圆化，形成大小不一的球体和椭球体，这种现象称为球形风化。

温度变化的速度与幅度，特别是变化速度，对物理风化作用的强度起着重要影响。温度变化愈大，收缩与膨胀交替愈快，岩石风化愈剧烈。在干旱、半干旱地区，昼夜温差可达60℃～70℃，在沙漠地区，傍晚可以听到的炸裂声，就是因温度骤降而引起的物理风化。

2）水的冻结与融化

在一些高寒地区，进入岩石裂隙中的水，当温度降低到0℃以下时，液态的水就变成固态的冰，体积膨胀约9%。由于体积的增大，对岩石的裂隙可产生很大的压力（可达96～200 MPa），使岩石的裂隙加宽、加深，扩大原有的裂隙。当温度升高至冰点时，冰又融化为水，体积减小，扩大的裂隙又有水进入。久而久之，就会使岩石逐渐崩解成碎块，这种物理风化作用又称为冰冻风化作用。冰冻风化作用主要发生在严寒的高纬度地区和低纬度的高寒山岳地区。

3）可溶盐的结晶与潮解

在干旱、半干旱地区，广泛分布着各种可溶盐类。有些盐类具有很大的吸湿性，能从空气中吸收大量的水分而潮解，最后成为溶液。温度升高，水分蒸发，盐分又结晶析出，体积显著增大。由于可溶盐结晶时的撑裂作用，使岩石的裂隙逐渐扩大，导致岩石松散破坏。

4）岩石释重

在岩石地基、隧洞开挖过程中，由于施工开挖，破坏了原有的应力状态，岩层顶面遭受剥蚀卸荷，岩石释重，随之产生向上或向外的膨胀作用，形成裂隙。应力释放而产生的风化作用是十分巨大的，在矿山开挖施工时，可见工作面上的岩石炸裂飞出。在基坑周围可见平行于开挖面方向分布的裂隙，都是岩石释重产生的。岩石释重所形成的裂隙，为水和空气的活动提供了通路，使得风化作用更加剧烈。

物理风化的结果是产生许多岩石碎屑，大大增加岩石与空气的接触面积，为化学风化、生物化学风化创造条件。由于温度变化是物理风化的主要因素，所以干旱地区、高寒地区、缺少植被地区，物理风化特别强烈。

2. 化学风化作用

岩石中的矿物成分在氧、二氧化碳以及水的作用下，常常发生化学分解作用，产生新的物质。这些物质有的被水溶解，随水流失，有的属不溶解物质残留在原地，这种改变原有化学成分的作用称化学风化作用。化学风化作用有溶解作用、氧化作用、水化作用、水解作用和碳酸化作用。

1)溶解作用

水在自然界的分布十分广泛，在化学风化中占有重要位置。水溶解岩石中矿物的作用称为溶解作用。溶解作用的结果，使岩石中的易溶物质被逐渐溶解而随水流失，难溶物质则残留于原地。岩石由于溶解作用，削弱了颗粒间的结合力，从而降低岩石的强度，使岩石遭受破坏。自然界最易溶解的是卤化盐类(岩盐、钾盐等)，其次是硫酸盐(石膏、硬石膏)，另外，为碳酸盐类(石灰岩、白云岩、大理岩等)。岩石在水中的溶解作用一般比较缓慢，但在 CO_2、NO_2 和有机酸的作用下，水的溶解能力大大增加。在石灰岩地区，由于水对岩石的溶解作用，常形成溶洞、溶穴、石林等喀斯特地貌。据估计，地球上的河流每年带入海洋的可溶盐类高达 400 万吨。

2)氧化作用

氧化作用是地表的一种普遍的自然现象，是化学风化作用的主要方式之一。

自然界的有机化合物、低价氧化物和硫化物最易遭受氧化作用，尤其低价铁最易氧化成高价铁，从而使结晶格架破坏，例如：

$$\underset{\text{黄铁矿}}{4FeS_2} + 14H_2O + 15O_2 \rightarrow 2\underset{\text{褐铁矿}}{(Fe_2O_3 \cdot 3H_2O)} + 8H_2SO_4$$

黄铁矿经氧化形成褐铁矿，颜色由铜黄色变为褐黄色，硬度、比重都变小。同时产生的硫酸对岩石腐蚀性极强，可使建筑材料中的混凝土、钢筋产生锈蚀，在工程中应予以重视。

3)水化作用

水化作用是指无水矿物与水结合，成为含水矿物，例如：

$$\underset{\text{硬石膏}}{CaSO_4} + 2H_2O \rightarrow \underset{\text{石膏}}{CaSO_4 \cdot 2H_2O}$$

水化作用的结果是产生含水矿物。含水矿物的硬度一般低于无水矿物，同时在水化过程中结合了一定数量的水分子进入物质中，引起体积增加，对岩石产生破坏作用。

4)水解作用

某些矿物溶解于水后出现水解现象，其水解产物与水中 H^+、OH^- 发生化学反应，形成新的矿物，这种作用称为水解作用，例如：

$$\underset{\text{正长石}}{4K(AlSi_3O_8)} + 6H_2O \rightarrow 4KOH + 8SiO_2 + \underset{\text{高岭石}}{Al_4(Si_4O_{10})(OH)_8}$$

正长石经水解作用后，形成的 K^+ 与水中 OH^- 结合，形成 KOH 随水流走，析出一部分 SiO_2 呈胶体溶液随水流失，其余部分可形成难溶于水的高岭石残留在原地。如在炎热、潮湿的气候下，高岭石将进一步分解，形成铝土矿($Al_2O_3 \cdot H_2O$)。

5)碳酸化作用

溶解在水中的 CO_2 成为 H_2CO_3，可以分解岩石，称为碳酸化作用。碳酸盐类岩石，如石灰岩、白云岩等，碳酸化作用在含有碳酸钙的岩石中发生，例如石灰岩。此作用发生在雨水与二氧化碳或有机酸等结合后形成弱酸，弱酸与碳酸钙反应后形成重碳酸钙，此作用在低温下会加速，所以是冰川风化的主要特色。在碳酸化作用下能够将比较难溶于水的碳酸盐转为易溶解的重碳酸盐，因而加强了水对岩石的溶解作用，例如：

$$\underset{\text{碳酸钙}}{CaCO_3} + H_2O + CO_2 \Leftrightarrow \underset{\text{重碳酸钙}}{Ca(HCO_3)_2}$$

以上化学反应为可逆的，当存在充足的 CO_2 时，反应可以一直向右进行；当水溶液蒸发干燥达到饱和时，可脱水并释放出 CO_2，再变成 $CaCO_3$，沉淀，反应向左进行。这种反应在石灰岩地区非常普遍，如石灰岩溶洞内的钟乳石就是向左反应的结果。

3. 生物风化作用

岩石在动植物及微生物影响下发生的破坏作用，称为生物风化作用。生物风化作用包括生物物理风化作用和生物化学风化作用。

1)生物物理风化作用

生物物理风化作用是生物的活动对岩石产生机械的破坏作用。例如，植物根系在岩石裂隙中生长，不断地撑裂岩石，从而引起岩石的崩解破碎。穴居动物的挖掘，也可以使岩石崩解。人类的各种建设活动，如开挖隧洞、修路、开矿、农业耕作等，也可以看成一种最剧烈的生物物理风化作用。

2)生物化学风化作用

生物化学风化作用是通过生物的新陈代谢和生物死亡后的遗体腐烂分解来进行的。例如，植物和细菌在新陈代谢过程中，通过分泌有机酸、碳酸、硝酸等溶液腐蚀岩石。动植物死后遗体腐烂，一方面可供给植物生长的钾盐、磷盐和各种碳水化合物；另一方面因含有机酸，对岩石和矿物也有腐蚀作用。

在自然界中，上述三种风化作用是彼此存在的、相互影响的。在不同的地区，它们作用强弱有主次之分，例如，在干旱和高山地区，以物理风化为主，而在湿热多雨地区，则以化学风化和生物化学风化作用为主。

(二)影响岩石风化的因素

岩石一经暴露地表，都会遭受不同程度的风化，但各种岩石性质不同及所处的环境条件不同，其风化程度是不相同的。影响岩石风化的因素很多，主要有岩性、气候、地形与植被等。

1. 岩性

岩性是影响风化的重要因素。外界条件相同时，岩性是造成风化程度差异的主要原因。岩性包括矿物成分、结构及构造、节理等方面。

1)矿物成分

各种造岩矿物对风化作用的抵抗能力是不相同的，主要取决于矿物的晶格稳定性，有些矿物的晶格很容易被破坏，有些则十分稳定，抗风化作用能力很强。根据研究，造岩矿物的相对稳定性见表3-1。

表3-1　造岩矿物的相对稳定性

造岩矿物	相对稳定性
石英	极稳定
白云母、正长石、斜长石	稳定
角闪石、辉石	不太稳定
黑云母、橄榄石、黑绿石、方解石、白云石、石膏、各种黏土矿物	不稳定

一般情况下,矿物在风化作用中的稳定性由大到小的顺序是:氧化物＞硅酸盐＞碳酸盐和硫化物。当岩石中不稳定矿物含量较多时,其抗风化能力较弱;相反,当岩石中含稳定和极稳定矿物较多时,其抗风化能力较强。一般认为岩浆岩抗风化能力由大到小的顺序为:酸性岩(花岗岩)＞中性岩(闪长岩、安山岩)＞基性岩(玄武岩)＞超基性岩(橄榄岩);变质岩抗风化能力由大到小的顺序为:浅变质岩＞中等变质岩＞深变质岩;沉积岩中页岩、泥岩的抗风化能力最差。

2)结构及构造

岩石的结构及构造是影响岩石风化的另一因素。岩石中矿物颗粒的粗细、均匀程度、胶结方式和胶结物的成分都影响着风化速度。

等粒结构岩石的胀缩性较均一,因而比斑状结构岩石抗风化能力强;块状构造的岩石抗风化能力较强,而气孔状、杏仁状构造的岩石与水分、空气接触面积大,容易进行风化;具有片理构造的片麻岩、片岩、板岩、千枚岩、页岩,水分和空气容易侵入片理裂隙中而加速其风化。

3)节理

岩石的风化与地质构造有着密切的联系。节理与断层使岩石破碎,是水、空气深入岩石内部的通道,能促使风化作用向岩石内部发展。因此,岩石节理密集处,往往风化最剧烈,尤其是几组节理交会地带,常会形成风化深槽。如背斜的核部和断层破碎带,裂隙较发育,风化深度一般较裂隙不发育的岩石要深。

2. 气候

气候寒冷或干燥地区,生物稀少,干旱区降水很少,寒冷地区降水以固态形式为主,以物理风化作用为主,化学和生物风化为次。但很少有化学风化形成的黏土矿物,以生物风化为主形成的土壤也很薄。

气候潮湿炎热地区,降水量大,生物繁茂。生物的新陈代谢和尸体分解过程产生的大量有机酸,具有较强的腐蚀能力,故化学风化和生物风化都十分强烈,形成大量黏土,在有利的条件下可形成残积矿床,可形成较厚的土壤层。

3. 地形

地形可影响到风化作用的速度、深度、风化产物的厚度及分布情况。地形条件包括地势高度、地势起伏程度和山坡的方向。地势高度影响到气候,在同一地区,高山具有明显的气候分带,山顶气候寒冷,山麓气候炎热,其生物特征显著不同,因而风化作用的类型随高度而变化。地势起伏对风化作用更有普遍意义,地形起伏较大、陡峭,切割深度大的地区,以物理风化作用为主,岩石表面风化后岩屑不断崩落,使新鲜的岩石直接暴露表面而遭受风化,风化产物较薄;地势低缓地区,风化产物多留在原地或只经过短距离的搬运,风化产物较厚,加上地表植被覆盖,温度变化较小,物理风化作用较弱。山坡的方向涉及日照强度,阳坡光照时间长,平均气温高,昼夜温差大,因而风化作用较阴坡强。

(三)岩石风化带的划分

岩石风化后,其物理性质和化学成分将有不同程度的改变。由于受岩性、地质构造及其他因素的影响,岩石的风化程度和风化深度因地而异,风化层在平面上分布往往不连续,在垂直方向上的变化很大,而且不同风化程度的岩石之间是渐变的,其间并无明显的界限。

在风化层内,岩石在不同深度的风化程度是不同的,一般随深度增加而减弱。工程上常根据不同风化程度的岩石特征(如风化岩石的颜色、结构、构造和矿物组成)和物理性质的变化来分带。不同建筑行业对岩石风化程度的划分标准有不同的规定,《铁路工程地质勘察规范》(TB 100012—2019)将岩石按风化程度分为未风化、微风化、中等风化、强风化、全风化五个等级见表 3-2。

表 3-2　岩石风化程度的划分

风化程度	野外特征	风化程度参数指标	
		波速比 k_v	风化系数 k_t
未风化	岩质新鲜,偶见风化痕迹	0.9～1.0	0.9～1.0
微风化	结构基本未变、仅节理面有渲染或略有变色,有少量风化裂隙	0.8～0.9	0.8～0.9
中等风化	结构部分破坏,沿节理面有次生矿物,风化裂隙发育,岩体被节割成岩块,用镐难挖,岩芯钻方可钻进	0.6～0.8	0.4～0.8
强风化	结构大部分破坏,矿物成分显著变化,风化裂隙很发育,岩体破碎,用镐可挖,干钻不易钻进	0.4～0.6	<0.4
全风化	结构基本破坏,但尚可辨认,有残余结构强度,可用镐挖,干钻可钻进	0.2～0.4	—
残积土	组织结构全部破坏,已风化成土状,锹镐易挖掘,干钻易钻进,具可塑性	<0.2	—

通常在一个区域或一个剖面上从全风化到未风化均有发育,但并不是在任何地段、任何风化岩石的剖面上均存在五个连续的风化带,最常见的情况是缺失个别风化带或仅有一两个风化带的情况。因此,在工程地质勘察中,必须做详细的原位测试试验和地质钻探工作,才能正确地划分风化带。

(四)残　积　物

地表岩石经过长期风化作用后,改变了矿物成分、结构和构造,形成的风化产物,其中一部分易溶物质被水溶液带走,大部分物质残留在原地,称为残积物(土),这种土层称为残积层。残积物是一种重要的第四纪松散沉积物,用 Q^{el} 表示。

残积物向上过渡为土壤层,向下逐渐过渡为风化岩石。土壤层、残积物和风化岩层形成完整的风化壳。

根据风化作用方式和风化作用强度的不同,残积物可分为机械风化残积物和化学风化残积物两类。前者主要由母岩机械破碎的岩屑或矿物碎屑组成;后者主要由化学风化形成。后者除了母岩机械破碎的岩屑或矿物碎屑外,主要为母岩化学分解后形成的一些新生矿物,如各种黏土矿物(水云母、胶岭石、高岭石等),及硅、铝、铁、锰等的含水氧化物矿物(如蛋白石、水铝石、褐铁矿、水锰矿等)。

残积物一般保存在不易受到外力剥蚀的比较平坦的地形部位,而且常被后期的其他成因类型的沉积物所覆盖。残积物的堆积形态、厚度、规模变化较大。残积物不具层理,碎屑颗粒为棱角状(砾岩风化残积物除外),无分选性。残积物的发育具有明显的地带性。

在高纬度地区、中纬度荒漠与半荒漠地区和高山地区,一般以机械风化残积物为主,而化学风化残积物则主要形成于热带和亚热带湿润地区。在湿热气候条件下,一个发育完全并保存完整的残积物剖面,其底部为与母岩逐渐过渡的以机械风化为主的残积物,向上渐变为化学风化残积物,如铝土矿等,厚度可达数十米以至二百余米。残积物中常会有丰富矿产,如贵金属、稀有与稀土元素的残积矿床。有的残积物本身就是一种矿石堆积体,如铝土矿、锰土矿等。残积物对分析一个地区古气候、古地形的变迁也具有重要的意义。

三、相关案例

京九铁路的吉赣段位于赣南丘陵地区，属亚热带湿润气候，年降雨量 1 400～1 800 mm，降雨主要集中在 3～7 月份，最大日降雨量 207 mm，最大暴雨强度 83.5 mm/h，最高气温 41℃。沿线所经地质多为泥质砂岩、泥质页岩，极易风化，岩层产状多与路基边坡顺层。故在进行路基土石方施工时，遵循了几个原则：

(1)修建便道必须把排水作为重点来考虑。便道的排水措施要与地形结合起来，便道两侧沟渠必须确保排水畅通。并有专人进行养护。决不图一时的省力、省钱而造成便道“大雨大停，小雨小停”和反复修整。

(2)在高温季节施工应避开最炎热时间(10 时至 15 时)，土石方施工主要利用一早一晚和夜间施工。除做好防暑降温工作外，每台机械配 2 名司机，白天每 2 h、晚间每 4 h 换班一次。

(3)路堑挡墙基坑应分段跳槽开挖，及时砌筑。根据泥岩特性、岩层方向和挡墙高度，先做临时支护，严禁大范围开挖而又长期暴露，以免引起山体坍塌。极易风化的泥质岩地段的深路堑，在堑顶和坡面上设置观测点，经常观察路堑边坡变形情况，尤其是阴雨天应进行不间断的量测，出现异常立即采取措施。

(4)用泥岩修筑的路基，基床部分需改用渗水土填筑，做好干砌片石护肩，护肩顶面用水泥砂浆勾缝或抹面。基床底面以下的填土压实密度及平整度应从严控制，局部凹凸高差不得大于 3 cm，并应仔细检查核对高程。

学习项目 2　水的地质作用

一、引出案例

兰州至乌鲁木齐第二双线红柳河至乌鲁木齐段，沿线所经地区水文地质条件相对简单，主要分为地表水和地下水，沿线地表水均属于内陆河流，以北山和天山为分水岭。线路所经流域为塔里木内流区及准噶尔内流区。在本段内的红柳河、尾亚河、柯柯亚河、煤窑沟、西红柳河、大河沿河、白杨河等河流属于塔里木内流区，均发源于天山，自北向南流入塔里木内流区的哈密—吐鲁番盆地。其中西红柳河、白杨河为常年流水河流，其余均属季节性河流。以大气降水和天山融雪作为主要补给来源。在本段内的乌鲁木齐河，源于天山，自南向北流向准噶尔盆地，属常年流水河，以大气降水和天山融雪为主要补给来源。沿线的地下水主要有第四系孔隙潜水、承压水和基岩裂隙水三种类型。

(1)第四系孔隙潜水

沿线在土质冲、洪积平原区内的河沟、滩地和地势低洼处汇集的孔隙潜水，受大气降水、高山融雪水及河水补给，向盆地、洼地及大河排泄。沿线地下水主要分布在盐泉至哈密、哈密至柳树泉及达坂城等盆地绿洲地带。水位埋深视地区的不同差异较大，一般在盆地中央部位，山前冲、洪积平原前缘的地下水溢出带及部分河床处地下水位较浅，为 0.5～10 m，局部溢出地表形成湿地，而在盆地边缘地带、山前冲、洪积平原的中、后缘及地势高处地下水位较深，一般大于 40 m。其中红柳河至烟墩基岩区约 180 km，柳树泉至小草湖约 150 km 第三系砂泥岩区为地下水贫乏区。

(2)第四系承压水

第四系承压水主要分布于达板城至柴窝堡山间盆地山前冲、洪积倾斜平原的前缘地带,受大气降水、高山融雪水及河水补给,向盆地及流域的中央排泄和汇聚。达坂城至柴窝堡等地的浅水层承压水埋深十几米至数十米,达坂城一带埋深最浅,仅有 9~21 m,局部地段承压水冒出地表。

(3)基岩裂隙水

在本段内仅见于局部地带,以风化裂隙水和构造裂隙水为主,受大气降水补给,排泄径流条件不好,水位埋深变化大,基本上大于 10 m。受当地气候条件控制,水量较小。

本节将研究在铁路工程的建筑环境中存在着的水的类型和它们对工程的影响分析。

二、相关理论知识

(一)地表水

在陆地上,除气候非常寒冷或非常干燥的地区外,几乎到处可见地面流水。地面流水的搬运作用、沉积作用和侵蚀作用是常见的外力地质作用,是地壳变化、发展的强大地质动力。根据流动特点,地面流水可分为片流、洪流、河流三种类型。在降雨或融雪时,地表水一部分渗入地下,其余沿坡面向下运动,这种暂时性的无固定流槽的地面薄层状、网状细流称为片流,又叫坡面流水。片流在坡下汇集于沟谷中,形成急速流动的水流,称为洪流,又叫谷沟流水。片流和洪流仅出现在雨后或冰雪融化后的短暂时间内,因此它们都是暂时性流水;沿谷沟流动的经常性流水称为河流。

三种不同流水形态是流水不同的发展阶段,相互之间存在着密切联系,并在一定条件下可以相互转化。但又各有特点,其侵蚀作用、搬运作用和沉积作用是不同的。

1. 暂时性流水的地质作用

1)片流的地质作用及坡积物

(1)片流的侵蚀作用

片流的侵蚀称作片状侵蚀,分布面广,对坡面进行均匀侵蚀,使斜坡均匀,常失去肥沃的表土。片状侵蚀与降雨强度、坡形、坡度、坡向等因素有关。斜坡侵蚀的强度和降雨强度有关,降雨强度大,径流系数大,则侵蚀作用加强;从坡形而言,凸形坡一般较直形坡、凹形坡易受侵蚀;坡度也直接影响斜坡水流的深度和速度,控制着冲刷能力。据统计,当坡度由 0°增加到 40°时,侵蚀强度随着增加;当坡度由 40°增加到 90°时,侵蚀强度就逐渐减小。坡面也与侵蚀有关,迎水坡的侵蚀强度一般较大,背水坡的侵蚀强度则较小。此外,坡面组成的物质疏松、植被差,也会使侵蚀加强。片流的侵蚀对农地土壤危害最大,增强入渗以减小径流是削弱片蚀强度的关键措施。我国黄土高原有片蚀现象。

(2)片流的堆积作用及坡积物

片流在侵蚀作用的同时,也有堆积作用。当坡地上端的分水岭以及坡面上受了片蚀作用后,被冲刷的碎屑物质搬运到坡脚下沉积下来,就成为坡积物(土)如图 3-1 所示。坡积物是另外一种第四纪松散沉积物,用 Q^{dl} 表示。它的形成动力以流水为主,但也有重力的因素。山麓下各处的坡积物常常相连,构成坡积裙。

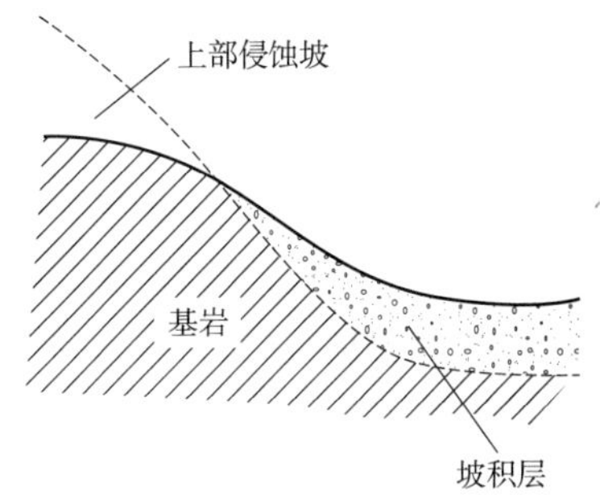

图 3-1　坡积层

坡积层有以下特征:

①坡积层的厚度一般是中下部较厚，向山坡上部逐渐变薄以至尖灭。

②坡积层物质未经长途搬运，碎屑棱角明显，分选性不好，天然孔隙率比较高。

③坡积层物质经过了一定距离的搬运，由于间歇性的堆积，可能有一些不太明显的倾斜层理。

④坡积层的矿物成分与下伏基岩没有直接联系。

坡积物常与其他类型沉积物相混合。如在分水岭与斜坡过渡的缓坡地带，残积物经过一定的重力搬运，向下逐渐向坡积物过渡，形成残积、坡积物（Q^{el+dl}）；在山麓地带坡积物与洪积物混合，构成坡积、洪积物（Q^{dl+pl}）。

2)洪流的地质作用及洪积物

流水由坡面流水集中为谷沟流水后，由于水量大、流速高、谷底坡度大，因而具有较大的动能，其侵蚀、搬运作用显著增大。

(1)洪流的侵蚀作用

山洪急流沿谷沟流动时，由于流速大，动能大，对沟谷的冲刷能力大为增加。由冲刷作用形成的沟底狭窄、两岸陡峭的沟槽叫冲沟。初始形成的冲沟在洪流的不断作用下，可以不断加深、拓宽和向沟头方向伸长，并可在冲沟沟壁上形成支沟。

冲沟的形成与降雨强度、地形和岩性有关。在松散土层覆盖地区，分布在斜坡上的小冲沟多是顺坡冲刷而成的；在岩性均一和地形相同的坡面上，冲沟的间距大致相等，其排列方式主要由坡度所决定，一般在大于30°的坡地上多呈平行排列。在小于30°的坡地上，由于冲沟之间相互兼并而呈树枝状排列；在基岩裸露地区，冲沟除沿原始凹地发育外，常沿不同的构造线，如断层带、褶皱轴部和裂隙面发育。因此，冲沟的延伸方向、排列形式和密度，往往与地质构造和岩性特征密切相关。

在降雨量集中植被贫乏地区，由第四纪松散堆积物的地区，冲沟极易形成。如我国西北黄土地区，由于黄土的垂直节理发育，冲沟的沟头往往形成陡坎。当水流流过时，在坎底淘空引起顶部崩塌，使陡坎不断后退，冲沟不断伸长，有时每年可延伸数米至十余米以上。由于强烈的下切作用，冲沟的横剖面呈V形，沟坡常处于不稳定状态，滑坡、崩塌时有发生。

冲沟的形成和发展，使地形遭受强烈的分割，蚕食耕地，破坏道路，同时将大量泥砂带入河流，成为下游河流和水库淤积的主要来源。

(2)洪流的堆积作用及洪积物

当山洪携带大量的泥砂石块流出沟口时，由于沟床纵坡变缓，地形开阔，流速降低，搬运能力急剧减小，所携带的石块、砂砾等粗大碎屑先在沟口堆积下来，较细的泥砂继续随水流被搬运，堆积在沟口外围一带。由洪水堆积的物质，简称洪积物 Q^{pl}，它是组成洪积扇的堆积物。洪积物是山区溪沟间歇性洪水挟带的碎屑物质，一般堆积在山前沟口。属快速流水搬运，因此一般颗粒较粗，除砂、砾外，还有巨大的块石，分选性也差，大小混杂。因为洪流搬运距离不长，碎屑滚圆度不好，多呈次棱角状。层理面不清，斜层理和交错层理发育。经过多次洪水搬运作用，在沟口一带就形成扇形展布的堆积体，在地貌上称为洪积扇，如图3-2(a)所示。洪积扇的规模逐年增大，有时与相邻沟谷的洪积扇相互连接起来，形成规模更大的洪积裙或洪积平原地貌。实物照片如图3-3和图3-4所示。

洪积物是第四纪另一种松散堆积物，有以下特征：

①组成物质分选不良，粗细混杂，碎屑物质多带棱角，磨圆度不佳。

②由于洪流的间歇性，洪积物有不规则的交错层理、透镜体、夹层和尖灭层。

③山前洪积层由于周期性的干燥作用，常含有可溶性盐类，在土粒间形成软弱结晶连接，但遇水后结晶连接马上破坏。

规模很大的洪积扇一般可分为三个工程地质单元，如图 3-2(b)所示。靠近沟口为粗碎屑沉积区(Ⅰ区)，颗粒粒径较大，以漂、卵石为主，孔隙大，地下水埋藏深，地基承载力高，是良好的天然地基。对于水工建筑物来讲，应注意渗漏问题；洪积扇的边缘地带为细碎屑沉积区(Ⅲ区)，颗粒粒径较细，主要以粉砂和黏性土为主，如果受到周期性的干燥作用，土中颗粒发生凝聚并析出可溶性盐类，洪积层结构较牢固，地基承载力也较高；扇的中间为过渡地带(Ⅱ区)，由于经常有地下水出露，水文地质条件不良，对工程不利。

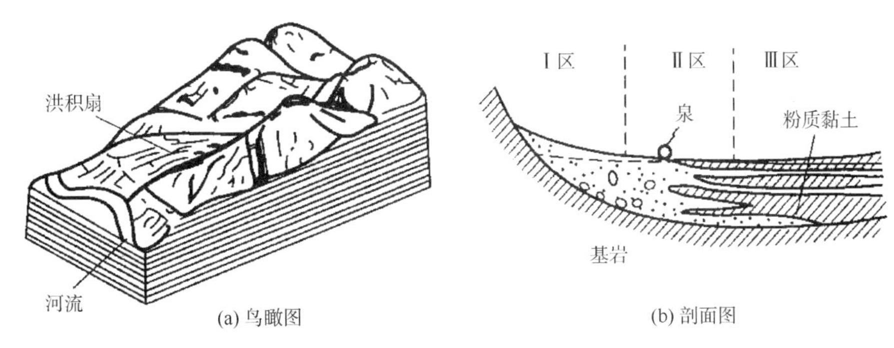

(a) 鸟瞰图　　(b) 剖面图

图 3-2　洪积扇示意图

Ⅰ区—粗碎屑沉积区；Ⅱ区—过渡区；Ⅲ区—细碎屑沉积区

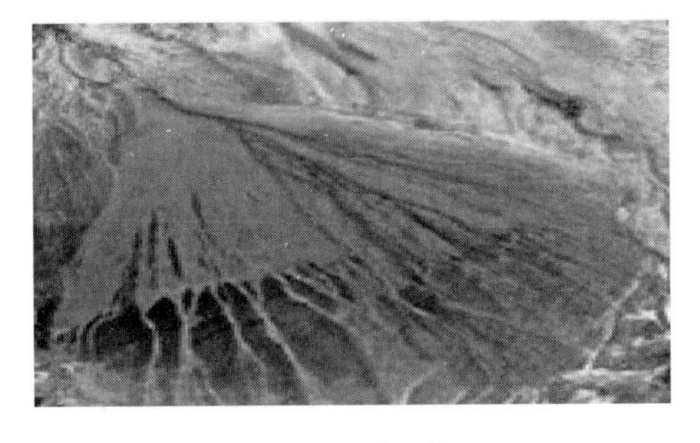

图 3-3　洪积物

图 3-4　天山和阿尔金山之间的洪积扇

洪积扇的堆积结构与水文地质关系密切，雨季大量流水形成洪积扇，旱季断流，地表水下渗到洪积扇内。新疆吐鲁番盆地的坎儿井就是利用洪积扇内的地下水而形成的。

2. 河流的地质作用

河流是改造地表的主要地质营力之一。由河流作用所形成的谷地称为河谷。河谷的形态要素包括谷坡和谷底两大部分，如图 3-5 所示。谷底包括河床和河漫滩。河床是指平水期河水所占的谷底，也称河槽。河漫滩是洪水淹没的谷底部分。谷坡是河谷两侧因河流侵蚀而形成的岸坡。古老的谷坡上常发育洪水不能淹没的

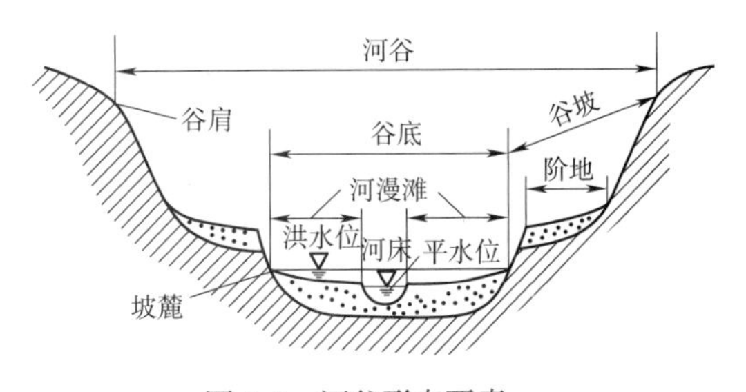

图 3-5　河谷形态要素

阶地，阶地是被抬升的河谷谷底。谷坡与谷底的交界为坡麓，谷坡与山坡的转折处称为谷缘，也称为谷肩。河水通过侵蚀、搬运、沉积作用形成河床，并使洞床的形态不断发生变化，河床形态的变化反过来又影响着河水的流动，从而使河床发生新的变化，两者相互作用。河流地质作用包括侵蚀作用、搬运作用和沉积作用。

1)河流的侵蚀作用

河水在流动过程中不断加深和拓宽河床的作用称为河流的侵蚀作用。按其作用方式，分为化学溶蚀和机械侵蚀两种。化学溶蚀是指河水对可溶性岩石不断进行化学溶解，使之逐渐随水流失。河流的化学溶蚀作用在石灰岩、白云岩、大理岩等可溶性岩类分布地区比较显著。河流的机械侵蚀作用包括冲蚀和磨蚀，冲蚀是河水对河床的冲刷，磨蚀是泥砂、砾石对河床的碰撞、磨损。机械侵蚀在河流的侵蚀作用中具有普遍意义，它是山区河流的一种主要侵蚀方式。

河流的侵蚀作用按照河床不断加深和拓宽的发展过程，分为下蚀作用和侧蚀作用。这两种侵蚀作用在任一河段上都是同时存在的，只不过在河流的不同地段，由于河水动力条件的差异，会表现出不同的特征。一般来讲，在河流的中上游地区，以下蚀作用为主；在河流的中下游地区，以侧蚀作用为主。

(1)下蚀作用

下蚀作用是指沟谷或河谷底长期受水流冲蚀，沟槽与河床向纵深方向发展的现象。河流随河床的刷深，水位下降，使两岸的河漫滩高处洪水位以上，向两岸阶地转化。下蚀作用强度与流量、流速、谷底纵剖面坡度、上游来砂量和河谷地物质抗冲性有关。谷地窄，坡陡，流量大，谷地岩性松软，水流下蚀强度大。河谷下蚀还受侵蚀基准和地质构造运动的控制。当地壳抬升时，下蚀作用增强；地壳下降时，下蚀作用减弱。在河流的上游地区，河谷坡度大，流速大，河流下切剧烈，常形成深而窄的V形峡谷。例如，长江上游金沙江的虎跳峡，江面宽度最窄处仅50 m，谷深达3 000 m；长江三峡，谷深达1 500 m。镇西北的金沙江河谷，平均每千年下蚀60 cm；美国的科罗拉多河谷，平均每千年下蚀40 cm。

下蚀作用在加深河谷的同时，又使河流向源头方向延长，河流的这种溯源推进的侵蚀过程称为溯源侵蚀。北美尼亚加拉瀑布位于石灰岩与页岩交界处，随着河流下蚀作用的发展，瀑布逐渐后退，每年溯源侵蚀2 m左右。分水岭切割剥蚀、河流长度增加、河流的袭夺现象都是河流溯源侵蚀造成的结果。

在河流上游由于河床的纵比降和流水速度大，因此下蚀作用也比较强，这样使河谷的加深速度快于拓宽速度，从而形成在横断面上呈“V”字形的河谷，也称“V形谷”。下蚀作用在加深河谷的同时还可以使河流向源头发展，加长河谷。河流的源头部分，大都存在跌水地段，该处下蚀作用最强，河流形成后，因向源侵蚀作用，河流不断向源头方向延伸，直至分水岭。

(2)侧蚀作用

侧蚀作用是指流水拓宽河床的作用。侧蚀作用主要发生在河床弯曲处，因为主流线迫近凹岸，由于横向环流作用，使凹岸受流水冲蚀，这种作用的结果，加宽了河床，使河道更弯曲，形成曲流。河流的中下游及平原地区的河流，由于河床坡度较缓，侧蚀作用占主导地位。

由于受河床岩性、地质构造和地球自转影响，自然界的河道很少是笔直的。当水流经过弯曲的河段时，由于离心力的作用，使主流偏向河流的凹岸，并形成倾斜的水面，靠近凹岸的水面比靠近凸岸的水面高，水流在横断面上产生横向环流。横向环流运动的特点是表层水流流速大，流向凹岸，后潜入河底朝凸岸流去；而底层水流流速小，流向凸岸，后翻至水面朝凹岸流去。横向环流运动的水流在凹岸顺坡向下流动，不断对凹岸进行冲刷，使凹岸岸壁崩塌后退，并将冲刷下来的碎屑物质由底层水流带到凸岸堆积下来，如图 3-6 所示。这样使凹岸更加凹进，凸岸更加凸出，整个河流的弯曲程度越来越大，形成河曲，如图 3-7(a)所示。

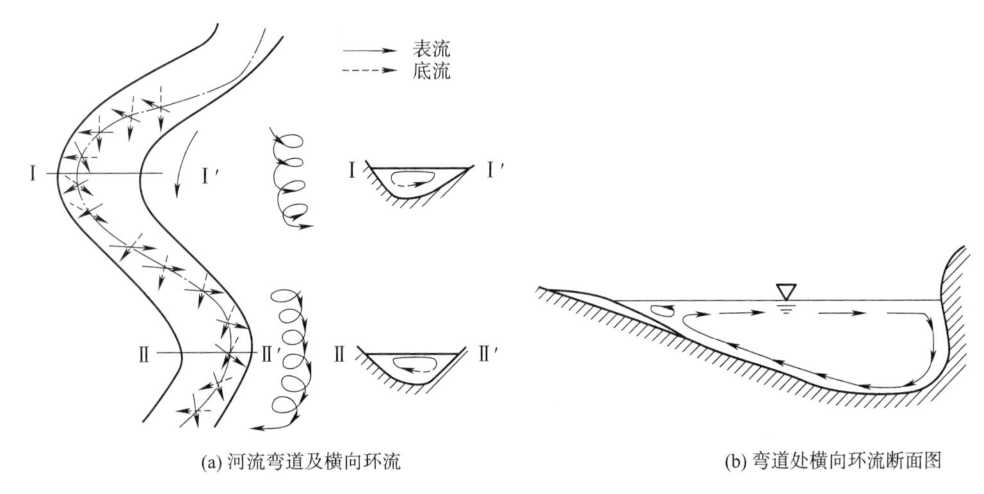

图 3-6 横向环流示意图

将河流凹岸和凸岸的情况列表对比，见表 3-3。在水利工程中常利用弯道水流的特性，在稳定的凹岸布设取水口，以取得表层清水，防止底砂进入渠道。

表 3-3 河流凹岸和凸岸的比较

河岸类别	水流流速	水深	主流方向	水面状况	岸形	地质作用
凹岸	急	深	紧靠河岸	略高	陡	侵蚀
凸岸	缓	浅	远离河岸	略低	缓	堆积

河曲进一步发展，河床愈来愈弯曲，河长也随之增加，坡度变缓流速降低，动能减小，河流的侧蚀作用减弱，这时河流所特有的平面形态，称为蛇曲，如图 3-7(b)所示。

有些处于蛇曲形态的河湾，彼此之间十分近，一旦流量增大，洪水便冲出河槽，截弯取直。被抛弃的旧河道的两端因逐渐淤塞而与原河道隔离，形成状似牛轭的静水湖泊，称为牛轭湖，如图 3-7(c)所示。

曲流、河道的截弯取直和牛轭湖在各大河流的下游地区十分普遍，它是河流长期自然演变的结果。如不加以人工控制，常会造成河流的决口泛滥。我国著名的河曲很多，例如：四川重庆至广元的直线距离 200 km，但嘉陵江的水程却延长了三倍；长江在汉口至岳阳竟绕了 25 km 的一个大圆弧。长江荆江段在近 200 年中，自然截弯取直留下的牛轭湖有十余处之多。

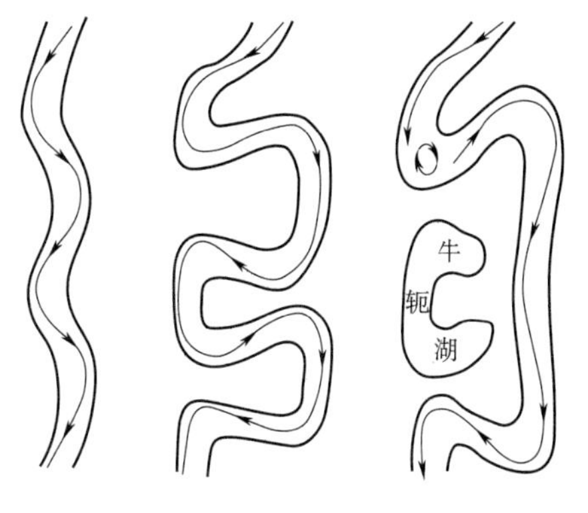

图 3-7 河曲的发展及牛轭湖的形成

2)河流的搬运作用

河水将进入水中的各种物质带离开原地的移动作用,称为搬运作用。河水的搬运能力取决于河水的流量和流速。在一定的流量条件下,流速是影响搬运能力的主要因素。流水的搬运能力与流速的六次方成正比,即流速增加一倍,搬运力就增加 64 倍。流水的搬运能力十分惊人,各条河流由于流经的自然地理及地质条件不同,其搬运能力是有差异的。据估计,地球上每年搬运入海洋的泥砂量在 200 亿吨以上,黄河每年输入渤海的泥砂有 18.8 亿吨,占世界河流总输砂量的 1/11,是世界上含砂量最高的河流。

河流的搬运作用有推运、悬运、溶运三种形式

(1)推运

河水中的砂、砾石等碎屑物质以滚动、滑动、跳跃方式沿河床底部被搬运,称为推运。山区河流的上游,水流流速大,以推运形式搬运的颗粒直径巨大,以漂卵石为主,构成洪积扇的粗颗粒堆积区。

(2)悬运

一些颗粒细和比重小的砂粒、粉粒、黏粒,离开河底,悬浮于水中,随水流一起运动而到下游,这种搬运方式称为悬运。如我国黄河中的大量黄土物质就是主要通过悬浮的方式进行搬运的。

(3)溶运

河水对可溶性物质和胶体物质的搬运,称为河流的溶运。河流溶运能力的大小取决于河流流量及河水的化学性质。溶运的可溶性物质主要是呈离子状态的 K^+、Na^+、Ca^+、Mg^+ 和呈胶体状态的铁、铝、硅等元素的氧化物、氢氧化物。据估计,地球上的河流,每年带入海洋的可溶盐类,高达 49 亿吨。河流下游平原地区的盐碱地、地下水矿化度的升高,都是河流溶运的结果。

3)河流的沉积作用及冲积物

(1)河流的沉积作用

河流在河床坡度平缓地带及河口附近,河水的流速变缓,水流所搬运的物质在重力作用下逐渐沉积下来,形成河流沉积物。这种作用称为河流的沉积作用。由于河流中的溶运物质远没有达到饱和,所以河流基本上不发生化学沉积,而仅有机械沉积,河流沉积物几乎全部由泥砂、砾石等碎屑物质组成,而化学溶解的物质多在进入湖盆或海洋等特定环境下才开始发生沉积。

(2)河流冲积物

由河流的沉积作用所形成的堆积物,称为河流冲积物,用 Q^{al} 表示。它是组成冲积平原的堆积物。冲积物具有良好的分选性,随着搬运能力的减弱,粗的,比重大的先沉积;细的,比重小的后沉积。因此,在河谷内随着水流的变化,冲积物呈有规律的分布。如在河流的纵向分布上,冲积物粒径从上游到下游逐渐减小。沿河流横向分布,冲积物粒径从河床中部到岸边逐渐变细。冲积物的颗粒具有良好的磨圆度,一般都有比较清晰的层理。河流沉积物的特点,随着在河流的不同地段而不同,并且表现在不同的地貌形态上。

①河流冲积物类型

河流冲积物按其沉积环境不同分为以下几种:

a.河床冲积物。水流在河床内的沉积物,称为河床冲积物。河床内的沉积作用随水位呈季节性变化,在洪水期,大而重的碎屑物质被搬运,在平水期又沉积下来,所以河床沉积作用是

动态变化的。

b. 河漫滩冲积物。在洪水期，河水漫出河床，流速减小，较粗的颗粒便沉积下来，形成河漫滩冲积物。河漫滩冲积物多由较细的粉砂、黏土、淤泥组成，其内部结构明显分为上下两层，下层是颗粒较粗的河床相冲积物，上层是较细的河漫滩相冲积物，这种在垂直剖面上上细下粗的结构，称为河漫滩的二元结构。

河床冲积物、河漫滩冲积物在河流的纵向以及垂直剖面上，岩性变化很大，作为水工建筑物地基应注意渗漏问题。

c. 牛轭湖冲积物在牛轭湖范围内形成的沉积物，主要为静水环境沉积，一般多由富含有机质的淤泥、泥炭组成，天然含水率大，抗剪强度低，为不良地基。

d. 三角洲冲积物。在河流入海或入湖的地段，称为河口。河口是河流沉积的主要场所。由于河流流入河口处水域骤然变宽，流速大减，河流搬运物便大量沉积下来。另外，河水中大量的黏土颗粒，遇到湖泊、海洋中的盐分，发生凝聚作用也会迅速沉淀，形成三角洲冲积物。三角洲冲积物面积广、厚度大，能达几百至几千米。如我国的长江、黄河、珠江都形成了广阔的三角洲平原。

三角洲冲积物的颗粒较细，以粉砂、淤泥为主，含水率大，有机质含量大，压缩性高，承载力低，作为建筑物时地基应进行地基处理。

②河流冲积物特征

河流冲积物特征主要受河流类型、流速和被搬运物质质量的影响。河流冲积物主要有以下特征：

a. 分选性较好。沉积物颗粒的大小与流速关系密切。一般来说，河流上、中游因坡降大，流速快，沉积物颗粒大；下游坡降和流速均小，沉积物颗粒细小。河流中心流速大，岸边流速小(特别是凸岸)，岸边的沉积物颗粒较中心的小。在时间上，洪水期间因流速大，沉积的物质颗粒粗大；平水期流速小，沉积的物质颗粒细小，结果表现在沉积物垂直剖面中，粗、细沉积物成层分布。这种由于河流流速的有规律变化，其搬运物按颗粒粗、细在空间上有规律地分离沉积的现象，叫做河流搬运、沉积过程中的机械分选作用。

b. 成层性好。由于河流流速在时间上的变化以及气候等在时间上的变化，使某一地区河流中沉积物在垂直剖面上颗粒大小、颜色深浅呈有规律变化而显示出来的成层现象，叫做河流沉积物的成层性。

c. 韵律性明显。在河流沉积物中两种或两种以上的沉积物(颗粒大小、颜色等)，在垂直剖面中有规律地交替出现的现象。它反映了沉积环境的规律性变化，每重复一次，称为一个韵律。

d. 颗粒的磨圆度较好。河流沉积作用一般发生在河流中、下游，其搬运距离较远。在其搬运过程中，颗粒互相撞击，并与河底岩石相互摩擦，使被搬运的颗粒不仅变小，还失去棱角，使磨圆度变好，明显好于坡积物、洪积物和残积物。

e. 成分复杂。其决定于河流所经地区的岩石、矿物种类。主要是一些物理、化学性质较稳定的矿物和岩石颗粒。

4)河流阶地

河流两岸由流水作用所形成的狭长而平坦的阶梯状平台，称为河流阶地。一般沿河流两岸对称分布，有时不对称，或仅一岸存在，沿河流分布往往不连续。它是河流侵蚀、沉积和地壳升降等地质作用的共同产物。

(1)阶地的成因

当地壳处于相对稳定时期,河流的侧蚀和沉积作用显著,塑造了宽阔的河床和河漫滩。然后地壳上升,河流的下蚀作用加强,使河床下切,将原来的河漫滩抬高,形成阶地。在长期的地质历史过程中,如地壳发生多次的升降运动,则会引起河流侵蚀、堆积交替发生,在河谷中形成多级阶地。因此,河流阶地的存在就成为地壳新构造运动的有力证据。阶地的级别由下向上编号(除去河漫滩),自河漫滩向上依次为Ⅰ,Ⅱ,Ⅲ…级阶地。不难理解,Ⅰ级阶地年代最晚,保存最完好;依次向上,阶地的年代愈老,保存愈不完整,如图 3-8 所示。

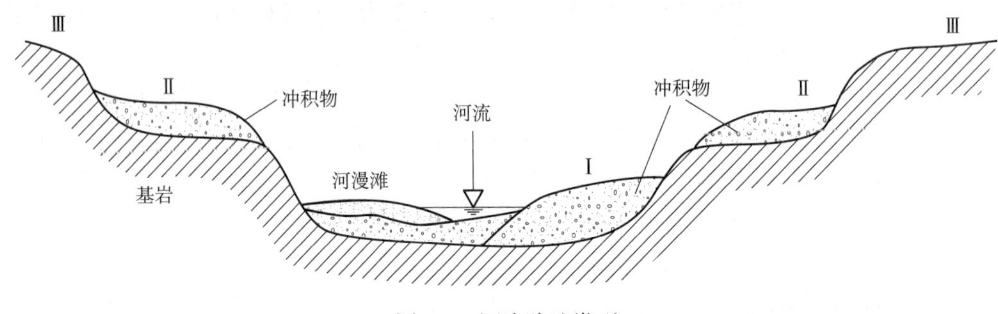

图 3-8　河流阶地类型

(2)阶地的类型

按照阶地的组成物质与形成过程,阶地分为堆积阶地、侵蚀阶地和基座阶地三种。

①堆积阶地

当河流侧蚀拓宽河谷后,由于地壳下降,形成厚度较大的冲积物;地壳上升,河流在堆积物中下切,但下切深度较小,没有切到前期堆积物厚度。故阶地全部由河流冲积物组成,又称为冲积阶地或沉积阶地(图 3-8 中Ⅰ)。堆积阶地一般分布在河流的中下游或平原河流中。

②侵蚀阶地

侵蚀阶地的特点是阶地面由裸露的基岩组成,没有或有少量的河流冲积物,有时由少量的残积物、坡积物组成。侵蚀阶地出现在新构造运动中地壳强烈上升的地方,一般分布在山区河谷或河流上游地区。

③基座阶地

阶地上部是河流冲积物,下部由基岩构成。基座阶地的出现是在新构造运动中地壳先是少量下沉,后经大幅度上升造成的(图 3-8 中Ⅱ)。基座阶地在河流中比较常见,如前述南京的雨花台就是长江的Ⅳ级基座阶地。

阶地分布于河床的两侧,地形平坦土地肥沃,是人类居住、农业生产、工程建设的重要场所。铁路、公路、渠道常沿阶地选线,在水工建筑中常利用阶地作为库房、施工场地。堆积阶地一般具有二元结构,应注意下层砾石的渗漏问题。另外还应注意阶地内斜坡的稳定性,防止崩塌、滑坡等不良地质现象的发生。

(二)地　下　水

地下水是赋存在地表以下岩土孔隙中的水。地下水与大气水、地表水是统一的,共同组成地球水圈,在岩土孔隙中不断运动,参与全球性陆地、海洋之间的水循环,只是其循环速度比大气水、地表水慢得多。

地下水是宝贵的自然资源，但能影响地质环境的稳定性。地基土中的水能降低土的承载力，基坑涌水不利于工程施工，地下水常是产生滑坡、地面沉降和地面塌陷的主要原因，一些地下水还腐蚀建筑材料。因此，进行地下水研究对工程建设尤为重要。

组成地壳的岩石，无论是松散沉积物还是坚硬的基岩，都有孔隙。孔隙的大小、多少、均匀程度和连通情况，决定着地下水的埋藏、分布和运动。因此，研究地下水必须首先研究岩土中的孔隙。

当将岩土孔隙作为地下水储存场所和运动通道研究时，根据岩土孔隙的成因不同，通常把孔隙分为三类：松散沉积物颗粒之间的空隙称为孔隙；非可溶岩中的孔隙称为裂隙；可溶岩产生的孔隙小者称为溶隙，大者称为溶洞。

自然界岩石中孔隙的发育状况远较上面所说的复杂。例如：松散岩石固然以孔隙为主，但某些黏土干缩后可产生裂隙，而这些裂隙的水文地质意义，甚至远远超过其原有的孔隙。固结程度不高的沉积岩，往往既有孔隙又有裂隙。可溶岩石由于溶蚀不均一，有的部分发育溶穴，而有的部分则为裂隙，有时还可保留原生的孔隙与裂缝。因此，在研究岩土的孔隙时，不仅要研究孔隙的多少，而且更重要的是还要研究孔隙本身的大小、孔隙间的连通性和分布规律。松散土的孔隙大小和分布都比较均匀，且连通性好；岩石裂隙宽度、长度和连通性差异均很大，分布不均匀；溶隙大小相差悬殊，分布很不均匀，连通性更差。

可给出并透出相当数量水的岩层称含水层，不能给出或不透水的岩层称为隔水层。水流能够透过的土层称为透水层，一般情况下，透水系数大于 1 m/d 的土层可视为透水层。含水层的形成需要岩层具有蓄水的空间、存水的地质结构和充足的补给来源，缺一不可。

含水层与隔水层是相对而言的，其间并无截然的界限和绝对的定量指标。

地下水在由地表渗入地下的过程中，就聚集了一些盐类和气体，形成以后又不断地在岩石孔隙中运动，经常与各种岩石相互作用，溶解和溶滤了岩石中的某些成分，如各种可溶盐类和细小颗粒，从而形成一种成分复杂的动力溶液，并随着时间和空间的变化而变化。

1. 地下水的物理性质

地下水的物理性质包括颜色、透明度、气味、味道、温度、密度、导电性和放射性等。

2. 化学性质

1)矿化度

地下水中各种离子、分子与化合物的总量称矿化度，以 g/L 或 mg/L 为单位，它表示水的矿化程度。地下水按矿化度的分类见表 3-4。

表 3-4　地下水按矿化度分类

水的类别	矿化度(g/L)	水的类别	矿化度(g/L)
淡水	＜1	半咸水(中矿化水)	3～10
微咸水(低矿化水)	1～3	咸水(高矿化水)	＞10

2)pH 值

地下水的酸碱度指的是氢离子浓度，常以 pH 值表示。pH 值是水的氢离子浓度以 10 为底的负对数值。地下水多呈弱碱性、中性和弱碱性，pH 值一般为 6.5～8.5。地下水按 pH 值分类见表 3-5。

表 3-5　地下水按 pH 值分类

水的类别	pH 值	水的类别	pH 值	水的类别	pH 值
强酸性水	<5	中性水	7	强碱性水	>9
弱酸性水	5～7	弱碱性水	7～9		

3)硬度

地下水的硬度可分为总硬度、暂时硬度和永久硬度。总硬度是指水中所含钙和镁的盐类的总含量。暂时硬度是指当水煮沸时,重碳酸盐分解破坏而析出的 $CaCO_3$ 和 $MgCO_3$ 的含量。而当水煮沸时,仍旧存在在水中的钙盐和镁盐的含量,称为永久硬度。总硬度是暂时硬度和永久硬度之和,一般用德国度或每升毫克当量来表示。一个德国度相当于 1 L 水中含有 10 mg 的 CaO 或 7.2 mg 的 MgO,一毫克当量硬度等于 2.8 德国度。地下水按硬度的分类见表 3-6。

表 3-6　地下水按硬度的分类

水的类别	德国度	毫克当量	水的类别	德国度	毫克当量
极软水	<4.2	<1.5	硬水	16.8～25.2	6～9
软水	4.2～8.4	1.5～3	极硬水	>25.2	>9
微硬水	8.4～16.8	3～6			

4)化学侵蚀性

硅酸盐遇水后硬化,生成 $Ca(OH)_2$、水化硅酸钙和水化铝酸钙等。有的地下水能化学腐蚀这些物质,使混凝土受到破坏。

3. 地下水的埋藏

地下水的埋藏根据含水情况不同,地面以下的岩土可分为包气带和饱水带两个带。地面以下稳定地下水面以上为包气带,稳定地下水面以下为饱水带。

根据埋藏条件,可以把地下水分为包气带水、潜水和承压水三类,如图 3-9 所示。根据含水孔隙性质不同,可以将地下水分划为孔隙水、裂隙水和岩溶水三类。按这两种分类,可以组合成九种不同类型的地下水,地下水分类表见表 3-7。

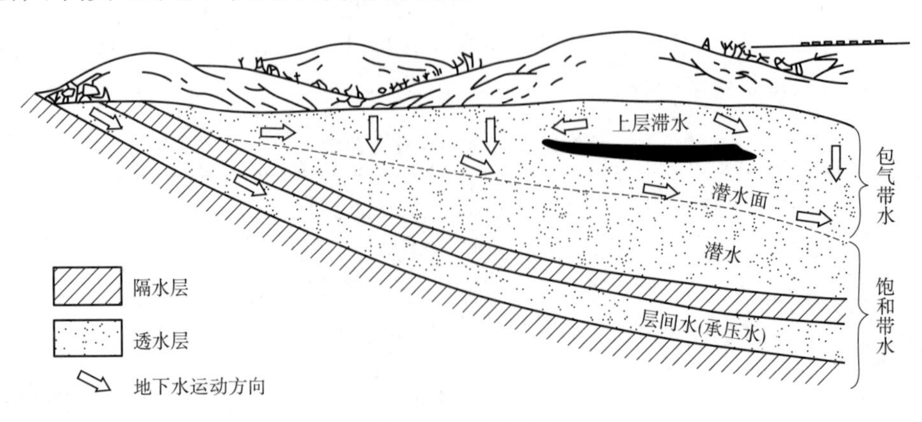

图 3-9　水的类型

表 3-7　地下水分类表

埋藏条件	含水介质类型		
	孔隙水	裂隙水	岩溶水
包气带水	土壤水 局部黏性土隔水层上季节性存在的重力水(上层滞水) 过路与悬留毛细水及重力水	裂隙岩层浅部季节性存在的重力水及毛细水	裸露岩溶化层上部岩溶通道中季节性存在的重力水
潜水	各类松散沉积物浅部的水	裸露于地表的各类裂隙岩层中的水	裸露于地表的岩溶化岩层中的水
承压水	山间盆地及平原松散沉积物深部的水	组成构造盆地、向斜构造或单斜断块的被掩覆的各类裂隙岩层中的水	组成构造盆地、向斜构造或单斜断块的被掩覆的岩溶化岩层中的水

1)包气带水

地表到地下水面之间的岩土孔隙中既有空气又有地下水,这部分地下水称为包气带水。包气带水存在于包气带中,其中包括土壤水和上层滞水。

(1)土壤水

土壤水位于地表以下的土壤层中,主要是以结合水和毛细水的形式存在的,靠大气降水渗入、水气凝结及潜水补给。大气降水入渗,必须通过土壤层,这时渗入水的一部分就保持在土壤层里,多余部分的重力水下降补给潜水。土壤水的主要排泄途径是蒸发。这种水不能直接被人们利用,它可以是植物生长的水源。

(2)上层滞水

上层滞水是局部或暂时储存于包气带中局部隔水层或弱透水层之上的重力水。这种局部隔水层或弱透水层在松散堆积物地区可能由黏土、亚黏土等组成的透镜体组成,在基岩裂隙介质中可能由局部地段裂隙不发育或裂隙被充填所造成,在岩溶介质中则可能是差异性溶蚀使局部地段岩溶发育较差或存在非可溶岩透镜体。

由于上层滞水的埋藏最接近地表,因而它和气候、水文条件的变化密切相关。上层滞水主要接受大气降水和地表水的补给,而消耗于蒸发和逐渐向下渗透补给潜水,其补给区与分布区一致。

上层滞水的水量一方面取决于补给来源,即气象、水文因素,同时还取决于下伏隔水层的分布范围。通常其分布范围较小,因而不能保持常年有水,水量随季节性变化较大。但当气候湿润,隔水层分布范围较大、埋藏较深时,也可赋存一定水量。因此,在缺水地区可以利用它来做小型生活用水水源地或暂时性供水水源。由于距地表近,补给水入渗途径短,所以易受污染,做水源地时应注意水质问题。另外,上层滞水危害工程建设,常突然涌入基坑危害施工安全,应考虑排水的措施。

2)潜水

(1)潜水的特征

潜水主要是埋藏在地表以下,第一个连续稳定的隔水层(不透水层)以上,具有自由水面的重力水,如图 3-10 所示。一般存在于第四纪松散堆积物的孔隙中(孔隙潜水)及出露于地表的基岩裂隙和溶洞中(裂隙潜水和岩溶潜水)。潜水的自由水面称为潜水面。潜水面上每一点的绝对(或相对)高程称为潜水位。潜水面至地面的距离称为潜水的埋藏深度。由潜水面往下到隔水层顶板之间充满重力水的岩层，称为潜水含水层，其间距离则为含水层厚度。潜水的这种埋藏条件决定了潜水具有以下特征：

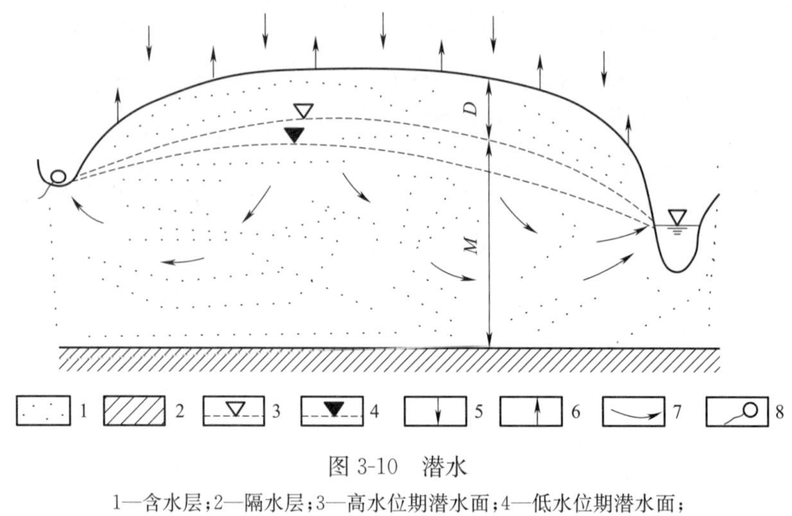

图 3-10　潜水

1—含水层；2—隔水层；3—高水位期潜水面；4—低水位期潜水面；5—大气降水入渗；6—蒸发；7—潜水流向；8—泉

①由于潜水含水层上面不存在完整的隔水或弱透水顶板，与包气带直接连通，因而在潜水的全部分布范围都可以通过包气带接受大气降水、地表水的补给。潜水在重力作用下由水位高的地方向水位低的地方径流。潜水的排泄除了流入其他含水层外，还有泄入大气圈与地表水圈两种方式。

②潜水与大气圈及地表水圈联系密切，气象、水文因素的变动，对它影响显著。丰水季节或年份，潜水接受的补给量大于排泄量，潜水面上升，含水层厚度增大，埋藏深度变小。干旱季节排泄量大于补给量，潜水面下降，含水层厚度变小，埋藏深度变大。潜水的动态有明显的季节变化特点。

③潜水积极参与水循环，资源易于补充恢复，但受气候影响，且含水层厚度一般比较有限，其资源通常缺乏多年调节性。

④潜水的水质主要取决于气候、地形及岩性条件。

⑤潜水的排泄（即含水层失去水量）主要有两种方式：一是以泉的形式出露于地表或直接流入江河湖海中，这是潜水的一种主要排泄方式，称为水平方向的排泄；另一种是消耗于蒸发，为垂直方向的排泄。湿润气候及地形切割强烈的地区，有利于潜水的径流排泄，往往形成含盐量不高的淡水。干旱气候下由细颗粒组成的盆地平原，以潜水的蒸发排泄为主，常形成含盐高的咸水，潜水容易受到污染，对潜水水源应注意卫生防护。

(2)潜水等水位线图

潜水面反映了潜水与地形、岩性和气象水文之间的关系，表现出潜水埋藏、运动和变化的基本特点。为能清晰地表示潜水面的形态，通常采用两种图示方法并配合使用。一种是以剖面图表示，即在具有代表性的剖面线上绘制水文地质剖面，其中既表示出水位，也表示出含水层的厚度、岩性及其变化，也就是在地质剖面图上画出潜水面剖面线的位置，即成水文地质剖面图。另一种是以平面图表示，即用潜水面的等高线图（图 3-11）来表示水位高程（标于地形图上），画出一系列水位相等的线。潜水面上各点的水位资料是在大致相同的时间，通过测定泉、井和按需要布置的钻孔、试坑等的潜水面高程来获得的。

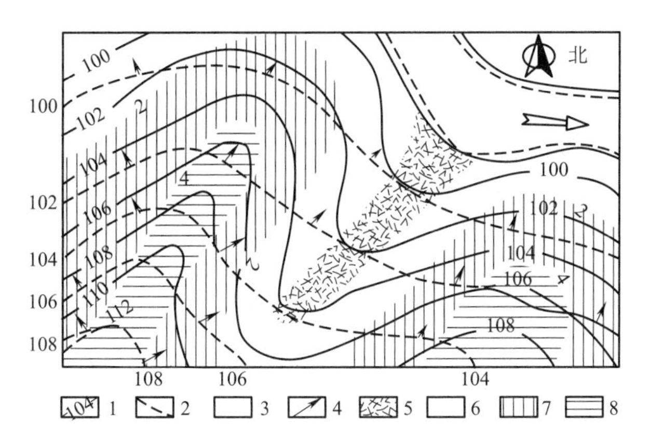

图 3-11　潜水等水位线图

1—地形等高线；2—等水位线；3—等埋深线；4—潜水流向；

5—埋深为 0 区(沼泽区)；6—埋深为 0～2 m 区；7—埋深为 2～4 m 区；8—埋深为大于 4 m 区

由于潜水位随季节发生变化，所以等水位线图上应该注明测定水位的时期。通过不同时期等水位线图对比，有助于了解潜水的动态，一般在一个地区应绘制潜水最高水位和最低水位时期的两张等水位线图。根据潜水等水位线图，可以解决下列问题：

①潜水的流向。潜水是沿着潜水面坡度最大的方向流动的。因此，垂直于潜水等水位线从高水位指向低水位的方向，就是潜水的流向。

②潜水面的坡度(潜水水力坡度)。确定了潜水流向之后，在流向上任取两点的水位高差，除以两点的实际距离，即得潜水面的坡度。

③潜水的埋藏深度。将地形等高线和潜水等高线绘制于同一张图上，则地形等高线与等水位线相交之点，二者高程之差即为该点的潜水埋藏深度。若所求地点的位置不在等水位线与地形等高线的交点处，则可用内插法求出该点地面与潜水面的高程，潜水的埋藏深度即可求得。

④潜水与地表水之间的相互关系。在邻近地表水的地段编制潜水等水位线图，并测定地表水的水位高程，便可以确定潜水与地表水的相互补给关系，如图 3-12 所示。

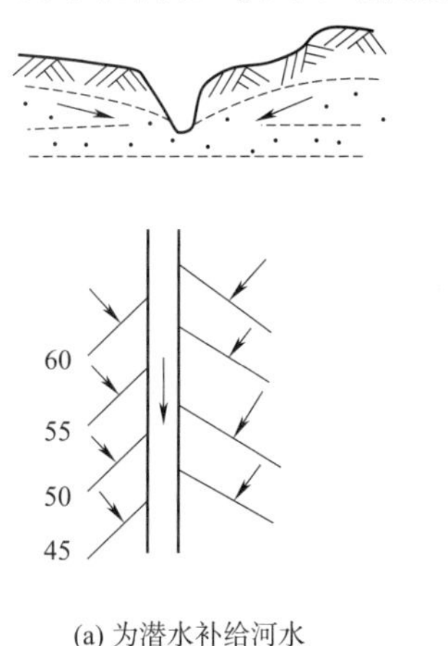

(a) 为潜水补给河水

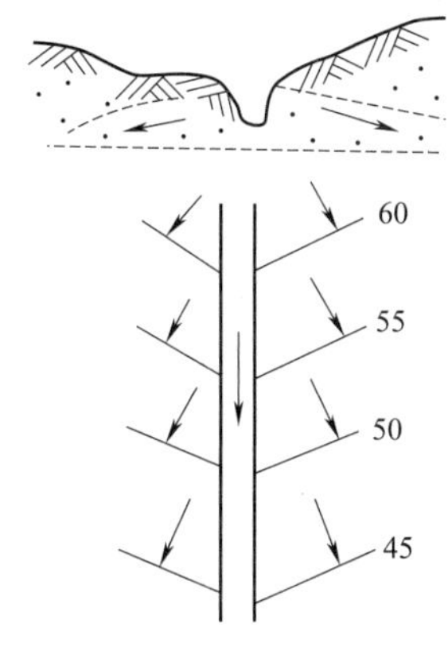

(b) 为河水补给潜水

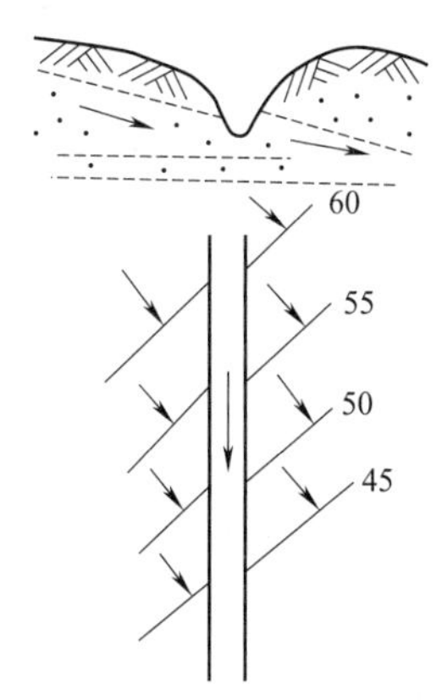

(c) 为右岸潜水补给河水，左岸河水补给潜水

图 3-12　潜水与地表水(河水)的关系

⑤利用等水位线图合理地布设取水井和排水沟。为了最大限度地使潜水流入水井和排水沟，一般应沿等水位线布设水井和排水沟。

3)承压水

(1)承压水的概念与特征

充满于两个隔水层(弱透水层)之间的含水层中，承受水压力的地下水称为承压水，如图3-13所示。承压含水层上部的隔水层(弱透水层)称为隔水顶板，下部的隔水层(弱透水层)称为隔水底板。承压水多埋藏在第四纪以前岩层的孔隙中或层状裂隙中，第四纪堆积物中亦有孔隙承压水存在。

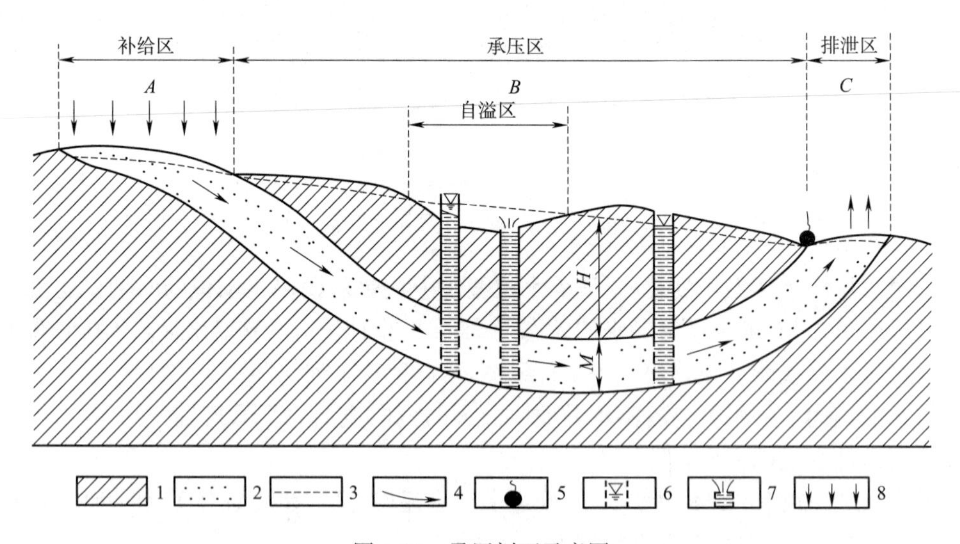

图 3-13　承压剖面示意图

1—隔水层；2—含水层；3—潜水位及承压水测压水位；4—地下水流向；5—泉；6—钻孔；7—自喷孔；8—大气降水补给；H—承压高度；M—含水层厚度

承压性是承压水的一个重要特征。图3-13表示一个基岩向斜盆地。含水层中心部分埋没于隔水层之下，是承压区；两端出露于地表，为非承压区。含水层从出露位置较高的补给区获得补给，向另一侧出露位置较低的排泄区排泄。由于来自出露区地下水的静水压力作用，承压区含水层不但充满水，而且含水层顶面的水承受大气压强以外的附加压强。当钻孔揭穿隔水顶板时，钻孔中的水位将上升到含水层顶部以上一定高度才静止下来。钻孔中静止水位到含水层顶面之间的距离称为承压高度，这就是作用于隔水顶板的以水柱高度表示的附加压强。井中静止水位的高程就是承压水在该点的测压水位。测压水位高于地表的范围是承压水的自溢区，在这里井孔能够自喷出水。

从图3-13可以看出，承压水的埋藏条件是上下均为隔水层，中间是含水层；水必须充满整个含水层；含水层露出地表吸收降水的补给部分，要比其承压区和泄水区的位置高。具备上述条件，地下水即承受静水压力。如果水不充满整个含水层，则称为层间无压水。上述承压水的埋藏条件决定了它的下述特征：

①承压水的分布区和补给区是不一致的。

②承压水的水位、水量、水质及水温等受气象水文因素季节变化的影响不显著。

③任一点的承压含水层的厚度稳定不变，不受降水季节变化的支配。

(2)承压水的埋藏类型

综上所述可以看出，承压水的形成主要取决于地质构造。不同的地质构造决定了承压水埋藏类型的不同。这是承压水与潜水形成的主要区别。

在适当的地质构造条件下，无论孔隙水、裂隙水还是岩溶水，均能构成承压水。构成承压水的地质构造大体可以分为两类：一类是盆地或向斜构造；另一类是单斜构造。这两类地质构造在不同的地质发展过程中，常被一系列的褶皱或断裂所复杂化。埋藏有承压水的向斜构造和构造盆地，称为承压(或自流)盆地；埋藏有承压水的单斜构造，称为承压(或自流)斜地。

①承压盆地

每个承压盆地都可以分成三个部分，补给区、承压区和排泄区，如图 3-13 所示。盆地周围含水层出露地表，露出位置较高者为补给区(A)，位置较低者为排泄区(C)，补给区与排泄区之间为承压区(B)。在钻井时打穿上部隔水层，水即涌入井中，此高程(即上部隔水层底板高程)的水位叫做初见水位。当水上涌至含水层顶板以上某一高度稳定不变时，称静止水位(即承压水位)；上部隔水层底板到下部隔水层顶板间的垂直距离，称为含水层厚度(M)。承压水含水层厚度是长期稳定的，而补给区含水层厚度则受水文气象因素影响而发生变化。

当有数个含水层存在时，各个含水层都有各自的承压水位。储水构造和地形一致的情况称为正地形，此时其下层的承压水位高于上层的承压水位。储水构造和地形不一致的情况称为负地形，其下层的承压水位则低于上层的承压水位。这一点可以帮助我们初步判断各含水层发生水力联系的补给情况。如果用钻孔或井将两个承压含水层贯通，那么，在负地形的情况下，可以由上面的含水层流到下面的含水层；在正地形的情况下，下面含水层中的水可以流入上面的含水层。

②承压斜地

由含水岩层和隔水岩层所组成的单斜构造，由于含水层岩性发生相变或尖灭，或者含水层被断层所切，均可形成承压斜地，如图 3-14 所示。

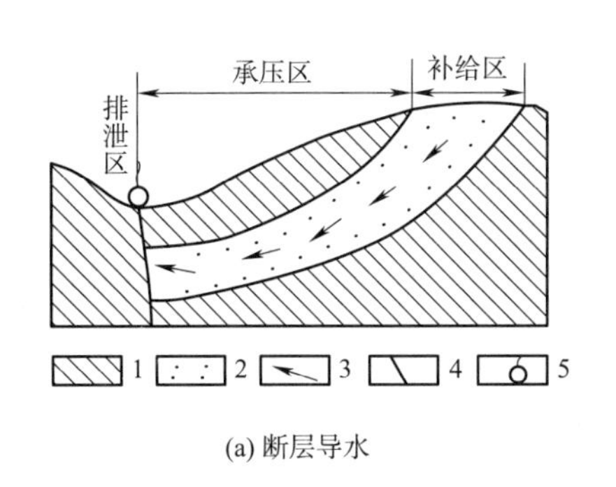

(a) 断层导水

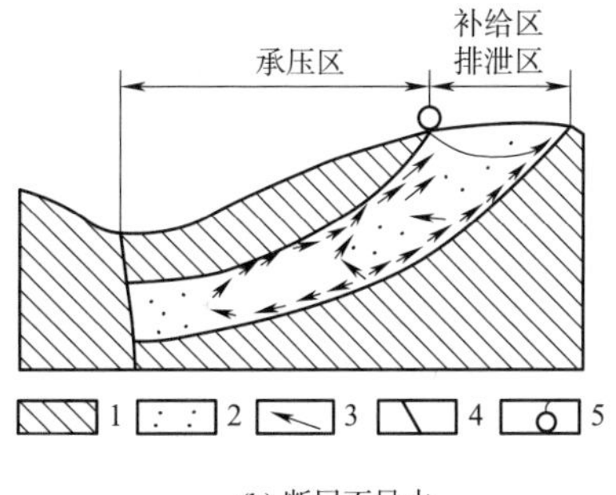

(b) 断层不导水

图 3-14　承压斜地示意图

1—隔水层；2—含水层；3—地下水流向；4—断层；5—泉

如图 3-14(a)所示为承压斜地内，补给区、承压区和排泄区各在一处，类似承压盆地。图 3-14(b)为承压斜地内，补给区和排泄区是相邻近的，而承压区位于另一端，在含水层出露的地势低处有泉出现。此时，水自补给区流到排泄区并非必须经过承压区，这与上述的介绍显然有所不同。

③等水压线图

等水压线图就是承压水含水层的承压水面的等高线图，如图 3-15 所示。承压水面又称测压水面，不是实际存在的面，但它的特征可以反映承压水含水层岩性和构造的变化，以及绘制等水压线图时，必须有一定数量的同一承压含水层的稳定水位、初见水位（或含水层顶板高程）等资料，这些资料是通过钻孔和井、泉（上升泉）等获得的。将各项资料一律换算成绝对高程，标在一定比例尺的地形图上，即可绘成等水压线图。其绘制方法与绘制等水位线图的方法相类似。

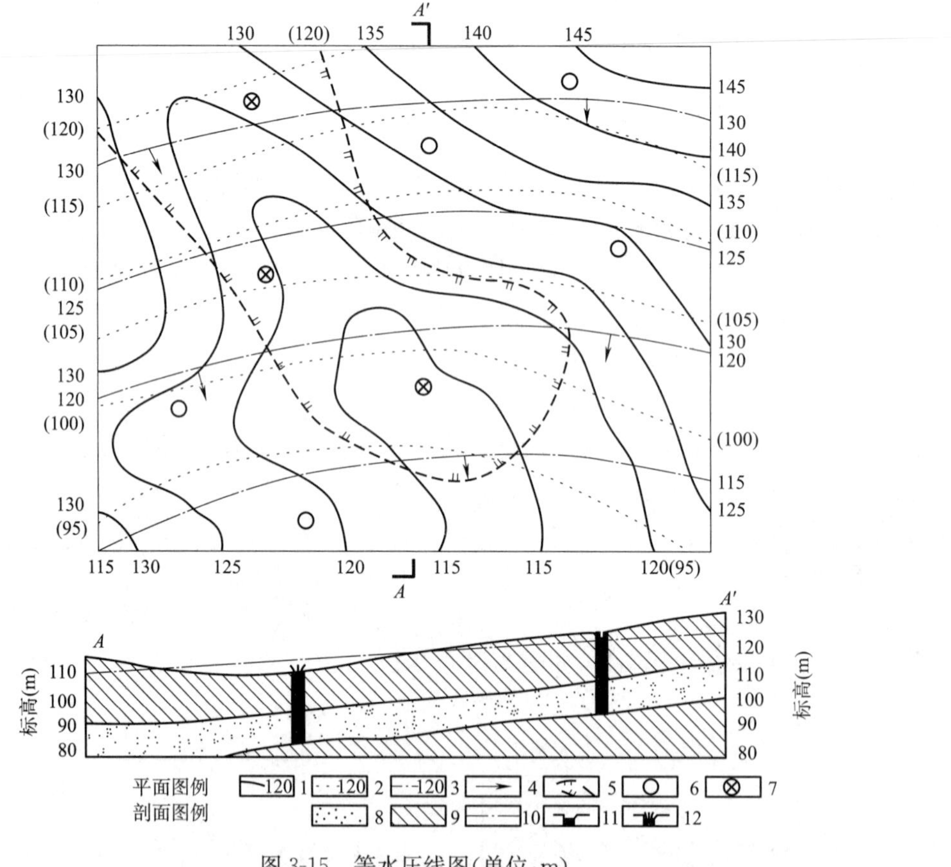

图 3-15　等水压线图（单位：m）

1—地形等高线；2—含水层顶板等高线；3—等测压水位线；4—地下水流向；5—承压水自溢区；6—钻孔；7—自喷钻孔；8—含水层；9—隔水层；10—测压水位线；11—钻孔；12—自喷孔

根据图 3-15 等水压线图可以分析出下列一些内容：

a. 确定地下水的流向。垂直于等水压线，常用箭头表示，箭头指向高程较低的等水压线。

b. 确定承压水面的水力坡度。在流向方向上，任意两点的承压水位差除以该两点间的水平距离，所得的商值即为该两点间的平均水力坡度。

c. 确定承压水位距地表的深度。由地面高程减去承压水位高程即得。但此深度与潜水的埋藏深度有显著的区别,因潜水在其埋藏深度上实际存在,而承压水则必须打穿其上部隔水层以后,水才可能上升到承压水位的高度上来。据此,可以选择开采承压水的地段。

d. 确定含水层的埋藏深度,即地面高程与含水层顶板高程之差。因此,等水压线图上必须有含水层顶板等高线。了解承压水的埋深情况有助于采取防护措施。

e. 确定水头的大小。承压水位高程与含水层顶板高程之差,即为承压水的水头。根据承压水水头,可以预测开挖基坑和洞室时水的压力。为防治发生冲溃事故,采取预防措施提供依据。

f. 分析含水层透水性和厚度的变化。根据等水压线的疏密分布情况即可分析,其方法与分析等水位线者相同。

(3)承压水的补给、径流和排泄

承压水的补给区直接和大气相通,接受降水和地表水的补给(存在地表水时)。补给的强弱取决于包气带的透水性、降水特征、地表水流量及补给区的范围等。上下含水层之间也可以相互补给。

承压水的排泄有如下几种方式:当承压含水层排泄区裸露地表时,以泉的形式排泄并可以补给地表水;当承压水位高于潜水位时,承压水排泄于潜水成为潜水的补给源;承压水也可以在正地形或负地形条件下,形成向上或向下的排泄。

承压水的径流条件取决于地形、含水层透水性、地质构造及补给区与排泄区的承压水位差。承压含水层的富水性则同承压含水层的分布范围、深度、厚度、孔隙率、补给来源等因素密切相关。一般情况下,分布广、埋藏浅、厚度大、孔隙率高,水量就较丰富且稳定。

(三)排水的目的与处理方法

1)路基工程排水

水对路基的危害表现为冲刷和渗透,冲刷易形成水毁现象,渗透则使土体过湿,轻者降低路基强度,重者引起冻胀、翻浆或边坡滑塌。

路基设计时,必须考虑将影响路基稳定的地面水、地下水予以排除、拦截、隔断、疏干、降低;路基施工中,首先应校合全线路基排水系统是否完善,重视排水工程的质量和使用效果;路基养护中,对排水设施应定期检查与维修。排水设施要因地制宜、全面规划、合理布局、综合治理、讲究实效、注意经济。注意与农田水利相配合。要注意防止附近山坡的水土流失。路基排水要结合当地水文条件和铁路等级等具体情况,就地取材以防为主。

地面排水设备常用的有边沟、截水沟、排水沟、跌水与急流槽、倒虹吸与渡水槽、蒸发池。地下排水设备,常用的有盲沟、渗沟和渗井等。

2)铁路隧道洞口工程洞顶地表水处理方法

(1)结合现场地形,洞口边、仰坡应及早做好坡面防护,确保洞口稳定。若采用喷锚或砌石护面,坡顶、坡脚宜绿化处理,以防止仰坡范围内地表水下渗和减少对坡面的冲刷。

(2)洞顶如有溪沟或排水沟槽应加强养护、整治,确保水流畅通。若岩层裂隙多,地表水有可能渗漏到隧道内时,应用浆砌片石或混凝土铺砌沟底,浆砌片石应用砂浆抹面。

(3)洞顶截水沟应满足最大降雨时地面水流汇集排出的需求,沟边应有 1～1.5 m 的平台,减少山坡泥水堵塞截水沟。

(4)洞顶边、仰坡周围的排水系统应在雨季前及边、仰坡开挖前完成。

三、相关案例

案例一:京通线桃山隧道

隧道位于北京市东北部与河北省交界处长城脚下,全长 2 007.9 m。距进口 700 m 处有一条常年流水沟,与线路斜交,沟底高出线路 70 余米,有泉眼多处,沟旁有两座小山村,共有 13 户居民,在距隧道右侧约 500 m 处修建水库蓄水。

1974 年 9 月,当下导坑掘进至距流水沟 140 m 处,左侧出现涌水,随着掘进延伸,涌水量不断增加,当掘进至沟底,出现了高压水,流量达 25 000 m^3/d,洞内水深没膝,并发现多处断层、溶洞并发生大小塌方 182 次。当洞内发现溶洞后,洞顶流水沟的水流迅速枯竭,水库水源中断,水电站停止发电,村民生活用水亦告断绝。ADH1241+15~1242+05 段,岩性为石灰岩,风化严重,节理发育,十分破碎;灰黑色中厚层状矽质燧石条带,质脆坚硬节理发育,岩石十分破碎。此段有局部塌方,在与糜棱岩接触中塌方严重。ADH1242+05~+33,F1 断层破碎带,糜棱岩呈黄褐色质软破碎松散坍方严重。流水沟位于 ADH1242+25。该段涌水主要为石灰岩溶洞水和断层水,以溶洞水的涌水量为最大。

案例二:玉蒙铁路水文地质特征

(1)地下水类型

玉蒙铁路沿线跨越的河流为南盘江水系的一些支流(均不通航),较大的主要有曲溪河(也称曲江)、泸江、沙甸河(下游叫临安河),均为典型的山区河流,河水暴涨暴落。测区地下水主要接受大气降雨及江河水补给,地下水的类型主要有松散沉积孔隙水、基岩裂隙水、岩溶水等。松散沉积孔隙水主要分布于沿线盆地、河谷及低洼沟槽第四系松散沉积层中,盆地一带及沿线沟槽处水量较丰富,且埋藏较浅,居民多在沟槽边缘挖井取水;基岩裂隙水主要分布于砂岩、砾岩、玄武岩、板岩中,特别在断裂带、向斜构造及节理、裂隙密集带等部位,储有较多的地下水;岩溶水主要分布于玉溪—曲溪、大冲—新燕子、李浩寨的灰岩、白云岩等碳酸盐岩地区,岩溶水丰富,主要发育有高家庄南侧泉群、燕子洞伏流、大龙潭暗河、小龙潭暗河等。

(2)水化学类型

区域地下水化学特征主要为

HCO_3^-—Ca^{2+}、HCO_3^-—$Ca^{2+}\cdot Mg^{2+}$、HCO_3^-—$Ca^{2+}\cdot Na^+$ 型,绝大多数对混凝土无侵蚀性,个别震旦系砂岩、昆阳群板岩及煤系地层地段的地下水,对混凝土有弱硫酸盐侵蚀性。

学习项目 3　岩溶作用

一、引出案例

历时 7 载建成的世界最难修山区铁路——宜万铁路,已经成为中国铁路建设史上了不起的丰碑。铁路沿线大量存在的软土、顺层、滑坡、断层破碎带、煤系地层及瓦斯和高地应力等地质问题对工程建设影响很大,但更加困扰宜万铁路建设的地质问题是广泛分布的岩溶和岩溶水。除路基下面隐伏岩溶、桥涵基础遭遇岩溶等工程处理问题外,隧道施工中所遭遇的特大型溶腔,悬在洞顶上方、隐伏在隧道周边和底部、富含高压岩溶水和充填泥石的大型溶腔,极大地危及施工安全。常规的施工方法是以“堵”为主,通过注浆加固掌子面周围的岩层,增加其强度，使之能够承受上方的水压。但传统的常规施工方法对宜万铁路高风险隧道根本行不通。尝试用以“排”为主的方法处理高压富水充填溶腔，创造性地提出了“释能降压”施工方法并取得成功，才使得高风险隧道施工技术方案在全线推广。成功穿越了 20 余条暗河、30 余处高压富水大断裂、100 余处大型溶洞，处理岩溶 1 088 处，战胜了 100 余次突水突泥突石等地质灾害，创造了复杂岩溶山区高风险隧道施工的奇迹。

岩溶对工程建设的影响很大，岩溶的发育使岩石产生孔洞，成为水库渗漏的通道。在岩溶地区修建隧道，会遇到各种岩溶涌水地质问题；在各种桩基础工程中，岩溶的存在会降低岩石的完整性，大大降低岩石的强度和稳定性，影响建筑物的安全；抽取大量岩溶水，会产生地面塌陷、地裂缝等地质灾害。因此，研究岩溶的形态、岩溶发育的基本条件和影响岩溶发育的因素具有重要意义。

二、相关理论知识

岩溶是地表水和地下水对可溶性岩石所进行的一种以化学溶蚀为主，机械剥蚀为辅的地质作用及所产生的各种现象的总称。岩溶往往形成各种奇特的地貌形态，这种地貌形态最初在南斯拉夫的喀斯特高原发现，那里有发育典型的岩溶地貌，故又称喀斯特。

我国由石灰岩构成的岩溶分布很广，仅地表出露面积就有 120 万平方公里，约占全国领土面积的 12.5%，其中我国西南部的岩溶地区总面积达 55 万平方公里。尤其以桂、黔、滇最广泛，另外湘、粤、浙、鲁也有分布。

（一）岩溶的形态

岩溶的形态多种多样，常见的形态有岩石表面的溶沟、石芽，地形上的峰林、石林和溶蚀洼地，地表通向地下的落水洞、竖井和溶蚀漏斗，地下的溶孔、溶洞、地下暗河，以及岩溶堆积的石笋、石柱、钟乳石和石帷幕等。

1. 溶沟与石芽

地表水沿着可溶性岩石表面的裂隙进行溶蚀和冲蚀，使岩石表面形成一些细小的沟槽，称为溶沟。其深度由几厘米至几十厘米，最大不超过数米，长度差别较大。溶沟的不断发育，沟槽之间岩石成为锥状柱体称为石芽。

2. 峰林与石林

峰林与石林都是石灰岩遭受强烈的溶蚀作用所形成的地貌。地面上形成的无数孤峭的石峰或石柱，前者称为峰林，后者称为石林。在我国广西、云南地区分布普遍，如广西的桂林为峰林地形，云南的路南为石林地形。

3. 落水洞、竖井

落水洞由岩石中陡立的裂隙受水的溶蚀扩大而成，深度可达百余米，一般是地表水流入地下暗河的通道，如无水流入的竖向溶洞，称为竖井。

4. 溶蚀漏斗

溶蚀漏斗是岩石被溶蚀倒塌而形成的圆形或椭圆形，上大下小的漏斗状或碟状地形，直径一般几米至百余米，其底部常有落水洞与地下溶洞相连。

5. 溶蚀洼地

溶蚀洼地指溶蚀作用所形成的宽阔的、不规则的封闭洼地，面积一般为几平方千米至数十平方千米，平面形态多呈圆形或椭圆形，其长轴一般沿构造线发育。洼地四周被陡壁包围，而底部平坦，其上覆盖着厚度不等的黏性土或碎石。当通道被堵塞而积水时，便形成岩溶湖。

6. 溶孔和溶洞

溶孔在岩石中呈蜂窝状分布，直径一般为数毫米至数厘米，主要在地下深处形成。溶洞是近似水平或倾斜的大型空洞，溶洞一般沿层面裂隙、断层或其他构造带发育，它是水平循环带的产物，是地下暗河的水平通道。溶洞形成后，洞内开始产生碳酸钙的重新沉积，形成各种洞穴堆积地貌，如钟乳石、石笋、石柱和石帷幕等。

（二）岩溶发育的基本条件

岩溶的发生与发展受多种因素的影响。总的来说，岩溶发育的基本条件有岩石的可溶性、岩石的透水性、水的溶解性和水的流动性。前两项是产生岩溶的内在因素，后两项是岩溶发生的外部条件。

1. 岩石的可溶性

岩石的可溶性主要取决于岩石的成分和结构。

1）岩石的成分

岩石的成分不同，其溶解度也不一样。按成分可分为卤化盐类岩石（岩盐、钾盐等），硫酸盐类岩石（石膏、硬石膏等）和碳酸盐类岩石（石灰岩、白云岩、白云质灰岩、大理岩等）。这三类岩石中，卤化盐类岩石溶解度最大，其次是硫酸盐类岩石，碳酸盐类岩石的溶解度最低。但是在自然界中，卤化盐类岩石和硫酸盐类岩石不常见，远不如碳酸盐类岩石分布普遍，对岩溶现象来讲，碳酸盐类岩石的实际意义最大。

碳酸盐类岩石由不同比例的方解石和白云石组成，并含有泥质、硅质等杂质。研究资料表明：方解石的溶解速度比白云石高得多，因此石灰岩比白云岩容易被溶蚀；白云质灰岩和石灰质白云岩，首先被溶解的是方解石，白云石被残留下来，阻塞洞隙，使岩溶作用减弱；泥灰岩含有许多黏土矿物，经过溶蚀作用后，其表面残余的黏土颗粒也能堵塞洞隙，妨碍水流运动，影响岩溶作用的继续进行。故一般质纯的石灰岩，岩溶较发育，而泥灰岩、硅质灰岩等岩溶发育较差。例如，我国南方分布的泥盆系、石炭系、二叠系、三叠系和北方的中奥陶统石灰岩，一般岩性较纯，岩溶较发育；而北方震旦系的硅质灰岩、下奥陶统的白云质灰岩，岩溶发育较差。

2）岩石的结构

岩石的结构对岩溶影响较大。矿物颗粒的大小、形状和结晶状况都控制着岩石的孔隙率。一般晶粒粗大或不等粒结构，由于抗风化能力差，节理裂隙发育，易于溶蚀；而晶粒较细、均匀致密的岩石，则不易溶蚀；对于生物碎屑岩和鲕状灰岩，主要由生物碎屑组成，孔隙大，岩溶最发育；经过重结晶的亮晶灰岩，孔隙度小，最不易溶蚀。如我国山东省有些白云岩和泥质白云岩比纯灰岩的岩溶发育，这是因为这些岩石的结构主要是生物碎屑灰岩和鲕粒灰岩，其孔隙率高，溶孔发育造成的。

2. 岩石的透水性

岩石的透水性加大了岩石与水的接触空间，使岩溶作用不仅限于岩石的表面，还能向深处发展。岩石的透水性取决于岩石的裂隙和孔隙的多少，其中裂隙比孔隙更为重要。岩石的裂隙由于成因不同，其性质和分布特点各不相同，其影响的岩溶发育部位也不相似。构造裂隙是水流的主要通道，因此岩溶发育的程度和分布方向，往往与地质构造密切相关。

一般在断层带、裂隙密集带、褶皱轴部等部位岩石破碎，地下水容易进行循环交替，岩溶最为发育。风化裂隙的存在，使地表附近的岩石破碎，有利于地下水的运动，因此在地表附近岩溶一般也比较发育。层间裂隙也是地下水进入岩石的通道，在可溶性与非可溶性岩石的界面上，由于地下水的流动、富集，岩溶往往也较发育。如北方下寒武统龙王庙阶的二段石灰岩，地下水下渗时受到一段页岩和太古代花岗片麻岩的阻挡，二段石灰岩岩溶发育，是较好的含水层。

可溶性岩石的孔隙度一般比较小，但在贝壳灰岩、珊瑚礁灰岩、生物碎屑灰岩中，孔隙大而多，对岩溶发育影响很大。

3. 水的溶解性

自然界的水是不纯的，含有许多化学成分。水对碳酸盐类岩石的溶解能力，主要取决于水中多余的 CO_2 的含量，即所谓的侵蚀性 CO_2。其含量越多，溶解能力越强。水中 CO_2 的来源，主要是雨水溶解空气中的 CO_2 形成的。此外土壤和地表附近强烈的生物化学作用，也是水中 CO_2 的重要来源。

在地下水向深处运动过程中，由于不断溶解岩石，水中侵蚀性 CO_2 含量逐渐减少，地下水的溶蚀能力也随之下降。水温也影响水的溶解能力，温度越高，溶解能力越大。当水中含有 Cl^-、SO_4^{2-} 时，水对碳酸盐类岩石的溶解能力将增强。

4. 水的流动性

水的溶蚀能力与水的流动性关系密切。在水流停滞的情况下，随着水中 CO_2 的不断消耗，水溶液达到饱和状态而丧失溶蚀能力。只有当地下水不断流动，与岩石广泛接触，源源不断地补充富含 CO_2 的水，岩溶才能继续进行。

地下水的流动性主要取决于降水量、水位差和岩石的透水程度。降水量和地下水循环系统的水位差越大，水的流动就越快。所以，多雨的湿润地区和新构造运动上升强烈的地区，溶蚀作用比较强烈。相反，在干旱地区降水较少，溶蚀作用微弱。新构造运动相对稳定的准平原区，地下水循环系统的水位差不大，溶蚀作用就不如山区强烈。

在被河谷切割的厚层可溶性岩层地区，地下水的流动大致可分为四个垂直带，如图 3-16 所示。

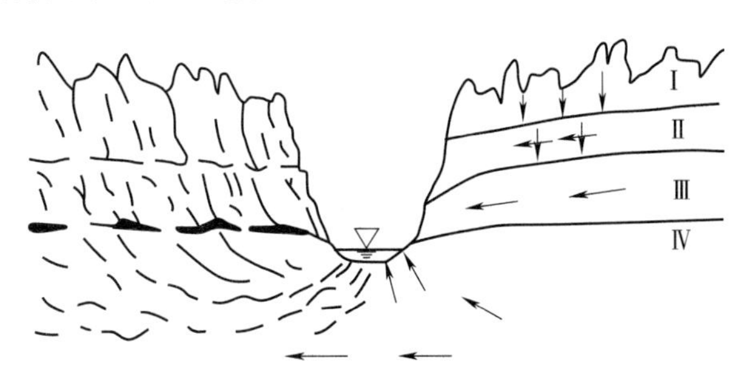

图 3-16　地下水的垂直分布

(1)垂直循环带(包气带)。位于地表以下地下水位以上，平时一般无水或不饱和水故又称包气带。在降水后水以垂直下渗为主，因而岩溶发育也主要以垂直形态为主，如漏斗、落水洞等。垂直循环带的厚度主要取决于地貌条件，地壳上升越剧烈，河谷下切越深，垂直循环带厚度越大。地壳相对稳定的平原区，河谷切割深度浅，垂直循环带的厚度较小。如广西山区的垂直循环带可达 100 m 以上，而在平原地区一般在 10 m 以下。

(2)水平循环带(饱水带)。位于潜水面以下，为主要排水通道控制的饱和水层。该带水流主要沿水平向运动，是地下岩溶形态主要发育地带，多发育水平型喀斯特，如地下河、水平溶洞等。水平循环带的厚度随着潜水面在不同季节的升降而变化，其厚度从补给区向排泄区逐渐加大。如贵州猫跳河的两侧，接近补给区的地段，水平循环带厚度仅 5～10 m，而到达河谷排泄区地段，则厚达 20～30 m 以上。

(3)过渡循环带。位于上述两带之间，潜水面随季节变化。雨季潜水面上升，此带变为饱水带，地下水向河谷流动，为水平循环带；旱季地下水位下降，此带为垂直循环带，成为包气带。过渡循环带内，既发育有水平岩溶形态，又发育有垂直岩溶形态，其厚度取决于地下水位的升降幅度。

(4)深部循环带。位于水平循环带以下，此带内地下水运动不受河谷影响，其运动速度明显减少，因此溶蚀能力较弱。

在上述的四个带中，地下水的运动方式和强度不同，决定了岩溶形态、位置、延伸方向和规模大小也不相同。这种分带可以因气候、地貌和构造的变动而发生变化。如果地壳上升，原本水平循环带可能转化为过渡循环带或垂直循环带；如果地壳下降，原来的水平循环带和过度循环带也有可能转化为水平循环带。

(三)影响岩溶发育的因素

岩溶地貌的发育，除上述的四个基本条件外，气候、地质构浩、地形、地貌、植被等因素对岩溶发育也有不同影响。其中气候与地质构造的影响最明显。

1. 气候

气候是岩溶地貌发育的一个重要因素，气候因素主要包括降水量和气温的变化。降水量越大下渗量越大，水流交替条件越好，越有利于溶蚀作用，岩溶越发育。在气候湿润区植被茂盛，形成大量有机酸，加之土壤中微生物和有机质的分解，为入渗水流提供了大量的 CO_2，使水流经常保持很强的溶蚀性；在内陆和高山、高纬度地区由于气候干燥寒冷，不利于岩溶发育。据统计，广西中部年溶蚀量为 0.12～0.3 mm，而河北地区的年溶蚀 0.02～0.03 mm，两者相差 6～10 倍，气候是影响我国南北方岩溶地貌发育不同的主要原因。

2. 地质构造

岩溶发育与地质构造关系密切，很多典型的岩溶区均受构造体系的控制。裂隙节理、断层破碎带、褶皱轴部、可溶性岩石与不可溶性岩石的界面等，这些部位岩层破碎水流汇集，交换和运动条件好，溶蚀作用进行顺利而迅速，因而岩溶地貌发育。

1)断层构造。断层是地下水的良好通道，所以沿断层带岩溶特别发育。断层的规模、性质、走向、断裂带的破碎程度及填充方式，都和岩溶发育密切相关。正断层属于张性断层，岩体破碎，破碎带一般为断层角砾岩，透水性强，有利于岩溶发育，断层的上盘一般比下盘发育。逆断层一般为压性断层，破碎带一般为大量的碎裂岩和糜棱岩，胶结好，孔隙率小，呈致密状态，不利于岩溶发育。平推断层破碎带内既有岩石的糜棱结构，也有次一级的构造裂隙，岩溶的发育介于两者之间。

2)褶皱构造。不同的褶曲形态，岩溶发育程度、部位也不相同。在背斜构造区，背斜轴部张裂隙发育，有利于地下水向下渗流，岩溶发育常比其他部位高，形成一系列沿轴向分布的岩溶形态。背斜的两翼地段，裂隙岩溶发育较差；在向斜构造区地下水富集于轴部，沿轴向排水可形成暗河，因而轴部岩溶化强烈逐渐向两翼减弱。

3)单斜构造和水平构造。岩层倾角的大小，地下水流速和循环不相同。倾角越大，地下水循环越剧烈，岩溶作用越强；水平构造或缓倾斜构造区，同一岩层在地表面积分布，促使岩溶均匀发育，形成单一的地貌景观，岩溶发育情况多由层面裂隙控制。

3. 地形、地貌

在不同地貌条件下，岩溶发育程度是不相同的。地面坡度的大小直接影响渗流量的大小，在比较平缓的地方，地表径流速度慢，渗透量大，地下水运动和循环迅速；反之，地面坡度大，地表径流大，地下入渗量小，地下水运动和循环缓慢，影响岩溶发育强度。

在不同地形部位或不同的地形单元，岩溶发育强度也不相同。如高山、低山、平原地区的水动力条件不同，地下水的垂直分带也有很大变化。

三、相关案例

南昆铁路通过碳酸盐岩地段长 387.6 km，占全线线路总长的 43%，岩溶主要发育于二叠系、三叠系和石炭系的石灰岩和白云岩中，以二叠系栖霞组(P_1q)、茅口组(P_1m)最为发育，三叠杀永宁镇组(T_1y)、个旧组(关岭组 T_1g)和石炭系马平组(C_3mp)次之。

全线碳酸盐岩岩溶发育程度，除与岩石成分、结构、构造和岩层的岩性组合有关外，还突出表现为受地质构造和地貌的控制。处于断层带及其附近，尤其是张性断层带及其上盘，岩溶发育特别强烈，如年家山 3 号、白石山、砂锅寨 2 号等隧道皆属此类，施工中曾遭遇多处溶洞。位于褶曲轴部的碳酸盐岩，岩溶发育强度更甚于翼部；而褶曲翼部，不论是向斜或背斜，如果存在排泄基准面，则接近排泄基准面的部位往往存在溶洞或富集有较丰富的岩溶水，如砂厂坪 1 号、弓国田、家竹箐和砂锅寨 2 号等隧道等都属此类。

地貌单元、形态不同岩溶发育强度存在很大差异。山地及河谷斜坡因排水条件良好，岩溶发育一般较微弱。广西境内的溶岩和云南高原面上的石林、石芽原野，溶蚀作用都已进行得十分充分，主要表现为覆盖型岩溶中遍布的碟形洼地，裸露型岩溶中密集分布的漏斗、竖井、落水洞等岩溶形态。

沿线岩溶发育深度因地而异，随线路所处地貌单元不同而有很大变化。广西溶岩地区，以右江为区域性排泄基准面，线路附近岩溶垂直渗流带发育深度仅数米至十余米；而云贵高原的低中山区，近时期以来，地壳抬升剧烈，普遍发育有较深的垂直渗流带，如罗平至师宗间岩溶化山地垂直渗流带深 200 m 以上，暗河埋深达 220～250 m。

施工中发生岩溶涌水的隧道，主要分布于云贵高原面上的岩溶化低中山地。根据隧道在岩溶发育垂直分带上所外位置的不同，涌水规模、性质各有差异。线路走行较高时，隧道多位于垂直渗流带中，涌水量均不太大，且多属来去匆匆的季节性“过路水”。穿越分水地带的岩溶隧道一般埋深较大，已位于季节交替带或水平径流带中，施工中直接揭露暗河(如家竹箐隧道、年家山 3 号隧道、二排坡隧道)或因雨季隧道下方水平径流带的岩溶水排泄不畅(如干桥隧道、砂锅寨 2 号隧道)时，曾发生较大的涌水、突泥现象。

由于地下水排泄通道排水不畅或遭堵塞，导致积水、冒水淹没路基的事例在施工中亦有发生。干桥、砂锅寨 2 号隧道出口后均有大型溶蚀洼地分布，隧道施工中的涌水及降雨均汇入洼地，因排泄不及时导致注地积水淹没路基。

岩溶地面塌陷是南昆铁路通过可溶岩地区路基工程普遍存在的问题。全线路基总长 632.3 km，可溶岩地段路基长约 300 km，几乎占路基总长之半。据统计，施工期间全线发生岩溶地面塌陷 50 余处。通过岩溶地面塌陷的专门性勘察，划分出塌陷威胁最为严重的 62 段累计总长 12 000 余米，作为建设期间的先期防治对象，纳入设计并付诸施工。

学习项目 4　自然地质灾害

一、引出案例

大准铁路(大同至准格尔)是中国北部重要的运煤通道,起自内蒙古鄂尔多斯高原准格尔期薛家湾镇,跨黄河、浑河,西至山西大同,与大秦铁路(大同至秦皇岛)接轨,把准格尔煤田的煤炭源源不断地运往全国各地,由于其单线铁路性质,其现运输能力已不能满足运量及国家建设需要,增建二线工程已启动勘察设计。大准铁路运营过程中,崩塌地质灾害对该线路的影响较大,每年用于治理崩塌地质灾害的费用都在数百万元以上,根据在大准铁路多年的勘察经验,并搜集既有铁路运营过程中产生的崩塌病害及其处理措施工务段资料,对大准铁路沿线崩塌的特点及成因机制进行分析和总结,并提出相应的防治措施,对该区崩塌治理设计有很好的指导作用。

我国山区面积大,在进行各种工程建设中都会遇到挠曲、倾倒、崩塌、滑坡、泥石流等地质灾害,对交通、建筑物、农田等破坏性很大,因此研究重力地质作用及重力地貌类型,在生产实践中具有重要意义。本项目重点介绍崩塌、滑坡、泥石流等地质灾害。

二、相关理论知识

(一)崩　塌

斜坡上的土体、岩体在重力作用下,突然向下崩落,称为崩塌。崩塌的运动速度很快,一般可达 5～200 m/s,多发生在 45°以上的陡坡上。岩土体以跳跃、滚动形式运动,直接对落于地面,在坡上方形成陡坎,称为崩塌崖。在坡的下方形成碎石舌、倒石堆等。风化作用按作用因素与作用性质的不同,分为物理风化、化学风化和生物风化三种类型。崩塌运动时没有固定的滑动面,其地质营力主要是重力地质作用,一般没有流水作用的参与,崩落物质主要由土和岩块组成。崩塌是斜坡破坏的一种型式,对水利、铁路、公路线的危害严重。因此,对崩塌类型、崩塌产生的原因和崩塌堆积物的研究具有重大意义。

1. 崩塌类型

根据移动形式和速度,崩塌可分为散落型崩塌、滑动型崩塌、流动型崩塌。

1)散落型崩塌

在节理或断层发育的陡坡或是软硬岩层相间的陡坡,或是由松散沉积物组成的陡坡,常形成散落型崩塌。

2)滑动型崩塌

沿某一滑动面发生崩塌,有时崩塌体保持整体形态和滑坡很相似,但垂直移动距离往往大于水平移动距离。

3)流动型崩塌

松散岩屑、砂、黏土,受水浸湿后产生流动崩塌。这种类型的崩塌和泥石流很相似。称为崩塌型泥石流。

另外,崩塌还可分为山崩、崩岸、岩崩和岩屑崩落等类型。

1)山崩

山崩是山区发生大规模崩塌的现象。在边坡很陡的地区，在岩石的释重作用、冰劈作用、温差作用等物理风化作用下，沿陡坡边缘产生一系列的张裂隙，使边坡处于极不稳定状态。当遇到地震、爆破或人工开挖等触发因素时，岩体产生崩塌。山崩的规模可大可小，大规模的山崩破坏力巨大。如 1911 年帕米尔高原巴尔坦格河谷一次巨大山崩，崩落体积达 36 亿～48 亿立方米。在几秒钟的时间内，岩体从 600 m 的高处塌落下来，堵塞河流，形成了长 75 km、深 262 m 的堰塞湖。

2)崩岸

在河岸、湖岸和海岸，由于河流的侧蚀作用，湖岸、海岸的浪蚀作用，导致底部被淘空，使上方岩体失去支撑而发生崩岸。

3)岩崩

陡岸整块岩体直接坠落或滚落称为岩崩。崩落的岩体散落于山坡下方的缓坡地带。

4)岩屑崩落

岩屑顺斜坡作跳跃式的滚动称为崩落，它比山崩和岩崩的速度慢，常形成倒石堆。

2. 崩塌的形成条件

1)岩土类型

岩土是产生崩塌的物质条件。不同岩土类型所形成崩塌的规模大小不同，通常岩性坚硬的各类岩浆岩(又称为火成岩)、变质岩及沉积岩(又称为水成岩)的碳酸盐岩(如石灰岩、白云岩等)、石英砂岩、砂砾岩、初具成岩性的石质黄土、结构密实的黄土等形成规模较大的岩崩，页岩、泥灰岩等互层岩石及松散土层等，往往以坠落和剥落为主。

2)地质构造

各种构造面，如节理、裂隙、层面、断层等，对坡体的切割、分离，为崩塌的形成提供脱离体(山体)的边界条件。坡体中的裂隙越发育、越易产生崩塌，与坡体延伸方向近乎平行的陡倾角构造面，最有利于崩塌的形成。

3)地形地貌

江、河、湖(岸)、沟的岸坡及各种山坡、铁路、公路边坡，工程建筑物的边坡及各类人工边坡都是有利于崩塌产生的地貌部位，坡度大于 45°的高陡边坡，孤立山嘴或凹形陡坡均为崩塌形成的有利地形。

岩土类型、地质构造、地形地貌三个条件，又通称为地质条件，它是形成崩塌的基本条件。

3. 崩塌堆积物

由重力作用所形成的堆积物称为崩塌堆积物(Q^{col})。简称崩积物。这类堆积物常组成三角形、半圆形的锥形体分布。崩积物的岩性与斜坡上部岩石基本一致。其岩性单一，由未经分选、棱角分明的碎石组成，颗粒大小混杂排列不规则。当崩积物在垂直剖面上时，呈下粗上细现象；在纵向上，近陡坡处颗粒细小，坡麓处粗大。当崩落比较活跃时，岩壁陡而新鲜。

(二)滑　坡

滑坡是指斜坡上的土体或者岩体，受河流冲刷、地下水活动、雨水浸泡、地震及人工切坡等因素影响，在重力作用下沿着一定的软弱面或者软弱带，整体或者分散地顺坡向下滑动的自然现象。俗称“走山”、“垮山”、“地滑”、“土溜”等。

滑坡体一般为缓慢地、长期地、间歇性地滑动，它可以延续几年、几十年、甚至上百年。有的滑坡，开始运动缓慢，以后突然变快形成巨大灾害。

1. 滑坡的形态

滑坡在平面上的边界和形态受滑坡的规模、类型与所处的发育阶段有关。一个完整的滑坡，一般要素组成如图 3-17 所示。

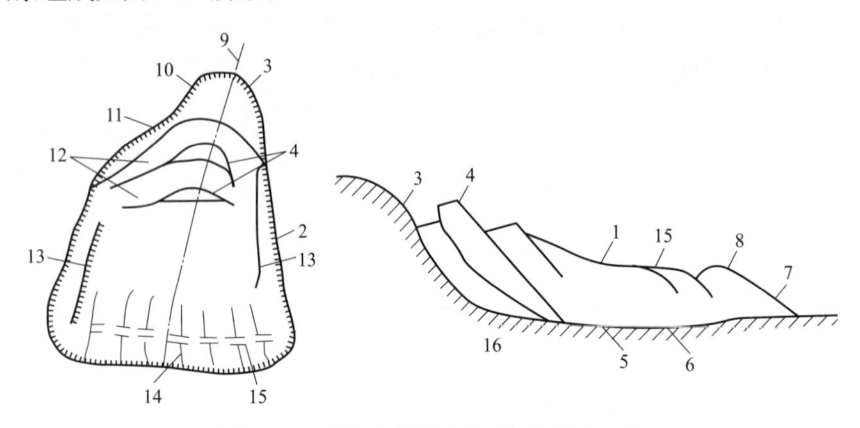

图 3-17　滑坡要素及滑坡形态特征示意图

1—滑坡体；2—滑坡周界；3—破裂壁；4—滑坡台阶；5—滑动面；6—滑动带；7—滑坡舌；8—滑动鼓丘；9—滑动轴；10—破裂缘；11—封闭洼地；12—拉张裂隙；13—剪切裂隙；14—扇形裂隙 15—鼓张裂隙；16—滑坡床

1)滑坡体

滑坡体简称滑体，是滑坡发生后与母体脱离开的滑动部分。滑坡体由于是整体滑动，但其内部基本上保留原有的层位关系以及结构、构造特征。滑坡体的表面起伏不平，裂隙纵横；原有的树木倾斜或倒伏，形成醉汉林、马刀树。滑坡体与周围不动土体的分界线，称为滑坡周界。滑坡体的规模大小不一，从几十立方米到几万立方米不等。

2)滑坡床

滑坡床指滑坡体以下未滑动的部分。它保持原有的结构、构造特征，只是靠近滑坡体部位有些破碎。

3)滑动面和滑坡带

滑坡体与周围未滑动岩土体之间的分界面称滑动面。滑动面的形状与滑坡体的成分、结构、构造有关。在均质的黏性土和软岩中，滑动面近于圆弧面；当滑坡体沿岩层层面、结构面滑动时，滑动面为直线或折线。由于滑动时的摩擦，滑动面比较光滑，有时可见动擦痕和磨光面。在滑动面上下所形成的碾压破碎带，称为滑坡带。滑坡带内的土体受到揉皱、碾磨作用，岩石产生糜棱岩化现象，在石灰岩内可见大理岩化现象。它往往由碎裂岩、靡棱岩、岩粉、岩屑和黏土组成。

4)滑坡壁

滑坡体滑落后，滑床上方未滑动部分岩土体所形成的弧形陡壁。平面上多呈圈椅状，高数厘米至数十米，坡度一般 60°～80°，形成陡壁。

5)滑坡台阶

由于各阶段滑体运动的差异，在滑坡体上形成的滑坡错台，每一错台都形成一个陡坎和平缓台面，称为滑坡台阶。

6)滑坡舌

滑坡舌又称滑坡前缘或滑坡头，位于滑坡的前部。滑坡舌的隆起部分称为滑坡鼓丘。

7)滑坡洼地与滑坡湖

滑坡体与滑坡壁之间的月牙形洼地称为滑坡洼地。此洼地往往由于地下水在此出露或地表水的汇集,形成湿地、水塘、滑坡湖。如陇海铁路宝鸡附近卧龙寺滑坡,切割了含水层,有泉水涌出,形成宽 40 m、深 10m 的滑坡湖。

8)滑坡裂缝

滑坡体在滑动过程中,由于各部位的移动速度不均匀,在滑坡体内部、表面产生的裂缝称为滑坡裂缝。按受力状况及分布部位不同,有以下几种裂缝:

(1)张拉裂缝。分布在滑坡体的上部,由于下滑时的张拉作用产生的,和滑坡壁的方向大致平行或吻合。

(2)剪切裂缝。分布在滑坡体中部的两侧,由滑动土体与不滑动土体相对位移而产生的,常伴有羽状裂隙。

(3)鼓胀裂缝。滑坡舌上,因土体隆起形成的张裂缝,其方向一般垂直于滑动方向。

(4)扇状张裂缝。分布于滑坡体的中下部,以滑坡前缘最多,由于滑坡体下部向两侧扩散而形成的,呈放射状分布。

2. 滑坡的分类

由于自然条件千变万化,滑坡的成因、形态、滑动各有特点,为了反映滑坡的工程地质特征及其发展规律,从而有效地预测和预防滑坡的发生,各国学者和工程部门对滑坡提出了各种分类方案。

1)按滑动面与岩土层面关系分类

这是应用较广泛的一种分类,可分为均质滑坡、顺层滑坡、切层滑坡三类。

(1)均质滑坡。这是发生在均质、无明显层理的岩土体中的滑坡。滑动面不受层面控制,一般呈圆弧形,在黏土、黄土和黏土岩中较常见。

(2)顺层滑坡。发生在非均质的成层岩体中,沿岩层面发生滑动的滑坡。这类滑坡多发生在岩层倾向与斜坡倾向一致、倾角小于坡角的条件下。当岩层中存在原生或次生的软弱夹层时,夹层的抗剪强度较低,很容易沿该层面滑动。另外,当坡积物与下伏基岩的交界面较陡时,坡积物的下滑也属于顺层滑坡。顺层滑坡的滑动面一般为平面,也可以是波状或倾斜阶梯形。

顺层滑坡在自然界分布广泛,而且规模较大,我国三峡工程库区云阳到奉节一带有多处这种类型的大型滑坡。

(3)切层滑坡。滑动面切过岩层面的滑坡,称为切层滑坡。这种滑坡多发生在岩层产状平缓、坡面与岩层面反倾向的非均质岩层中。滑动面在顶部常是陡直的,沿裂隙面发育,下部的滑动面一般为圆弧形或对数螺线形。

2)按滑坡的滑动力学特征分类

这种分类对滑坡防治有很大意义,一般可分为推动式滑坡、牵引式滑坡和混合式滑坡三类。

(1)推动式滑坡。推动式滑坡是指滑坡的上部不稳定,以致上部边坡始滑而使下部滑动,主要是由于坡顶堆积荷载或进行工程建设引起的。另外,坡顶的垂直裂隙在雨后积水产生的水压力,也会增加坡顶的下滑力,产生滑坡。

(2)牵引式滑坡。由于坡脚受河流冲刷或人工开挖,又在其他因素作用下,首先在边坡下部开始滑动,引起由下而上依次下滑。

(3)混合式滑坡。由于坡顶堆荷或坡下河流冲刷、人工开挖产生的滑坡,始滑位置不固定,边坡的上缘和下缘均存在始滑点,这种情况比较常见。

3)按滑坡的岩土类型分类

边坡的地层、岩性是决定边坡工程性质特征的基本因素之一。边坡的岩性不同,则滑坡的滑动力学特征、形态特征、滑动面形状及发育规模有所不同。滑坡按岩土种类分为堆积层滑坡、黄土滑坡、黏土滑坡、岩层滑坡四类。

4)按发生后的活动性分类

滑坡按发生后的活动性分为:

(1)活滑坡。发生后仍在活动的滑坡。滑坡壁及两侧有新鲜的擦痕,滑坡体上有新产生的鼓胀裂缝、张拉裂缝和剪切裂缝,滑坡体上分布有醉汉林和马刀树等特征。活滑坡对工程建设影响较大,工程上必须重点研究。

(2)死滑坡。发生滑动后已稳定,并停止发展。一般情况下不可能重新活动,坡上植被茂盛,常有居民点等。

5)按滑坡的发展阶段分类

按滑坡的发展阶段,可分为幼年期、青年期、壮年期和老年期。这对滑坡的预测和调查,研究滑坡的发生发展规律有重要意义。

6)按滑坡体的大小、规模分类

另外,工程上常根据滑坡体的厚度、体积进行分类。

按滑坡体的厚度分为:

①浅层滑坡。滑坡体的厚度小于 5 m。

②中层滑坡。滑坡体的厚度为 5～20 m。

③深层滑坡。滑坡体的厚度超过 20 m。

按滑坡体的体积大小分为:

①小型滑坡。滑坡体的体积小于 5 000 m^3。

②中型滑坡。滑坡体的体积为 5 000～50 000 m^3。

③大型滑坡。滑坡体的体积为 50 000～100 000 m^3。

④巨型滑坡。滑坡体的体积大于 100 000 m^3。

3. 影响边坡稳定性的因素

影响边坡稳定性的因素复杂多样,主要包括岩土类型和性质、岩体结构和构造、风化作用、水的作用、地震和人类活动等。在这些因素中有自然的,也有人为的;有内在的,也有外在的。可将它们分为两类:一类为主导因素,是长期起作用的因素,包括岩土类型和性质、地质构造、岩体结构、风化作用、地下水活动等;另一类为触发因素,是临时起作用的,有地震、洪水、暴雨、堆载、人工爆破等。正确分析各种因素的作用,是边坡稳定性评价的工作之一,为预测边坡破坏、发展演化以及有效防治措施提供依据。

1)岩土类型及性质

岩土类型及性质是影响边坡稳定性的根本因素。岩性控制着斜坡破坏的形式和类型,在黄土地区,边坡在干燥时可以直立陡峻,但一经水浸土的强度大减,变形急剧,形成大的滑坡;在花岗岩、厚层石灰岩地区,则以崩塌为主;在片岩、板岩、千枚岩等变质岩地区,往往以表层挠曲、倾倒等蠕动破坏形式为主。在坡高和坡角相同的情况下,岩体愈坚硬,抗变形能力愈强,边坡的稳定性愈好;反之边坡稳定性差。所以,坚硬完整的岩石(如花岗岩、石英砂岩、石灰岩等)能形成稳定的高陡斜坡,而软弱岩石和土体则只能维持低缓的斜坡。近年来我国学者根据不同的岩性组合,归纳出了以下容易滑动地层,简称易滑地层,如砂泥岩互层、砂页岩互层、灰页岩互层、黏土岩、板岩、软弱片岩、凝灰岩等。

2)地质构造和岩体结构的影响

地质构造因素对边坡稳定性,特别是岩质边坡稳定性的影响十分明显。在区域构造比较复杂、褶皱比较强烈、新构造运动比较活动的地区,边坡稳定性差,如我国西南横断山脉地区,金沙江地区深切河谷,边坡的崩塌、滑坡、泥石流等极其发育,常出现巨大型滑坡和滑坡群。

对岩质边坡来讲,边坡的破坏形式受岩体中的结构面控制。结构面的成因、性质、延展、产状对边坡的稳定有很大影响。其中软弱结构面的走向与边坡走向的关系、倾向与边坡倾向的关系,决定了边坡的稳定性。

对于软弱结构面的走向与边坡走向一致的情况,有以下几种类型:

(1)平迭坡。软弱结构面是水平的。这种边坡稳定性较好,但如存在陡倾的节理裂隙,则容易产生崩塌和剥落。

(2)顺向坡。软弱结构面的倾向与斜坡面的倾向相同,即岩层倾向外坡。根据软弱结构面的倾角 α 和坡角 β 的关系又分为两种情况:

①坡角 β 大于软弱结构面倾角 α,即 $\beta>\alpha$,这种情况斜坡稳定性最差,极易产生顺层滑坡;

②坡角 β 小于软弱结构面倾角 α,即 $\beta<\alpha$,斜坡比较稳定。

(3)逆向坡。软弱结构面的倾向与斜坡面的倾向相反,即岩层倾向内坡。这种斜坡是最稳定的,有时有崩塌发生,很少产生滑坡。

以上三种情况,是指软弱结构面的走向与斜坡的走向相同,对于走向斜交情况,则称为斜交坡。

(4)斜交坡。软弱结构面的走向与斜坡的走向斜交,这类斜坡当软弱结构面倾向外坡,且交角小于40°时稳定性较差,否则较稳定。

3)水的作用

地表水和地下水是影响边坡稳定性的重要因素,不少滑坡的实例都与水的作用有关。水对边坡的影响是多方面的,有软化作用、冲刷作用、静水压力作用、动水压力作用和浮托力作用。

(1)软化作用。指水的活动使岩土的强度降低的作用。对黏性土和黄土等土质边坡,遇水后土的抗剪强度降低,抗滑力减小,软化现象明显;对岩质边坡,岩体中的软弱夹层和泥化夹层,亲水性强,出现崩解泥化现象,抗剪强度降低,影响边坡稳定性。

(2)冲刷作用。河谷岸坡因水流冲刷而使斜坡变高、变陡,不利于斜坡的稳定。冲刷还可使坡脚临空,易产生滑坡。

(3)静水压力作用。岩质斜坡上的张裂隙,因降水或地下水活动使裂隙充水,则裂隙将承受静水压力。静水压力的方向与裂隙面垂直,指向斜坡的临空面,对边坡稳定是不利的。雨季使一些斜坡产生崩塌或滑坡,往往与裂隙静水压力的作用有关。

(4)动水压力作用。如果斜坡上岩土体是透水的,地下水在渗流作用下产生动水压力。动水压力方向与渗流方向一致指向临空面,因而对边坡稳定不利。在河谷地带当洪水过后河水位迅速下降时,河岸内的水缓慢地流出,因而产生的动水压力指向坡外,可能产生滑坡。当库水位急剧下降时,库岸也会因较大的动水压力而失稳破坏。

(5)浮托力作用。处于地下的透水斜坡,将承受浮托力的作用,使坡体的有效重量减轻,对斜坡稳定不利。一些由松散堆积物组成库岸的水库,当蓄水时岸坡发生变形破坏,原因之一就是浮托力的作用。

4)地震的影响

地震对边坡稳定性影响较大,在地震作用下,首先使边坡岩体的结构发生破坏,出现新的结构面,使原有结构面张裂、松弛,饱和砂层出现振动液化,地下水状态发生较大变化,在地震力的反复作用下,边坡沿结构面发生位移变形直至破坏。

强烈地震引起山崩、滑坡破坏的实例,国内外都有大量记载。如 1933 年 8 月 25 日四川迭溪大地震,引起大滑坡和山崩,摧毁了迭溪镇。滑坡和崩塌将岷江堵塞形成 4 亿～5 亿立方米的堰塞湖。10 月 9 日溃口,湖水急剧下泄,造成下游 2 500 人死亡。

5)工程荷载的影响

在铁路工程建设使用中,工程荷载的作用影响边坡的稳定性。如铁路动荷载作用、拱坝坝肩承受的拱端推力、边坡坡肩附近的堆载、压力隧洞的内水压力、加固岩体的预应力等外荷载作用,都会对边坡的稳定性产生影响。

除上述因素外,坡脚的人工开挖、爆破影响、引水产生的黄土湿陷性等,均可以引起边坡的变形与破坏。

(三)泥 石 流

泥石流是指在山区或者其他沟谷深壑、地形险峻的地区,因为暴雨、暴雪或其他自然灾害引发的山体滑坡并携带有大量泥砂以及石块的特殊洪流。泥石流具有突然性以及流速快、流量大,物质容量大和破坏力强等特点。发生泥石流常常会冲毁公路、铁路等交通设施甚至村镇等,造成巨大损失。

泥石流的地理分布广泛,据不完全统计全世界约有近 70 个国家不同程度地遭受泥石流的袭击。我国山地面积大,自然地理条件和地质条件复杂,是世界上泥石流灾害最严重的国家之一。因此,对泥石流的组成特征、发生条件、类型的研究,具有重要意义。

1. 泥石流的形成条件

泥石流的形成条件:地形陡峭,松散堆积物丰富,特大暴雨或大量冰融水的流出。

1)地形地貌条件

在地形上具备山高沟深、地形陡峻、沟床纵度降大,流域形状便于水流汇集。在地貌上,泥石流的地貌一般可分为形成区、流通区和堆积区三部分,如图 3-18 所示。上游形成区的地形多为三面环山,一面出口为瓢状或漏斗状。地形比较开阔、周围山高坡陡、山体破碎、植被生长不良,这样的地形有利于水和碎屑物质的集中;中游流通区的地形多为狭窄陡深的峡谷,谷床纵坡降大,使泥石流能迅猛直泻;下游堆积区的地形为开阔平坦的山前平原或河谷阶地,使堆积物有堆积场所。

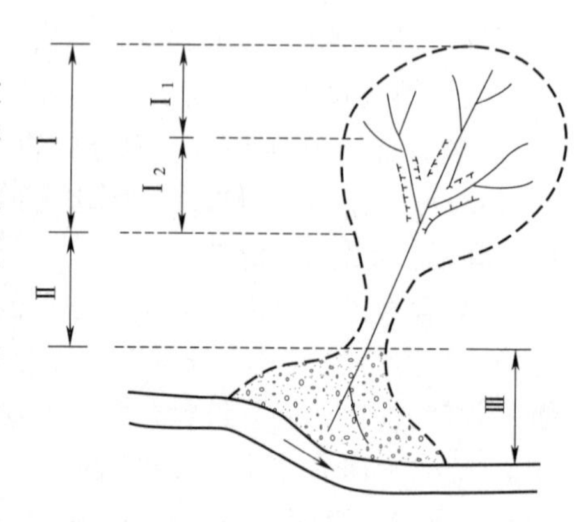

图 3-18　泥石流流域示意图

(1)形成区。泥石流的形成区一般位于河谷的上游地区。地形上是三面环山,一面有出口的半圆形,周围山坡陡峻，多为 30°～60°的陡坡。坡上有大量的松散物质，植被较差，分布有冲沟，且滑坡、崩塌发育。这样的地形条件有利于汇集周围的水流和固体物质。

(2)流通区。流通区是泥石流搬运通过的地段，多为狭窄而深切的峡谷或冲沟，谷坡陡，河床坡度大，且多为陡坎和跌水。

(3)堆积区。泥石流的堆积区是泥石流的堆积场所，一般位于山口外或山间盆地边缘，地形上比较平缓。由于地形豁然开阔平坦，泥石流的流速减小，并最终沉积下来形成扇形、锥形的堆积体。堆积区地面上往往垄岗起伏，大小石块混杂。如果泥石流多次活动，还会使堆积扇呈叠套现象。

上述是典型泥石流流域的情况，由于泥石流流域的地形地貌条件不同，有些泥石流流域上述三个区段就不易区分开来，甚至缺失流通区或堆积区。

2)地质条件

凡是泥石流发育的地方，都是岩性软弱。岩石风化破碎，地质构造复杂，褶皱、断裂发育，新构造运动活跃，地震频繁的地区。这样的地段，既为泥石流活动提供了丰富的固体物质来源，又因地形陡峻，高差大，具有强大的动能。我国一些著名的泥石流发育区，主要有云南东川、四川西昌、甘肃武都大都是沿着构造断裂带分布的。

3)气候条件

泥石流的形成条件必须有强烈的地表径流，地表径流水不仅是泥石流的组成部分，也是泥石流活动的搬运介质。泥石流的地表径流来源于暴雨、冰雪融化和水体溃决等，由此将泥石流划分为暴雨型、冰雪融化型和水体溃决型等类型。

我国大部分地区由于受热带、亚热带气候气团的影响，由季风气候控制，降水特点是降水历时短，降水量集中，降水强度大，易形成暴雨或特大暴雨。如云南东川地区一次暴雨 6 h 降水量 180 mm，形成了历史上罕见的暴雨型泥石流。暴雨型泥石流是我国最主要的泥石流类型。

有冰川分布和大量积雪的高山区，当夏季冰雪融化时，可为泥石流提供丰富的地表径流。西藏东部的波密地区、新疆的天山山区产生的泥石流，属于冰雪融化型。在这些地区泥石流的形成还与冰川湖的突然溃决有关。

另外，土壤、植被和人类活动对泥石流的形成也有一定影响。人类不合理的耕种、砍伐森林，破坏了地表结构；严重的水土流失，也会加剧泥石流的形成。如四川省 1981 年特大暴雨，使全省 1 060 处发生泥石流，其原因之一是近 30 年来森林覆盖率由 35%减少到 18%，造成大面积的山区裸露，使风化剥蚀作用加剧。

2. 泥石流的分类

泥石流在形成、运动、性质和物质组成等方面存在着差别，研究这些差别并进行分类，对认识泥石流的发生、发展变化及防治措施具有重大意义。目前对泥石流的分类有以下几种。

1)按泥石流的流域形态分类

(1)标准型泥石流。流域呈扇形，流域面积大，能明显地划分出形成区、流通区、堆积区三个区段。形成区多崩塌、滑坡等不良地质现象，地面坡度陡；流通区较稳定，沟谷断面呈 V 形；堆积区一般呈扇形，堆积物棱角分明。标准型泥石流破坏力强，规模大。

(2)河谷型泥石流。流域呈狭长形，其形成区多为河流上游的沟谷，固体物质来源较分散其补给区远离堆积区，沿河谷既有堆积又有冲刷，流通区与堆积区往往不能被明显区分开。该类泥石流破坏力较强,周期长,规模较大。

(3)山坡型泥石流。流域呈斗状,流域面积较小,无明显的流通区,形成区与堆积区直接相连。堆积物棱角尖锐、明显,冲击力大,沉积速度快,但规模较小。

2)按泥石流的物质组成分类

(1)泥流。固体物质主要由细粒的泥砂组成,含少量的岩屑和碎石。黏度比较大,呈稠糊状。此类泥石流主要分布在黄土高原地区。

(2)泥石流。它既有很不均匀的粗碎屑物质,又含有相当多的细粒物质,具有一定的黏性。它是一种典型的泥石流,主要分布在西藏波密、四川西昌、云南东川等地。

(3)水石流。固体物质是一些坚硬的石块、漂砾、岩屑,细粒物质粉土、黏性土等含量较少,一般少于10%,多发生在石灰岩、花岗岩、大理岩等地区。如陕西华山、山西太行山、北京西山等地泥石流多属此类。

3)按泥石流的结构和流动性分类

(1)黏性泥石流

这类泥石流含有大量细粒黏土物质,固体物质含量占40%~60%,最高可达80%。水和泥砂、石块凝聚成一个黏稠的整体,以同样的速度流动,流速较慢,具有层流性质,因而具有较大的黏性和结构性。它的密度大(1.6~2.4 g/cm^3),上浮力强,当在流动过程中遇到弯道时,有明显的爬高和截弯取直作用,并不一定沿沟床运动。流动前锋常形成高大的龙头,具有很大的惯性,冲刷作用强烈。

流体到达堆积区后仍不扩散,固液两相物质不分离,而是以狭窄条带状下泄和堆积,堆积物的地面坎坷不平,堆积物无分选性,颗粒具棱角,仍保持运动时的结构特征,故又称为结构型泥石流。

(2)稀性泥石流

这类泥石流的固体体积一般少于40%,粉土、黏性土等细粒含量一般少于5%,水的含量较大。在搬运过程中,搬运介质为浑水或稀泥浆,石块、砂粒以跃移、滚动形式运动,由于泥浆的运动速度远大于石块的速度,在运动过程中发生垂直交换,水流具有紊流特性,故又称为紊流型泥石流。

稀性泥石流在堆积区呈扇形散流,固液相物质分离,有一定的分选性,堆积地形比较平坦。

4)泥石流的工程分类

《岩土工程勘察规范》(GB 50021—2001)根据泥石流特征和流域特征将泥石流分为高频率泥石流沟谷Ⅰ和低频率泥石流沟谷Ⅱ两类,每一类又根据流域面积、固体物质一次冲出量、流量、堆积面积和破坏程度分为三个亚类。

(1)高频率泥石流沟谷Ⅰ

基本上每年均有泥石流发生,固体物质主要来源于沟谷的滑坡、崩塌。一般位于强烈抬升区,风化强烈岩性破碎,山体稳定性差植被稀少,崩塌、滑坡发育;堆积物新鲜,无植被或仅有稀疏草丛。高频率泥石流沟谷又分为三个亚类。

I_1(严重):流域面积大于5 km^2,固体物质一次冲出量大于5万m^3,流量大于100 m^3/s堆积区面积大于1 km^2。

I_2(中等):流域面积在1~5 km^2,固体物质一次冲出量在1万~5万m^3,流量在30~100 m^2/s,堆积区面积小于1 km^2。

I_3(轻微):流域面积小于1 km^2,固体物质一次冲出量小于1万m^3,流量小于30 m^3/s。

(2)低频率泥石流沟谷Ⅱ

泥石流爆发周期一般在10年以上,固体物质主要来源于河床。一般分布于各类构造区的山地。山体稳定性好,无大型的滑坡、崩塌。植被较好,河床内灌木丛密布,扇形地已多开垦为农田。低频率泥石流沟谷又分为三个亚类:

II_1(严重):流域面积大于10 km^2,固体物质一次冲出量大于5万m^3,流量大于100 m^3/s,堆积区面积大于1 km^2。

II_2(中等):流域面积在1～10 km^2,固体物质一次冲出量在1万～5万m^3,流量在30～100 m^3/s,堆积区面积小于1 km^2。

II_3(轻微):流域面积小于1 km^2,固体物质一次冲出量小于1万m^3,流量小于30 m^3/s。

(四)地质灾害的治理

1. 防治崩塌的工程措施

防御崩塌灾害重要的是能识别可能发生的崩塌体,根据可能崩塌体的特征才能对症治理。那么怎样识别可能发生崩塌体呢?其途径主要是从地质结构和地形地貌方面进行山体崩塌危险性分析,即一是山体的坡大于45°,相对高差大,特别是那些山体中的孤立山嘴和凹形陡坡,都是利于崩塌的地形;二是山体岩层中裂隙发育,尤其是那些利于与母体(山体)分离的垂直和平行山坡走向的高倾角裂缝、顺坡裂隙、软弱带、山体上部张性或张剪性裂缝、切割坡体的裂缝等发育,这些都是使山体崩塌的地质构造条件;三是山体边坡存在临空空间,或是有崩塌活动堆积物的部位。也就是说,曾经发生过崩塌的地方仍存在再次发生崩塌的危险。如果具备上述崩塌条件时,我们应采取防治措施。通常采用的防治崩塌的主要措施有:

(1)在中小型崩塌或人工边坡崩塌的防治中,通常采用修筑明洞、棚洞等遮挡斜坡上崩塌落石的工程。

(2)在山体坡脚或半坡上,设置拦截落石平台和落石槽沟、修筑拦坠石的挡石墙、用钢质材料编制栅栏挡截落石等工程,防治容易发生坠石、剥落和小型崩塌地区和地段。

(3)采用支柱、支挡墙或钢质材料支撑在岩石突出悬空或陡崖、坡上的大孤石下面。

(4)在易风化剥落的边坡地段,修筑护墙护坡。

(5)用片石充填空洞,用水泥砂浆密合缝、隙等以防裂隙、缝、洞的进一步扩展。

(6)采用治理滑坡的刷坡削坡和排水工程。

崩塌对策:人为不合理活动是诱发崩塌发生的重要因素,为此,在山体坡脚和江河、湖库上严禁滥挖滥采、破坏植被等可能引起崩塌的工程活动。近年来,超量开采江砂,不仅破坏了河床结构,造成险沟险滩,而且使某些河段河流改道,影响安全航行和危及堤坝的安全。如长江航道上无序的采沙,发生长江崩岸、淤积泥砂严重、堵塞航道、船舶搁浅、触礁等事件。因此,应做好山坡和岸坡稳定性的保护工作。

2. 治理滑坡的工程措施

(1)消除和减轻地表水和地下水的危害

滑坡的发生常和水的作用有密切的关系,水的作用往往是引起滑坡的主要因素,因此,消除和减轻水对边坡的危害尤其重要。其目的是降低孔隙水压力和动水压力,防止岩土体的软化和溶蚀分解,消除或减小水的冲刷和浪击作用。具体做法是防止外围地表水进入滑坡区,可在滑坡边界修截水沟;在滑坡区内,可在坡面修筑排水沟;在覆盖层上可用浆砌片石或人造植被铺盖,防止地表水下渗;对于岩质边坡还可用喷混凝土护面或挂钢筋网喷混凝土。

排除地下水的措施很多,应根据边坡的地质结构特征和水文地质条件加以选择。常用的方法有:水平钻孔疏干;垂直孔排水;竖井抽水;隧洞疏干;支撑盲沟。

(2)改善边坡岩土体的力学条件

通过一定的工程技术措施,改善边坡岩土体的力学条件,提高其抗滑力,减小滑动力。常用的措施有:

①削坡减载。用降低坡高或放缓坡角来改善边坡的稳定性。削坡设计应尽量削减不稳定岩土体的高度,而阻滑部分岩土体不应削减。此法并不总是最经济、最有效的措施,要在施工前作经济技术比较。

②边坡人工加固。常用的方法有:修筑挡土墙、护墙等支挡不稳定岩体;钢筋混凝土抗滑桩或钢筋桩作为阻滑支撑工程;预应力锚杆或锚索,适用于加固有裂隙或软弱结构面的岩质边坡;固结灌浆或电化学加固法加强边坡岩体或土体的强度等。

3. 泥石流的防治措施

对于大型严重发育的泥石流地段,一般绕避为主。无法绕避的在调查泥石流活动规律后,选择有利位置,采用适宜的建筑物通过。

减轻或避防泥石流的工程措施主要有:

(1)跨越工程。是指修建桥梁、涵洞,从泥石流沟的上方跨越通过,让泥石流在其下方排泄,用以避防泥石流。这是铁道和公路交通部门为了保障交通安全常用的措施。

(2)穿过工程。指修隧道、明洞或渡槽,从泥石流的下方通过,而让泥石流从其上方排泄。这也是铁路和公路通过泥石流地区的又一主要工程形式。

(3)防护工程。指对泥石流地区的桥梁、隧道、路基及泥石流集中的山区变迁型河流的沿河线路或其他主要工程措施,作一定的防护建筑物,用以抵御或消除泥石流对主体建筑物泥石流预防的冲刷、冲击、侧蚀和淤埋等的危害。防护工程主要有:护坡、挡墙、顺坝和丁坝等。

(4)排导工程。其作用是改善泥石流流势,增大桥梁等建筑物的排泄能力,使泥石流按设计意图顺利排泄。排导工程,包括导流堤、急流槽、束流堤等。

(5)拦挡工程。用以控制泥石流的固体物质和暴雨、洪水径流,削弱泥石流的流量、下泄量和能量,以减少泥石流对下游建筑工程的冲刷、撞击和淤埋等危害的工程措施。拦挡措施有:拦渣坝、储淤场、支挡工程、截洪工程等。

对于防治泥石流,常采用多种措施相结合,比用单一措施更为有效。

三、相关案例

实例一:宝成线工程地质特征

1. 崩塌

宝成线是新中国建立初期修筑的铁路长大干线,中山岳区所占比重最大,地形地质条件最为复杂的铁路之一。略广段 1955 年雨季施工曾发生一夜塌方 53 处,年底统计共出现 445 处病害工点,其中大型崩塌 70 余处,如上官铺、谈家庄、白水江等多处大型崩塌、滑坡。截止 1957 年(1955～1957 年)斜坡、边坡变形病害工点达 2136 处,其中滑坡 76 处,崩塌、塌方 337 处,危岩、落石 34 处,以西坡、谈家庄、高家坪、黄龙咀、白水江、马蹄湾、置口、横现河、云峻山、王家沱、清白石、杜家坝、成家坝、任家沟、大滩、熊家河、冉家河等17处崩塌、滑坡最为严重。为研究和查明一些重大复杂地质病害的成因、发育特征和危害程度，建立了观测网(站)。1957年原铁道部成立了“宝成线崩塌、滑坡科学研究组”，进行较长时间的观测研究。对严重危害线路安全的崩塌、滑坡等不良地质的对策，首先是选择线路外移跨河绕避或线路内移作隧道避开。在整治K391～K496长约97 km区段的崩塌、滑坡工点中，改移线路22处，长12.4 km，共计缩短线路0.93 km，增加挡土墙330 m，在很大程度上减轻病害的危害。当绕避确无条件或经济技术比较绕避不合理时，一般选择抗滑挡土墙、落石坑、拦石墙、钢轨栅拦、明洞、棚洞等，并辅以刷方、支顶、嵌补和排水等措施处理，取得很大成效。

(1)百米标1538＋85～1576＋35崩塌

该段崩塌位于嘉陵江右岸，江道先东西后南北走向与秦岭山脉走向先一致后垂直，是区域地质最复杂、最脆弱的区段。山坡陡峻，断层发育，高出水面约100 m有一宽20～30 m的缓坡地带，表层为3～9 m的碎、块石堆积，上下部坡度35°～50°，山坡上自然沟谷多顺直，植被一般，基岩为泥盆纪破碎板岩与页岩互层。层面背向线路，倾角45°。受断层和褶曲影响，节理发育，常见三组，其中一组倾向线路的节理(倾角65°)对边坡的稳定性最不利，坡面上常见小断层，褶曲和岩脉穿插，岩体被切割得支离破碎，从地形地貌、地质构造、地层岩性、河岸冲刷等方面具备了可能发生大型崩塌的地质条件，1956年雨季诱发大规模崩塌。经过河作两桥一隧与内移作长隧方案比较，均因投资太大不合理而决定原地整治，在长1 185 m范围内，分14段采取不同工程措施进行治理，基本消灭了病害。

百米标1540＋31～1567＋90段的崩塌最为严重，1956年6月6日、6月12日和8月2日，先后崩塌三次，崩塌方量分别为3 000 m^3、20 000 m^3和170 000 m^3，崩塌面积达25 000 m^3。崩塌顶高出路基面143 m，崩塌顶裸露基岩以上高约85 m就是山顶，岩壁上岩石破碎，崩塌存在继续向上发展趋势，对施工和行车安全构成巨大威胁。经调查，发现变形范围下限在路基面以上10 m左右，路基附近岩体较完整，且稳定性较好，遂决定修建明洞。次年雨季又发生崩塌(50 000 m^3)及三次较小规模的塌方(1 700m^3)，上部岩体仍有崩塌可能，明洞顶上采取加厚回填按1∶1.5一坡到底，将明洞掩埋成暗洞，以免砸坏洞身。

百米标1574＋45～1575＋05段为崩塌式滑坡地段，地处两沟之间。堑顶山坡45°～50°，基岩为灰质板岩夹页岩，页岩受沟水浸润已风化呈土状。1957年6月15日和22日先后发生破碎岩层顺节理方向崩塌式滑坡(分别为8 000m^3和300 m^3)，滑体上宽40 m，下宽60 m，高66 m，滑体厚12 m。地表发现5条裂缝，裂缝宽0.6～0.7 m，并有发展之势。鉴于边坡下部路基面附近岩体较完整，原设计抗滑挡土墙，因圬工数量大而改建明洞和河岸防护工程。

其余地段根据不同病害类型(如边坡泥石流、危岩、落石、塌方、剥落等)分别采用挡土墙、护墙、护坡、嵌补、支顶、明洞、棚洞、清方、刷坡、排水、植草皮、骨架护坡等措施治理，效果良好。

(2)大滩崩塌(K405＋385～K406＋700)

1)地质概况

线路位于嘉陵江右岸陡峻斜坡区，线路高出常水位28 m，右岸斜坡中部为15°～20°缓坡，宽400～500 m，上、下部为45°～70°陡坡，基岩裸露。该段位于龙门山地槽区的南缘，宁强复式背斜的北翼，为花岗岩侵人体及石炭、二叠纪地层，由于历经多次构造运动及风化作用的影响，原生、次生节理发育。该段发育5条平行排列的小断层，破碎带宽0.5～1.0 m，呈断层泥或断层角砾。工点范围内地下水发育，第四系堆积层孔隙潜水及基岩裂隙水是边坡变形的重要因素。

2)崩塌情况

崩塌体主要分布在 K405+654～K405+800 及 K406+110～K406+340 两段。

(1)K405+654～K405+800 段崩塌

堑坡开挖后，随即发生崩塌 100～1 000 m^3，增建棚洞后，崩塌仍未停止，地面裂缝不断扩大，裂缝高出路基面 156 m，裂缝宽 0.25～0.35 m，错距 0.2～0.5 m，大部分在基岩中开裂。1957 年又发生一次 3 000 m^3的崩塌，堵塞洞门，中断行车 100 h 崩塌体长约 80 m，高出路基面 100 m，下宽上窄，呈三角形状，崩塌物呈碎石堆，堆积于棚洞顶及洞口附近。崩塌体以上山坡上除三道弧形大裂缝外，还有许多小裂缝深入石英岩破碎岩层中，距线路最远一道大裂缝包围整个山包延伸到棚洞两端沟谷中，长达 100 余米，裂缝以 40°～60°的倾角倾向线路。崩塌体范围主要岩性为石英岩及灰岩夹黏岩，岩石屡经构造作用，错动及断层甚多，岩石破碎。山坡陡峻不稳定是发生崩塌的主要原因，岩性软弱及水的影响是崩塌发生的重要因素。

(2)K406+110～K406+340 崩塌

斜坡开挖成半路堑后，边坡高达 40 m。坡面参差不齐，坡脚处设计高 3 m 片石垛。1956 年 8 月 11 日发现地面开裂，15 日发生 15 000 m^3崩塌，掩埋路基，中断行车 7 d。堑顶山坡上最远一条弧形裂缝，高出路基面 150 m，延伸 130 m，错距 0.35～0.5 m，裂缝可见深度 5 m，上大下小呈楔形深入破碎岩体。随即对地面裂缝进行填充和夯实，但随后又被拉开。两条弧形裂缝横切山嘴，两侧分别伸向沟谷中。雨后在松散岩层与紧密岩层接触地带有地下水渗出。

崩塌成因系岩石的构造节理与风化裂隙发育，岩石破碎，边坡自稳性差，地表多为黏土夹碎石、块石堆积，地表水下渗降低岩石的力学强度，加之山高坡陡，汇水面积大，山坡下部开挖切脚，使天然坡体失去支撑和平衡，引起山坡变形，形成滑移式崩塌。

主要工程措施：

①加强坡面地表水的拦截和疏排措施；

②K454+654～+K454+725 设置棚洞，并以弃渣回填棚洞外测(靠河测)；

③加高棚洞北洞口洞门墙，以防崩塌物掩埋洞口；

④一般小塌方或边坡不平整地段采用刷方，加宽路基面，内留平台，河岸石笼防护等措施。

2. 滑坡

全线发生较大滑坡 75 处(其中嘉陵江沿岸 50 处)，主要分布存聂家湾乍站附近(1604～1675)；百米标 1715～1964(谈家庄车站向水江车站间)；置口(2210)至略阳车站间；阳平关车站至燕子砭乍站四段。岩性多为页岩、炭质页岩、炭质千枚岩、云母片岩、炭质片岩、绿泥石片岩、滑石片岩等。对滑坡的调查，从勘察开始就非常重视，并逐步深入。在定测和改线过程中已力求绕避了不少滑坡地段，减少滑坡危害取得很大成就。然而由于当时技术水平不高，认识不足，也遗漏了一些(古)滑坡，在逐步认识和治理滑坡工程中摸索出一套整治滑坡的经验，充实了预防、整治滑坡的原则、步骤、措施和办法。

1)百米标 1713+50～1719+50 谈家庄车站滑坡

该滑坡工点先后钻探 53 孔，电探 2 次电测点 300 多个，变形观测 14 个月，地质调绘反复经历两年多，编制有多种比例尺的地质平面图、滑坡轴向断面图、基岩等高线图、地下水流向及等水位线图、地质报告等。

滑坡区自然山坡 15°～30°。，滑床高程 730～830 m，山坡被数条冲沟割切，沟谷呈 V 字形，地表堆积层厚 2～24 m，滑坡台地上筑有民舍。滑坡外围上部灰岩陡坡脚到处是泉眼和湿地，可见 15 处泉水从灰岩中流入堆积层内，11 处湿地，2 处居民饮用泉。土壤中水发育，水位埋深 1.4～11 m。下伏基岩为泥质页岩及黑色炭质页岩，相对隔水，岩石破碎，污手，有滑腻感。在堆积物底部曾发现炭化的小树干，且基岩面上地下水活跃，岩质软弱，说明该地区为一古滑坡。由于地下水的作用和人为活动引起古滑坡复活。Ⅰ、Ⅱ、Ⅲ号滑坡为堆积层沿基岩面滑动，局部已深入页岩风化层。Ⅳ号滑坡属于堆积层内同类土土壤中的浅层滑坡。

Ⅰ号滑坡（1714＋00～1715＋00）

坡脚出露基岩较高，地表覆土厚约 20 m，下伏基岩为风化页岩，土石界面处有地下水渗出，边坡有坍塌。1956 年 6 月，在线路右侧 150～200 m，高出路基面 60 m 地面出现多条裂缝，长 100 余米，民房开裂，但前缘未见明显变形迹象，说明滑坡正处于挤密蠕变阶段，主要由切脚失衡和地下水作用诱发。

整治原则：先做地面排水设施，沿滑坡外围作环形截水沟，夯实裂缝，整平坡面，滑坡趋于稳定。为保持滑坡下部的支撑部分不被削弱，设挡墙、护坡防止页岩风化剥落。滑体内建支撑渗沟，疏干土中水，达到稳定滑坡的目的。

Ⅱ号滑坡（1715＋20～1715＋90）

平面形状上大下小，偏向 1716 自然沟方向滑动。1955 年雨季先在堑顶 10～30 m 处变形，后向上发展，同年 12 月裂缝已发展到线路右侧 150～200 m 处，高出线路 60 m，达古滑坡平台后缘处，临近灰岩陡坡脚，滑坡体积约 250 000 m^3。滑坡有上、下两个滑动面，为一复式滑坡，上层为堆积层内沿 0.1 m 厚软弱夹层滑动，前缘自高出路基面 6 m 处剪出；下层滑动面在路基高程下 5 m 处，在基坑坑壁清晰可见。

整治原则：滑坡外围修筑地表排水系统，滑体内设支撑盲沟，坡脚设抗滑挡土墙。工程完工后，山坡渗水、湿地消失、滑坡稳定。

Ⅲ号滑坡（1716＋10～1718＋90）

1955～1956 年，在 1716＋10～1717＋00 右侧 70 m 高 20 m 处，地面出现环形裂缝，并明显看出堆积层沿基岩面有错动迹象，根据地貌形态和地质条件判断是古滑坡复活的前兆。布置了地面排水系统，顺滑动方向修建山坡支撑盲沟，疏干滑体中的地下水。在工程实施过程中，滑坡范围不断扩大，裂缝延长，并向上发展。滑体上的房屋开裂下挫，滑动速度加快，每天 1.0 cm，滑坡后壁错距达 2.0 m，滑坡前缘隆起，最严重时曾一夜隆起高达 0.4 m。经钻探、坑探揭示滑动面已深入基岩内，并沿滑动面有承压水活动。增加三条盲沟截水和一个泄水洞排水，完工后效果很好，排水甚多，滑坡趋于稳定。

2）白永江 2 号古滑坡（1858＋20～1964＋20）

（1）地质概况

该滑坡位于嘉陵江右岸，顺线路长约 680 m，宽 440 m，高 210 m，滑坡后边缘呈环形。滑坡范围包括 3 条自然沟，坡面有堆积层错台和古滑坡壁，滑壁大致与线路平行，地面裂缝首先从古滑坡壁出现，滑坡前缘向河凸出，滑体中部为一宽约数百米的平台，平台后缘为石灰岩构成的山峰。滑体由砂黏土夹灰岩质大孤石组成，坡面植被稀疏，缓坡，平台多已垦为耕地，滑体前缘受嘉陵江水冲刷淘蚀。

根据地质调绘及 40 余孔钻探资料查实，该滑坡为一大型堆积层古滑坡。滑坡分上、下两层，上部滑体厚 10～15 m，由砂黏土夹少量块石组成；下部滑体由石灰岩质大块石组成，厚 30～

50 m,具多孔隙、空洞。滑动带(面)为风化千枚岩,呈碎块状、角砾状或泥状,呈灰绿或灰黑色,潮湿,局部呈饱和状,有滑腻感,滑带(面)土含水率 11%～20%,滑床基岩风化厚度 2～10(强风化厚度 2 m)。坡面基岩低凹处或沟槽部位地下水丰富,地面裂缝多、变形严重,地面多隆起。岩层层面及基岩顶面向河倾斜,基岩面坡度一般 11°～17°。

滑坡区地下水发育,地下水从块石堆积层与滑体接触带附近潺潺流出,露头达 25 处,其中 18 处是常年流水,流量达 167 m^3/d。

(2)坡体变形特征

该段为白水江车站深挖方地段,设计边坡高达 30 m,开挖后因削坡切脚坡体失稳,在离线路 50～140 m 的山坡上出现环形裂缝,后裂缝向上发展高达 240 m,裂缝增多,并出现错位,显示出牵引式滑坡特征,边坡上到处见泉水流出。堆积层坡脚鼓起且不断从滑面剪出,变形体积达 800 000 m^3。1955 年 8 月出现裂缝,至 1956 年 3 月山坡上 4 条主要裂缝全部贯通,裂缝宽达 50 cm,错台 2.5～4.4 m,裂缝倾角 57°～68°,山坡块石堆积亦开裂,局部有坍塌下陷。为防治雨季灾害的突然发生,决定上部减载,下部回填,以求平衡,并决定于百米标 1956＋45～1964＋39 段修筑抗滑挡土墙,墙后修支撑盲洞及横向盲沟,疏干滑体地下水,截排地表水。

(3)滑坡成因分析

古滑坡体物质松散,地表水易渗入堆积层,并受下伏千枚岩不透水层阻挡形成富水带,软化千枚岩风化带物质,降低其力学强度,坡体下部受嘉陵江河水强烈冲刷,坡体失稳。

(4)工程整治方案

鉴于雨季滑坡移动大,根据收集的补充地质资料,拟出三个整治方案:一是修筑抗滑的整体明洞,下部多回填,增加滑坡支撑力;二是在滑体中、上部大量减载,减小下滑力,局部加固挡土墙;三是加固一般挡土墙。三个方案均设支撑盲沟。经工作组现场审核,决定采用加固挡土墙方案,并要求继续寻找水源,截除地下水。而另两个方案则因滑坡推力分析无把握,难保明洞不变形,修成后不易改造,同时又以滑坡复活仅为古滑坡的局部,减载会引起上部坡体的更大滑动,难以处理等理由而被放弃。

实例二:成昆铁路工程地质特征

1. 泥石流

成昆铁路通过泥石流地段的长度在长大铁路干线中属首位,泥石流主要集中分布在牛日河的苏雄—甘洛、安宁河的漫水湾—西昌、金沙江的迤资—大湾、龙川江的石膏箐—黑井。以上除龙川江的石膏箐—黑井段泥石流发育于软弱地层外,其余均位于地质构造活动频繁而强烈的硬质岩层地区。

1)牛日河的苏雄—甘洛段泥石流

该段长约 35 km,位于牛日河峡谷区的支沟或悬谷,属沟身短、沟床陡、沟坡不稳的泥石流沟,泥石流堆积物因牛日河主河流速快、流量大,易被主河冲蚀,沟口无泥石流扇和锥形堆积。此类泥石流沟,尤其是悬谷泥石流沟由于在选线时未引起足够重视,运营后造成多次泥石流灾害。如凉红—埃岱就有两条悬谷和三条支沟爆发多次泥石流灾害;有的支沟泥石流曾采用拦挡、清底铺砌、上游修拦挡坝等措施,均未奏效,最终修建明洞渡槽,才保障了铁路行车安全;又如苏雄隧道顶的七奇洛夺沟爆发泥石流造成列车掉道、布祖湾隧道上方的嚓呷密沟泥石流淤埋隧道,尔都炉苦沟泥石流多次掩埋埃岱车站。

2)安宁河谷漫水湾—西昌段泥石流

漫水湾至西昌间，长 38 km 的地段是安宁河流域泥石流严重而分布密集的地区，其中有著名的灾害性泥石流沟，如黑沙河、羲农河、大塘河等。仅黑沙河在近百年来，历次泥石流曾使 5 个村寨沦为废墟，3 000 多亩农田变为沙石滩，可以想象这段泥石流沟的危害严重程度。该段处于安宁河断块下沉和东岸不均匀掀斜抬升区，形成宽谷地貌。泥石流携带的大量砂石堆积于宽谷内，形成连片的、串珠状的泥石流扇。泥石流扇形成开阔地形，线路位置选择较自由。但该段有的泥石流规模大、爆发频繁；一般堆积扇上泥石流又具冲淤变化快、流路不定、冲击力大的特点。

经调查研究，根据地质条件和各个泥石流沟发育阶段、发展趋势制定了线路通过泥石流沟"因势利导、分散设桥、留足桥下净空高度"的选线原则；对严重泥石流沟进行综合治理。如对严重的黑沙河泥石流沟进行拦挡工程和生物措施综合治理，治理后的黑沙河上游山坡植被恢复，坡面、沟谷流水侵蚀削弱，稳定了两岸山坡，补给泥石流的松散固体物质大大减少，有些泥石流沟逐渐趋向衰弱，运营以来西昌段未发生泥石流灾害，表明该处的选线原则正确。

3)金沙江的迤资—大湾段泥石流

该段长约 12 km，位于金沙江构造抬升、地震极震区内。金沙江两岸山坡陡峻，工程地质条件复杂，分布有大型泥石流、滑坡、崩塌和厚层松散堆积层。经调查，辅以钻探、物探，查清了工程地质情况，采用"绕避与整治结合、避重就轻、综合整治的选线原则，以长隧、高桥大跨，成功通过该段泥石流区。但该段的三滩泥石流沟桥位选在沟道弯曲下方，以致通车后三滩桥下发生大量淤积或泥石流漫道。当时仅考虑流通区是冲淤平衡的临界坡，不会发生泥石流淤积，未考虑到泥石流因流量变化、沟谷和主河洪峰不一致，致使泥石流流通区位置变化，造成沟道淤积、泥石流漫道的病害。

4)龙川江石膏箐—黑井段泥石流

该段长 40 km 处于龙川江峡谷段，江水搬运能力较弱，泥石流扇经常堵江，形成较大的泥石流扇。线路在该段采用避重就轻的选线原则，设计中重视泥石流现象，采取合理措施，运营以来未发生泥石流病害。

5)泥石流地区的选线经验

综上所述，泥石流地区选线应根据具体情况采用"因势利导、分散设桥、留足桥下净空高度，对严重泥石流沟进行综合治理"和"绕避与整治结合、避重就轻、综合整治"的原则。对处于构造断裂发育地段的峡谷支沟和悬谷，选线时应按泥石流沟考虑，尽量加大沟谷过流断面；隧道顶有悬谷的应加强洞门结构和高度，洞顶修建排洪沟，让泥石流归槽，利于排泄。跨泥石流沟选线时应避开沟床弯道，应考虑泥石流在弯道处壅堵超高现象，尽可能选择在沟道较顺直处。对流通区段位置选择应慎重，因沟谷泥石流规模和主河流壅堵情况的不同，流通区段位置是变化的。

6)泥石流观测、试验和综合整治

泥石流的观测和试验：对于铁路不能绕避的大型泥石流沟，要综合整治，必须掌握泥石流基本数据。成昆铁路先后对羲农河、黑沙河、三滩沟作了现场观测和室内模型试验，尽管受观测手段限制和室内沟道模型理论、模拟技术处于探索阶段的影响，但对泥石流运动过程、冲刷、淤积有所认识，为综合整治工程措施的设计提供一定依据。

泥石流的综合整治：综合整治是防止泥石流发生和发展最为有效的方法。成昆铁路先后规划设计整治了羲农河、黑沙河、热水河、蒋家河、上格达、三滩等 6 处泥石流沟，其中以黑沙河最为典型、效果明显。综合整治中，首先是在流域内根据造林的不同作用及当地条件采用不同的树种、造林方式进行植树造林恢复山坡植被。其次，采用农业技术措施也是水土保持措施中的一个重要组成部分，在泥石流域内的不同部位进行农田耕作，起到了既防止又开发的作用。综合整治中的必要工程措施，对加速水土保持、根治泥石流有重要的作用，虽然在工程措施中受一定设计标准和使用年限的限制，但在短期内收效快。如上游汇水区修建蓄洪水库既有蓄水灌溉又有拦洪蓄淤的作用。泥石流沟的中游修建拦渣坝、导流堤、顺水堤、排洪道及分洪溢流堰等工程可有效减轻泥石流对铁路工程的危害。

2. 滑坡

滑坡是成昆铁路的主要工程地质问题，直接影响着铁路的修建和运营安全。

1)滑坡的分布与特征

全线分布滑坡 183 处，88.4%的滑坡集中分布于成都黏土、红色地层、昔格达组、龙街层等地区，其余零星分布于其他地层的软弱岩层、断层带及松散堆积物中。全线 183 处滑坡中，堆积层滑坡 145 处，占滑坡总数的 80%；工程活动引起的滑坡 77 处，占滑坡总数的 42%。上述 4 种地层中的滑坡具有如下特征：

(1)成都黏土层滑坡

分布于成都至青龙场沿线，为Ⅱ级阶地形成的低缓丘陵，是典型的二元结构，上部黏土厚 5～10 m，含大量伊利石、蒙脱石亲水矿物，干缩湿胀剧烈，网状裂隙发育，为黏土中的软弱结构面；下伏厚 4～6 m 的雅安砾石层，常为富水层；底部为隔水的白垩系泥质、页岩，节理发育，顶部 2～3 m 风化严重，遇水软化，易形成滑动带。路堑开挖后易形成顺层或切层滑坡，破坏性极强。

(2)红色地层滑坡

九里至沙湾、甘洛至喜德、羊臼河至碧鸡关地段，分布侏罗系、白垩系红色砂岩、页岩、泥岩，其岩性软弱，易于风化。伊利石、高岭石含量较高，亲水性强，遇水易软化膨胀，又受断层影响，残积、坡积、洪积及冲积等松散堆积物发育，加之地下水作用、河流冲刷、工程切割加载等，形成滑坡最多，约占全线总数的 65%。

红层滑坡有三个特点：一是堆积层沿基岩面滑动，如尔赛河、禄丰车站滑坡；二是堆积层内部沿软弱带滑动，如乃托货场滑坡；三是岩层沿软弱层面滑坡，如陆植滑坡等。

(3)昔格达地层滑坡

昔格达组地层产状一般平缓，倾角 20°～10°，局部有明显褶皱者倾角达 45°其分为三层：下部为卵砾石或砂砾石的底砾层；中部为粉砂岩夹页岩；上部为黏土质页岩夹少量中厚层粉砂岩。页岩遇水易软化崩解，强度剧烈降低，相对隔水。

该组地层滑坡特征：滑坡常位于河流冲刷的河岸，如桐子林滑坡、林场滑坡。滑坡地貌较为典型，圈谷、错台，滑体上和滑坡前缘常有泉水出露；滑坡多是坡积为主的堆积层沿昔格达组顶面滑动；老滑坡滑床虽然平缓，但因工程活动多引起复活。

(4)龙街层滑坡

龙街层由上而下分为三层：上层为粉砂质砂黏土，厚 2～6 m；中层为粉砂质黏土，厚 5～20 m；下层为淤泥质黏土，厚 2～30 m。该组的地层土质较差，遇水软化后强度降低，易于产生滑坡。其特征：滑动面多在下层淤泥质黏土中，具有黏土滑坡性质；滑坡的形成与河流的冲刷浸泡有关，如师庄老滑坡群形成时，金沙江水位较高，师庄一岸受主流冲刷，部分龙街层产生滑坡；龙街层垂直节理发育，滑坡的后缘常沿节理面下滑。

2)滑坡的防治原则与整治措施

(1)滑坡的防治原则

贯彻“预防为主”的原则。对大型滑坡和滑坡群因防治工程大、根治困难,工期长或不经济,采用绕避方案。据不完全统计,全线有28段改线长136.5 km,绕避滑坡80处。如沙木拉达至联合乡段30 km、尔赛河之尼波段10 km及棠海至凉伞坡段10 km,均为绕避大量滑坡群而改线。

贯彻“早治”原则。对牵引式滑坡、渐进破坏显著的成都黏土、昔格达组地层滑坡必须进行及早整治,否则工程增大,施工困难。

贯彻“一次根治,不留后患”原则。滑坡治理必须找准分清病因主次,措施要狠,关键工程必须先做、做够,防止滑坡进一步发展,相关工程连续做完不留尾巴。对难于预计者要慎重对待,务必安全可靠,不留后患。

贯彻“因地制宜,采用先进技术”原则。整治滑坡要针对特点,因地制宜,采用先进技术。

成昆铁路滑坡整治中首次采用了排除滑体中的地下水的垂直钻孔、挖孔抗滑桩及桥式路基等多种先进技术处理滑坡,效果显著。

(2)滑坡的整治措施

成昆铁路沿线滑坡整治措施主要采用了支挡工程(桩墙结合、桩隧结合、桩板结构、沉井挡墙、槽形挡墙、抗滑明洞)、清方减载、地下水疏排(支撑渗沟、渗水隧洞、垂直钻孔排水)、冲刷防护(抛石护岸、河岸加固、改沟远离)等整治措施,较好地对沿线滑坡进行了整治处理,取得了较好的效果。

3. 崩塌落石

成昆铁路沿线崩塌落石主要分布在轸溪至凉红、迤资至江头村两段,分布的地段最长、数量最多,尤其以尼日至凉红、风仪村至羊臼河两段分布的密度最大。从对线路危害来看,落石多于崩塌,在线路选线期间,已绕避严重的崩塌、落石地段,难以绕避地段均采取了适当的防治措施。但部分峡谷陡坡地段,危岩分布零星隐患较多,措施不够得力,落石仍然严重,致使成昆铁路通车几十年仍在整治处理。

对沿线崩塌落石主要采取以下防治处理措施:对崩塌落石严重、地形陡峻,难于根治地段,采用隧道绕避;对线路不能绕避地段,根据崩塌范围、山体稳定程度、落石特征及线路所处位置,一般采取清除、拦截(修建挡石墙、栅栏)、遮挡(明洞、棚洞等)、喷锚、支顶、嵌补等综合整治措施。

【思考与练习题】

一、名词解释

饱水带　　包气带　　包气带水　　潜水　　承压水

二、简 答 题

1. 简述河流地质作用与道路工程的关系。
2. 简述潜水的特征。
3. 简述潜水等水位线的用途。
4. 简述承压水的特征。
5. 简述地下水对混凝土的侵蚀类型。

单元 4　铁道工程中土的基本认识

【学习导读】自然界中的岩石，在风化作用下形成大小不等、形状各异的碎屑，这些碎屑颗粒经过风或水的搬运沉积下来（或者原地堆积），形成松散沉积物，即是工程上所称的土。由此可见，土是由碎屑颗粒堆积而成的，土粒之间没有联结或者联结力较弱，而且土粒之间有大量的孔隙，这就是土的散体性和多孔性。这些特性决定了土与一般的固体材料相比较，具有压缩性大、强度低及透水性强等特点。

【能力目标】1. 具备分析土的颗粒级配的能力；

2. 具备获得土的最佳干密度的能力；

3. 具备判定土的类型的能力。

【知识目标】1. 了解土的形成与成因类型；

2. 掌握土的颗粒级配曲线的应用；

3. 掌握土的结构类型及构造类型；

4. 熟练掌握土的物理性质指标的定义及计算；

5. 掌握土的液限、塑限、塑性指数和液性指数的测定及计算；

6. 掌握砂土密实度的判别方法；

7. 掌握土的压实机理、最优含水率的概念及确定方法；

8. 掌握土的工程分类。

学习项目 1　土的组成

一、引　　文

自然界的土是由岩石经风化、搬运、堆积而形成的。因此，母岩成分、风化性质、搬运过程和堆积的环境是影响土组成的主要因素，而土的组成又是决定地基土工程性质的基础。土是由固体颗粒、水和气体三部分组成的，通常称为土的三相组成，随着三相物质的质量和体积的比例不同，土的性质也就不同。因此，首要的问题是要了解土是由什么物质组成的。

二、相关理论知识

（一）土的固体颗粒

土的固体颗粒包括无机矿物颗粒和有机质，是构成土的骨架最基本的物质，称为土粒。对土粒应从其矿物成分、粒度成分和形状来描述。

1. 土的矿物成分

土的矿物成分可以分为原生矿物和次生矿物两大类。

原生矿物是指岩浆在冷凝过程中形成的矿物，如石英、长石、云母等。

次生矿物是由原生矿物经过风化作用后形成的新矿物，如三氧化二铝、三氧化二铁、次生二氧化硅、黏土矿物以及碳酸盐等。次生矿物按其与水的作用可分为易溶、难溶和不溶，次生矿物的水溶性对土的性质有重要的影响。黏土矿物的主要代表性矿物为高岭石、伊利石和蒙脱石，由于其亲水性不同，当其含量不同时土的工程性质就各异。

在以物理风化为主的过程中，岩石破碎而并不改变其成分，岩石中的原生矿物得以保存下来。但在化学风化的过程中，有些矿物分解成为次生的黏土矿物。黏土矿物是很细小的扁平颗粒，表面具有极强的和水相互作用的能力。颗粒愈细，表面积愈大，这种亲水的能力就愈强，对土的工程性质的影响也就愈大。

从外表上看到的土的颜色，在很大程度上反映了土的固相的不同成分和不同含量。红色、黄色和棕色一般表示土中含有较多的三氧化二铁，并说明氧化程度较高。黑色表示土中含有较多的有机质或锰的化合物。灰蓝色和灰绿色的土一般含有亚铁化合物，是在缺氧条件下形成的。白色或灰白色则表示土中有机质较少，主要含石英或含高岭石等黏土矿物。

2. 土的粒度成分

天然土是由大小不同的颗粒组成的，土粒的大小称为粒度。土颗粒的大小悬殊，从大于几十厘米的漂石到小于几微米的黏粒。同时由于土粒的形状往往是不规则的，很难直接测量土粒的大小，只能用间接的方法来定量地描述土粒的大小及各种颗粒的相对含量。常用的方法有两种，对粒径大于 0.075 mm 的土粒常用筛分析法，而对粒径小于 0.075 mm 的土粒则用沉降分析法。工程上常用不同粒径颗粒的相对含量来描述土的颗粒组成情况，这种指标称为粒度成分。

1)土的粒组划分

天然土的粒径一般是连续变化的，为了描述方便，工程上常把大小相近的土粒合并为组，称为粒组。粒组间的分界线是人为划定的，划分时应使粒组界限与粒组性质的变化相适应，并按一定的比例递减关系划分粒组的界限值。

对粒组的划分，各个国家甚至一个国家的各个部门有不同的规定。从 20 世纪 70 年代末到 80 年代末这 10 年中，我国的粒组划分标准出现了一些变化。《建筑地基基础设计规范》(GB 50007—2002)和《岩土工程勘察规范》(GB 50021—2001)在修订和编制过程中经过充分论证，将砂粒粒组与粉粒粒组的界限从 0.05 mm 改为 0.075 mm。我国上述规范采用的粒组划分标准见表 4-1。《土的工程分类标准》(GB/T 50145—2007)在砂粒粒组与粉粒粒组的界限上取与上述规范相同的标准，但将卵石粒组与砾石粒组界限改为 60 mm，其粒组划分标准见表 4-2。

表 4-1　粒组划分标准(GB 50021—2001)

粒组名称	粒组范围(mm)	粒组名称	粒组范围(mm)
漂石(块石)粒组	>200	砂粒粒组	0.075～2
卵石(碎石)粒组	20～200	粉粒粒组	0.005～0.075
砾石粒组	2～20	黏粒粒组	<0.005

表 4-2　粒组划分(GB/T 50145—2007)

土样编号	土粒组成(%)				d_{60}(mm)	d_{10}(mm)	d_{30}(mm)	C_u	C_c
	10～2 mm	2～0.05 mm	0.05～0.005 mm	<0.05 mm					
A	0	99	1	0	0.165	0.11	0.15	1.5	1.24

续上表

土样编号	土粒组成(%)				d_{60}(mm)	d_{10}(mm)	d_{30}(mm)	C_u	C_c
	10～2 mm	2～0.05 mm	0.05～0.005 mm	<0.05 mm					
B	0	66	30	4	0.115	0.012	0.044	9.6	1.40
C	44	56	0	0	3.00	0.15	0.25	20	0.14

2)土的粒度成分及其表示方法

土的粒度成分是指土中各种不同粒组的相对含量(以干土质量的百分比表示),它可用以描述土中不同粒径土粒的分布特征。常用的粒度成分的表示方法有表格法、累计曲线法和三角坐标法。

(1)表格法

以列表形式直接表达各粒组的相对含量。它用于粒度成分的分类是十分方便的。如:表4-3给出了3种土样的粒度成分分析结果。表格法能很清楚地用数量说明土样的各粒组含量,但对于大量土样之间的比较就显得过于冗长,且无直观概念,使用比较困难。

表 4-3　土的粒组划分

粒组统称	粒组名称		粒组范围(mm)
巨粒	漂石(块石)粒组		>20
	卵石(碎石)粒组		200～60
粗粒	砾粒	粗砾	60～20
		细砾	20～2
	砂粒		2～0.075
细粒	粉粒		0.075～0.005
	黏粒		≤0.005

(2)累计曲线法

累计曲线法是一种图示的方法,通常用半对数纸绘制,横坐标(按对数比例尺)表示某一粒径,纵坐标表示小于某一粒径的土粒的百分含量。累计曲线法能用一条曲线表示一种土的粒度成分,而且可以在一张图上同时表示多种土的粒度成分,能直观地比较其级配状况。表4-3中的三种土的累计曲线如图4-1所示。

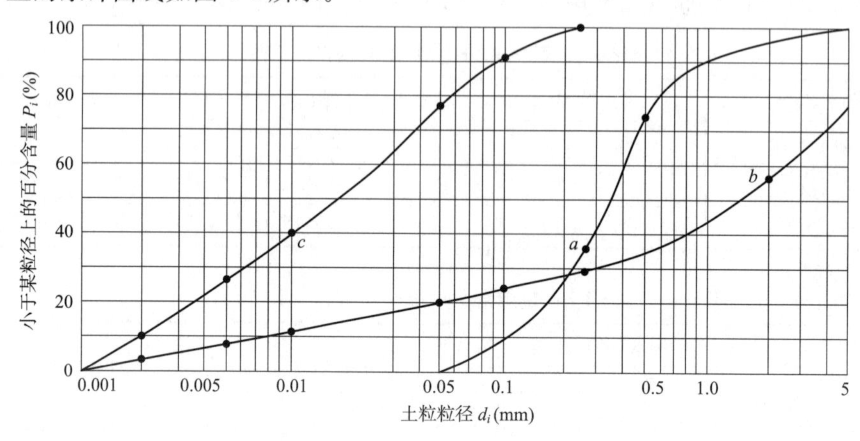

图 4-1　土的累计(颗粒级配)曲线

根据曲线形态，可以评定土颗粒大小的均匀程度。如曲线平缓，表示粒径大小悬殊，颗粒不均匀，级配良好（图4-1曲线b）；反之，则颗粒均匀，级配不良（图4-1曲线a、c）。为了定量说明问题，工程中常用不均匀系数C_u和曲率系数C_c来描述土的级配状况。C_u和C_c可以借助累计曲线确定。

$$C_u = \frac{d_{60}}{d_{10}} \tag{4-1}$$

$$C_c = \frac{d_{30}^2}{d_{60}d_{10}} \tag{4-2}$$

式中 d_{60}、d_{30}、d_{10}——相当于小于某粒径土粒累计百分含量为60%、30%和10%的粒径，其中d_{10}称为有效粒径，d_{60}称为限制粒径。

不均匀系数C_u反映大小不同粒组的分布情况，$C_u<5$的土称为匀粒土，级配不良；C_u越大，表示粒组分布范围比较广，$C_u \geqslant 5$的土级配良好。但如果C_u过大，表示可能缺失中间粒径，属不连续级配，故需同时用曲率系数来评价。曲率系数C_c则是描述累计曲线整体形状的指标。

《土工试验方法标准》(GB/T 50123—2019)中规定：对于纯净的砾、砂，当$C_u \geqslant 5$且$C_c=1 \sim 3$时，级配良好，若不能同时满足上述条件，则级配不良。

(3)三角坐标法

三角坐标法也是一种图示法，它利用等边三角形内任意一点至三个边的垂直距离的总和恒等于三角形之高的原理，用来表示组成土的三个粒组的相对含量，即图中的三个垂直距离可以确定一点的位置。三角坐标法只适用于划分为三个粒组的情况。

三角坐标法可以用一点表示一种土的粒度成分，在一张图上能同时表示许多种土的粒度成分，便于进行土料的级配设计。三角坐标图中不同的区域表示土的不同组成，因而还可以用来确定按粒度成分分类的土名。

3)粒度成分分析方法

粒度成分分析方法目前有筛分析法和沉降分析法两种。

(1)筛分分析法

筛分分析适用于土粒直径$d>0.075$ mm的土。筛分分析法的主要设备为一套标准分析筛，筛子孔径分别为20 mm，10 mm，5 mm，2.0 mm，1.0 mm，0.5 mm，0.25 mm，0.1 mm，0.075 mm。

取样数量：粒径$d \approx 20$ mm，可取2 000 g；$d<10$ mm，可取500 g；$d<2$ mm，可取200 g。

将干土样倒入标准筛中，盖严上盖，置于筛分分析机上振筛10～15 min。由上而下顺序称各级筛上及底盘内试样的质量。少量试验可用人工筛。

(2)沉降分析法

沉降分析法是根据土粒在悬液中沉降的速度与粒径的平方成正比的司笃克斯公式来确定各粒组相对含量的方法（$d^2=1.268v$，或$d=1.126\sqrt{v}$，推导略）。但实际上，土粒并不是球形颗粒，因此用上述公式计算的并不是实际土粒的尺寸，而是与实际土粒有相同沉降速度的理想球体的直径，称为水力直径。用沉降分析法测定土的粒度成分可用两种方法，即比重计法和移液管法。比重计法是用测定液体密度的一种仪器，对于不均匀的液体，从比重计读出的密度只表示浮泡形心处的液体密度。移液管法是用一种特定的装置在一定深度处吸出一定量的悬液，用烘干的方法求出其密度。用上述两种方法都可以求出土粒的粒径和累计百分含量。

3. 土粒的形状

土粒的形状是多种多样的，卵石接近于圆形，而碎石则多棱角，云母是薄片状的，而石英砂则是颗粒状的。土粒形状对于土的密实度和土的强度有显著的影响，棱角状的颗粒互相嵌挤咬合形成比较稳定的结构，强度较高；表面圆滑的颗粒之间容易滑动，土体的稳定性比较差。土粒的形状与土的矿物成分有关，也与土的形成条件及地质历史有关。描述土粒形状一般用肉眼观察鉴别的方法，也可采用体积系数和形状系数描述土粒形状的方法。当然，这些指标也只能用于定性的评价。

（二）土 中 水

通常认为水是中性的，在 0℃时冻结，但实际上土中的水是一种成分非常复杂的电解质水溶液，它和亲水性的矿物颗粒表面有着复杂的物理化学作用。按照水与土相互作用程度的强弱，可将土中水分为结合水和自由水两大类。

1. 结合水

根据水与土颗粒表面结合的紧密程度又可分为吸着水（强结合水）和薄膜水（弱结合水），如图 4-2 所示。

1）吸着水

试验表明，极细的黏粒表面带有负电荷，由于水分子为极性分子，即一端显正电荷（H^+）一端显负电荷（O^{2-}），水分子就被颗粒表面电荷引力牢固地吸附，在其周围形成很薄的一层水，这种水就称为吸着水。其性质接近于固态，不冻结，相对密度（比重）大于 1，具有很大的黏滞性，受外力不转移。这种水的冰点很低，沸点较高，－78℃才冻结，在 105℃以上才蒸发。吸着水不传递静水压力。

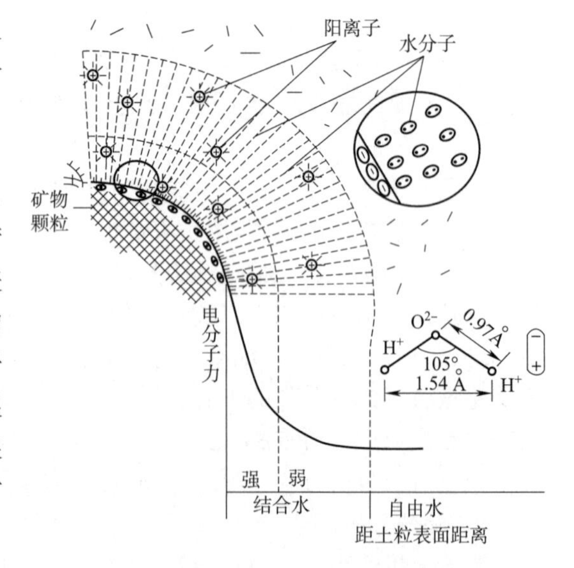

图 4-2　黏土矿物与水分子的相互作用

2）薄膜水

薄膜水是位于吸着水以外，但仍受土颗粒表面电荷吸引的一层水膜。显然，距土粒表面愈远，水分子引力就愈小。薄膜水也不能流动，含薄膜水的土具有塑性。它不传递水压力，冻结温度低，已冻结的薄膜水在不太大的负温下就能融化。

2. 自由水

自由水包括毛细水和重力水。

毛细水不仅受到重力的作用，还受到表面张力的支配，能沿着土的细孔隙从潜水面上升到一定的高度。这种毛细上升现象对于公路路基土的干湿状态及建筑物的防潮有重要影响。

重力水在重力或压力差作用下能在土中渗流，对于土颗粒和结构物都有浮力作用，在土力学计算中应当考虑这种渗流及浮力的作用力。在以后的章节中将进一步讨论重力水的渗流及浮力的作用与计算问题。

另外，土中还存在着气态水和固态水。气态水即水气，对土的性质影响不大。当气温降至

0℃以下时，液态的自由水结冰形成固态水。由于水的密度在 4℃时最大，低于 0℃的冰，不是冷缩反而膨胀，使基础发生冻胀，寒冷地区基础的埋深要考虑冻胀问题。

(三)土　中　气

土中的气体包括与大气连通的自由气体和与大气隔绝的封闭气体两类。

与大气连通的自由气体对土的工程性质没有多大的影响，它的成分与空气相似，当土受到外力作用时，这种气体很快从孔隙中挤出。

与大气隔绝的封闭气体对土的工程性质有很大的影响，封闭气体的成分可能是空气、水汽或天然气。在压力作用下这种气体可被压缩或溶解于水中，而当压力减小时，气泡会恢复原状或重新游离出来。含气体的土称为非饱和土，对非饱和土工程性质的研究已经成为土力学的一个新的分支。

三、相关案例

近年来地下工程(主要指盾构隧道工程、沉井、沉箱工程等)根据多样化的需求，目前正朝着大规模、大深度及多样化的方向发展。作为这些地下工程施工时的一个悬念问题，即存在可燃性气体(主要是甲烷气体)、缺氧空气、毒气(硫化氢、二氧化碳)等土中有害气体的威胁。土中有害气体造成的事故常有发生，如：可燃性气体造成的爆炸事故；缺氧气体造成的缺氧事故；毒性气体造成的中毒事故。这些事故一旦发生，对作业人员的生命直接构成威胁。

为了防范这些土中气体造成的事故，除了施工中加强监测防范之外，还应在工程之前的地质勘察阶段进行土中有害气体的有无、种类，及施工中是否发生喷射(喷出位置、喷出量)等事项的勘察，以便制定必要的安全措施。

学习项目 2　土的物理性质指标和物理状态指标

一、引　　文

土的物理性质指标，用以反映土的各相组分体积之间、重量(或质量)之间以及重量和体积之间相互比例或数量关系。它直接反映的是土的松密程度、干湿程度、轻重程度，也可以间接表示土的物理状态如粗粒土的松密程度，黏性土的软硬程度，直接影响土的力学特性。例如：软土具有天然含水率高、天然孔隙比大、压缩性高、抗剪强度低、承载能力低、扰动性大、透水性差、各层之间物理力学性质相差较大等特点，于是在工程中一般需要软基处理。

三相物质在体积上和质量上的比例关系可以用来描述土的干湿、疏密、轻重、软硬等物理性质。土的物理性质指标就是表示三相比例关系的一些物理量。土的物理状态指标主要用于反映土的松密程度和软硬程度，对于无黏性土，其主要的物理状态指标是密实度；对于黏性土，其主要的物理状态指标是稠度(软硬程度)。

二、相关理论知识

为了推导土的物理性质指标，通常把在土体中实际上是处于分散状态的三相物质理想化的分别集中在一起，构成如图 4-3 和图 4-4 所示的三相图。图 4-4 右边为各相的体积，左边为各相的质量。

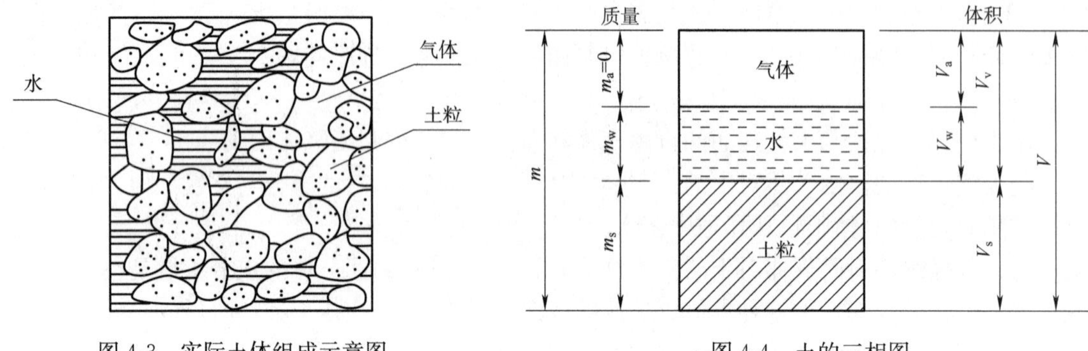

图 4-3 实际土体组成示意图　　图 4-4 土的三相图

土样的体积 V 为土中空气的体积 V_a、水的体积 V_w 和土粒的体积 V_s 之和，孔隙体积 V_v 为空气的体积 V_a 与水的体积 V_w 之和。土样的质量 m 为土中空气的质量 m_a、水的质量 m_w 和土粒的质量 m_s 之和，通常认为空气的质量 m_a 可以忽略，则土样的质量就为水和土粒质量之和。即：

$$V=V_s+V_w+V_a=V_s+V_v \tag{4-3}$$

$$m=m_a+m_w+m_s=m_w+m_s \tag{4-4}$$

土的物理性质指标可以分为两种：一种是基本指标，另一种是推算指标。

(一)土的三个基本指标

1. 天然密度与天然重度

1)天然密度 ρ

在天然状态下，单位体积土的质量称为土的天然密度，也称为土的质量密度，简称为土的密度，可用下式表示：

$$\rho=\frac{m}{V} \tag{4-5}$$

式中 m——土的总质量，kg；

V——土的总体积，m^3。

土的密度随着土的矿物成分、孔隙大小和水的含量而不同，天然状态下土的密度一般为 1.60～2.20 t/m^3（1 g/cm^3＝1 t/m^3）。

土的天然密度通常采用环刀法测定，即用一定容积的环刀切取土样，称量后计算得到。

2)天然重度 γ

在天然状态下，单位体积土所受的重力称为土的天然重度，也称为土的重力密度，简称为土的重度，可用下式表示：

$$\gamma=\frac{G}{V}=\frac{mg}{V}=\rho g\approx 10\rho \tag{4-6}$$

式中 γ——土的重度，kN/m^3 或 N/cm^3。

其他符号意义同前。

2. 天然含水率 ω

在天然状态下，土中水的质量与土粒质量之比，称为土的天然含水率，可用下式表示：

$$\omega=\frac{m_w}{m_s}\times 100\% \tag{4-7}$$

天然含水率通常以百分数表示。含水率常用烘干法测定，是把一定量的土样放入烘箱内，在 105℃～110℃的恒温下烘干(通常需 8 h 左右)，取出烘干后的土样，冷却后再称质量，计算得到。天然含水率是描述土的干湿程度的重要指标，土的天然含水率变化范围很大，从干砂的含水率接近于零到蒙脱土的含水率可达百分之几百。

3. 土粒比重 G_s

土粒质量与同体积 4℃时水的质量之比称为土粒比重，也称土粒相对密度，可用下式表示：

$$G_s = \frac{m_s}{V_s\,(\rho_w)_{4℃}} \tag{4-8}$$

土粒比重经常采用比重瓶法测定。事先将比重瓶注满蒸馏水，称瓶加水的质量，然后把烘干土若干克装入该空比重瓶内，注入半瓶蒸馏水，放在砂浴煮沸(砂土 30 min，黏性土 1 h)，冷却到室温后再加蒸馏水至满，称瓶加土加水的质量，按照下式求土粒比重：

$$G_s = \frac{m_s}{m_1 + m_s - m_2} \tag{4-9}$$

式中　m_1——瓶加水的质量；

m_2——瓶加土加水的质量；

m_s——烘干土的质量，即土粒质量。

由式(4-9)可知，土粒比重与土粒密度数值相同，但无量纲。土粒比重的数值大小主要取决于土的矿物成分，一般土的土粒比重参考值见表 4-4。

上述三个物理性质指标 ρ、ω、G_s 是直接用试验方法测定，通常又称为室内土工试验指标。根据这三个基本指标，可以求出推算指标。

表 4-4　土粒比重参考值

土的类别	砂土	粉土	黏性土	
			粉质黏土	黏土
土粒比重	2.65～2.69	2.70～2.71	2.72～2.73	2.73～2.74

(二)土的推算指标

1. 干密度 ρ_d

土的单位体积内的土粒质量称土的干密度，可用下式表示

$$\rho_d = \frac{m_s}{V} \tag{4-10}$$

干密度越大，土越密实，强度越高。干密度通常作为填土密实度的施工控制指标。如果已知土的天然密度 ρ 和天然含水率 ω，就可以得到计算干密度的推导公式，即：

$$\rho_d = \frac{m_s}{V} = \frac{m_s}{m/\rho} = \frac{m_s\rho}{m_s + m_w} = \frac{\rho}{1 + m_w/m_s} = \frac{\rho}{1+\omega} \tag{4-11}$$

相应的，土的单位体积内土粒所受的重力称为干重度。表示为：$\gamma_d = \rho_d g$ 。

2. 饱和密度 ρ_{sat}

土中孔隙完全被水充满时土的密度称为土的饱和密度，即全部充满孔隙的水的质量与固相质量之和与土的总体积之比，可用下式表示：

$$\rho_{sat}=\frac{m_w+m_s}{V}=\frac{\rho_w V_v+m_s}{V} \tag{4-12}$$

相应的，土中孔隙完全被水充满时土的重度称为饱和重度，表示为：$\gamma_{sat}=\rho_{sat}g$ 。

3. 有效密度 ρ'

土的有效密度是指土粒质量与同体积水的质量之差与土的总体积之比，也称为浮密度，可用下式表示：

$$\rho'=\frac{m_s-\rho_w V_s}{V} \tag{4-13}$$

如果已知土的饱和密度 ρ_{sat}，就可以得到计算有效密度的推导公式，即：

$$\rho'=\frac{m_s-\rho_w V_s}{V}=\frac{m_s-\rho_\omega(V-V_v)}{V}=\frac{m_s+\rho_\omega V_v-\rho_w V}{V}=\rho_{sat}-\rho_w \tag{4-14}$$

当土体浸没在水中时，土的固相要受到水的浮力的作用。在计算地下水位以下土层的自重应力时，应考虑浮力的作用，采用有效重度。扣除浮力以后的固相重力与土的总体积之比称为有效重度，也称为浮重度，可表示为：

$$\gamma'=\rho' g=(\rho_{sat}-\rho_\omega)g=\gamma_{sat}-\gamma_\omega$$

式中　γ_ω——水的重度，$\gamma_\omega=10\ kN/m^3$。

4. 孔隙比 e

土中孔隙体积与土粒体积之比称为孔隙比，可用下式表示：

$$e=\frac{V_v}{V_s} \tag{4-15}$$

孔隙比是反映土的密实程度的物理指标，用小数来表示。一般 $e<0.6$ 的土是密实的低压缩性土；$e>1$ 的土是疏松的高压缩性土。

如果已知土粒比重 G_s、土的天然含水率 ω 和天然密度 ρ，就可以得到计算孔隙比的推导公式：

$$e=\frac{V_v}{V_s}=\frac{V-V_s}{V_s}=\frac{G_s\rho_w(1+\omega)}{\rho}-1 \tag{4-16}$$

5. 孔隙率 n

土中孔隙体积与土的总体积之比称为孔隙率，可用下式表示：

$$n=\frac{V_v}{V}\times 100\% \tag{4-17}$$

孔隙率一般用百分数表示。通过推导可得孔隙率与孔隙比的关系：

$$n=\frac{V_v}{V}=\frac{V_v}{V_v+V_s}=\frac{e}{1+e} \tag{4-18}$$

6. 饱和度 S_r

土中孔隙水的体积与孔隙体积之比称为饱和度，可用下式表示：

$$S_r=\frac{V_w}{V_v}\times 100\% \tag{4-19}$$

饱和度是衡量土体潮湿程度的物理指标，用百分数来表示。若 $S_r=100\%$，土中孔隙全部充满水，土体处于饱和状态；若 $S_r=0$，则土中孔隙无水，土体处于干燥状态。

如果已知土的天然含水率 ω、土粒比重 G_s 和孔隙比 e，就可以得到计算饱和度的推导公式为：

$$S_r = \frac{V_w}{V_v} = \frac{m_w/\rho_w}{V_v} = \frac{m_w/m_s}{\rho_w V_v/m_s} = \frac{\omega}{\frac{\rho_w V_v}{\rho_s V_s}} = \frac{\omega\rho_s}{\rho_w \frac{V_v}{V_s}} = \frac{\omega G_s}{e} \tag{4-20}$$

(三)无黏性土的密实度

无黏性土主要包括砂土和碎石土。这类土中缺乏黏土矿物,呈单粒结构,土的密实度对其工程性质具有重要的影响。当为松散状态时,尤其是饱和的松散砂土,其压缩性与透水性较高,强度较低,容易产生流砂、液化等工程事故;当为密实状态时,具有较高的强度和较低的压缩性,为良好的建筑物地基。

1. 砂土的密实度

1)天然孔隙比法

孔隙比反映土的孔隙大小,对同一种土,土的天然孔隙比愈大,土愈松散;反之愈密实。根据孔隙比的大小,将砂土划分为密实、中密、稍密、松散四类,见表 4-5。

表 4-5　根据孔隙比划分砂土的密实度

砂土类别	密实	中密	稍密	松散
砾砂、粗砂、中砂	$e<0.60$	$0.60\leqslant e\leqslant 0.75$	$0.75<e\leqslant 0.85$	$e>0.85$
细砂、粉砂	$e<0.70$	$0.70\leqslant e\leqslant 0.85$	$0.85<e\leqslant 0.95$	$e>0.95$

天然孔隙比判别土的密实度方法简单,没有考虑土的级配情况影响。对于两种土,孔隙比相同,其密实度不一定相同,孔隙比大的土,其密实度反而较好。为了同时考虑孔隙比和级配的影响,引入砂土相对密实度的概念。

2)相对密度法

砂土的相对密度的表达式为:

$$D_r = \frac{e_{max} - e}{e_{max} - e_{min}} \tag{4-21}$$

式中　e_{max}——砂土处于最疏松状态时的孔隙比,称为最大孔隙比;

e_{min}——砂土处于最密实状态时的孔隙比,称为最小孔隙比;

e——砂土的天然孔隙比。

砂土的相对密度是通过砂土的最大干密度、最小干密度试验测定的。砂土的最小干密度测定是将松散的风干砂样,通过长颈漏斗轻轻地倒入容器,求出最小干密度 ρ_{dmin};砂土的最大干密度是采用振动锤击法测定的,e_{max}、e_{min} 按下式计算:

$$e_{max} = \frac{\rho_w G_s}{\rho_{dmin}} - 1 \tag{4-22}$$

$$e_{min} = \frac{\rho_w G_s}{\rho_{dmax}} - 1 \tag{4-23}$$

从式(4-21)可以看出,当砂土的天然孔隙比接近于最小孔隙比时,相对密度接近于 1,表明砂土接近于最密实的状态;而当天然孔隙比接近于最大孔隙比时,则表明砂土处于最松散的状态,其相对密度接近于 0。根据砂土的相对密度可以将砂土划分为密实、中密和松散三种密实度,见表 4-6。

表 4-6　根据相对密度划分砂土的密实度

密实度	密实	中密	松散
相对密度	1.0～0.67	0.67～0.33	0.33～0

3)标准贯入试验法

虽然相对密度法从理论上能反映颗粒级配、颗粒形状等因素,但对于砂土很难取得原状土样,故天然孔隙比不易测准,又鉴于 e_{max} 、e_{min} 的测定方法尚无统一标准,因此《建筑地基基础设计规范》(GB 50007—2011)用标准贯入试验锤击数 N 划分砂土的密实度。标准贯入试验是用标准的锤重(63.5 kg),以一定落距(76 cm)自由下落,将一标准贯入器打入土中,记录贯入器入土 30 cm 的锤击数 N。锤击数的大小反映土层的密实程度,具体划分标准见表 4-7。

表 4-7　根据标准贯入试验锤击数划分砂土的密实度

密实度	松散	稍密	中密	密实
标准贯入试验锤击数 N	$N \leqslant 10$	$10 < N \leqslant 15$	$15 < N \leqslant 30$	$N > 30$

2. 碎石土的密实度

碎石土颗粒较粗,不易取得原状土样,也很难将贯入器打入土中。对这类土可在现场观察,根据土的骨架含量、排列、可挖性以及可钻性综合鉴别。因此,可将碎石土的密实度分为密实、中密和稍密三种,见表 4-8。

表 4-8　碎石土密实度野外鉴别方法

密实度	骨架颗粒含量与排列	可挖性	可钻性
密实	骨架颗粒含量大于总量的 70%,呈交错排列,连续接触	锹、镐挖掘困难,用撬棍方能松动;井壁一般较稳定	钻进极困难,冲击钻进时,钻杆、吊锤跳动剧烈;孔壁较稳定
中密	骨架颗粒含量等于总重的 60%～70%,呈交错排列,大部分接触	锹、镐可挖掘,井壁有掉块现象,从井壁上取出大颗粒处,能保持颗粒凹面形状	钻进较困难,冲击钻进时,钻杆、吊锤跳动不剧烈;孔壁有坍塌现象
稍密	骨架颗粒含量小于总重的 60%,排列混乱,大部分不接触	锹可以挖掘,井壁易坍塌;从井壁上取出大颗粒后,填充物砂土立即坍塌	钻进较容易,冲击钻进时,钻杆稍有跳动;孔壁易坍塌

(四)黏性土的稠度状态

1. 黏性土的状态

随着含水率的改变,黏性土将经历不同的物理状态。当含水率很大时,土是一种黏滞流动的液体即泥浆,称为流动状态;随着含水率逐渐减少,黏滞流动的特点渐渐消失而显示出塑性(所谓塑性就是指可以塑成任何形状而不发生裂缝,并在外力解除以后能保持已有的形状而不恢复原状的性质),称为可塑状态;当含水率继续减少时,则发现土的可塑性逐渐消失,从可塑状态变为半固体状态;当含水率很小时,土的体积不再随含水率的减少而减小了,这种状态称为固体状态。

2. 界限含水率

黏性土从一种状态变到另一种状态的含水率分界点称为界限含水率。土的界限含水率主要有液限、塑限和缩限三种。

1)液限 ω_L

流动状态与可塑状态间的分界含水率称为液限 ω_L 。

测定方法:锥式液限仪。锥式液限仪的平衡锥重 76 g,锥尖顶角 30°。试验时先将土样调制成均匀膏状,装入土杯内,刮平表面放在底座上。平衡锥置于土样中心,在自重下沉入土中,当 5 s 时入土深度为 10 mm 时的含水率即为液限。如液限仪沉入土中锥体刻度高于或低于土面,则分别表明土样的含水率低于和高于液限,此时应将土取出,加少量水或反复搅拌使土样水分蒸发再测试,直到锥尖入土深度达到 10 mm 为止。

碟式液限仪。美国、日本等国家采用碟式液限仪测定液限。将制备好的土样铺在铜碟前半部,用调土刀刮平表面,用切槽器在土中划开成 V 形槽,以每秒两转的速度转动摇柄,使铜碟反复起落,连续下落 25 次后,如土槽合拢长度为 13 mm,这时试样的含水率就是液限。

液塑限联合测定仪。为克服手动放锥误差大、土样反复操作等缺点,近年来采用电动放锥、液塑限联合测定仪法来测定液限。试验时取代表性试样,加不同数量的水,调成三种不同稠度状态的试样。一般情况下,三个试样含水率分别接近液限、塑限和两者之间。用 76 g 的平衡锥分别测定三个试样的入土深度和相应的含水率,以含水率为横坐标、入土深度为纵坐标,绘于双对数纸上,将测得的三点连成直线,由含水率与入土深度曲线上,查出 10 mm 对应的含水率即为液限 ω_L ,2 mm 对应的含水率即为塑限 ω_p 。

2)塑限 ω_p

可塑状态与半固体状态间的分界含水率称为塑限 ω_p 。

测定方法:搓条法。取略高于塑限含水率的试样 8～10 g,放在毛玻璃板上用手搓条,在缓慢、单方向的搓动过程中土膏内的水分渐渐蒸发,如搓到土条的直径为 3 mm 产生裂缝并开始断裂,则此时的含水率即为塑限 ω_p 。

液塑限联合测定仪。试验方法同前。

3)缩限 ω_s

半固体状态与固体状态间的分界含水率称为缩限 ω_s 。

测定方法:对于胀缩性比较大的膨胀土,应测定其缩限。其试验原理、试验步骤详见《铁路工程土工试验规程》(TB 10102—2010)。

3. 塑性指数与液性指数

1)塑性指数

可塑性是黏性土区别于砂土的重要特征。可塑性的大小用土处在塑性状态的含水率变化范围来衡量,从液限到塑限含水率的变化范围愈大,土的可塑性愈好,这个范围称为塑性指数 I_p ,其表达式为:

$$I_p = \omega_L - \omega_p \tag{4-24}$$

塑性指数习惯上用不带%的数值表示。塑性指数是黏性土的最基本、最重要的物理指标之一,它综合地反映了黏性土的物质组成,广泛应用于土的分类和评价。

2)液性指数

液性指数 I_L 是表示天然含水率与界限含水率相对关系的指标,其表达式为:

$$I_L = \frac{\omega - \omega_p}{\omega_L - \omega_p} \tag{4-25}$$

可塑状态的土的液性指数为0～1，液性指数越大，表示土越软；液性指数大于1的土处于流动状态；液性指数小于0的土则处于固体状态或半固体状态。

黏性土的状态可根据液性指数 I_L 分为坚硬、硬塑、可塑、软塑和流塑五种状态，见表4-9。

表 4-9　按塑性指数值确定黏性土的状态

I_L 值	$I_L \leqslant 0$	$0 < I_L \leqslant 0.25$	$0.25 < I_L \leqslant 0.75$	$0.75 < I_L \leqslant 1.0$	$I_L > 1.0$
状态	坚硬	硬塑	可塑	软塑	流塑

(五)黏性土的灵敏度和触变性

1. 灵敏度

天然状态下的黏性土通常具有一定的结构性，当受到外来因素的扰动时，土粒间的胶粒物质以及土粒、离子、水分子所组成的结构体系受到破坏，土的强度随之降低，压缩性增大。土的结构性对强度的影响，一般用灵敏度表示，其表达式为：

$$S_t = \frac{q_u}{q_u'} \tag{4-26}$$

式中　q_u——原状土的无侧限抗压强度；

q_u'——重塑土的无侧限抗压强度，重塑试样具有与原状试样相同的尺寸、密度和含水率，但应破坏其结构。

根据灵敏度可将饱和黏土分为：低灵敏($S_t \leqslant 2$)、中灵敏($2 < S_t \leqslant 4$)、高灵敏($S_t > 4$)三类。

土的灵敏度愈高，其结构性愈强，受扰动后土的强度降低愈大。所以，在基础施工过程中，应注意保护基槽，防止雨水浸泡、暴晒和人为践踏，以免破坏土的结构，降低地基强度。

2. 触变性

饱和黏性土的结构受到扰动后，会导致土的强度降低，但当扰动停止后，土的强度又随时间恢复到一定值，这种性质称为土的触变性。原因在于停止扰动后，黏性土中的土粒、离子、水分子体系随时间而逐渐形成新的平衡。例如：在黏性土中打桩时，桩侧土的结构受到破坏而强度降低，但停止施工后，土的强度逐渐恢复，桩的承载力逐渐增大。《建筑地基基础设计规范》(GB 50007—2011)规定：单桩竖向静载荷试验在预制桩打入黏性土中，开始试验时间视土的强度恢复而定，一般不得少于15 d，对于饱和软黏土不得少于25 d。因此，应充分利用土的触变性，把握施工进度，既可保证施工质量，又可提高桩基承载力。

(六)击实曲线

在工程建设中，常用土料填筑土堤、土坝、路基和地基等，为了提高填土的强度、增加土的密实度、减小压缩性和渗透性，一般都要经过压实。压实的方法很多，可归结为碾压、夯实和振动三类。大量的实践证明，在对黏性土进行压实时，土太湿或太干都不能被较好压实，只有当含水率控制为某一适宜值时，压实效果才能达到最佳。黏性土在一定的压实功下，达到最密时的含水率，称为最优含水率，用 ω_{op} 表示；与其对应的干密度则称为最大干密度，用 ρ_{dmax} 表示。因此，为了既经济又可靠地对土体进行碾压或夯实，必须研究土的这种压实特性，即土的击实性。

研究土的击实性，需做击实试验。根据试验的结果，经计算整理可绘制出干密度与含水率之间的关系曲线，即击实曲线如图 4-5 所示。

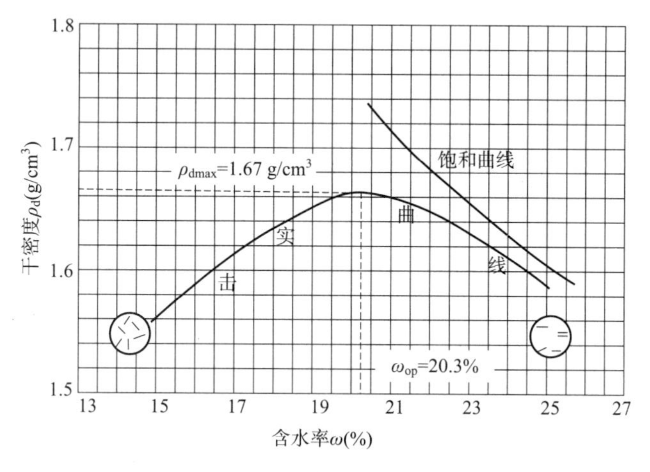

图 4-5　击实曲线

击实曲线反映出土的击实性如下：

(1)对于某一土样，在一定的击实功作用下，只有当土的含水率为某一适宜值时，土样才能达到最密实。因此，在击实曲线上就反映出峰值，峰点所对应的纵坐标值为最大干密度 ρ_{dmax}，对应的横坐标值为最优含水率 ω_{op}。据研究，黏性土的最优含水率与塑限有关，大致为 $\omega_{op}=\omega_p\pm2\%$。

(2)土在击实过程中，通过土粒的相互位移，很容易将土中气体挤出，但要挤出土中水分来达到击实的效果，对于黏性土来说，不是短时间的加载所能办到的。因此，人工击实不是挤出土中水分而是挤出土中气体来达到击实目的。同时，当土的含水率接近或大于最优水率时，土孔隙中的气体越来越处于与大气不连通的状态，击实作用已不能将其排出土体外。所以，击实土不可能被击实到完全饱和状态，击实曲线必然位于饱和曲线的左侧而不可能与饱和曲线相交。试验证明，一般黏性土在其最佳击实状态下(击实曲线峰值)，其饱和度约为 80%，如图 4-6 所示。

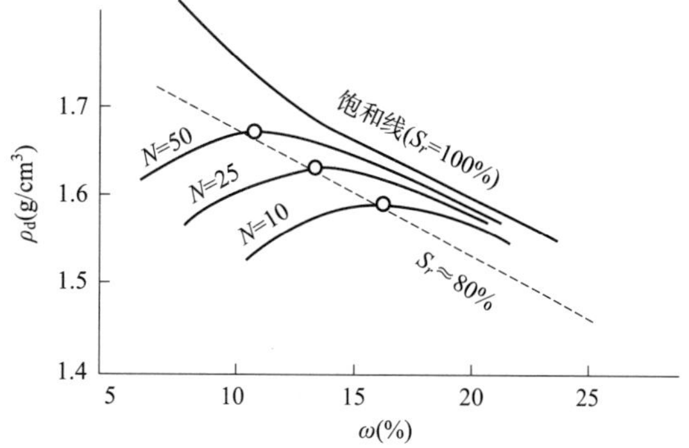

图 4-6　土的含水率、干密度和击实功能关系曲线

(3)当含水率低于最优含水率时，干密度受含水率变化的影响较大，即含水率变化对于密度的影响在偏干时比偏湿时更加明显，因此击实曲线的左段(低于最优含水率)比右段的坡度陡。

(七)土的压实度

在工程实践中，常用土的压实度来直接控制填土的工程质量。压实度是工地压实时要求达到的干密度 ρ_d 与室内击实试验所得到的最大干密度 ρ_{dmax} 的比值，即：

$$\lambda = \frac{\rho_d}{\rho_{dmax}} \tag{4-27}$$

可见，λ 值越接近 1，表示对压实质量的要求越高。我国《碾压式土石坝设计规范》(SL 274—2020)中规定：Ⅰ级坝和高坝，填土的 λ =0.98～1.00；Ⅱ级、Ⅲ级及其以下的中坝，填土的 λ =0.96～0.98。在高速公路的路基工程中，要求 λ >0.95，对一些次要工程，λ 值可适当取小些。

(八)影响土击实效果的因素

影响土击实效果的因素很多，但最重要是含水率、击实功能和土的性质。

1. 含水率

由前可知，土太湿或太干都不能被较好压实，只有当含水率控制为某一适宜值即最优含水率时，土才能得到充分压实，得到土的最大干密度。

实践表明，当压实土达到最大干密度时，其强度并非最大。当含水率小于最优含水率时，土的抗剪强度均比最优含水率时高，但将其浸水饱和后，则强度损失很大。只有在最优含水率时浸水饱和后的强度损失最小，压实土的稳定性最好。

2. 击实功

夯击的击实功与夯锤的质量、落高、夯击次数等有关；碾压的压实功能则与碾压机具的质量、接触面积、碾压遍数等有关。

对于同一土料，击实功小，则所能达到的最大干密度也小；击实功大，所能达到的最大干密度也大。而最优含水率正好相反，即击实功小，最优含水率大；击实功大，则最优含水率小，如图 4-4 所示。但是，应当指出击实效果增大的幅度是随着击实功的增大而降低的，所以企图单纯用增大击实功的办法来提高土的干密度是不经济的。

3. 土的性质

在相同的击实功能条件下，级配不同的土击实效果也不同。一般的粗粒含量多、级配良好的土，最大干密度较大，最优含水率较小。

砂土的击实性与黏性土不同。一般在完全干燥或充分洒水饱和的状态下，容易击实到较大的干密度；而在潮湿状态，由于毛细水的作用，填土不易击实。所以，粗粒土一般不做击实试验，在击实时，只要对其充分洒水使土料接近饱和，就可得到较大的干密度。

三、相关例题

1. 某土料场土料为低液限黏土，天然含水率 $\omega=21\%$，比重 $G_s=2.70$，室内标准击实试验得到最大干密度 $\rho_{dmax}=1.85\text{g/cm}^3$。设计取压实度 $\lambda=0.95$，并要求压实后土的饱和度 $S_r\leqslant 90\%$，问土料的天然含水率是否适于填筑？碾压时土料应控制多大的含水率？

解：(1)求压实后土的孔隙体积

填土的干密度为：

$$\rho_d=\rho_{dmax}\lambda=1.85\times0.95=1.76\ \text{g/cm}^3$$

绘制土的三相图如图 4-7 所示，并设 $V_s=1\ \text{cm}^3$

由 $G_s=\dfrac{m_s}{V_s\rho_w}$ 得：

$$m_s=G_sV_s\rho_w=2.70\times1\times1=2.70\ \text{g}$$

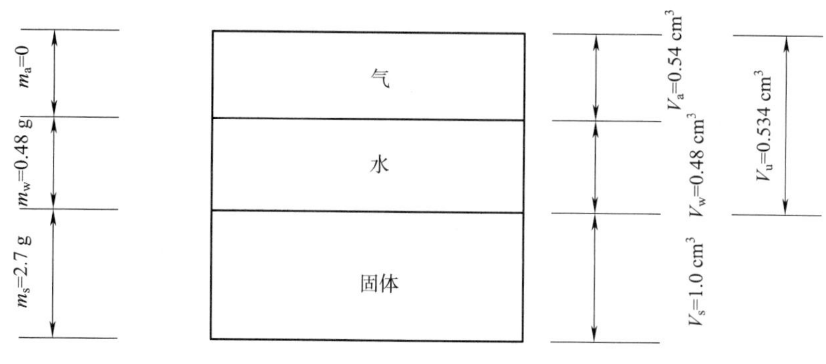

图 4-7　土的三相图

由 $\rho_d = \dfrac{m_s}{V}$ 得：

$$V = \frac{m_s}{\rho_d} = \frac{2.70}{1.76} = 1.534\ \text{cm}^3$$

$$V_v = V - V_s = 1.534 - 1 = 0.534\ \text{cm}^3$$

(2)求压实时的含水率

根据题意，按饱和度 S_r＝0.9 控制含水率

则由 $S_r = \dfrac{V_w}{V_v}$ 得：

$$V_w = S_r V_v = 0.9 \times 0.534 = 0.48\ \text{cm}^3$$

$$m_w = \rho_w V_w = 1 \times 0.48 = 0.48\ \text{g}$$

压实时的含水率为：

$$\omega = \frac{m_w}{m_s} \times 100\% = \frac{0.48}{2.70} \times 100\% = 17.8\% < 21\%$$

碾压时的含水率应控制在 18%左右。料场土料的天然含水率高出 3%，不适于直接填筑，应进行翻晒处理。

2. 某一块试样在天然状态下的体积为 60 cm³，称得其质量为 108 g，将其烘干后称得质量为 96.43 g，根据试验得到的土粒比重 G_s 为 2.7，试求试样的湿密度、干密度、饱和密度、含水率、孔隙比、孔隙率和饱和度。

解：(1)已知 V＝60 cm³，m＝108 g，则：

$$\rho = m/v = 108/60 = 1.8\ \text{g/cm}^3$$

$$\rho_d = \frac{\rho}{1+20} = \frac{18}{1+12\%} = 1.61\ \text{g/cm}^3$$

$$\rho_{sat} = \frac{m_w + m_s}{v} = \frac{24.37 + 96.43}{60} = 2.01\ \text{g/cm}^3$$

(2)已知 m_s＝96.43 g，则：$m_w = m - m_s = 108 - 96.43 = 11.57$ g

$$W = m_w/m_s = 11.57/96.43 = 12\%$$

(3)已知 G_s＝2.7，则：

$$V_s = m_s/\rho_s = 96.43/2.7 = 35.7\ \text{cm}^3$$

$$V_v = V - V_s = 60 - 35.7 = 24.3\ \text{cm}^3$$

于是：

$$e=V_v/V_s=24.3/35.7=0.68$$

(4)$n=V_v/V=24.3/60=40.5\%$

(5)根据 ρ_w 的定义 $V_w=m_w/\rho_w=11.57/1=11.57\ cm^3$

于是 $S_r=V_w/V_v=11.57/24.3=48\%$

3. 某砂土天然状态下的密度为 1.8 g/cm³，含水率为 20%，颗粒比重为 2.65，最大干密度 $\rho_{dmax}=1.7\ g/cm^3$，最小干密度为 $\rho_{dmin}=1.42\ g/cm^3$，求相对密度，并判别密实度。

解：砂土的天然孔隙比为：

$$e=\frac{G_s\rho_w(1+\omega)}{\rho}-1=\frac{2.65\times1\times(1+0.20)}{1.8}-1=0.767$$

最大孔隙比为：

$$e_{max}=\frac{\rho_w G_s}{\rho_{dmin}}-1=\frac{1\times2.65}{1.42}-1=0.866$$

最小孔隙比为：

$$e_{min}=\frac{\rho_w G_s}{\rho_{dmax}}-1=\frac{1\times2.65}{1.7}-1=0.559$$

相对密度为：

$$D_r=\frac{e_{max}-e}{e_{max}-e_{min}}=\frac{0.866-0.767}{0.866-0.559}=0.322$$

由 $D_r=0.322<0.33$ 知，该砂样处于松散状态。

学习项目 3　土的工程分类

一、引出案例

海口某拟建铁路沿线地貌属海漫滩，经海砂砍填形成的陆地。地面标高 2.30～4.43 m，相对高差 2.13 m，场地呈南高北低。海南某公司在勘探 18.00 m 深度范围内，场地地层有人工填土、第四系全更新统冲洪积土和第四系早更新统冲洪积土。根据地基土的岩性特征分为三个工程地质层。

第一层为杂填土：沿线均有分布，上段为建筑垃圾、砖块，下段为碎石土、砂土、粉土和黏性土等组成，成分不均匀、松散、欠压实。现分段描述如下：K0000～K0180 里程段，顶部有 10～15 cm 厚的混凝土板，下段以碎石土、砂土和褐红色黏性土为主。K0180～K0452 里程段，上段为建筑垃圾、生活垃圾、砖块，下段以碎石土、砂土和褐红色黏性土为主。平均厚度 4.04 m；层底标高：−3.74～1.15 m，平均−0.27 m；层底埋深：2.20～8.00 m，平均 4.04 m。

第二层为淤泥质含砂低液限黏土：沿线均有分布，灰黄色为主，混杂灰绿、灰白色，流塑～软塑状，切口光滑～稍光滑，韧性强～中等，干强度中等。主要由粉粒和黏粒组成，层间含淤泥、中砂和粉砂。平均厚度 11.16 m；层底标高：−13.00～10.47 m，平均−11.44 m；层底埋深：14.70～15.80 m，平均 15.20 m。

二、相关理论知识

自然界的土类众多，工程性质各异，为便于研究需要按其主要特征进行分类。一般粗粒土按粒度成分及级配特征划分，细粒土则按塑性指数和液限划分，而有机土和特殊性土则分别单独各列为一类。不同部门由于研究的目的不同，分类方法也各有差异。本书以《铁路工程岩土分类标准》(TB 10077—2019)为主，参照国家标准《建筑地基基础设计规范》(GB 50007—2011)加以对照。具体分类方法如下。

(一)碎 石 土

碎石土是指粒径大于 2 mm 的颗粒含量超过全重 50%的土，按粒径和颗粒形状可进一步划分为漂石土、块石土、卵石土、碎石土、粗圆砾土、粗角砾土、细圆砾土、细角砾土，具体划分见表 4-10。

表 4-10 碎石土的分类

土的名称	颗粒形状	粒组含量
漂石土	浑圆或圆棱状为主	粒径大于 200 mm 的颗粒超过总质量 50%
块石土	尖棱状为主	
卵石土	浑圆或圆棱状为主	粒径大于 60 mm 的颗粒超过总质量 50%
碎石土	尖棱状为主	
粗圆砾土	浑圆或圆棱状为主	粒径大于 20 mm 的颗粒超过总质量 50%
粗角砾土	尖棱状为主	
细圆砾土	浑圆或圆棱状为主	粒径大于 2 mm 的颗粒超过总质量 50%
细角砾土	尖棱状为主	

注：定名时应根据粒径分组由大到小以最先符合者确定。

(二)砂 土

砂土是指粒径大于 2 mm 的颗粒含量不超过全重 50%且粒径大于 0.075 mm 的颗粒含量超过全重 50%的土。砂土可再划分为 5 个亚类，即砾砂、粗砂、中砂、细砂和粉砂，具体划分见表 4-11。

表 4-11 砂类土的分类

土的名称	粒组含量
砾砂	粒径大于 2 mm 的颗粒占全重 25%～50%
粗砂	粒径大于 0.5 mm 的颗粒超过全重 50%
中砂	粒径大于 0.25 mm 的颗粒超过全重 50%
细砂	粒径大于 0.075 mm 的颗粒越过全重 85%
粉砂	粒径大于 0.075 mm 的颗粒超过全重 50%

注：定名时应根据粒径分组由大到小以最先符合者确定。

(三)粉 土

粉土是指粒径大于 0.075 mm 的颗粒含量不超过全重 50%且塑性指数 $I_p \leqslant 10$ 的土。粉土是介于砂土和黏性土之间的过渡性土类，它具有砂土和黏性土的某些特征，根据黏粒含量可以将粉土再划分为砂质粉土和黏质粉土。

(四)黏 性 土

黏性土的工程性质与土的成因、年代的关系密切,不同成因和年代的黏性土,尽管其某些物理性质指标可能很接近,但工程性质可能相差悬殊,所以黏性土按沉积年代、塑性指数分类。

1. 按沉积年代分类

黏性土按沉积年代分为老黏性土、一般黏性土和新近沉积黏性土。

1)老黏性本。第四纪晚更新世(Q_3)以前沉积的黏性土称为老黏性土。它是一种沉积年代久、工程性质较好的黏性土,一般具有较高的强度和较低的压缩性。

2)一般黏性土。第四纪晚更新世(Q_3)以后,全新世(Q_4)文化期以前沉积的黏性土称为一般黏性土。其分布面积最广遇到的最多,工程性质变化很大。

3)新近沉积黏性土。文化期以后形成的土称为新近沉积黏性土。这种土一般强度较低,压缩性大,属欠固结状态。

2. 按塑性指数分类

根据塑性指数大小,黏性土可再划分为粉质黏土和黏土两个亚类,当 $10<I_p\leqslant17$ 时为粉质黏土;当 $I_p>17$ 时为黏土。分类见表 4-12。

表 4-12　粉土及黏性土的分类

土的名称	塑性指数 I_P
粉土	$I_P\leqslant10$
粉质黏土	$10<I_P\leqslant17$
黏土	$I_P>17$

注:1. 液限含水率试验采用圆锥仪法,圆锥仪总质量为 76g,入土深度 10mm;
2. 塑限含水率试验搓条法;
3. 液限含水率试验采用圆锥仪法。

(五)特 殊 土

1. 黄土

第四纪以来,在干旱、半干旱气候条件下形成的,土颗粒成分以粉粒为主、含碳酸钙及少量易溶盐,并具有大孔隙和垂直节理、抗水性能差、易崩解和潜蚀、上部多具湿陷性等工程地质特征的土。

2. 红黏土

颜色呈棕红、褐黄色,覆盖于碳酸盐系岩层之上,且液限 $w_L\geqslant50\%$的高塑性黏土。红黏土经搬运、沉积后仍保留残积黏土的基本特征,且 $w_L>45\%$,为次生红黏土。红黏土具有遇水软化、失水收缩强烈、裂隙发育、易剥落等工程地质特征。

3. 膨胀土

土中黏粒成分主要由亲水矿物组成,具有吸水显著膨胀软化,失水急剧收缩开裂,并能产生往复胀缩变形的黏性土。

4. 软土

天然孔隙比 $e\geqslant1.0$,天然含水率 $w\geqslant w_L$,压缩系数 $a_{1-2}\geqslant0.5\ \text{MPa}^{-1}$,不排水抗剪强度 $c_u<30$ kPa的黏性土。

5. 盐渍土

易溶盐含量大于 0.5%的土。盐渍土具有较强的吸湿、松涨、溶陷及腐蚀性等工程地质特性。

6. 多年冻土

在自然界中,冻结状态持续两年或两年以上的土层。当多年冻土温度改变后,其物理力学性质随之改变,并可产生冻胀、融沉和热融滑塌等现象。

7. 填土

填土指人为活动堆填的土。填土又可分为 4 类,分类见表 4-13。

表 4-13　填土的分类

土的名称	堆填方式及物质组成
素填土	由碎石类土、砂类土、粉土、黏性土组成,不含杂质或杂质很少。
填筑土	经人工按一定标准夯实、压密。
杂填土	土中含有较多建筑垃圾、工业废料、生活垃圾等杂质。
冲填土	人为的用水力冲填方式而沉积的土

学习项目 4　土中的应力

一、引　　文

随着我国经济的快速发展,修建大量的高速铁路将成为我国铁路建设的一个必然趋势。高速铁路对线路的稳定性和平顺性提出了更高的要求,工后沉降控制更加严格。在稳定性和地基沉降计算中,确定由路基(图 4-8)自重引起的路基下的基底应力以及地基附加应力是两个十分关键的问题。为此人们对路基进行不同的假设,得到了一些近似的应力分布解。另外,人们还用数值计算的方法对这个问题进行研究,得到了柔性路基在柔性或刚性地基上的应力分布解。

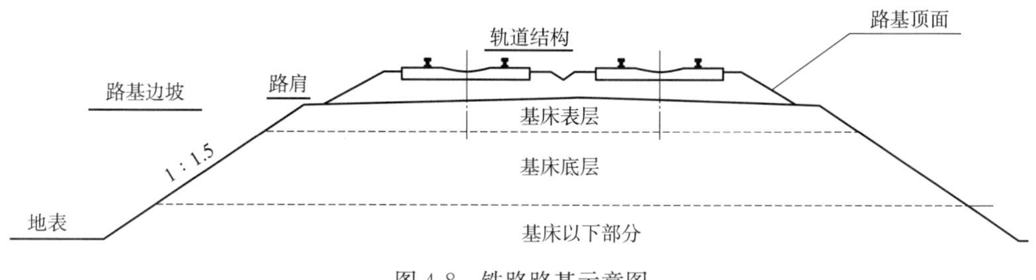

图 4-8　铁路路基示意图

二、相关理论知识

为了对建筑物地基或土工结构物本身进行稳定性和沉降(变形)分析,就必须了解和计算土体在建筑物修建前后的应力及其变化。地基中的应力,按照成因可以分为自重应力和附加应力两种。土体由自身重力作用所产生的应力称为自重应力;由建筑物荷载引起的应力增量称为附加应力。对于形成年代比较久远的土,在自重应力的长期作用下,其变形已经稳定,因此除了新填土外,一般来说,土的自重不再会引起地基土的变形。而附加应力则不同,因为它是地基中新增加的应力,将引起地基土的变形。地基土的变形导致基础沉降、倾斜和相邻基础出现沉降差。所以,附加应力是使地基失去稳定和产生变形的主要原因。附加应力的大小,除了与计算点的位置有关外，还取决于基底压力的大小和分布状况。所以，在地基变形计算中，需先确定基底压力，据此计算附加应力。

（一）土的自重应力

自重应力是由土的自身重量作用而产生的应力。它与建筑物是否建设无关，是土体本身所固有的力，始终存在于土中。

在计算地基土自重应力时，可假定土体（地基）为半无限体，即土体在地面以下沿深度方向及水平各方向均为半无限体，所以地基土均匀时，任一与地面平行的水平面上的竖向自重应力均匀、无限地分布。即地基土在自重作用下，只产生竖向变形而无侧向位移及剪切变形。

1. 竖向自重应力

1）均质土的自重应力

设地基中某单元体离地面的距离为 z，土的重度为 γ，如图 4-9 所示，则单元体上竖向自重应力等于单位面积上的土柱有效重量，即：

$$\sigma_{cz}=\frac{W}{A}=\frac{\gamma V}{A}=\frac{\gamma zA}{A}=\gamma z \tag{4-28}$$

式中 σ_{cz}——自重应力，kPa；

γ——土的重度，kN/m^3；

z——计算点距地表的距离，m。

由式(4-28)可知，土的天然重度引起的自重应力 σ_{cz} 等于土的重度 λ 与深度 z 的乘积。所以，自重应力随深度线性增加，呈三角形分布，且在同一水平面上均匀分布，如图 4-9 所示。

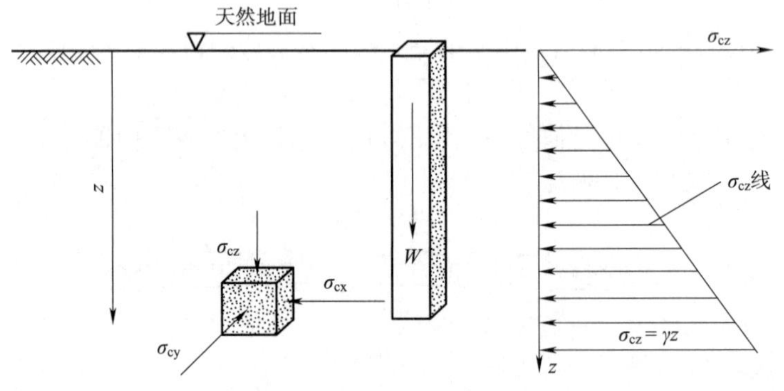

图 4-9 均质土的自重应力

2）成层土的自重应力

若地基是由几种不同重度的土层组成的，设各土层的厚度为 h_i，重度为 λ_i，如图 4-10 所示，则任意深度 z 处的自重应力为：

$$\sigma_{cz}=\gamma_1 h_1+\gamma_2 h_2+\cdots\sum_{i=1}^{n}\gamma_i h_i \tag{4-29}$$

式中 n——地基中土的层数；

γ_i——第 i 层土的重度，kN/m^3；

h_i——第 i 层土的厚度，m。

分析成层土的自重应力分布曲线的变化规律，可以得到下面三点结论：

（1）由于各层土的重度不同，所以成层土中自重应力沿深度呈折线分布，转折点位于土层

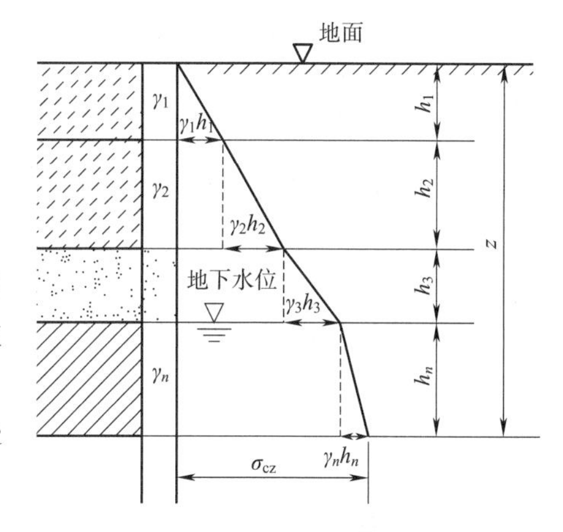

图 4-10　成层土的自重应力

分界面处。

(2)同一层土的自重应力按直线变化。

(3)自重应力随深度的增加而增大。

3)地下水对土中自重应力的影响

(1)存在地下水的情况

自重应力是指有效应力，若计算点在地下水位以下，由于水对土体有浮力作用，则水下部分土柱的有效重量应采用土的浮重度 γ' 。

由于地下水面处上下的重度不同，因此地下水面处是自重应力分布线的转折点，如图 4-10 所示。

(2)地下水位升降情况

对于形成年代已久的天然土层，在自重应力作用下的变形早已稳定。但当地下水位下降或土层为新近沉积或地面有大面积人工填土时，土中的自重应力会增大如图 4-11 所示，这时应考虑土体在自重应力增量作用下的变形。

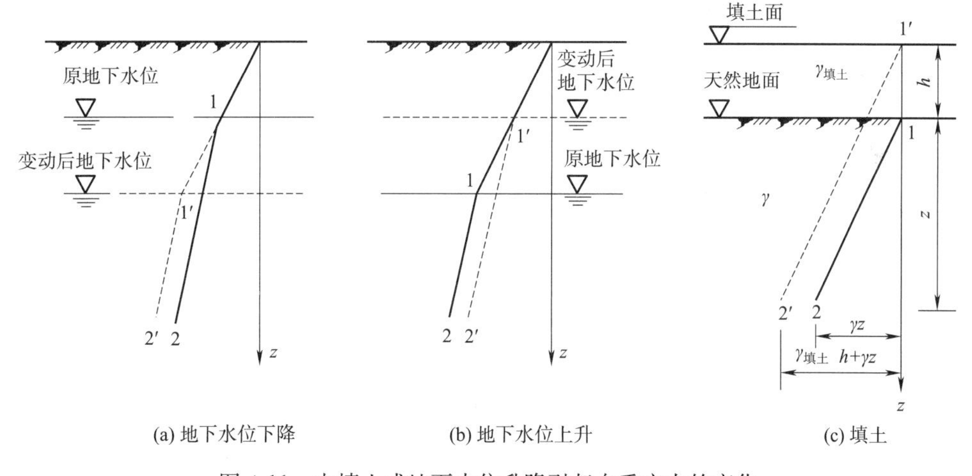

图 4-11　由填土或地下水位升降引起自重应力的变化

虚线—变化后的自重应力；实线—变化前的自重应力

引起地下水位下降的原因主要是城市过量开采地下水及基坑开挖降水，其直接后果是导致地面下沉。地下水位下降后，新增加的自重应力将使土体本身产生压缩变形。由于这部分自重应力的影响深度很大，故所造成的地面沉降往往是很明显的。我国相当一部分城市由于过量开采地下水，出现了地表大面积沉降、地面塌陷等严重问题。在进行基坑开挖时，如降水过深、时间过长，则常引起坑外地表下沉，从而导致邻近建筑物开裂、倾斜。要解决这一问题，可在坑外设置端部进入不透水层或弱透水层、平面上呈封闭状的截水帷幕或地下连续墙(防渗墙)，将坑内外的地下水分隔开。此外，还可以在邻近建筑物的基坑一侧设置回灌沟或回灌井，通过水的回灌来维持相邻建筑物下方的地下水位不变。

(3)有相对不透水层的情况

当地基中存在有相对不透水层(如岩层或密实黏土)时，地基处于饱和状态，土的孔隙水几乎全部是结合水，这些结合水不存在水的浮力，它不传递静水压力，相对不透水层以上水的静压力对以下土体产生影响,顶面处必须考虑上部静水压力的作用,以饱和重度 γ_{sat} 计算,故不透水层顶面处的自重应力等于全部上覆土层的自重应力与静水压力之和。

2. 水平自重应力

在地面以下深度 z 处,由土的自重而产生的水平向应力,大小等于该点土的自重应力与土的侧压力系数 K_0 的乘积,即:

$$\sigma_{cx} = \sigma_{cy} = K_0\sigma_{cz} \tag{4-30}$$

土的静止侧压力系数 K_0 是指土体在无侧向变形条件下,水平向有效应力与垂直向有效应力的比值。土质不同,静止侧压力系数也不同,具体数值可由试验测定。

(二)基底压力

作用在地基表面的各种分布荷载,都是通过建筑物的基础传到地基中。基础底面传递给地基表面单位面积上的压力称为基底接触压力,有时也简称基底压力,记为 p,单位为 kN/m^2 或 kPa。基底压力的分布形式是非常复杂的。但由于基底压力都是作用在地表面附近,基底压力的分布情况对于地基土中的附加应力分布的影响随着深度的增加而减少。在一定深度之后,地基中应力分布几乎与基底压力的分布形状无关,而只取决于荷载合力的大小和位置。对于一般基础工程的地基计算,基底压力分布近似地按直线变化假定,采用材料力学理论进行简化计算。

1. 中心荷载下的基底压力

1)矩形基础

如图 4-12 所示,若基础为矩形基础($l/b<10$),其长度为 l,宽度为 b,其上作用竖直中心荷载,其所受荷载的合力通过基底形心。基底压力假定为均匀分布,此时基底压力按式(4-31)计算:

$$p = \frac{F+G}{A} \tag{4-31}$$

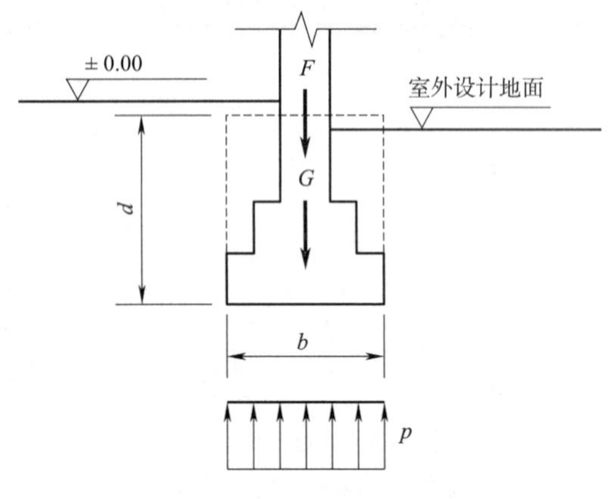

图 4-12 中心荷载作用下基底压力分布

式中 p——基底压力,kPa;

F——上部结构传至基础顶面的竖向力,kN;

A——基础底面积,m^2;

G——基础自重及其台阶上回填土重,kN,$G=\gamma_G Ad$,其中 γ_G 为基础和填土的平均重度,一般取 $\gamma_G=20$ kN/m^3,地下水位以下取有效重度,d 必须从设计地面或室内外平均地面算起。

2)条形基础

若基础为条形基础($l/b\geqslant 10$),则在长度方向截取单位长进行计算,此时基底压力为:

$$p = \frac{F+G}{b} \tag{4-32}$$

2. 偏心荷载作用下的基底压力

当基础受竖向偏心荷载作用时,可按材料力学偏心受压公式计算基底压力。

1)矩形基础

承受偏心荷载的基础,假定基底压力为直线变化(梯形或三角形变化)。工程实际中,常按单向偏心受压荷载设计,即令荷载合力作用于矩形基础底面的一个主轴上,通常基底的长边方

向取与偏心方向一致,代入材料力学偏心受压公式得基底两边缘最大、最小压力 $p_{\max}$、$p_{\min}$

$$p_{\min}^{\max}=\frac{F+G}{bl}\left(1\pm\frac{6e}{l}\right) \tag{4-33}$$

由式(4-32)可知:

当 $e<l/6$ 时,基底压力呈梯形分布,如图 4-13(a)所示。

当 $e=l/6$ 时,基底压力呈三角形分布,如图 4-13(b)所示。

当 $e>l/6$ 时,基底压力一侧为正,一侧为负,如图 4-13(c)所示。基底压力为负值,即产生拉应力段,实际上是基础与地基出现局部脱离,受力面积有所减少,因此基底压力会重新分布,应改变偏心距或调整基础的宽度。设计中应控制在 $e\leqslant l/6$,以便充分利用地基承载力。

2)条形基础

条形基础垂直于长度方向的各个截面都相同,荷载也相同,则各个截面中基底压力和它引起的附加应力也就一样。沿长度取 1 m 进行计算,偏心方向与基础宽度一致,则偏心荷载合力沿基底宽度两端所引起的基底压力为

$$p_{\min}^{\max}=\frac{F+G}{b}\left(1\pm\frac{6e}{b}\right) \tag{4-34}$$

实际应用中,土坝、挡土墙等,其基础长度往往比宽度大若干倍,故常按条形基础计算。

(三)基底附加压力

一般基础均埋置于地面以下一定深度,称基础埋深。地基中的附加应力是由基底压力引起的,而基础都有一定的埋深。在基础开挖前,基底处已存在自重应力,土在自重应力作用下变形已基本完成;在基础开挖后,这一部分土体已挖除,自重应力消失,故在基底压力中应扣除原已存在的自重应力,便得到基底附加压力。

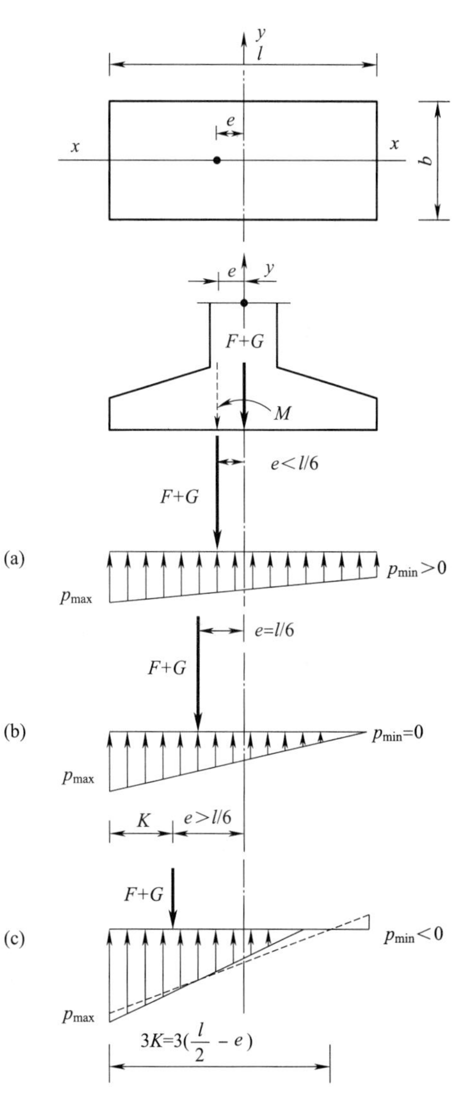

图 4-13　单向偏心荷载作用下的矩形基础基底压力分布

当基底压力受中心荷载且均匀分布时,基底附加压力表达式为:

$$p_0=p-\gamma_0 d \tag{4-35}$$

式中　p_0——基底附加压力,kPa;

γ_0——基底底面以上土的加权平均重度,kN/m^3;

d——基础埋深,m,一般从天然地面算起。

当基础受偏心荷载作用时,基底压力为梯形分布,基底附加压力的表达式为:

$$p_0=p_{\min}^{\max}-\gamma_0 d \tag{4-36}$$

由此可知，地基基础埋深越大，则基底附加压力越小。基底附加压力越小，则由它引起的基底压力越小。因而，加大基础埋深是减小附加压力和土体变形的工程措施之一，但也会带来许多工程问题，应经过技术、经济比较后才能确定。

(四)地基土中的附加应力

地基附加应力是指外荷载作用下地基中增加的应力。常见的外荷载有建筑物荷重，建筑物荷重通过基础传递给地基。

对一般天然土层，由自重应力引起的压缩变形已经趋于稳定，不会再引起地基的沉降，地基中的附加应力是地基发生变形、引起建筑物沉降的主要原因。

目前求解地基中的附加应力时，一般假定地基土是连续、均质、各向同性的完全弹性体，然后根据弹性力学理论的基本公式进行求解。由于建筑物的基础总是有限的，并且基底的形状各异，受力情况不同，因此作用于地基上的荷载必然是具有不同形状和不同分布形式的局部荷载，这种荷载所引起的地基附加应力要比均匀分布荷载的情况复杂得多。

下面分别讨论不同面积、不同形式的局部荷载作用下地基附加应力的计算。

1. 竖向集中荷载作用下地基中的附加应力

在地基表面作用有竖向集中荷载 F 时，在地基内任意一点 $M(r,\theta,z)$ 的应力分量及位移分量由法国数学家布辛奈斯克(J. Boussinesq)在 1885 年用弹性理论求解得出(图 4-14)，其中应力分量为

$$\sigma_z=\frac{3Fz^3}{2\pi R^5}=\frac{3F}{2\pi z^2}\frac{1}{\left[1+\left(\frac{r}{z}\right)^2\right]^{5/2}} \tag{4-37}$$

利用图 4-14 中的几何关系 $R=\sqrt{r^2+z^2}$，式(4-37)改写成下列形式：

$$\sigma_z=\frac{3Fz^3}{2\pi R^5}=\frac{3}{2\pi}\frac{1}{\left[1+\left(\frac{r}{z}\right)^2\right]^{5/2}}\frac{F}{z^2}=K\frac{F}{z^2}K=\frac{3}{2\pi\left[1+\left(\frac{r}{z}\right)^2\right]^{5/2}} \tag{4-38}$$

式中　F——作用在坐标原点 O 点的竖向集中荷载；

z——M 点的深度；

K——竖向集中荷载作用下的地基附加应力系数，可由 r/z 的值查表 4-14 得到。

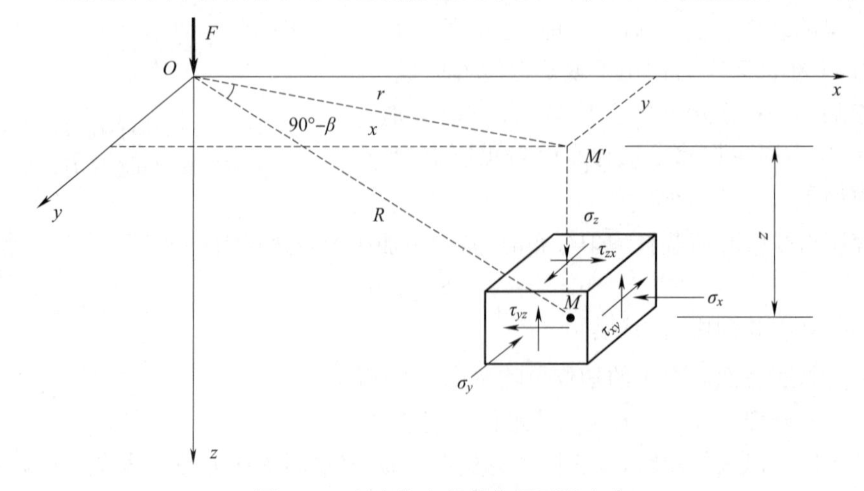

图 4-14　竖向集中荷载作用下的应力

表 4-14　竖向集中荷载下的地基附加应力系数 K

$\frac{r}{z}$	K	$\frac{r}{z}$	K	$\frac{r}{z}$	K	$\frac{r}{z}$	K
0.00	0.477 5	0.70	0.176 2	1.30	0.040 2	2.00	0.008 5
0.10	0.465 7	0.72	0.168 1	1.40	0.031 7	2.50	0.003 4
0.20	0.432 9	0.80	0.138 6	1.50	0.025 1	3.00	0.001 5
0.30	0.384 9	0.90	0.108 3	1.60	0.020 0	3.50	0.000 7
0.40	0.329 4	1.00	0.084 4	1.70	0.126 0	4.00	0.000 4
0.50	0.273 3	1.10	0.065 8	1.80	0.012 9	4.50	0.000 2
0.60	0.221 4	1.20	0.051 3	1.90	0.010 5	5.00	0.000 1

由于竖直向集中力作用下地基中的附加应力是轴对称的空间问题，地基土中附加应力的分布规律：

(1)在集中力 F 作用线上($r=0$ 的铅垂线上)，σ_z 随着深度(K 为常数)的增加而递减，即应力 σ，沿深度向下衰减。

(2)在地面下同一深度处，该水平面上的附加应力不同，沿竖直向集中力作用线上的附加应力最大，σ_z 随水平距离的增加而减小(即 r 值越大，K 值越小)，即应力沿水平面向四周衰减。

(3)离地表愈深，应力分布范围愈大，在同一铅直线上的附加应力随深度的增加而减小。

通过上述对附加应力 σ_z 分布图形的讨论，应该建立起土中应力分布的正确概念，即集中力 F 在地基中引起的附加应力 σ_z 的分布是向下、向四周无限扩散的，这是因为应力分布面积随深度而增大所致，这种现象称应力扩散现象。

2. 矩形基础附加应力计算

矩形基础通常是指 $l/b<10$(水利工程 $l/b<5$)的基础，矩形基础下地基中任一点的附加应力与该点对 x、y、z 三轴的位置有关，故属空间问题。

1)均布竖向荷载情况

地基表面有一矩形面积，宽度为 b，长度为 l，其上作用竖向均布荷载，荷载强度为 p_0，求地基内各点的附加应力 σ_z 。求解方法是先求出矩形面积角点下的附加应力，再利用角点法求出任意点下的附加应力。

(1)角点下的附加应力

角点下的附加应力是指图 4-15 中 O、A、C、D 四个角点下任意深度处的附加应力。只要深度 z 一样，则四个角点下的附加应力 σ_z 都相同。将坐标的原点选在角点 O 上，在荷载面积内任取微分面积 $dA=dxdy$，并将其上作用的荷载以集中力 dF 代替，则 $dF=p_0dxdy$。即可求出该集中力在角点 O 以下，深度 z 处 M 点所引起的竖直向附加应力 $d\sigma_z$ ：

$$d\sigma_z=\frac{3dF}{2\pi}\frac{z^3}{R^5}=\frac{3p_0}{2\pi}\frac{z^3}{(x^2+y^2+z^2)^{5/2}}dxdy \tag{4-39}$$

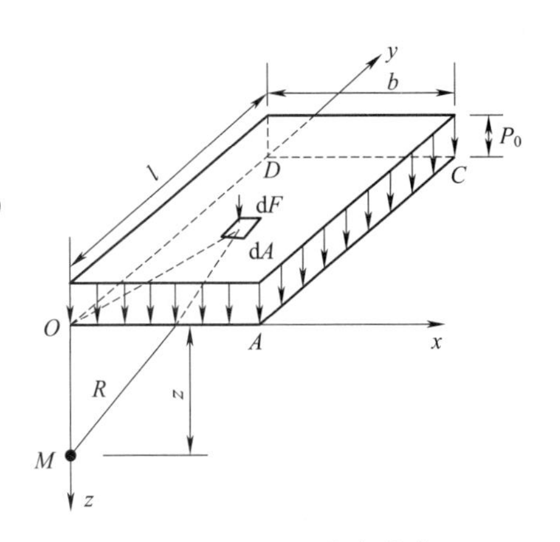

图 4-15　矩形面积均布荷载作用时角点下的附加应力

将式(4-39)沿整个矩形面积 $OACD$ 积分，即可得出矩形面积上均布荷载 p_0 在 M 点引起的附加应力 σ_z ：

$$\begin{aligned}\sigma_z &= \int_0^l\int_0^b \frac{3p_0}{2\pi}\frac{z^3}{(x^2+y^2+z^2)^{5/2}}\mathrm{d}x\mathrm{d}y \\ &= \frac{p_0}{2\pi}\left[\arctan\frac{m}{n\sqrt{1+m^2+n^2}}+\frac{mn}{\sqrt{1+m^2+n^2}}\left(\frac{1}{m^2+n^2}+\frac{1}{1+n^2}\right)\right]\end{aligned} \tag{4-40}$$

$$m=\frac{l}{b}$$

$$n=\frac{z}{b}$$

式中　l——矩形的长边；

b——矩形的短边。

为了计算方便，可将式(4-40)简写成：

$$\sigma_z = K_c p_0 \tag{4-41}$$

式中　K_c——矩形基础受竖向均布荷载作用时角点下的附加应力系数，$K_c=f(m,n)$，可从表4-15中查得。

应用角点法时要注意三点：

①要使角点 O 位于所划分的每一个矩形的公共角点；

②所划分的矩形面积总和应等于原有的受荷面积；

③查表时，所有分块矩形都是长边为 l，短边为 b。

表 4-15　矩形基础受竖向均布荷载作用时角点下的附加应力系数 K_c 值

$n=z/b$	$m=l/b$										
	1.0	1.2	1.4	1.6	1.8	2.0	3.0	4.0	5.0	6.0	10.0
0.0	0.250 0	0.250 0	0.250 0	0.250 0	0.250 0	0.250 0	0.250 0	0.250 0	0.250 0	0.250 0	0.250 0
0.2	0.248 6	0.248 9	0.249 0	0.249 1	0.249 1	0.249 1	0.249 2	0.249 2	0.249 2	0.249 2	0.249 2
0.4	0.240 1	0.242 0	0.242 9	0.243 4	0.243 7	0.243 9	0.244 2	0.244 3	0.244 3	0.244 3	0.244 3
0.6	0.222 9	0.227 5	0.230 0	0.231 5	0.232 4	0.232 9	0.233 9	0.234 1	0.234 2	0.234 2	0.234 2
0.8	0.199 9	0.207 5	0.212 0	0.214 7	0.216 5	0.217 6	0.219 6	0.220 0	0.220 2	0.220 2	0.220 2
1.0	0.175 2	0.185 1	0.191 1	0.195 5	0.198 1	0.199 9	0.203 4	0.204 2	0.204 4	0.204 5	0.204 6
1.2	0.151 6	0.162 6	0.170 5	0.175 8	0.179 3	0.181 8	0.187 0	0.188 2	0.188 5	0.188 7	0.188 8
1.4	0.130 8	0.142 3	0.150 8	0.156 9	0.161 3	0.164 4	0.171 2	0.173 0	0.173 5	0.173 8	0.174 0
1.6	0.112 3	0.124 1	0.132 9	0.143 6	0.144 5	0.148 2	0.156 7	0.159 0	0.159 8	0.160 1	0.160 4
1.8	0.096 9	0.108 3	0.117 2	0.124 1	0.129 4	0.133 4	0.143 4	0.146 3	0.147 4	0.147 8	0.148 2
2.0	0.084 0	0.094 7	0.103 4	0.110 3	0.115 8	0.120 2	0.131 4	0.135 0	0.136 3	0.136 8	0.137 4
2.2	0.073 2	0.083 2	0.091 7	0.098 4	0.103 9	0.108 4	0.120 5	0.124 8	0.126 4	0.127 1	0.127 7
2.4	0.064 2	0.073 4	0.081 2	0.087 9	0.093 4	0.097 9	0.110 8	0.115 6	0.117 5	0.118 4	0.119 2
2.6	0.056 6	0.065 1	0.072 5	0.078 8	0.084 2	0.088 7	0.102 0	0.107 3	0.109 5	0.110 6	0.111 6
2.8	0.050 2	0.058 0	0.064 9	0.070 9	0.076 1	0.080 5	0.094 2	0.099 9	0.102 4	0.103 6	0.104 8
3.0	0.044 7	0.051 9	0.058 3	0.064 0	0.069 0	0.073 2	0.087 0	0.093 1	0.095 9	0.097 3	0.098 7

续上表

$n=z/b$	$m=l/b$										
	1.0	1.2	1.4	1.6	1.8	2.0	3.0	4.0	5.0	6.0	10.0
3.2	0.040 1	0.046 7	0.052 6	0.058 0	0.062 7	0.066 8	0.080 6	0.087 0	0.090 0	0.091 6	0.093 3
3.4	0.036 1	0.042 1	0.047 7	0.052 7	0.057 1	0.061 1	0.074 7	0.081 4	0.084 7	0.086 4	0.088 2
3.6	0.032 6	0.038 2	0.043 3	0.048 0	0.052 3	0.056 1	0.069 4	0.076 3	0.079 9	0.081 6	0.083 7
3.8	0.029 6	0.034 8	0.039 5	0.043 9	0.047 9	0.051 6	0.064 5	0.071 7	0.075 3	0.077 3	0.079 6
4.0	0.027 0	0.031 8	0.036 2	0.040 3	0.044 1	0.047 4	0.060 3	0.067 4	0.071 2	0.073 3	0.075 8
4.4	0.022 7	0.026 8	0.030 6	0.034 3	0.037 6	0.040 7	0.052 7	0.059 7	0.063 9	0.066 2	0.069 6
4.8	0.019 3	0.022 9	0.026 2	0.029 4	0.032 4	0.035 2	0.046 3	0.053 3	0.057 6	0.060 1	0.063 5
5.0	0.017 9	0.021 2	0.024 3	0.027 4	0.030 2	0.032 8	0.043 5	0.050 4	0.054 7	0.057 3	0.061 0
6.0	0.012 7	0.015 1	0.017 4	0.019 6	0.021 8	0.023 3	0.032 5	0.038 8	0.043 1	0.046 0	0.050 6
7.0	0.009 4	0.011 2	0.013 0	0.014 7	0.016 4	0.018 0	0.025 1	0.030 6	0.034 6	0.037 6	0.042 8
8.0	0.007 3	0.008 7	0.010 1	0.011 4	0.012 7	0.014 0	0.019 8	0.024 6	0.028 3	0.031 1	0.036 7
9.0	0.005 8	0.006 9	0.008 0	0.009 1	0.010 2	0.011 2	0.016 1	0.020 2	0.023 5	0.026 2	0.031 9
10.0	0.004 7	0.005 6	0.006 5	0.007 4	0.008 3	0.009 2	0.013 2	0.016 7	0.019 8	0.022 2	0.028 0

(2)任意点的附加应力——角点法

实际计算中,常会遇到均布荷载计算点不是位于矩形荷载面角点下的情况,这时可以通过作辅助线把荷载分成若干个矩形面积,计算点必须正好位于这些矩形面积的公共角点下,利用式(4-41)和应力叠加原理,求出地基中每个矩形角点下同一深度 z 处的附加应力 σ_z 值,并求出代数和。这种附加应力的计算方法,称为角点法。角点法的应用可以分下列四种情况:

①如图 4-16(a)所示计算点 O 在荷载面内,O 点为 4 个小矩形的公共角点,则 O 点下任意 z 深度处的附加应力 σ_z 为:

$$\sigma_z = (K_{c1} + K_{c2} + K_{c3} + K_{c4}) p_0 \tag{4-42}$$

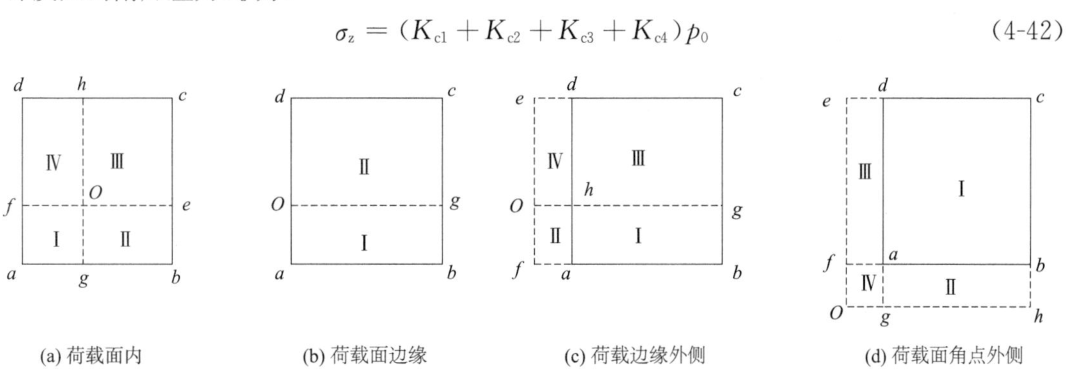

(a) 荷载面内　(b) 荷载面边缘　(c) 荷载边缘外侧　(d) 荷载面角点外侧

图 4-16　角点法计算均布矩形荷载下的地基附加应力

②如图 4-16(b)所示计算点 O 在荷载面边缘,O 点为 2 个小矩形的公共角点,则 O 点下任意 z 深度处的附加应力 σ_z 为:

$$\sigma_z = (K_{c1} + K_{c2}) p_0 \tag{4-43}$$

③如图 4-16(c)所示计算点 O 在荷载边缘外侧,O 点为 4 个小矩形的公共角点,则 O 点下

任意 z 深度处的附加应力 σ_z 为：

$$\sigma_z = (K_{c1} + K_{c3} - K_{c2} - K_{c4})p_0 \tag{4-44}$$

其中，下标 1、2、3、4 分别为矩形 $Ofbg$、$Ofah$、$Ogce$、$Ohde$ 的编号。

④如图 4-12(d)所示计算点 O 在荷载面角点外侧，O 点为 4 个小矩形的公共角点，则 O 点下任意 z 深度处的附加应力 σ_z 为

$$\sigma_z = (K_{c1} - K_{c2} - K_{c3} + K_{c4})p_0 \tag{4-45}$$

其中，下标 1、2、3、4 分别为矩形 $Ohce$、$Ohbf$、$Ogde$、$Ogaf$ 的编号。

3. 竖直三角形分布荷载作用时的附加应力

设竖直荷载在矩形面积上沿着 x 轴方向呈三角形分布，而沿 y 轴均匀分布，荷载的最大值为 p_t，如图 4-17 所示。对于零角点下任意深度处的 σ_z，可用下式求得：

$$\sigma_z = K_t p_t \tag{4-46}$$

$$K_t = \frac{mn}{2\pi}\left[\frac{1}{\sqrt{m^2+n^2}} - \frac{n^2}{(1+n^2)\sqrt{1+m^2+n^2}}\right] \tag{4-47}$$

式中　K_t——矩形基础受三角形分布荷载作用时的竖向附加应力系数，可以从表 4-16 中由 $m=\dfrac{l}{b}$，$n=\dfrac{z}{b}$ 查得。

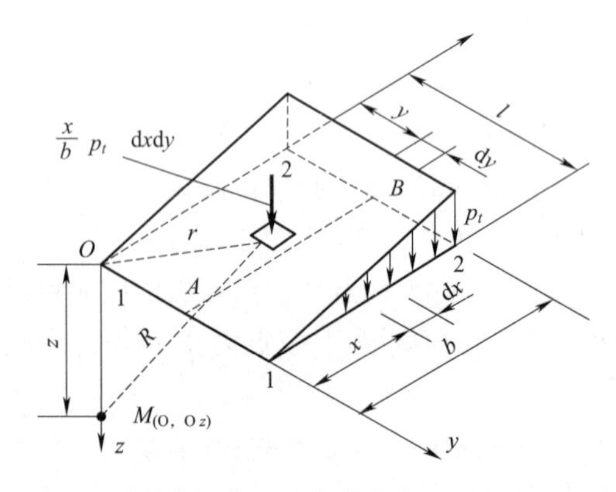

图 4-17　矩形基础受竖直三角形分布荷载作用时角点下的附加应力图。

规定原点 O 取在荷载强度为零侧的端点上，以荷载强度增大方向为x正方向。

表 4-16　矩形基础受竖直三角形分布荷载作用时零角点下的附加应力系数 K_t 值

$n=z/b$	$m=l/b$									
	0.4	0.8	1.0	1.4	1.8	2.0	4.0	6.0	8.0	10
0.0	0.000 0	0.000 0	0.000 0	0.000 0	0.000 0	0.000 0	0.000 0	0.000 0	0.000 0	0.000 0
0.2	0.028 0	0.030 1	0.030 4	0.030 5	0.030 6	0.030 6	0.030 6	0.030 6	0.030 6	0.030 6
0.4	0.042 0	0.051 7	0.053 1	0.054 3	0.054 6	0.054 7	0.054 9	0.054 9	0.054 9	0.054 9
0.6	0.044 8	0.062 1	0.065 4	0.068 4	0.069 4	0.069 6	0.070 2	0.070 2	0.070 2	0.070 2
0.8	0.042 1	0.063 7	0.068 8	0.073 9	0.075 9	0.076 4	0.077 6	0.077 6	0.077 6	0.077 6
1.0	0.037 5	0.060 2	0.066 6	0.073 5	0.076 6	0.077 4	0.079 4	0.079 5	0.079 6	0.079 6
1.2	0.032 4	0.054 6	0.061 5	0.069 8	0.073 8	0.074 9	0.077 9	0.078 2	0.078 3	0.078 3

续上表

$n=z/b$	$m=l/b$									
	0.4	0.8	1.0	1.4	1.8	2.0	4.0	6.0	8.0	10
1.4	0.027 8	0.048 3	0.055 4	0.064 4	0.069 2	0.070 7	0.074 8	0.075 2	0.075 2	0.075 3
1.6	0.023 8	0.042 4	0.049 2	0.058 6	0.063 9	0.065 6	0.070 8	0.071 4	0.071 5	0.071 5
1.8	0.020 4	0.037 1	0.043 5	0.052 8	0.058 5	0.060 4	0.066 6	0.067 3	0.067 5	0.067 5
2.0	0.017 6	0.032 4	0.038 4	0.047 4	0.053 3	0.055 3	0.062 4	0.063 4	0.063 6	0.063 6
2.5	0.012 5	0.023 6	0.028 4	0.036 2	0.041 9	0.044 0	0.052 9	0.054 3	0.054 7	0.054 8
3.0	0.009 2	0.017 6	0.021 4	0.028 0	0.033 1	0.035 2	0.044 9	0.046 9	0.047 4	0.047 6
5.0	0.003 6	0.007 1	0.008 8	0.012 0	0.014 8	0.016 1	0.024 8	0.025 3	0.029 6	0.030 1
7.0	0.001 9	0.003 8	0.004 7	0.006 4	0.008 1	0.008 9	0.015 2	0.018 6	0.020 4	0.021 2
10.0	0.000 9	0.001 9	0.002 3	0.003 3	0.004 1	0.004 6	0.008 4	0.011 1	0.012 3	0.013 9

4. 条形基础附加应力计算

条形基础是指承载面积宽度为 b，长度 l 为无穷大，且荷载沿长度不变(沿宽度 b，可任意变化)，则地基中在垂直于长度方向各个截面的附加应力分布规律均相同，与长度无关。显然，在条形荷载作用下，地基内附加应力仅为坐标 x、z 的函数，而与坐标 y 无关。这种问题，在工程上称为平面问题。在实际工程中，当基础的长宽比 $l/b \geqslant 10$(水利工程中 $l/b \geqslant 5$)时，可按条形基础计算地基中的附加应力。例如，建筑房屋墙的基础、道路的路堤或水坝等构筑物地基中的附加应力计算，均属于平面问题。

1)竖向均布荷载情况

如图 4-18 所示，设一条形均布荷载沿宽度 b 方向中 x 轴方向均匀分布，均布条形荷载 p_0，坐标原点 O 取在基础一侧的端点上，地基中任意点 $M(x,z)$处附加应力 σ_z 为：

$$\sigma_z = K_z^s p_0 \tag{4-48}$$

式中　K_z^s——条形基础受竖向均布荷载下的附加应力系数，可根据 $m=\dfrac{x}{b}$，$n=\dfrac{z}{b}$ 查表 4-17 求得。

坐标符号规定：荷载作用的一侧为正方向。

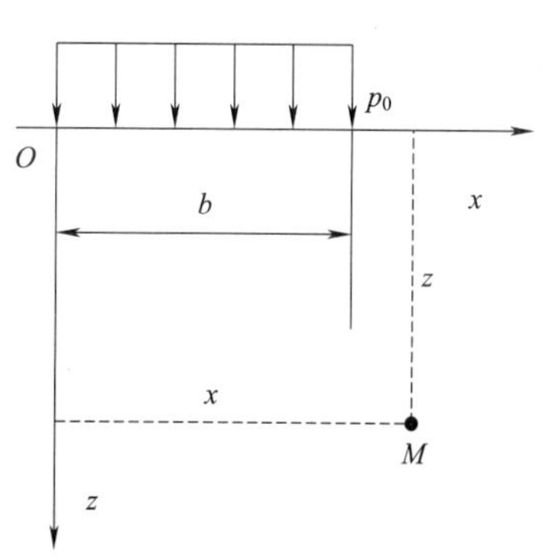

图 4-18　条形基础受竖向均布荷载作用时的附加应力 σ_z

表 4-17　条形基础受竖向均布荷载时的附加应力系数 K_z^s 值

$n=z/b$	$m=x/b$								
	−0.5	−0.25	0	0.25	0.5	0.75	1.00	1.25	1.50
0.01	0.001	0.000	0.500	0.999	0.999	0.999	0.500	0.000	0.001
0.10	0.002	0.011	0.499	0.988	0.997	0.988	0.499	0.011	0.002
0.20	0.011	0.091	0.498	0.936	0.978	0.936	0.498	0.091	0.011
0.40	0.056	0.174	0.489	0.797	0.881	0.797	0.489	0.174	0.056
0.60	0.111	0.243	0.468	0.679	0.756	0.679	0.468	0.243	0.111

续上表

$n=z/b$	$m=x/b$								
	−0.5	−0.25	0	0.25	0.5	0.75	1.00	1.25	1.50
0.80	0.155	0.276	0.440	0.586	0.642	0.586	0.440	0.276	0.155
1.00	0.186	0.288	0.409	0.511	0.549	0.511	0.409	0.288	0.186
1.20	0.202	0.287	0.375	0.450	0.478	0.450	0.375	0.287	0.202
1.40	0.210	0.279	0.348	0.400	0.420	0.400	0.348	0.279	0.210
1.60	0.212	0.268	0.321	0.360	0.374	0.360	0.321	0.268	0.212
1.80	0.209	0.255	0.297	0.326	0.337	0.326	0.297	0.255	0.209
2.00	0.205	0.242	0.275	0.298	0.306	0.298	0.275	0.242	0.205
2.50	0.188	0.212	0.231	0.244	0.248	0.244	0.231	0.212	0.188
3.00	0.171	0.186	0.198	0.206	0.208	0.206	0.198	0.186	0.171
3.50	0.154	0.165	0.173	0.178	0.179	0.178	0.173	0.165	0.154
4.00	0.140	0.147	0.153	0.156	0.158	0.156	0.153	0.147	0.140
4.50	0.128	0.133	0.137	0.139	0.140	0.139	0.137	0.133	0.128
5.00	0.117	0.121	0.124	0.126	0.126	0.126	0.124	0.121	0.117

2)三角形分布竖向荷载

如图 4-19 所示，当条形基础在竖直三角形分布荷载作用下，荷载最大值为 p_t。现将坐标原点 O 取在荷载强度为一侧的端点上，荷载沿作用面积宽度 b 方向呈三角形分布，且沿长度方向不变时，地基中任意点 $M(x,z)$ 的附加应力 σ_z 为：

$$\sigma_z = K_z^t p_t \tag{4-49}$$

式中　K_z^t——条形基础受三角形分布荷载作用时的竖向附加应力系数，可以从表 4-18 中由原点 O 取在荷载强度为零侧的端点上，以荷载强度增大方向作为 x 轴正方向。

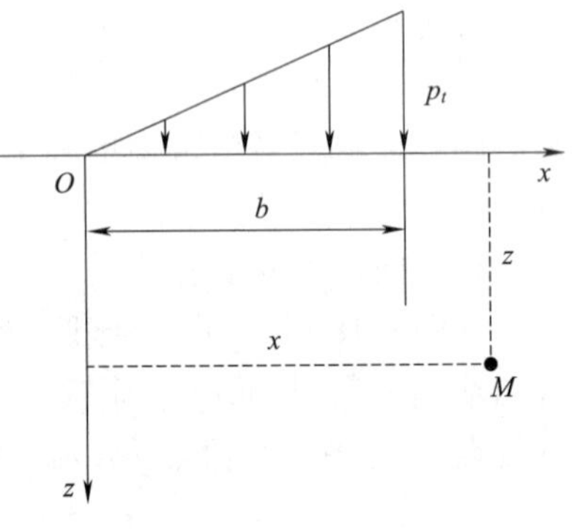

图 4-19　条形基础受三角形分布荷载作用时的附加应力 σ_z

表 4-18　条形基础受三角形分布荷载作用时的附加应力系数 K_z^t

z/b	x/b								
	−0.50	−0.25	0	0.25	0.50	0.75	1.00	1.25	1.50
0.01	0.000	0.000	0.003	0.249	0.500	0.750	0.497	0.000	0.000
0.10	0.000	0.002	0.032	0.251	0.498	0.737	0.468	0.010	0.002
0.20	0.003	0.009	0.061	0.255	0.489	0.682	0.437	0.050	0.009
0.40	0.010	0.036	0.110	0.263	0.441	0.534	0.379	0.137	0.043
0.60	0.030	0.066	0.140	0.258	0.378	0.421	0.328	0.177	0.080
0.80	0.050	0.089	0.155	0.243	0.321	0.343	0.285	0.188	0.106
1.00	0.065	0.104	0.159	0.224	0.275	0.286	0.250	0.184	0.121

续上表

z/b	x/b								
	−0.50	−0.25	0	0.25	0.50	0.75	1.00	1.25	1.50
1.20	0.070	0.111	0.154	0.204	0.239	0.246	0.221	0.176	0.126
1.40	0.083	0.114	0.151	0.186	0.210	0.215	0.198	0.165	0.127
1.60	0.087	0.114	0.143	0.170	0.187	0.190	0.178	0.154	0.124
1.80	0.089	0.112	0.135	0.155	0.168	0.171	0.161	0.143	0.120
2.00	0.090	0.108	0.127	0.143	0.153	0.155	0.147	0.134	0.115
2.50	0.086	0.098	0.110	0.119	0.124	0.125	0.121	0.113	0.103
3.00	0.080	0.088	0.095	0.101	0.104	0.105	0.102	0.098	0.091
3.50	0.073	0.079	0.084	0.088	0.090	0.090	0.089	0.086	0.081
4.00	0.067	0.071	0.075	0.077	0.079	0.079	0.078	0.076	0.073
4.50	0.062	0.065	0.067	0.069	0.070	0.070	0.070	0.068	0.066
5.00	0.057	0.059	0.061	0.063	0.063	0.063	0.063	0.062	0.060

注意：对于条形基础地基附加应力计算同样可以采用角点法，利用叠加原理进行计算，计算中应注意不同分布情况的附加应力系数所对应的附加应力系数表格不同，查表计算时应该注意。

三、相关例题

某地基土层的饱和重度、剖面图和资料如图 4-20 所示。试计算并绘制竖向自重应力沿深度的分布曲线。

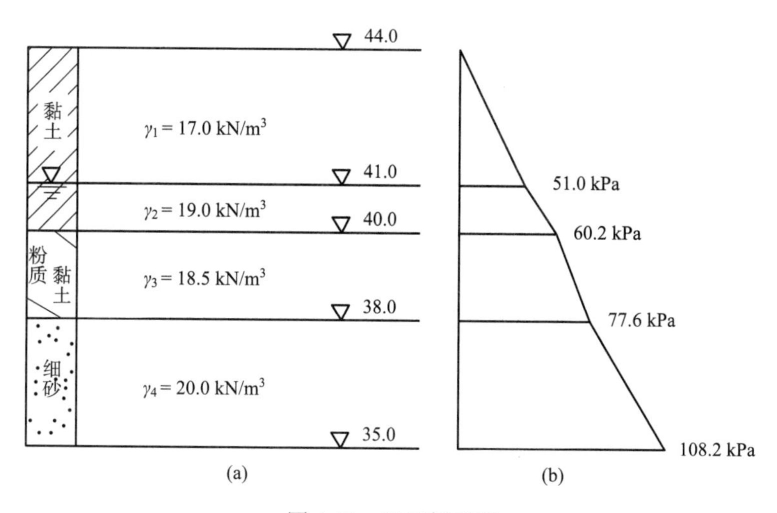

图 4-20 地层剖面图

解：(1)41.0 m 高程处(地下水位处)，竖向自重应力为：

$$\sigma_{cz} = \gamma_1 h_1 = 17.0\times(44.0-41.0)=51.0\ \text{kPa}$$

(2)40.0 m 高程处，竖向自重应力为：

$$\sigma_{cz} = \gamma_1 h_1 + \gamma'_2 h_2 = 51.0 + (19.0 - 9.8) \times (41.0 - 40.0) = 60.2\ \text{kPa}$$

(3)38.0 m 高程处,竖向自重应力为:

$$\sigma_{cz} = \gamma_1 h_1 + \gamma'_2 h_2 + \gamma'_3 h_3 = 60.2 + (18.5 - 9.8) \times (40.0 - 38.0) = 77.6\ \text{kPa}$$

(4)35.0 m 高程处,竖向自重应力为:

$$\sigma_{cz} = \gamma_1 h_1 + \gamma'_2 h_2 + \gamma'_3 h_3 + \gamma'_4 h_4 = 77.6 + (20.0 - 9.8) \times (38.0 - 35.0) = 108.2\ \text{kPa}$$

自重应力 σ_{cz} 沿深度的分布如图 4-20(b)所示。

【思考与练习题】

1. 何谓自重应力与附加应力?它们沿深度的分布有什么特点?

2. 在基底压力不变的前提下,增加基础埋深对附加应力分布有什么影响?

3. 何谓基底压力与基底附加压力?影响基底压力分布的主要因素有哪些?

4. 如何计算中心荷载及偏心荷载作用下的基底压力?

5. 何谓附加应力的扩散和积聚现象?

6. 附加应力公式 $\sigma_z = Kp_0$ 中,K 的含义是什么?对矩形基础,K 取决于哪方面的因素?对条形基础,K 又取决于哪方面的因素?

7. 已知某基础宽为 5 m,长为 10 m,受到竖直偏心荷载作用,偏心荷载为 5 000 kN,偏心距为 0.5 m,基础埋深为 1.5 m,埋深范围内土的重度为 18.5 kN/m^3。试求该基础的基底压力并绘制分布图。

8. 一矩形基础,宽为 3 m,长为 4 m,在长边方向作用一偏心荷载 $F+G=1\ 200$ kN。当偏心距为多少时,基底不会出现拉应力?试问当 $p_{min}=0$ 时,最大压力为多少?

单元 5　铁道工程中土的渗透理论及应用

【学习导读】铁道工程中在修建过程中和日常运行管理工作中经常会遇到渗透变形现象，及时发现并采取有效措施进行处理，是保证工程安全的一项重要工作。所以认真学习土的渗透原理，渗透变形的类型和防治措施是很重要的。

【能力目标】1. 具备应用达西定律的能力；

2. 具备判别渗透变形破坏形式的能力；

3. 具备防治常见渗透变形的能力。

【知识目标】1. 掌握渗透系数的测定方法；

2. 掌握达西定律的表达式及含义，理解达西定律的适用范围；

3. 掌握渗流、渗透系数、渗透力、临界水力坡降的概念。

学习项目 1　土的渗透原理

一、引出案例

2003 年 7 月，施工中的上海轨道交通 4 号线(浦东南路至南浦大桥)区间隧道浦西联络通道发生渗水，随后出现大量流砂涌入，引起地面大幅度沉降。地面建筑物中山南路 847 号八层楼房发生倾斜，其主楼裙房部分倒塌。2004 年 1 月 21 日，位于新疆生产建设兵团的八一水库发生了管涌事故，管涌直径超过 8 m，估计流量 80 m^3/s，事故受灾人口接近 2 万人。在 1998 年的大洪水中，长江大堤多处险情，也都是由渗流造成的。因此，工程中必须研究土的渗透性及渗流的运动规律，为工程的设计、施工提供必要的资料和依据。我国和其他国家的调查资料表明，由于渗流冲刷破坏失事的土坝高达 40%，而与渗流密切相关的滑坡破坏也占 15%左右，由此可见渗流对建筑物的影响很大。

二、相关理论知识

土是一种松散的固体颗粒集合体，土体内具有相互连通的孔隙。在水头差作用下，水就会从水位高的一侧流向水位低的一侧。在水利工程建设中，土坝和水闸挡水后，上游的水就会通过坝体、坝基或闸基渗透到下游如图 5-1 所示，这种现象就是水在土体中的渗流现象，而土允许水透过的性能称为土的渗透性。

渗流的运动形式可以分为层流、紊流和混合流三种。层流是指水质点呈相互平行的流线运动，水流连续平稳；紊流是指各质点流线交错互不平行，质点跳跃，具有涡流性质；同时具有层流和紊流特征的即称为混合流。

渗流将引起渗漏和渗透变形两方面的问题。渗漏造成水量损失，如挡水土坝的坝体和坝基的渗水、闸基的渗漏等，直接影响闸坝蓄水的工程效益；渗透变形将引起土体内部应力状态

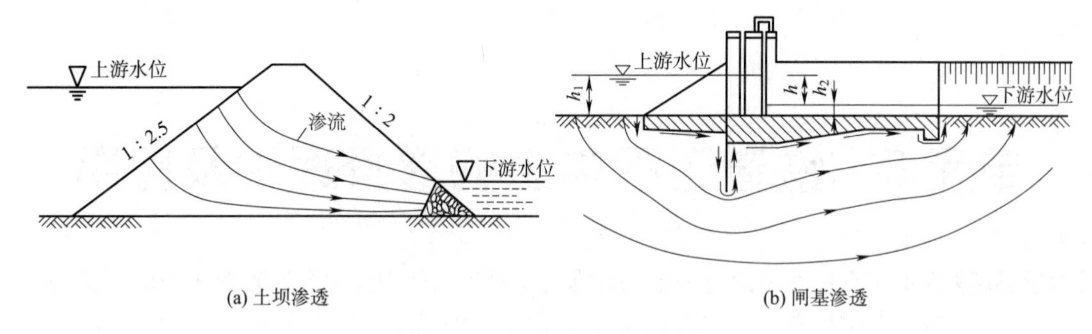

图 5-1　土坝、闸基渗透示意图

发生变化，从而改变其稳定条件，使土体产生变形破坏，甚至危及建筑物的安全稳定。

(一)达西定律

由于土体中孔隙的形状和大小极不规则，因而水在其中的渗透是一种十分复杂的水流现象。人们用和真实水流属于同一流体的、充满整个含水层(包括全部的孔隙和土颗粒所占据的空间)的假想水流代替在孔隙中流动的真实水流来研究水的渗透规律，这种假想水流具有以下性质：

(1)它通过任意断面的流量与真实水流通过同一断面的流量相等。

(2)它在某一断面上的水头应等于真实水流的水头。

(3)它在土体内所受到的阻力应等于真实水流所受到的阻力。

1856 年法国工程师达西利用如图 5-2 所示的试验装置对均质砂土进行了大量的试验研究，得出了层流条件下的渗透规律：水在土中的渗透速度与试样两端面间的水头损失成正比，而与渗径长度成反比，即：

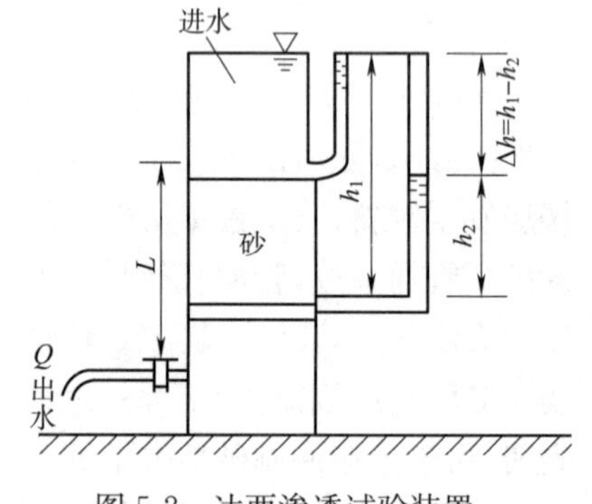

图 5-2　达西渗透试验装置

$$v=\frac{q}{A}=ki=k\frac{\Delta h}{L} \tag{5-1}$$

式中　v——断面平均渗透速度，cm/s；

q——单位时间的渗出水量，cm^3/s；

A——垂直于渗流方向试样的截面积，cm^2；

k——反映土的渗透性大小的比例常数，称为土的渗透系数，cm/s；

i——水力梯度或水力坡降，表示沿渗流方向单位长度上的水头损失，无量纲；

Δh——试样上、下两断面间的水头损失，cm；

L——渗径长度，cm。

(二)达西定律的适用条件

由式(5-1)可知，对于给定的砂土其渗透速度与水头损失成正比，如图 5-3(a)所示，而与渗径长度成反比。但是，对于黏性很强的密实黏土，不少学者的试验表明，这类土的渗透规律偏离达西定律，为不通过原点的曲线，这是由于密实的黏土所含的吸着水具有较大的黏滞阻力，因此只有水力坡降达到某一数值，克服了吸着水的黏滞阻力以后，才能发生渗透。将这一开始发生渗透时的水力坡降称为黏性土的起始水力坡降，以 i_b 来表示；一些试验资料表明，黏性土不但存在起始水力坡降，而且当水力坡降超过起始水力坡降后，渗透速度与水力坡降的规律还偏离达西定律而呈非线性关系，如图 5-3(b)所示的实线。但为了实用上的方便，常用图 5-3(b)中的虚线来描述密实黏土的渗透速度与水力坡降的关系，并以下式表示：

$$v = k(i - i_b) \tag{5-2}$$

试验表明，在粗颗粒土中(如砾石、卵石等)，只有在小的水力坡降下，此类土的渗透规律才符合达西定律，而在较大的水力坡降下，水在土中的流动即进入紊流状态，渗透速度与水力坡降不符合线性关系，如图 5-3(c)所示的实线。

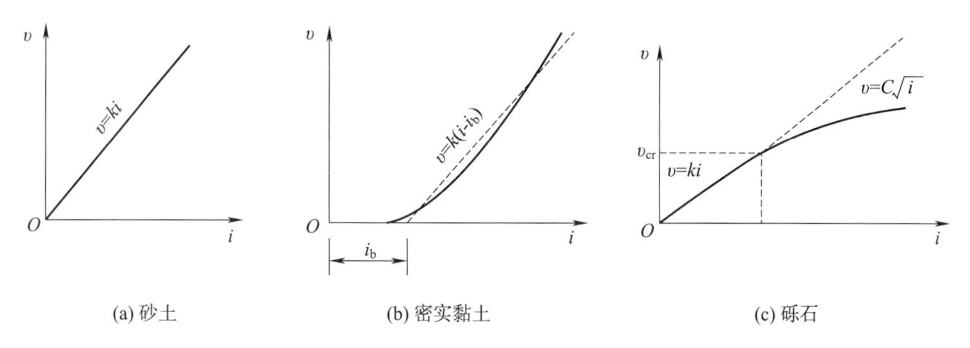

图 5-3　土的渗透速度与水力坡降的关系

应该指出，渗透水流实际上只是通过土体中土粒之间的孔隙发生流动，而不是土的整个截面，因此达西定律中的渗透速度并非渗流在孔隙中的实际流速。由于实际过水截面小于土样截面，故实际渗透速度大于达西定律中的渗透速度。在工程中如无特殊说明，认为两者近似相等。

(三)渗透系数的测定

渗透系数是反映土的透水性能强弱的一个重要指标，常用它来计算堤坝和地基的渗流量，分析堤防和基坑开挖边坡出逸点的渗透稳定以及作为透水强弱的标准和选择坝体填筑土料的依据。渗透系数只能通过试验直接测定，试验可在实验室或现场进行。一般现场试验比室内试验得到的结果要准确些。因此，对于重要工程常需进行现场测定。

实验室常用的方法有常水头法和变水头法。前者适用于粗粒土(砂质土)，后者适用于细粒土(黏质土和粉质土)。

1. 常水头法

常水头法是在整个试验过程中，水头保持不变，其试验装置如图 5-2 所示。设试样的厚度即渗径长度为 L，截面积为 A，试验时的水头差为 Δh，这三者在试验前可以直接量出或控制。试验中只要用量筒和秒表测出在某一时段艺内流经试样的水量 Q，即可求出该时段单位时间内通过土体的流量 q，将 q 代入式(5-1)中，即可得到土的渗透系数

$$k = \frac{QL}{A\Delta ht} \tag{5-3}$$

2. 变水头法

黏性土由于渗透系数很小，流经试样的水量很少难以直接准确量测，因此采用变水头法。此法是在整个试验过程中，水头是随着时间而变化的，其试验装置如图 5-4 所示。试样的一端与玻璃管相连，在试验过程中测出某一时段 t 内($t=t_1-t_2$)细玻璃管中水位的变化，就可根据达西定律求出土的渗透系数。

$$k = 2.3\frac{aL}{At}\lg\frac{h_1}{h_2} \tag{5-4}$$

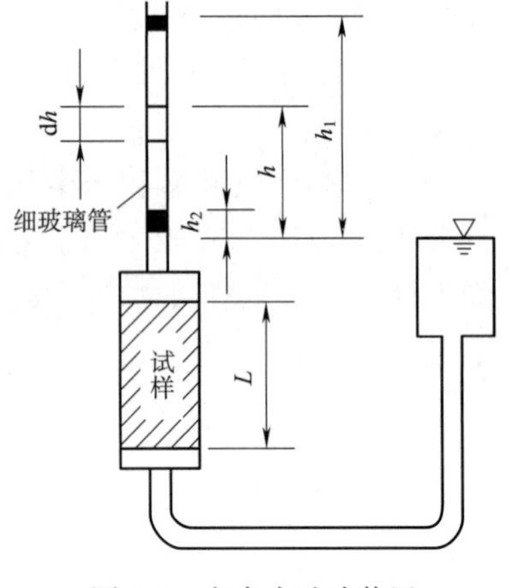

图 5-4　变水头试验装置

式中　a——细玻璃管内部的截面积；

h_1、h_2——时刻 t_1、t_2 对应的水头差。

试验时只需测出某一时段 t 两端点对应的水位即可求出渗透系数。

3. 现场抽水试验

对于粗粒土或成层土，室内试验时不易取到原状样，或者土样不能反映天然土层的层次或土颗粒排列情况，这时现场试验得到的渗透系数将比室内试验准确。具体的试验原理和方法参阅水文地质方面的有关书籍。

（四）影响土体渗透性的因素

影响土体渗透性的因素很多，主要有土的粒度成分及矿物成分、土的结构构造、土中气体和水的温度等。

1. 土的粒度成分及矿物成分的影响

土的颗粒大小、形状及级配影响土中孔隙大小及其形状，因而影响土的渗透性。土粒越细、越浑圆、越均匀时，渗透性就越大。当砂土中含有较多粉土或黏性土颗粒时，其渗透性就会大大降低。

土中含有亲水性较大的黏土矿物或有机质时，因为结合水膜厚度较厚，会阻塞土的孔隙，土的渗透性降低。因此，土的渗透性还和水中交换阳离子的性质有关系。

2. 土的结构构造的影响

天然土层通常不是各向同性的，因此不同方向土的渗透性也不同。如黄土具有竖向大孔隙，所以竖向渗透系数要比水平向大得多；在黏性土中，如果夹有薄的粉砂层，它在水平方向的渗透系数要比竖向大得多。

3. 土中气体的影响

当土孔隙存在密闭气泡时，会阻塞水的渗流，从而降低了土的渗透性。这种密闭气泡有时是由于溶解于水中的气体分离出来而形成的，故水的含气量也影响土的渗透性。

4. 水的温度

水的温度对土的渗透性也有影响，水的温度愈高，动力黏滞系数 η 愈小，渗透系数 k 值愈大，试验时某一温度下测定的渗透系数，应按下式换算为标准温度 20℃下的渗透系数。即：

$$k_{20} = k_{\mathrm{T}}\frac{\eta_T}{\eta_{20}} \tag{5-5}$$

式中　k_{T}、k_{20}——T℃和 20℃时土的渗透系数；

η_{T}、η_{20}——T℃和 20℃时水的动力黏滞系数。

总之，对于粗粒土主要影响因素是颗粒大小、级配、密度、孔隙比以及土中封闭气泡的存在；对于黏性土，则更为复杂，黏性土中所含矿物、有机质以及黏土颗粒的形状、排列方式等都影响其渗透性。不同土的渗透系数变化范围见表 5-1。

表 5-1　不同土的渗透系数变化范围

土的类别	渗透系数 k		土的类别	渗透系数 k	
	m/d	cm/s		m/d	cm/s
黏土	<0.005	$<1.2\times10^{-6}$	细砂	1.0～5	$1\times10^{-3}\sim6\times10^{-3}$
粉质黏土	0.005～0.1	$1.2\times10^{-6}\sim6\times10^{-5}$	中砂	5～20	$6\times10^{-3}\sim2\times10^{-2}$
粉土	0.1～0.5	$6\times10^{-5}\sim6\times10^{-4}$	粗砂	20～50	$2\times10^{-2}\sim6\times10^{-2}$
黄土	0.25～0.5	$3\times10^{-4}\sim6\times10^{-4}$	圆砾	50～100	$6\times10^{-2}\sim1\times10^{-1}$
粉砂	0.5～1.0	$6\times10^{-4}\sim1\times10^{-3}$	卵石	100～500	$1\times10^{-1}\sim6\times10^{-1}$

(五)层状地基渗透系数的确定

土是在漫长的地质年代中形成的，因此天然形成的土往往是由渗透性不同的土层所组成的。对于与土层层面平行和垂直的简单渗流情况，当各土层的渗透系数和厚度已知时，可求出整个土层与层面平行和垂直的平均渗透系数，作为进行渗流计算的依据。

1. 与层面平行的渗流

图 5-5(a)是在渗流场中截取的渗透路径长度为 L 的一段与层面平行的渗流区域，各土层的水平向渗透系数分别为 k_1、k_2、…k_n，厚度分别为 H_1、H_2、…H_n，总厚度为 H，若通过各土层的渗流量分别为 q_{1x}、q_{2x}、…q_{nx}则通过整个土层的总渗流量 Q_x应为各土层流流量之和，即：

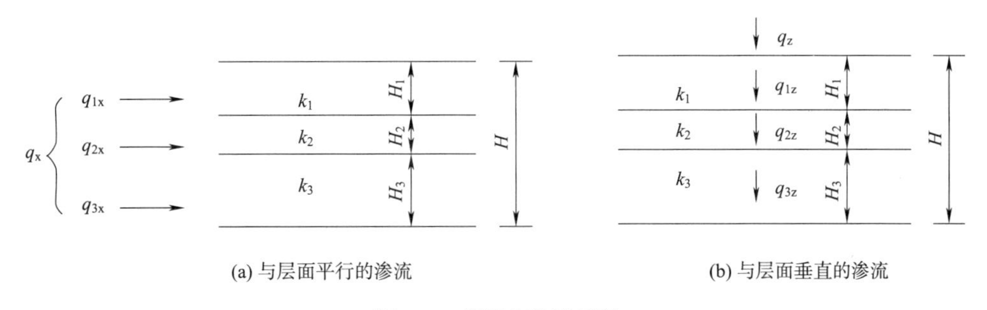

图 5-5　成层土渗流情况

$$Q_x = \sum_{i=1}^{n} q_{ix} \tag{5-6}$$

根据达西定律，总渗流量又可表示为：

$$Q_x = k_x iH \tag{5-7}$$

式中　k_x——与层面平行的土层平均渗透系数；

i——土层的平均水力坡降。

对于此种条件下的渗流，通过各土层相同距离的水头损失均相等。因此，各土层的水力坡降以及整个土层的平均水力坡降亦应相等。于是任一土层的渗流量为：

$$q_{ix} = k_i iH_i \tag{5-8}$$

将式(5-7)和式(5-8)代入式(5-6)可得：

$$k_x iH = \sum_{i=1}^{n} k_i iH_i \tag{5-9}$$

最后得到整个土层与层面平行的平均渗透系数为：

$$k_x = \frac{1}{H}\sum_{i=1}^{n} k_i H_i \tag{5-10}$$

2. 与层面垂直的渗流

对于与层面垂直的渗流，如图 5-5(b)所示，可用类似的方法求解。设通过各土层的渗流量为 $q_{1z}, q_{2z} \cdots q_{nz}$，根据水流连续定理，通过整个土层的总渗流量 Q_z 必等于通过各土层的渗流量，即：

$$Q_z = q_{1z} = q_{2z} = \cdots = q_{nz} \tag{5-11}$$

设渗流通过任一土层的水头损失为 Δh_i，水力坡降为 $i_i = \Delta h_i / H_i$，则通过整个土层的水头总损失应为 $h = \sum \Delta h_i$ 总的平均水力坡降应为 $i = h/H$。由达西定律，通过整个土层的总渗流量为：

$$Q_z = k_z \frac{h}{H} A \tag{5-12}$$

式中 k_z——与层面垂直的土层平均渗透系数；

A——渗流截面积。

通过任一土层的渗流量为：

$$q_{iz} = k_i \frac{\Delta h_i}{H_i} A \tag{5-13}$$

将式(5-12)和式(5-13)代入式(5-11)，消去 A 后得：

$$k_z \frac{h}{H} = k_i i_i \tag{5-14}$$

而整个土层的水头损失又可表示为：

$$h = \sum_{i=1}^{n} i_i H_i \tag{5-15}$$

将式(5-15)代入式(5-14)后整理可得整个土层与层面垂直的平均渗透系数为：

$$k_z = \frac{H}{\dfrac{H_1}{k_1} + \dfrac{H_2}{k_2} + \cdots + \dfrac{H_n}{k_n}} = \frac{H}{\sum\limits_{i=1}^{n} \dfrac{H_i}{k_i}} \tag{5-16}$$

对于成层土，如果各土层的厚度大致相近，而渗透性却相差悬殊时；与层面平行的渗透系数 k_x 将取决于最透水土层的厚度和渗透性，并可近似地表示为：

$$k_x = \frac{k'H'}{H} \tag{5-17}$$

式中 k'、H'——最透水土层的渗透系数和厚度。

而与层面垂直的平均渗透系数 k_z 将取决于最不透水土层的厚度和渗透性，并可近似地表示为：

$$k_z = \frac{k''H}{H''} \tag{5-18}$$

式中 k''、H''——最不透水土层的渗透系数和厚度。

因此，成层土与层面平行的平均渗透系数 k_x 总是大于与层面垂直的平均渗透系数 k_z。

三、相关例题

1. 变水头渗透试验的黏土试样的截面积 A 为 30 cm²，厚度为 4 cm，渗透仪细玻璃管的内径为 0.4 cm，试验开始时的水头差为 165 cm，经过时段 5 分 25 秒观察得水头差为 150 cm，试验时的水温为 20℃，试求试样的渗透系数。

解：细玻璃管的截面积 $a=\frac{\pi d^2}{4}=\frac{3.14\times 0.4^2}{4}=0.125\ 6\ \text{cm}^2$，$A=30\ \text{cm}^2$，$L=4\ \text{cm}$，$t=5\times 60+25=325\ \text{s}$，$h_1=165\ \text{cm}$，$h_2=150\ \text{cm}$，将以上数据代入式(5-4)中，得：

$$k=2.3\frac{aL}{At}\lg\frac{h_1}{h_2}=2.3\times\frac{0.125\ 6\times 4}{30\times 325}\times\lg\frac{165}{150}=4.91\times 10^{-6}\ \text{cm/s}$$

所以，试样在 20℃时的渗透系数为 4.91×10^{-6} cm/s。

2. 有一土层的纵剖面如图 5-6 所示，其垂直向渗透系数已标于剖面图上。

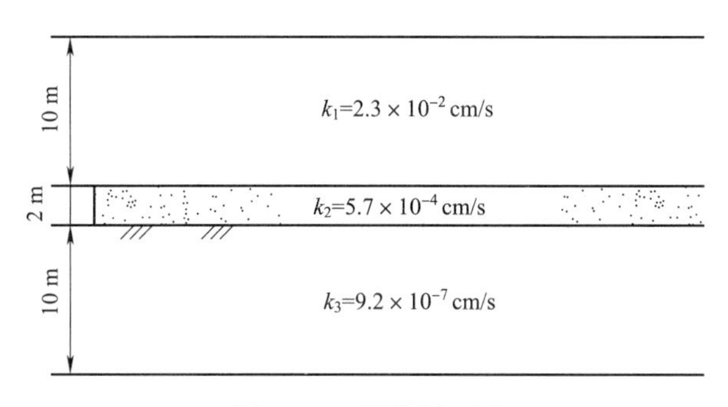

图 5-6　土层的剖面图

(1)计算该土层垂直向的平均渗透系数。

(2)若图上所标数据为水平向渗透系数，试计算该土层水平向平均渗透系数，比较所得出的渗透系数。

解：由式(5-16)得垂直向平均渗透系数：

$$k_z=\frac{\sum_{i=1}^{3}H_i}{\sum_{i=1}^{3}\frac{H_i}{k_i}}=\frac{10+2+10}{\frac{10}{2.3\times 10^{-2}}+\frac{2}{5.7\times 10^{-4}}+\frac{10}{9.2\times 10^{-7}}}=2.02\times 10^{-6}\ \text{cm/s}$$

由式(5-10)得水平向平均渗透系数为：

$$k_x=\frac{1}{H}\sum_{i=1}^{3}k_iH_i=\frac{1}{10+2+10}\times(2.3+10^{-2}\times 10+5.7\times 10^{-4}\times 2+9.2\times 10^{-7}\times 10)$$
$$=1.051\times 10^{-2}\ \text{cm/s}$$

由以上的计算过程可知，k_x 主要由透水性强的土层控制，k_z 主要由透水性弱的土层控制。

学习项目 2　渗透力与渗透变形破坏

一、引　　文

在铁路选线设计的过程中，难免存在线路经过水库和河改道的情况，因此就会出现浸水路堤。浸水路堤的特点：填方边坡和坡脚易受水冲刷、浸泡、渗透、水位升降、波浪侵蚀、塌岸淤积和地下水位壅升而引起土的重度和强度的变化以及大孔隙性土的湿陷等；当水位骤降时，路堤受到附加的渗流作用，就会影响路堤边坡的稳定，如处理不当，会给路基造成较大危害。

二、相关理论知识

水在土体中的渗流将引起土体内部应力状态的变化,从而改变水工建筑物地基或土坝的稳定条件。因此,对于水工建筑物来讲,如何确保在有渗流作用时的稳定性是一个非常重要的问题。

渗流所引起的稳定问题一般可归结为两类:

(1)土体的局部稳定问题。这是由于渗透水流将土体中的细颗粒冲出、带走或局部土体产生移动,导致土体变形而引起的。这类问题常称为渗透变形问题,此类问题如不及时加以纠正,同样会酿成整个建筑物的破坏。

(2)整体稳定问题。这是在渗流作用下,整个土体发生滑动或坍塌。土坝(堤)在水位降落时引起的滑动、雨后的山体滑坡、泥石流是这类破坏的典型实例。

(一)渗 透 力

由渗流试验知,水在土体中流动时会引起水头损失。这表明水在土中流动会引起能量的损失,这是由于水在土体孔隙中流动时,力图带动土颗粒而引起的能量消耗。根据作用力与反作用力,土颗粒阻碍水流流动,给水流以作用力,那么水流也必然给土颗粒以某种拖曳力,我们将渗透水流施加于单位土体内土粒上的拖曳力称为渗透力。

为了验证渗透力的存在,我们先观察以下现象:图5-7中圆筒形容器的滤网上装有均匀的砂土,其厚度为L,面积为A,土样两端各安装一测压管,其测压管水头相对0—0基准面分别为h_1、h_2。当$h_1=h_2$,即当左边的贮水器如图5-7所示中实线时,土中的水处于静止状态,无渗流发生。若将左边的贮水器逐渐提升,使$h_1>h_2$,则由于水头差的存在,土中将产生向上的渗流。当贮水器提升到某一高度时,可以看到砂面出现沸腾的现象,这种现象称为流土。

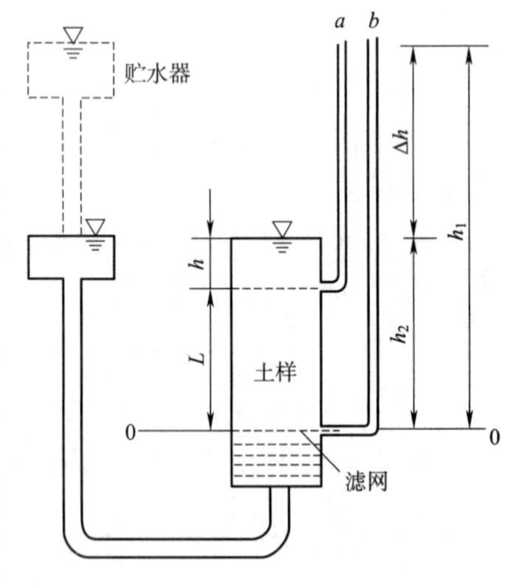

图5-7　流土试验示意图

上述现象的发生,说明水在土体孔隙中流动时,确有促使土粒沿水流方向移动的拖曳力存在,这就是渗透力,以符号J表示。当两测压管的水面高差为Δh,它表示水从进口面流过L厚度的土样到流出水面时,必须克服整个土样内土粒骨架对水流的阻力。若以消耗的水头损失Δh表示其阻力,于是土粒骨架对水流的阻力应为$F=\gamma_w \Delta h A$。

由于土中渗透速度一般极小,流动水体的惯性力可以忽略不计,此时根据土粒骨架受力的平衡条件,渗流作用于土样的总渗透力J应和土样中土粒骨架对水流的阻力F大小相等而方向相反,即$J=F=\gamma_w \Delta h A$,而渗流作用于土骨架上单位体积的力,即渗透力为:

$$j=\frac{J}{A}=\frac{\gamma_w \Delta h A}{AL}=\gamma_w \frac{\Delta h}{L}=\gamma_w i \tag{5-19}$$

由式(5-19)可知,渗透力的大小与水力坡降成正比,其作用方向与渗流(或流线)方向一致,是一种体积力,常以kN/m³计。

从上述分析知,在有渗流的情况下,由于渗透力的存在将使土体内部受力情况(包括大小和方向)发生变化。一般这种变化对土体的整体稳定是不利的,但是对于渗流中的具体部位应作具体分析。由于渗透力的方向与渗流作用方向一致,它对土体的稳定性有很大的影响。

图 5-8 表示渗流对闸基的作用。在渗流进口处 A 点,渗流自上而下,与土重方向一致,渗透力起增大重量作用,对土体稳定有利。在渗透近似水平的 B 点,渗透力与土的重力方向正交,使土粒产生向下游动趋势,对土体稳定不太有利。在渗流的出逸点 C,渗流方向自下而上,与土重方向相反。渗透力起减轻土的有效重力的作用,土体极可能失去稳定,发生渗透破坏,这就是引起渗透变形的根本原因。渗透力越大,渗流对土体稳定性的影响就越大。因此,在闸坝地基、土坝和基坑开挖等稳定分析过程中,必须考虑渗透力的影响。

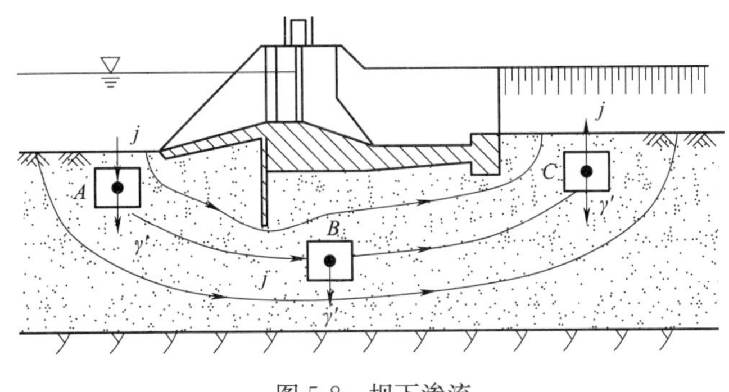

图 5-8　坝下渗流

(二)渗透变形破坏形式

从前面对渗流的分析可知,地基或某些结构物(如土坝等)的土体中发生渗流后,土中的应力状态将发生变化,建筑物的稳定条件也将发生变化。由渗流作用而引起的变形破坏形式,根据土的颗粒级配和特性、水力条件、水流方向和地质情况等因素,通常有流土、管涌、接触流失和接触冲刷四种形式。

1. 流土

正常情况下,土体中各个颗粒之间都是相互紧密结合的,并具有较强的制约力。但在向上渗流作用下,局部土体表面会隆起或颗粒群同时发生移动而流失,这种现象称为流土。它主要发生在地基或土坝下游渗流逸出处而不发生于土体内部。基坑或渠道开挖时所出现的流砂现象是流土的一种常见形式。流土常发生在颗粒级配均匀的细砂、粉砂和粉土等土层中,在饱和的低塑性黏性土中,当受到扰动时,也会发生流土。

由流土的定义知,流土多发生在向上的渗流情况下,而此时渗透力的方向与渗流方向一致,如图 5-8 所示。由受力分析知,一旦 $j>\gamma'$,流土就会发生。而 $j=\gamma'$时,土体处于流土的临界状态,此时的水力坡降定义为临界水力坡降,以 i_{cr}表示。

竖直向上的渗透力 $j=\gamma_w i$,单位土体本身的有效重量 $\gamma'=\gamma_{sat}-\gamma_w$,当土体处于临界状态时,$j=\gamma'$,则由以上条件得:

$$i_{cr}=\frac{\gamma_w}{\gamma_w}=\frac{\gamma_{sat}-\gamma_w}{\gamma_w}=\frac{\gamma_{sat}}{\gamma_w}-1 \tag{5-20}$$

根据土的物理性质指标的关系,上式可表达为:

$$i_{cr}=(G_s-1)(1-n) \tag{5-21}$$

流土一般发生在渗流的逸出处,因此只要将渗流逸出处的水力坡降,即逸出坡降 i 求出,就可判别流土的可能性。

当$i<i_{cr}$时，土处于稳定状态；当$i=i_{cr}$时，土处于临界状态；当$i>i_{cr}$时，土处于流土状态。在设计时，为保证建筑物的安全，通常将逸出坡降i限制在容许坡降$[i]$之内，即：

$$i<[i]=\frac{i_{cr}}{F_s} \tag{5-22}$$

式中　F_s——安全系数，常取1.5～2.0，对水工建筑物的危害较大时，取2.0；对于特别重要的工程也可取2.5。

2. 管涌

在渗流力的作用下，土中的细颗粒在粗颗粒形成的孔隙中被移去并被带出，在土体内形成贯通的渗流管道，这种现象称为管涌，如图5-9所示。开始土体中的细颗粒沿渗流方向移动并不断流失，继而较粗颗粒发生移动，从而在土体内部形成管状通道，带走大量砂粒，最后堤坝被破坏。管涌发生的部位可以在渗流逸出处，也可以在土体内部。它主要发生在砂砾中，它的形成必须具备两个条件：一是几何条件，土中粗颗粒所形成的孔隙必须大于细颗粒的直径，一般不均匀系数$C_u>10$的土才会发生管涌，这是必要条件；另一个是水力条件，渗流力大到能够带动细颗粒在粗颗粒形成的孔隙中运动，可用管涌的临界水力坡降来表示，它标志着土体中的细粒开始流失，表明水工建筑物或地基某处出现了薄弱环节。

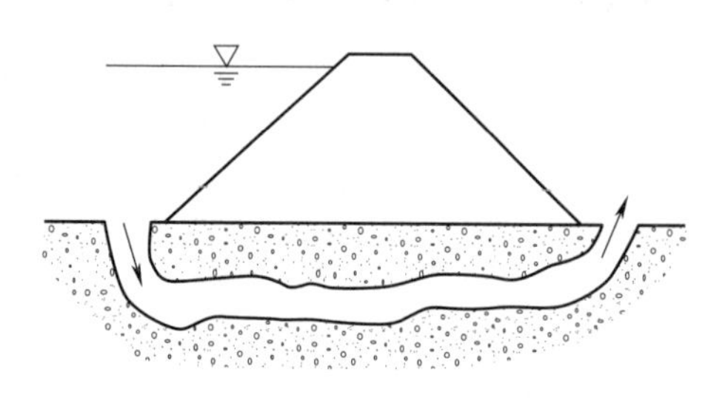

图5-9　通过坝基的管涌

南京水利科学研究院在总结国内外试验研究的基础上，应用作用在单个颗粒上的渗透力与颗粒在水中自重相平衡的原理，得到发生管涌的临界坡降计算公式为：

$$i_{cr}=\frac{42d_3}{\sqrt{\frac{k}{n^3}}} \tag{5-23}$$

式中　k——土的渗透系数，cm/s；

d_3——占总土重3%的土粒粒径，mm；

n——土的孔隙率，%。

3. 接触流失

渗流垂直于渗透系数相差较大的两层土的接触面流动时，把其中一层的颗粒带出，并通过另一层土孔隙冲走的现象，称为接触流失。例如：土石坝黏性土的防渗体与保护层的接触面上发生黏性土的湿化崩解、剥离，从而在渗流作用下通过保护层的较大孔隙而发生接触流失。这是因为保护层的粒径与防渗体层的粒径相差悬殊，保护层的粒径很粗，则与防渗体土层接触处必然有相当大的孔径，孔隙下的土层不受压重作用，当渗流进入这种孔隙时，剩余水头就会全部消失，于是在接触面上水力坡降加大，其结果就造成渗流破坏——接触流失。所以，土坝防渗体的土料、反滤层的土料以及坝壳的土料质量都必须满足工程技术要求。

《水利水电工程地质勘察规范》(GB 50487—2008)中给出了不发生接触流失的两种判别方法：

(1)不均匀系数小于等于5的土层，满足$\frac{D_{15}}{d_{85}}\leqslant 5$。

(2)不均匀系数小于等于 10 的土层,满足 $\frac{D_{20}}{d_{70}} \leqslant 7$ 。

d_{85}、d_{70} 分别为较细层土中小于该粒径的土重占总土重的 85%、70%的颗粒粒径;D_{15}、D_{20} 分别为较粗层土中小于该粒径的土重占总土重的 15%、20%的颗粒粒径。

4. 接触冲刷

渗流沿着两种不同介质的接触面流动时,把其中颗粒层的细粒带走,这种现象称为接触冲刷。这里所指的接触面,其方向是任意的。

接触冲刷现象常发生在闸坝地下轮廓线与地基土的接触面上,管道与周围介质的接触面或刚性与柔性介质的界面上。

《水利水电工程地质勘察规范》(GB 50487—2008)中规定,对双层结构的地基,当两层土的不均匀系数小于等于 10 且满足 $D_{10}/d_{10} \leqslant 10$ 时(其中 D_{10}、d_{10} 分别代表较粗和较细层土中小于该粒径的土重占总土重的 10%的颗粒粒径),不会发生接触冲刷。

三、相关例题

在图 5-7 中,已知水头差为 15 cm,试样长度为 30 cm,试求试样所受的渗透力是多少? 若已知试样的 $G_s = 2.75$,$e = 0.63$,试问该试样是否会发生流土现象?

解:水力坡降 $i = \frac{\Delta h}{L} = \frac{15}{30} = 0.5$,渗透力 $j = \gamma_w i = 10 \times 0.5 = 5.0 \text{ kN/m}^3$

该试样的临界水力坡降 $i_{cr} = \frac{G_s - 1}{1 + e} = \frac{2.75 - 1}{1 + 0.63} = 1.07 > i = 0.5$,所以试样不会发生流土现象。

学习项目 3　渗透变形的防治

一、引出案例

外福线 K145～K172 段铁路依山傍水,线路沿闽江左岸冲积一级阶地展布,路堤原设计未做重型防护,自 1958 年通车至今,铁路路堤经常受到洪水的侵袭,流土、管涌等渗透病害时有发生。工务段虽采取了帮宽路堤、浆砌护坡、干砌护坡、浆砌马道、作防渗墙等加固措施,但由于渗透病害不易从表面察觉,发现问题后又难以补救;同时人们对渗透破坏形成机理认识不足,一些工程措施只限于表面,未能彻底消除病害隐患本区属亚热带气候,雨量充沛,年平均降雨 1 758 mm,集中在 4 月～7 月,闽江洪水也多在同期发生。洪水季节,闽江水位上涨漫溢,铁路沿线村民为保护家园田地,堵塞铁路涵管,铁路路堤成为“防洪堤坝”,高水位距路肩仅 0.3～0.5 m,路堤两侧水位差达 4～8 m,造成了铁路路堤渗透变形病害,其破坏型式如图 5-10 所示。

据工务段 1994 年不完全统计,该段路堤发生病害 38 处见表 5-2。最为严重的路堤溃决发生二次,其中 1992 年 7 月 7 日 13 时,K157+640 左侧干砌护坡顶部出现一管状渗透流束,并不断扩大,带出大量泥砂,路堤边坡发生坍陷,多路堤溃决,决口长达 35 m,中断行车 98h 20min。

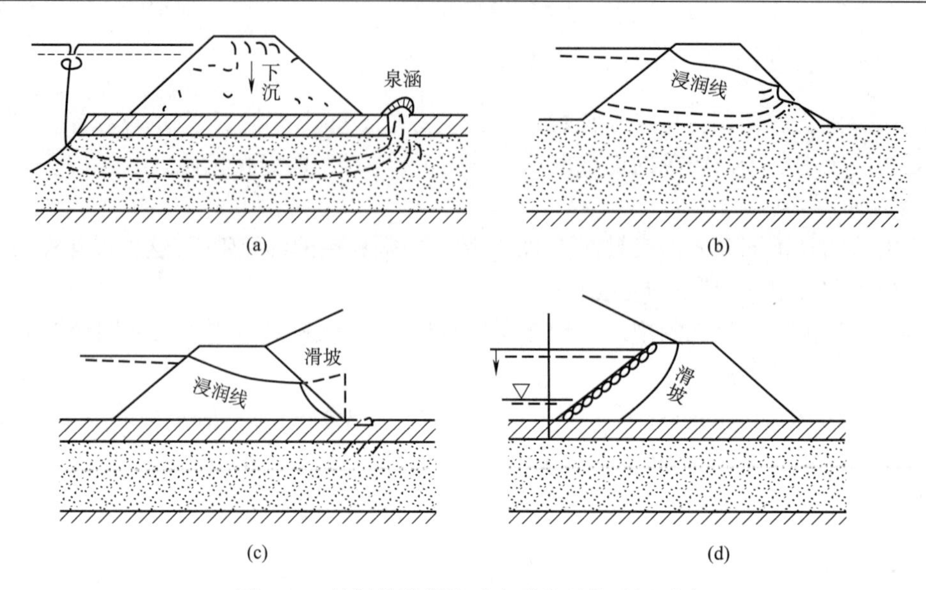

图 5-10　外福线路堤渗透变形常见的破坏型式

表 5-2　路堤病害统计

里程	溃堤	边坡渗水	坡脚渗水	坡脚外地渗水	路肩塌陷	边坡溜坍	合计
K147＋600～K148＋463		2	3	3	2	2	12
K149＋210～K149＋740			1				1
K150＋050～K150＋887		1	3	3			7
K151＋815～K151＋980				2			2
K157＋463～K157＋880	1		1	1		1	4
K159＋160～K160＋645	1		4	4			9
K172＋116～K172＋166			2	1			3
合计	2	3	14	14	2	3	38

本段地层以第四系谷相地层为特征，以黏性土为主，部分地段有粉砂、细砂、中砂及淤泥质土，冲积层厚度大于 20 m，经过路堤地基的工程地质评估和水力梯度允许值的比较，K150＋050，K151＋815～K151＋980 及 K157＋463～K157＋880 段计算渗透坡降大于允许坡降，极有可能发生铁路路堤渗透变形。K157 路堤溃决也恰好证明这一点。

二、相关理论知识

渗流破坏与土本身的颗粒组成、孔隙比、孔隙大小的差异性、土的级配等物理性质有关，这是内因；外因则是水力坡降，所以防止渗流破坏应从这两方面入手。具体到实际可采取的工程措施则是防渗与排渗。防渗措施是填筑防渗体以截断渗透水流或减少渗流水量，可以在土坝或堤防中设心墙、截水墙、灌浆帷幕等垂直防渗体，或在上游铺设黏土、钢筋混凝土、沥青混凝土面板或土工合成材料等水平防渗体，从源头上防止渗流的发生。在已经发生渗流的情况下，则要采取排渗措施以疏导水流，使渗流压力提前释放，并通过排水体自由排出，防止渗透破坏的发生，保证建筑物的安全。

根据渗透变形的机理可知，土体发生渗透破坏的原因有两个方面：一是渗流特征，即上、下游水位差形成的水力坡降；二是土的类别及组成特性，即土的性质及颗粒级配。故防治渗透变形的工程措施基本归结为两类：一类是延长渗径，减小下游逸出处水力坡降，降低渗透力；另一类是增强渗流逸出处土体的抗渗能力。

(一)河滨铁路路基防渗措施

1. 设置垂直防渗体延长渗径。如截水槽(图 5-11)、混凝土防渗墙(图 5-12)、板桩和帷幕灌浆，以及新发展的防渗技术，如高压定向喷射灌浆、倒挂井防渗墙等。

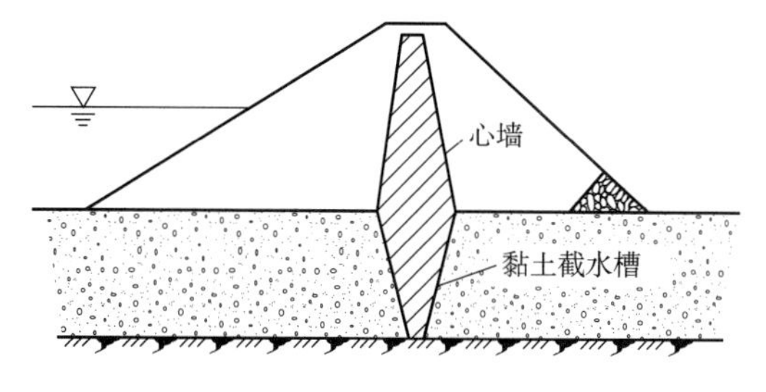

图 5-11　心墙坝的黏土截水槽示意图

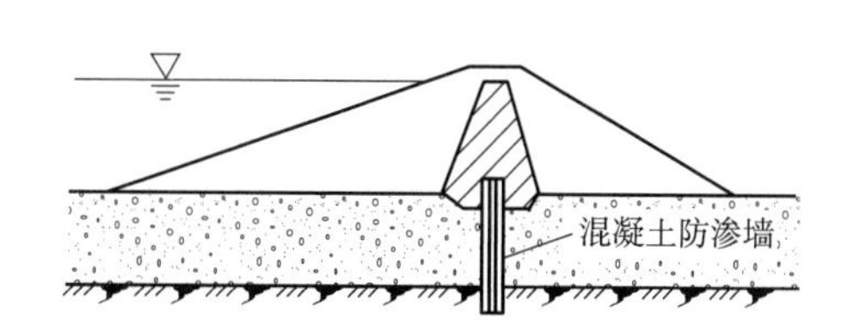

图 5-12　心墙坝的混凝土防渗墙示意图

2. 上游设置水平黏土铺盖或铺设土工合成材料，与坝体的防渗体相连，以延长渗径，降低水力坡降，如图 5-13 所示。

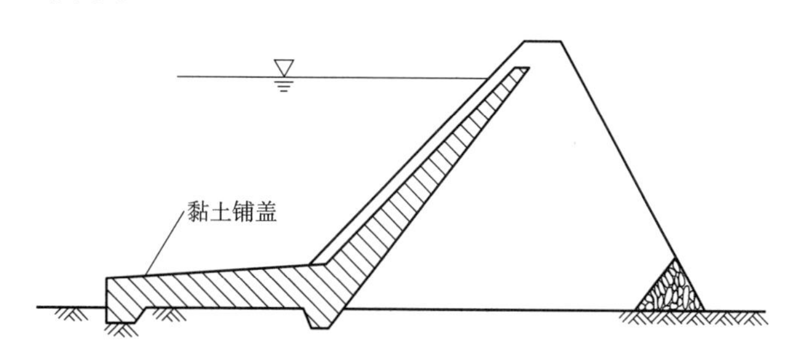

图 5-13　水平黏土铺盖示意图

3. 下游设置反滤层、盖重。用以滤土排水，使渗流逸出，又防止细小颗粒被带走，如图 5-14 所示。

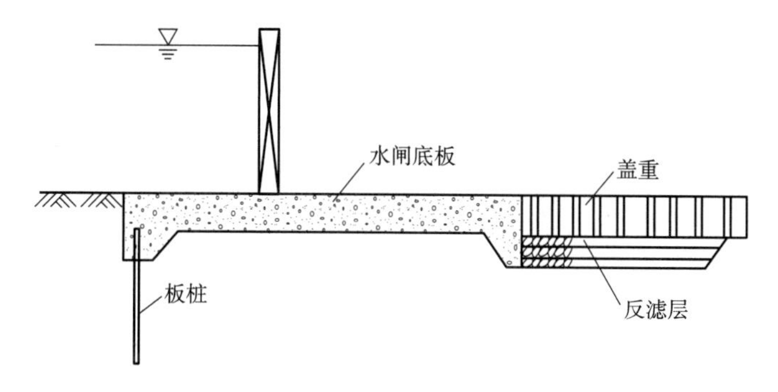

图 5-14　水闸防渗示意图

4. 设置减压设备。采用排水沟或减压井切入下伏不透水层中，以减小渗透力，提高抗渗能力。

5. 铁路路堤迎水面采用浆砌片石封闭，背水面采用干砌片石防护，并做好垫层排水，防止土颗粒随水流失。

（二）基坑开挖防渗措施

在地下水位以下开挖基坑时，若采用明式排水开挖，坑内外造成水位差，则基坑底部的地下水将向上渗流，地基中产生向上的渗透力。当渗透水力坡降大于临界水力坡降时，基坑流砂翻涌，出现流土现象，不仅给施工带来很大的困难，而且影响临时建筑物的安全。所以，在开挖基坑时，要防止流土的发生。其主要措施如下：

(1)井点排水法。即先在基坑范围以外设置井点降低地下水位后再开挖，减小或消除基坑内外的水位差，达到降低水力坡降的目的。

(2)设置板桩，可增加渗透路径，减小水力坡降。板桩沿坑壁打入，其深度要超过坑底，使受保护土体内的水力坡降小于临界水力坡降，同时，还可以起到加固坑壁的作用。

(3)采用水下挖掘或枯水期开挖，也可进行土层加固处理，如冻结法、注浆法等。

基坑开挖后，降压井应该随即启动，使基坑水位始终保持在安全埋深，并随时观测水位变动情况，同时，为了减少降水对坑外含水层的影响，应该实行按需降水，如在工程中基坑开挖的时间长，还应该加强基坑的位移监测。

随着我国经济的发展，各类大型工程日益增多，尤其在一些带动区域发展的中心大城市，由于地价的不断攀升，高层建筑得到前所未有的发展有效地解决人口居住问题，而且生活水平的提高使得私车的购买欲望不断增强，而原有的道路状况已不能满足激增的车辆，为缓解这个局面，不少城市致力于对地下空间的开发，如地铁隧道、地下商场和地下停车场等。在这些工程中，深基坑甚至超深基坑的开挖往往是不可避免的，由于施工和设计的经验不足，在基坑开挖过程中有时会产生这样或那样的问题。如果这些问题不能及时得到补救和解决，那将会酿成更大的事故，造成巨大的财产损失甚至人员伤亡。总结深基坑中的事故，可以认为“水”是关键所在，管涌和流土这两种渗透变形是造成深基坑种种问题的直接原因，因此，根据具体工程的实际地层状况，针对涌水做好止水和支护是保证深基坑顺利开挖的重中之重。

三、相关案例

拟建厦门东通道海底隧道工程位于厦门岛东北端的湖里区五通村与对岸同安区西滨村之间，隧道全长约 5.9 km，其中海域段长约 4.2 km。

根据已有的勘察成果并结合拟定的工程布置方案，厦门东通道海底隧道工程涌水来源有：风化岩体透水；裂隙(结构面)透水；加深风化槽带透水。由于工程建设位于海底，透水岩体的补给水源为无限量，因此，查明隧道工程区的水文地质条件，研究隧道开挖涌水量并评价围岩的渗透破坏是该工程建设中必须解决的重大工程地质问题。

隧道围岩的渗透破坏的影响因素众多，不仅要考虑岩体本身的岩性及结构特征，而且应考虑围岩所处的环境，比如水压力、涌水量等的影响。对本工程而言，根据公式法以及数值法涌水量计算结果，工程区隧道开挖单宽涌水量小于 100 m^3/d，属于小股涌水范围。但从工程安全的角度看，在极端地质条件下，该隧道围岩存在发生渗透破坏的可能性；在实际施工中应加强现场地质及水文工作，发现地质条件或涌水量异常，应及时反馈，以便及时调整设计方案(即采用动态信息化施工法)，以利于工程施工的顺利进行。

【思考与练习题】

一、判断题

1. 土中水的渗透速度即为其实际流动速度。　　　　（　　）

2. 甲土层是一面排水，乙土层是双面排水，其他条件都一样，两土层的时间因数也一样。　　　　（　　）

二、填空题

1. 出现流沙的水头梯度称____。

2. 渗透力是一种____力。它的大小和____成正比，作用方向与____相一致。

3. 渗透力的含义及计算公式是____。

三、选择题

1. 饱和土体的渗透过程应该是（　　）。

A. 孔隙水压力不断增加的过程　　B. 有效应力的增加而孔隙水压力减小的过程

C. 有效应力不断减少的过程　　D. 有效应力的减少而孔隙水压力增加的过程

2. 在渗流场中某点的渗透力（　　）。

A. 随水力坡降（水力梯度）增加而增加　　B. 随水力坡降（水力梯度）增加而减小

C. 与水力坡降无关

3. 下列四种情况下土中超静孔隙水压力不变化（　　）。

A. 地基表面一次加荷后　　B. 基坑开挖过程中

C. 土坝中形成稳定渗流后，上下游水位不变期间

4. 在防治渗透变形措施中，（　　）是在控制水力坡降。

A. 上游做垂直防渗推幕或设水平铺盖　　B. 下游挖减压沟

C. 退出部位铺设反滤层

5. 已知土体 $d_s=2.7$、$e=1$，则该土的临界水力坡降为（　　）。

A. 1.7　　B. 1.35　　C. 0.85

6. 下列土样中（　　）更容易发生流砂。

A. 粗砂或砾砂　　B. 细砂和粉砂　　C. 铅土

7. 下列关于影响土体渗透系数的因素中：①粒径大小和级配；②结构与孔隙比；③饱和度；④矿物成分；⑤渗透水的性质。描述正确的是（　　）。

A. 仅①②对影响渗透系数有影响　　B. ④⑥对影响渗透系数无影响

C. ①②③④⑤对渗透系数均有影响

8. 下述关于渗透力的描述正确的有（　　）。

①其方向与渗透路径方向一致；②其数值与水头梯度成正比；③是一种体积力。

A. 仅①②正确　　B. 仅①②正确　　C. ①②③都正确

9. 在常水头试验测定渗透系数 k 中，饱和土样截面积为 A，长度为 L。水流经土样，当水头差 Δh，及渗出流量 Q 稳定后，量测经过时间 t 内流经试样的水量 V，则土样的渗透系数 k 为（　　）。

A. $V\Delta H/(ALt)$　　B. $\Delta hV/(LAt)$　　C. $VL/(\Delta hAt)$

四、问 答 题

1. 什么叫做管涌土和非管涌土?

2. 什么叫渗透力? 其大小和方向如何确定?

3. 影响土渗透性的因素有哪些?

4. 达西定律的基本假定是什么? 试说明达西渗透定律的应用条件和适用范围。

5. 用达西渗透定律计算出的渗透流速是否是土中的真实渗透流速,它们在物理概念上有何区别?

6. 渗透力是怎样引起渗透变形的? 渗透变形有哪几种形式? 在工程中会有什么危害? 防治渗透破坏的工程措施有哪些?

7. 发生管涌和流土的机理与条件是什么? 与土的类别和性质有什么关系? 在工程上是如何判断土可能发生渗透破坏并进行分类的?

单元 6　铁道工程中土的变形理论及应用

【学习导读】 沉降是指建筑物作为外荷载作用在地基上，使地基中产生附加应力，而附加应力的产生致使地基土出现压缩变形，通常将建筑物基础随之产生的竖向变位称为沉降。为了保证建筑物的安全和正常使用，必须限制基础的沉降量在允许范围内。因为基础的沉降或不均匀沉降过大，可造成建筑物的某些部位开裂、扭曲或倾斜，甚至倒塌毁坏，特别是对于一些超静定结构，不均匀沉降会造成其内力的重新分布，直接影响建筑物的使用安全。因此设计时需要进行基础沉降量的计算。而沉降量的大小取决于地基土的压缩变形量，它一方面与其应力状态的变化情况，即与荷载作用情况有关；另一方面则与土的变形特性，即土的压缩性有关。前者可视为地基变形的外因，后者则是地基变形的内因。

【能力目标】 1. 具备完成载荷试验、旁压试验并进行试验数据处理的能力；

2. 具备计算地基沉降量的能力；

3. 具备分析地基沉降量随时间变化的能力。

【知识目标】 1. 了解土的压缩性的概念；

2. 掌握土的有效应力原理；

3. 掌握土的侧限压缩试验的原理和压缩性指标的概念、计算等；

4. 了解载荷试验、旁压试验的原理、方法；

5. 掌握前期固结压力的概念及确定方法；

6. 熟练掌握分层总和法和规范法计算地基沉降量的方法；

7. 掌握沉降量与时间的关系。

学习项目 1　土的压缩原理

一、引　　文

地基中的土体在荷载作用下会产生变形，在竖直方向产生的变形称为沉降。沉降的大小取决于建筑物的重量与分布、地基土层的种类、各土层的厚度及土的压缩性等。

土作为三相体是由土粒、土粒间孔隙水和空气组成的，因此土体被压实后，其压缩变形一般包括：

(1)水和空气所占孔隙体积的减小，这是由于土粒、孔隙中的水和空气相对移动，可能使孔隙被挤压，同时还可能使部分封闭气体被压缩或溶解于孔隙水中造成的；

(2)孔隙中水被压缩；

(3)土粒本身被压缩。

在一般情况下，孔隙体积减小与孔隙中水及土粒本身体积变化相比，后者极其微小，可忽略不计。故在研究土的压缩性时，假定孔隙水和土粒都是不可压缩的，即不考虑它们的变形，只考虑其孔隙体积的变化。这样，孔隙体积的变化就可以用孔隙比的变化来反映，即土的压缩变形过程表现为土的孔隙比随着作用其上的压应力增加而逐渐减小的关系。

二、相关理论知识

(一)压缩性的概念

如图 6-1 所示，在两个完全相同的量筒内分别装入一层性质相同的松砂，在量筒 A 内的松砂顶面加一定质量的钢球，使松砂承受压力 σ，观察发现松砂层表面下降，砂层被压缩，原松砂孔隙比减小。在量筒 B 内注入水，使松砂顶面承受压力等于量筒 A 中钢球对松砂压力 σ，此时观察量筒 B 中松砂表面并不下降。量筒 A 和量筒 B 都承受着相同的压力 σ 作用，但却产生了两种不同的效果，反映了土体中存在两种不同性质的压力，即有效应力和孔隙水压力。

有效应力可以使土体颗粒之间相互错动而发生压缩变形，是土体强度变化的原因。量筒 A 中钢球施加的应力即为通过土颗粒传递的有效应力。孔隙水压力作用在土颗粒的周围，不能使其产生相互错动，不会使土体产生压缩变形。由于液体不能承受剪力，所以不会改变土的强度。

作用在 A 点的竖向总应力为：$\sigma=\gamma_w h_1+\gamma_{sat} h_2$

如图 6-2 所示，A 点的测压管水位与地面水位相同，测压管高 $h_A=h_1+h_2$，孔隙水压力为：$u=\gamma_w h_A=\gamma_w(h_1+h_2)$

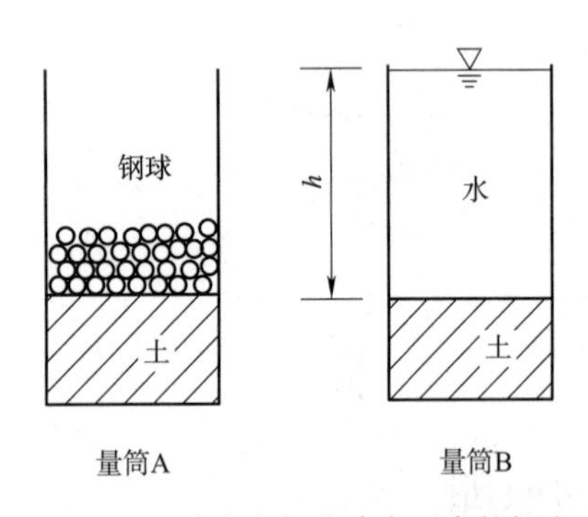

图 6-1 有效应力与孔隙水压力的概念

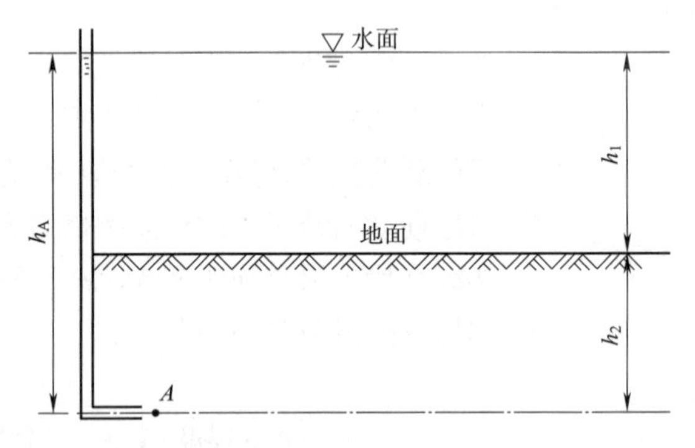

图 6-2 有效应力计算图

由有效应力原理可得 A 点的有效应力为：

$$\sigma' = \sigma - u = \gamma_w h_1 + \gamma_{sat} h_2 - \gamma_w (h_1 + h_2) = \gamma_{sat} h_2 - \gamma_w h_2 = (\gamma_{sat} - \gamma_w) h_2$$

$$\sigma' = \gamma' h_2$$

通过以上分析可以看出，当地面以上水深 h_1 发生升降变化时，土体有效应力 σ' 与 h_1 无关，不会随水位的升降发生变化，同时土骨架也不会发生变形。

土在压力作用下体积减小的特性称为土的压缩性。试验研究表明，固体颗粒和水的压缩量是微不足道的，在一般压力(100～600 kPa)下，土颗粒和水的压缩量都可以忽略不计，所以土体的压缩主要是孔隙中一部分水和空气被挤出，封闭气泡被压缩。与此同时，土颗粒相应发生移动，重新排列靠拢挤紧，从而使土中孔隙减小。对于饱和土来说，其压缩则主要是由于土体孔隙水的挤出。土的压缩表现为竖向变形和横向变形，一般情况下以前者为主。土的压缩变形快慢与土的渗透性有关。在荷载作用下，排水性大的饱和无黏性土压缩过程短，建筑物施工完毕时，可认为其压缩变形已基本完成；而排水性小的饱和黏性土压缩过程长，需十几年甚至几十年压缩变形才稳定。饱和土体在外力作用下压缩随时间增长的过程，称为土的固结。对于饱和黏性土而言，土的固结问题非常重要。

（二）压缩性指标的测定

不同的土压缩性有很大的差别，其主要影响因素包括土本身的性状（如土粒级配、成分、结构构造、孔隙水等）和环境因素（如应力历史、应力路线、温度等）。为了评价土的这性质，通常采用室内侧限压缩试验（也叫做固结试验）和现场载荷试验来确定。

1. 侧限压缩试验

侧限压缩试验通常又称为单向固结试验。即土体侧向受限不能变形，只有竖直方向产生压缩变形。图 6-3 为室内侧限压缩仪（又称固结仪）示意图，它由压缩容器、加压活塞、刚性护环、环刀、透水石和底座等组成。常用的环刀内径为 6～8 cm，高为 2 cm。试验时，先用金属环刀取土，然后将土样连同环刀一起放入压缩仪内，土样上下各放一块透水石，以便土样受压后能自由排水，在透水石上面再通过加荷装置施加竖向荷载。由于土样受到环刀、压缩容器的约束，在压缩过程中只能发生竖向变形。

侧限压缩试验中土样的受力状态相当于土层在承受连续均布荷载时的情况。试验中作用在土样上的荷载需逐级施加，通常按 50 kPa、100 kPa、200 kPa、300 kPa、400 kPa、500 kPa 加荷，最后一级荷载视土样情况和实际工程而定，原则上略大于预估的土自重应力与附加应力之和，但不小于 200 kPa。每次加荷后要等到土样压缩相对稳定后才能施加下一级荷载，必要时，可做加载—卸载—再加载试验，各级荷载下土样的压缩量用百分表测得，再按换算成孔隙比。

如图 6-4 所示，由于在试验过程中不能侧向变形，所以压缩前后土样横截面积保持不变；同时，由于土颗粒本身的压缩可以忽略不计，所以压缩前后土样中土颗粒的体积也是不变的。根据孔隙比的定义，设土样的初始高度为 H_0，横截面积为 A，孔隙比为 e_0，体积为 V_0，受压后土样的高度为 H_i，则有 $H_i = H_0 - \sum \Delta s_i$，则受压后土样的孔隙比可根据换算得到：

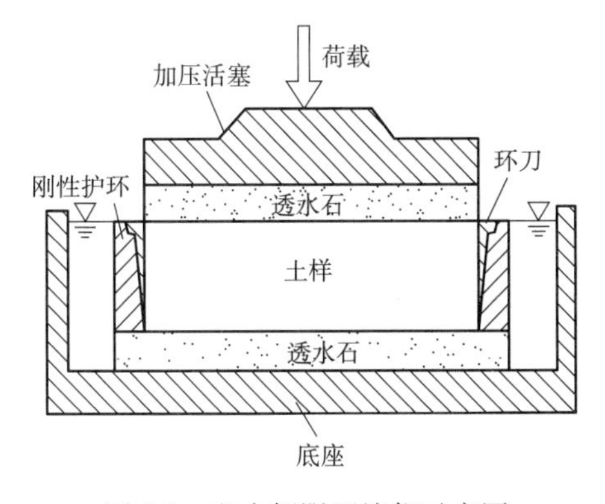

图 6-3　室内侧限压缩仪示意图

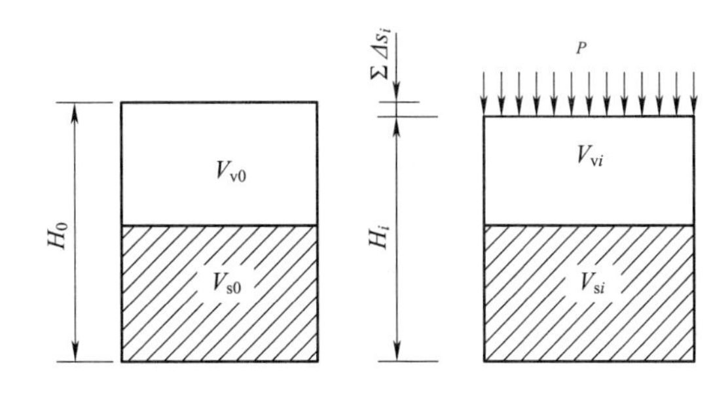

图 6-4　土的压缩试验原理

压缩前：

$$V_0 = AH_0$$

即：

$$V_{s0}(1 + e_0) = AH_0 \tag{6-1}$$

压缩后：

$$V_i = AH_i$$

即

$$V_{si}(1-e_i) = AH_i \tag{6-2}$$

由式(6-1)和式(6-2)可得到：

$$\frac{H_i}{H_0} = \frac{V_{si}(1+e_i)}{V_{s0}(1+e_0)}$$

经过整理可得任一级别荷载作用下土体稳定后的孔隙比为：

$$e_i = e_0 - (1+e_0)\frac{\sum \Delta s_i}{H_0} \tag{6-3}$$

式(6-3)是侧限压缩条件下计算土的压缩量的基本公式。

2. 试验结果的表达方法

在试验时，测得各级荷载作用下土样的变形量 Δs_i，按照式(6-3)计算出相应的孔隙比 e_i，根据试验的各级压力和对应的孔隙比，可绘制出压力与孔隙比的关系曲线，即压缩曲线。常用的方法有 $e—p$ 曲线与 $e—\lg p$ 曲线两种形式。如图 6-5 所示，横坐标代表土压力 p，纵坐标代表孔隙比 e，曲线越陡说明土的压缩性越大，土体越容易发生变形；而 $e—\lg p$ 曲线横坐标以对数的形式表示压力，纵坐标代表相应的孔隙比 e，曲线下部近似直线段，其直线越陡，说明土体的压缩性越大，越容易发生变形，如图 6-6 所示。

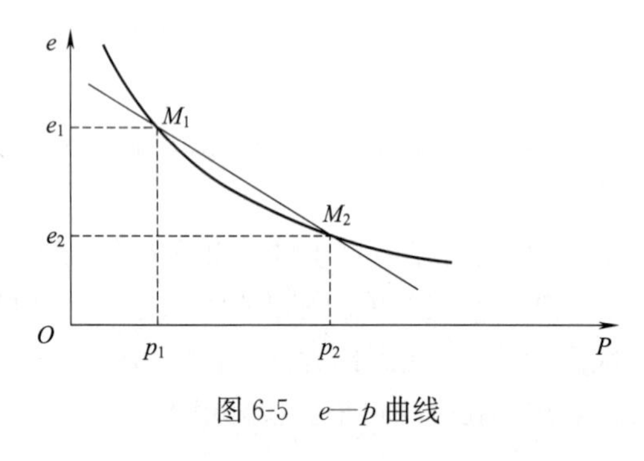

图 6-5 $e—p$ 曲线

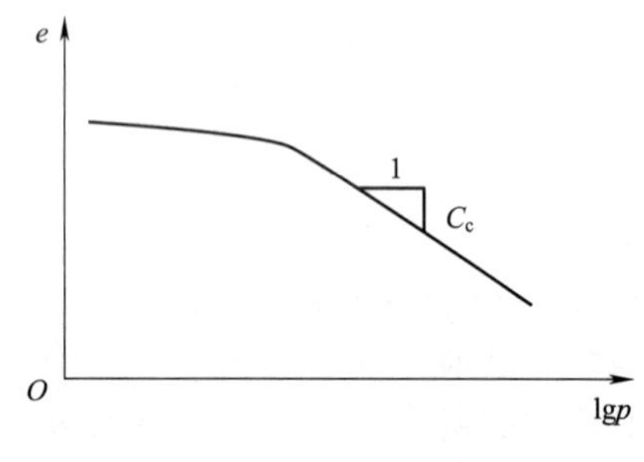

图 6-6 $e—\lg p$ 曲线

3. 土的回弹曲线和再压缩曲线

在室内压缩试验过程中，逐级施加荷载到一定压力 p_{ai} 后，再逐渐减小荷载，土样将产生膨胀，孔隙比增大，土样将恢复一部分变形，但土样变形并不能完全恢复，并不沿着原压缩曲线回升到初始状态，而是形成回弹曲线。当荷载再次施加时，土样再次被压缩而得到再压缩曲线，回弹和再压缩过程形成回滞环，如图 6-7 所示。

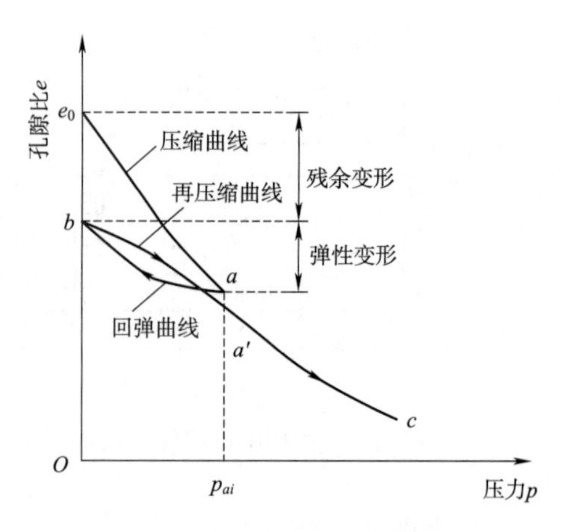

图 6-7 土的回弹再压缩曲线

从土的压缩曲线 $e_0 a$ 和回弹曲线 ab 可以看出，土的变形包括弹性变形和残余变形两部分。弹性变形是外力解除后能恢复的那部分变形，而外力解除后不能恢复的那部分变形称为残余变形。

土体在加载时产生压缩，卸载时产生回弹，再加载时又产生压缩。但当再加压力小于卸载

前的压力 P_{ai}时，再压缩曲线 ba' 比原压缩曲线 e_0a 平缓很多；当荷载超过卸载前压力时再压缩曲线接近原压缩曲线 e_0a 的走向趋势，此段曲线口 $a'c$ 实质上是压缩曲线 e_0a 的延续。由此表明当土体历史上曾受过的固结压力大于目前所受压力作用时，土体压缩量将大大减小，因此地基的变形也较小。根据这一原理，为了减小高压缩性地基的沉降量，往往在修建建筑物前对其进行预压处理。虽然根据 $e—p$ 曲线可以判别土体的压缩性大小，但在实际工程中需进行定量判别。常用的判别土体压缩性大小的指标有压缩系数 a、压缩指数 C_c和压缩模量 E_s等。

1)压缩系数

当 $e—p$ 曲线较陡时，说明增加压力时孔隙比减小较快。侧限压缩试验的 $e—p$ 曲线上任意点处切线的斜率 a 反映土体在该压力 p 作用下土体压缩性的大小，a 被称为土体的压缩系数。曲线平缓，其斜率小，土的压缩性低；曲线陡，其斜率大，土的压缩性高。

在工程上，当压力 p 的变化范围不大时，由图 6-5 可见，从 p_1 到 p_2压缩曲线上相应的 M_1M_2段可近似地看做直线，土在此段的压缩性可用该割线的斜率来反映，则直线 M_1M_2的斜率称为土体在该段的压缩系数，即：

$$a = \frac{e_1 - e_2}{p_2 - p_1} = -\frac{\Delta e}{\Delta p} \tag{6-4}$$

式中　a——土的压缩系数，kPa^{-1}；

p_1——增压前的压力，kPa；

p_2——增压后的压力，kPa；

e_1、e_2——增压前后土体在 p_1和 p_2作用下压缩稳定后的孔隙比。

式中负号表示土体孔隙比随压力 p 的增加而减小。

由式(6-4)可以看出，压缩系数表示在单位压力增量作用下土的孔隙比的减少量，故压缩系数 a 越大，土的压缩性就越高，但压缩系数的大小并非常数，而是随割线位置的变化而不同。从图 6-5 中可以看出，取不同的压力段，其割线斜率是不相同的，即有不同的压缩系数。因此，压缩系数是变量。

从对土评价的一致性出发，我国《建筑地基基础设计规范》(GB 50007—2011)中规定，取压力 $p_1=100$ kPa、$p_2=200$ kPa 对应的压缩系数 a_{1-2}为判别土压缩性的标准。规范中按照 a_{1-2}的大小将土的压缩性划分如下：

$a_{1-2}<0.1\ MPa^{-1}$　　属低压缩性土

$0.1\ MPa^{-1}\leqslant a_{1-2}<0.5\ MPa^{-1}$　　属中压缩性土

$a_{1-2}\geqslant 0.5\ MPa^{-1}$　　属高压缩性土

2)压缩指数

侧限压缩试验结果分析中也可以采用 $e—\lg p$ 曲线表示，如图 6-6 所示。此线段开始呈一段曲线，其后很长一段为直线，此直线段的斜率称为土体的压缩指数 C_c，即：

$$C_c = \frac{e_1 - e_2}{\lg p_2 - \lg p_1} \tag{6-5}$$

压缩指数无量纲。类似于压缩系数，压缩指数 C_c值也可以用来判别土的压缩性的大小，C_c值越大，土的压缩性越高。

$C_c<0.2$　　低压缩性土

$0.2\leqslant C_c\leqslant 0.35$　　中压缩性土

$C_c > 0.35$　　　　高压缩性土

3)压缩模量

土体在完全侧限条件下，其竖向压力的变化增量与相应竖向应变的比值，称为土的压缩模量 E_s，即：

$$E_s = \frac{\Delta p}{\varepsilon} \tag{6-6}$$

土体压缩模量 E_s 与压缩系数 a 的关系如下：

$$E_s = \frac{1 + e_1}{a} \tag{6-7}$$

由式(6-7)可以看出，压缩模量 E_s 与压缩系数 a 成反比，E_s 越大，a 就越小，同时土的压缩性就越低。同样，可以用相应于 $p_1 = 100$ kPa、$p_2 = 200$ kPa 范围内的压缩模量 E_s 值评价地基土的压缩性。

$E_s < 4$ MPa　　　　高压缩性土

4 MPa $\leqslant E_s \leqslant$ 15 MPa　　中压缩性土

$E_s > 15$ MPa　　　　低压缩性土

(三)静载荷试验

侧限压缩试验是目前建筑工程中测定地基土压缩性常用的室内试验方法，室内压缩试验简便实用。但是，这种试验由于试样尺寸较小，取样时土的天然结构难免不受扰动，同时由于各种试验条件(如加荷速率、侧限条件、土样与环刀之间的摩擦力等)的影响，使得试验结果与实际情况不完全相同。因此，对一些重要的工程及建造在特殊性土(如黄土、淤泥)上的工程，以及重要工程，规模大或建筑物对沉降有严格要求的工程，为了更确切地评价土在天然状态下的压缩性，常在现场进行原位载荷试验。现场载荷试验也可用来确定地基土的承载力，近期规范中又推出旁压试验等现场原位测试新技术。以下主要介绍静载荷试验，对旁压试验仅作简单介绍。

1. 试验仪器及试验方法

静载荷试验通过承压板，对地基土分级施加压力 p，同时测得承压板下的沉降量 s，便可得到压力和沉降量(p—s)关系曲线。然后根据弹性力学公式反求即可得出土的变形模量及地基承载力。试验装置如图 6-8 和图 6-9 所示，其构造一般由加载装置(荷载平台或钢梁、千斤顶或堆砌荷载)、反力装置(地锚)及沉降观测装置(百分表、固定支架)等三部分组成。试验方法如下：

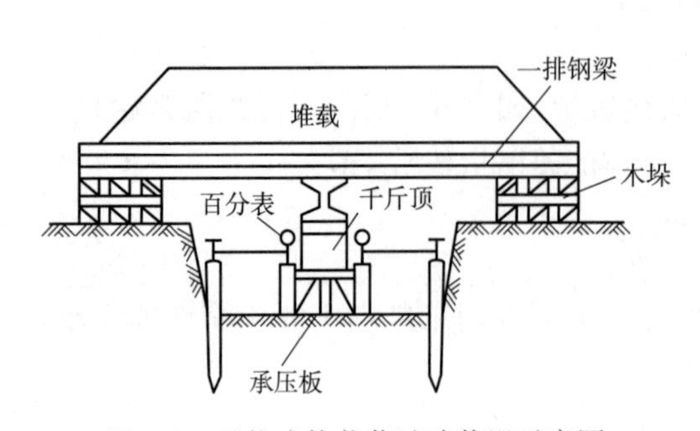

图 6-8　重物式静载荷试验装置示意图

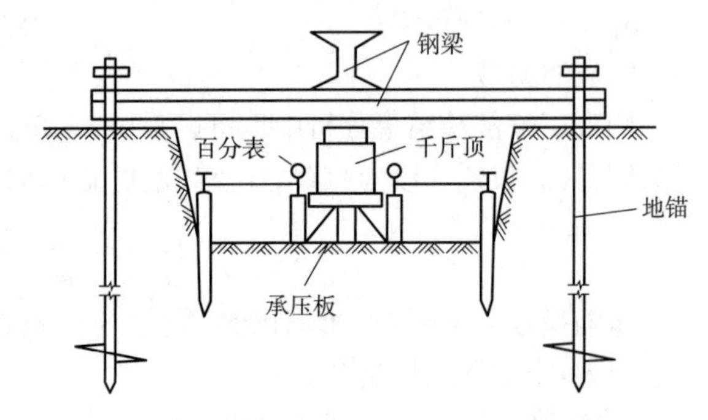

图 6-9　反力式静载荷试验装置示意图

1）在试验点开挖试坑至基础设计深度 d，试坑宽度 $B \geqslant 3b$（b 为方形承压板边长或圆形承压板直径），承压板面积一般为 0.25～0.50 m^2，不应小于 0.1 m^2。为保持土层的原状结构和天然湿度，最好在被测地基表面铺一层 10～20 mm 厚的中、粗砂，并用水平尺找平。当试验土层为软塑或流塑状态的黏性土或饱和的松土时，荷载周围应留有 200～300 mm 高的原土作为保护层。

2）加荷标准。第一级荷载 $p_1 = \gamma d$，基坑开挖时所卸除的自重应力；第二级荷载以及以后每级荷载增加量为：松软土 $\Delta p = 10 \sim 25$ kPa，坚硬土 $\Delta p = 50$ kPa，加荷等级不应小于 8 级；最大加荷量不应小于荷载设计值的两倍，应尽量接近预估地基的极限荷载。

3）按时间间隔测记沉降量。每施加一级荷载，按时间间隔为 10 min，10 min，10 min，15 min，15 min，30 min，30 min，30 min，…，30 min 读一次百分表的读数（百分表安装在承压板顶面四角）。当连续两小时内，每小时的沉降量均小于 0.1 mm 时，认为沉降已趋近于稳定，继续施加下一级荷载。

4）试验结束标准。当出现下列情况之一时，即可终止加载，结束试验：

（1）承压板周围土体明显侧向挤出或发生裂纹；

（2）沉降量 s 急剧增大，荷载—沉降量（p—s）曲线出现明显的陡降段；

（3）在某一级荷载作用下，24 h 沉降速率不能达到稳定标准；

（4）总沉降量 $s \geqslant 0.06\, b$（b 为承压板宽度或直径）。

5）终止荷载时应按规定逐级卸载，并进行回弹观测，以作参考。

2. 试验结果及分析

根据试验结果，按一定比例以压力 p 为横坐标、以稳定沉降量 s 为纵坐标，绘制荷载—沉降量（p—s）关系曲线，如图 6-10 所示。典型的荷载—沉降量（p—s）关系曲线通常可分为三段：

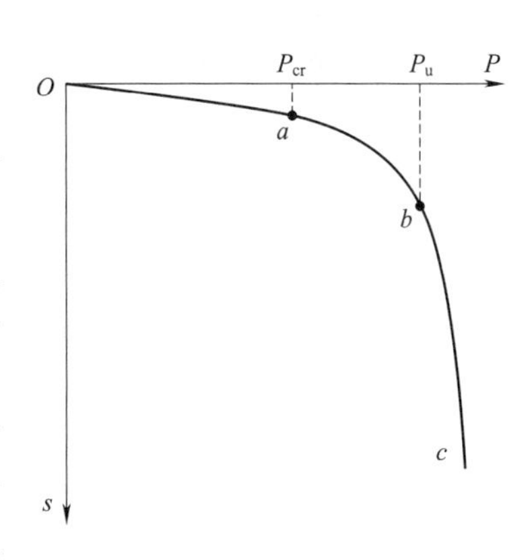

图 6-10　p—s 关系曲线

（1）直线变形阶段（压密阶段），当荷载较小时，荷载—沉降量关系曲线近似于直线，地基土体处于压密状态，相当于图中的 oa 段；

（2）局部剪切阶段，随着荷载的增加，荷载与变形关系不再是直线，而是呈曲线，其沉降速率明显增加，承压板边缘下的土体局部范围出现剪切破坏（塑性变形区），对应于 p—s 曲线中的 ab 段；

（3）完全剪切破坏阶段，随着荷载的继续增大，承压板急剧下沉，地基中塑性变形区出现连续滑动面，使地基达到破坏而丧失稳定，对应于 p—s 曲线中的 bc 段。

在 p—s 曲线中，a 点对应的荷载 p_{cr} 称为比例界限荷载，也称为临塑荷载；b 点对应的荷载 p_u 称为极限荷载。

3. 变形模量

地基土的变形模量是指在无侧限情况下土体在单轴受压的应力与应变之比。土的变形模量是反映土的压缩性的重要指标之一，可以由三轴试验测定，也可以根据载荷试验的结果，按弹性理论公式反推求得。

在弹性理论中，当集中力 F 作用在半无限直线变形体表面时，引起地表任一点的沉降量为：

$$s=\frac{F(1-\mu^2)}{\pi E_0 r} \tag{6-8}$$

式中 μ——地基土的泊松比(又称侧膨胀系数),即横向应变与纵向应变的比值 μ 取值可参考表 6-1 确定;

r——地表任一点到竖向集中力 F 作用点的距离,$r=\sqrt{x^2+y^2}$;

E_0——地基土的变形模量,MPa。

表 6-1 侧压力系数 K_0 和泊松比 μ 的经验值

土的种类和状态		K_0	μ
碎石土		0.18～0.25	0.15～0.20
砂土		0.25～0.33	0.20～0.25
粉土		0.33	0.25
粉质黏土	坚硬状态	0.33	0.25
	可塑状态	0.43	0.30
	软塑及流塑状态	0.53	0.35
黏土	坚硬状态	0.33	0.25
	可塑状态	0.53	0.35
	软塑及流塑状态	0.72	0.42

通过对式(6-8)积分,可得到均布荷载作用下任一点的沉降量的计算公式:

$$s=(1-\mu^2)\omega b\frac{p_{cr}}{E_0} \tag{6-9}$$

可得变形模量 E_0 的计算公式为:

$$E_0=(1-\mu^2)\omega b\frac{p_{cr}}{s} \tag{6-10}$$

式中 s——地基土的沉降量,cm;

p_{cr}——地基的临塑荷载,kPa,p—s 曲线的直线段末端所对应的压力值(比例界限);

b——矩形载荷板的短边长或圆形载荷板的直径,cm;

ω——沉降系数,可由表 6-2 查得,对刚性载荷板,方形取 0.88,圆形取 0.79。

表 6-2 沉降系数 ω 值

基础类型		圆形	立形	矩形 l/b										
		—	1.0	1.5	2.0	3.0	4.0	5.0	6.0	7.0	8.0	9.0	10.0	100
柔性基础	ω_c	0.64	0.56	0.68	0.77	0.89	0.98	1.05	1.12	1.17	1.21	1.25	1.27	2.00
	ω_0	1.00	1.12	1.36	1.53	1.78	1.96	2.10	2.23	2.33	2.42	2.49	2.53	4.00
	ω_m	0.85	0.95	1.15	1.30	1.53	1.70	1.83	1.96	2.04	2.12	2.19	2.25	3.69
刚性基础	ω_r	0.79	0.88	1.08	1.22	1.44	1.61	1.72					2.12	3.40

当 p—s 曲线不出现明显的直线段时,建议对砂土或低压缩性土取 $s=(0.01\sim0.15)b$ 及对应的荷载 p,代入式(6-10)计算变形模量。由理论推导可得压缩模量 E_s 与变形模量 E_0 之间的关系为:

$$E_0=(1-\frac{2\mu^2}{1-\mu})E_s \tag{6-11}$$

由于现场载荷试验测定 E_0 和室内压缩试验测定 E_s 时，各有些无法考虑的因素，使得式(6-11)不能准确反映 E_0 和 E_s 之间的实际关系。这些因素主要是压缩试验的土样容易受到较大的扰动(尤其是低压缩性土)，载荷试验与加压试验的加荷速率、压缩稳定标准都不一样，μ 值都难以精确确定等。根据统计资料显示，E_0 值可能是 $(1-\frac{2\mu^2}{1-\mu})E_s$ 值的几倍，一般来说，土越坚硬则倍数越大，而软土的 E_0 值与 $(1-\frac{2\mu^2}{1-\mu})E_s$ 值比较接近。

有时 p—s 曲线并不出现直线段，可对中、高压缩性粉土取 $s_1=0.02b$ 及其对应的荷载为 p_1；对低压缩性粉土、黏性土、碎石土及砂土，可取 $s_1=(0.01\sim0.015)b$ 及其对应的荷载 p_1，代入式(6-10)计算 E_0。

载荷试验在现场进行，对地基土扰动较小，土中应力状态在承压板较大时与实际基础情况比较接近，测出的指标能较好地反映土的压缩性质。但载荷试验工作量大，时间长，所规定沉降稳定标准带有较大的近似性，据有些地区的经验，它所反映的土的固结程度通常仅相当于实际建筑施工完毕时的早期沉降量。此外，载荷试验的影响深度一般只能达到$(1.5\sim2)b$，对于深层土，曾在钻孔内用小型承压板借助钻杆进行深层载荷试验。但是，由于在地下水位以下清理孔底困难和受力条件复杂等因素，数据不易准确。故国内外通常用旁压试验或触探试验测定深层的变形模量。

4. 侧压力系数和侧膨胀系数

侧压力系数是指土体在侧限压缩试验时，由于土体膨胀所产生的侧向水平应力 σ_x 与竖向应力 σ_z 的比值，可通过试验确定。无试验条件时，可用表 6-1 中的经验数值 K_0。侧膨胀系数是指土在无侧限条件下进行单向压缩试验时，侧向膨胀的单位变形量与竖向压缩的单位变形量之比，也称泊松比。测压力系数与侧膨胀系数的关系为：

$$K_0=\frac{\mu}{1+\mu} \tag{6-12}$$

(四)旁压试验

当基础埋深很大，试坑开挖深度大以及地下水较浅，基础埋深在地下水位以下时，可用旁压试验进行原位测试。旁压试验又称横压试验，也是一种原位测试的方法。该法适用于原位测试黏性土、粉土、砂土、软质岩石和风化岩石。它比浅层静载荷试验耗资少，简单轻便，而且能进行深层土的原位测试，深度可达 20 m 以上。

1. 试验仪器

为了减少钻孔对周围土壁的扰动，旁压试验分为两种：一种为预钻式，即在预先钻孔内放入旁压器进行试验；另一种为自钻式，在装置下端带有特殊的水冲钻头，可在保持土层的天然结构及应力状态下自钻成孔，并就位于试验深度。这样可以减少由于预先钻孔带来的孔壁天然应力状态发生变化所造成的影响。

如图 6-11 所示，旁压器为一个三腔圆筒式骨架，外套为弹性橡胶膜，其中中腔为测试腔，长度为 2.50 mm，外径为 50 mm；上、下腔的直径相同，长度稍短，与中腔隔离，为辅助腔，以便于中腔消除边界影响。中腔与上、下腔各设一根进水管和一根排气管，与地面旁压仪表盘上的测压管、压力表相通。

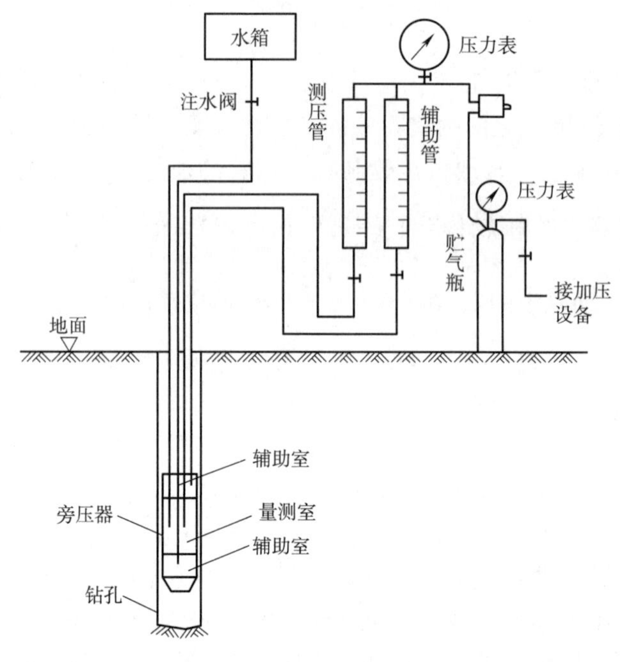

图 6-11　旁压试验示意图

2. 试验原理

旁压试验的原理与载荷试验的原理相近,只不过将竖直方向加载改为水平方向加载。在钻孔中某一待测深度处放一个带有可扩张橡皮囊的圆柱形装置,即旁压仪,然后从地面通过水(气)加压系统向旁压室内施加压力,使橡皮囊径向膨胀,从而向孔壁施加径向压力 P_h,并引起四周孔壁的径向变形 s,径向变形可通过压力橡皮囊内积水体积 V 的变化间接测量。绘制 p_h—V 关系曲线和 p_h—s 关系曲线,如图 6-12 所示。其中,0—p_{0h} 段是将橡皮囊撑开,贴近孔壁的区段;p_{0h}～p_{cr} 以后,孔壁周围土体发生局部破坏;达到极限荷载 p_{uh},土体产生整体破坏。这时测量所加压力 p 的大小及旁压器测量腔体内的体积 V 的变化,在换算为土的应力—应变关系,从而获得地基土强度和变形模具等参数。

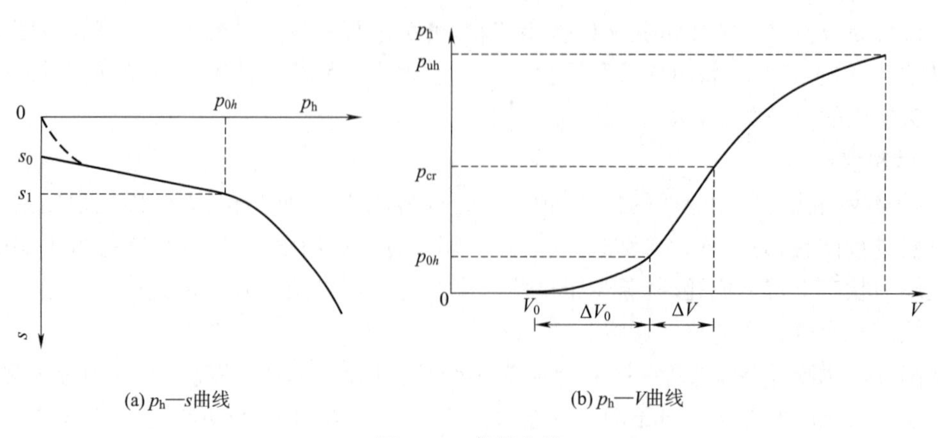

图 6-12　旁压曲线

3. 压力特征值及压缩模量的确定

三个压力特征值 p_{0h}、p_{cr}、p_{uh}可绘制的 p_h—V 关系曲线上确定。初始阶段为橡胶膜膨胀与孔壁初步接触阶段，压力值 p_{0h}为旁压曲线直线段的起点，即曲线与直线的第一个前点所对应的压力为初始压力值 p_{0h}。第二阶段为压力与体积变化量大致呈直线关系，表示土体尚处在弹性状态。临塑压力 p_{cr}值，可全旁压曲线（p_h—V）直线段的终点，即曲线与直线段的第二个切点所对应的压力为临塑压力 p_{cr}值最后为变形阶段，即随着压力增大，土内局部环状区域产生塑性变形。这时曲线在临塑压力右侧的曲线段，趋向于与横轴平行的渐近线，其切点对应的压力为极限压力 p_{uh}值。因此，极限压力 p_{uh}值可根据曲线与渐近线的切点确定。

根据绘制的 p_h—s 曲线，可以按公式计算出地基土的变形模量 E_0和压缩模量 E_s：

$$E_0 = \frac{p_0}{s_1 - s_0}(1 - \mu^2) \tag{6-13}$$

$$E_s = 1.25\frac{p_0}{s_1 - s_0}(1 - \mu^2)r + 4.2m \tag{6-14}$$

式中　s_0——旁压器橡胶薄膜接触孔壁过程中，测压管水位下降值，即 P_h—s 曲线中直线段延长线与纵坐标交点值，cm；

μ——土的侧膨胀系数（泊松比）；

m——旁压系数；

r——试验钻孔半径，计算式为

$$r^2 = \frac{Fs_0}{L\pi} + r_0^2 = \frac{15.28s_0}{25\pi} + 2.5^2 = 0.195s_0 + 6.25 \tag{6-15}$$

（测压管水柱截面积 F=15.28 cm，旁压器中腔长度 L=25 cm，旁压器半径 r=2.5 cm）

根据 p_h—V 曲线的第二阶段的坡度（$\Delta p/\Delta V$），可得到土的旁压模量 E_M，其值与土的变形模量接近。对于各向同性的土体，E_M按下式计算：

$$E_M = 2(1 + \mu)(V + V_m)\frac{\Delta p}{\Delta V} \tag{6-16}$$

式中　V——旁压器测量腔中初始固有体积，cm^3；

V_m——旁压曲线直线段头尾中间的平均扩展体积，cm^3；

$\Delta p/\Delta V$——旁压曲线直线段的斜率，kPa/cm^3。

（五）应力历史对土体压缩性的影响

1. 不同情况的应力历史

应力历史是指土体在历史上曾经受过的应力状态。黏性土在形成及存在的过程中受地质作用和应力变化不同，所产生的压密过程及固结状态也不同。为了讨论应力历史对土体压缩性的影响，将土在历史上曾经受到过的最大固结压力称为先期固结压力，以 p_c表示；将土体在地质历史时期所受的最大固结压力 p_c与目前现有固结应力 p_0的比值称为超固结比，以 OCR 表示。根据 OCR 的大小可将土分为正常固结土（OCR=1）、超固结土（OCR＞1）和欠固结土（OCR＜1）三种类型。

1）正常固结土

一般土体的固结是在自重应力作用下伴随土的沉积过程逐渐达到的。当土体达到固结稳定后，土层中的应力未发生明显变化，也就是说，先期固结压力为目前土层的自重应力，这种状态的土称为正常固结土。如图 6-13(a)所示情况的土层即为正常固结土。工程中大多数建筑物地基均为正常固结土。

2)超固结土

天然土层在地质历史上所受的固结压力大于现有固结压力，即 $p_0<p_c$。当土层在历史上经受过较大固结应力作用而达到固结稳定后，由于受到强烈的侵蚀、冲刷等，使其目前的自重应力小于先期固结压力，这种状态的土称为超固结土，如图 6-13(b)所示。

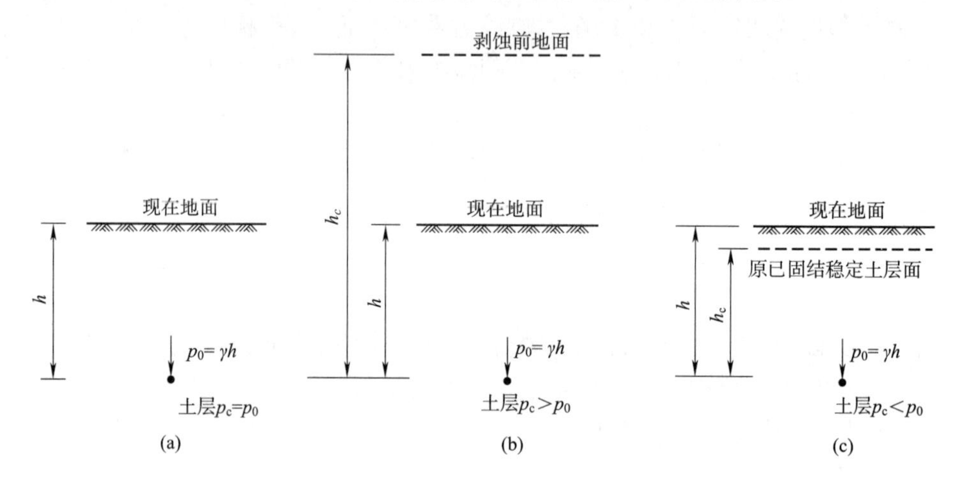

图 6-13　土层按先期固结压力的分类

3)欠固结土

欠固结土指土层在历史上曾受到 p_c 作用下达到压缩稳定，以后某些原因使土层继续沉积或加载，形成大于 p_c 的自重应力，如新近沉积的土等。因时间不长，土层沉积历史短，在自重应力作用下尚未达到固结稳定，这种状态的土称为欠固结土，如图 6-13(c)所示。

2. 先期固结压力的确定

先期固结压力通常采用作图法确定，应用最广的是卡萨格兰德(A. Cacagrande)经验作图法，具体步骤(图 6-14)：

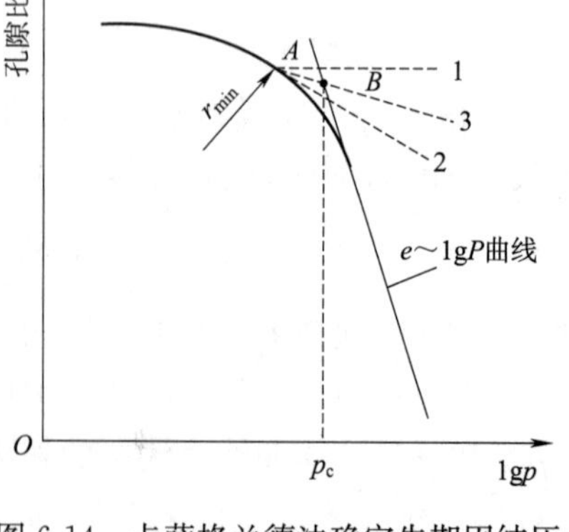

图 6-14　卡萨格兰德法确定先期固结压力

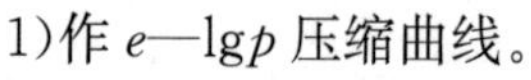
1)作 e—lg$p$ 压缩曲线。

2)过曲率半径最小点 A 作水平线 $A1$ 和切线 $A2$。

3)作∠$1A2$ 的角平分线 $A3$。

4)将 e—lg$p$ 曲线中的直线段反向延长交∠$1A2$ 的角平分线 $A3$ 于 B 点，则 B 点对应的压力为先期固结压力 p_c。

三、相关例题

一块饱和黏性土样的原始高度为 20 mm，试样面积为 3×10^3 mm^2，在固结仪中做压缩试验。土样与环刀的总重为 175.6×10^{-2} N，环刀重 58.6×10^{-2} N。当压力 $p_1=100$ kPa 增加到 $p_2=200$ kPa 时，土样变形稳定后的高度相应地由 19.31 mm 减小为 18.76 mm。试验结束后烘干土样，称得干土重为 94.8×10^{-2} N。试计算及回答：

(1)与 p_1 及 p_2 相对应的孔隙比 e_1 及 e_2。

(2)该土的压缩系数 a_{1-2}。

(3)评价该土高、中还是低压缩性。

解：(1)首先求出土中含水的体积

$$m_w=\frac{G_w}{g}=\frac{(175.6-58.6-94.8)\times10^{-2}}{9.8}=2.265\times10^{-2}\text{ kg}$$

$$V_w=\frac{m_w}{\rho_w}=\frac{2.265\times10^{-2}}{1\times10^{-3}}=22.65\text{ cm}^3$$

由于原始土样的体积为：$V=20\times3=60\text{ cm}^3$

于是土粒体积 $V_s=V-V_w=60-22.65=37.35\text{ cm}^3$

即 $e_0=\dfrac{22.65}{37.35}=0.606$，由公式(6-3)可求出与 p_1 相对应的孔隙比 $e_1=e_0-\dfrac{\Delta S_1}{H_0}(1+e_0)=0.551$，同理 $e_2=0.507$

(2)应用公式(6-4)可求 a_{1-2}：

$$a_{1\text{-}2}=\frac{e_1-e_2}{p_2-p_1}=0.44\text{ MPa}^{-1}$$

(3)由于 $0.1\text{ MPa}\leqslant a_{1-2}<0.5\text{ MPa}^{-1}$，所以属于中等压缩性土。

学习项目 2　地基的沉降计算

一、引出案例

高速铁路对铁路路基地基采用加固处理，以提高地基刚性，减少地基沉降。根据我国遂渝线铁路、工民建等相关行业的施工经验以及国外工程对地基加固处理的实践，利用 CFG 桩对地基加固均取得了良好的社会效果。路基沉降及工后沉降是武广高铁路基工程重点研究的内容，路基工程质量的成败也主要取决于对路基沉降及工后沉降的控制。因此，分析、推算出最终沉降量和工后沉降，合理确定无砟轨道开始铺设时间，就显得尤为重要。

新建武广高铁北起武汉枢纽南端乌龙泉，南至广州枢纽北端花都，线路全长 874.406 km，设计时速 350 km。其中武广高铁试验段起止里程为 DK1228＋500～DK1238＋750，全长 9.276 km。该试验段存在大范围松软土地基，具有较高压缩性。根据地质条件综合分析及沉降估算，工后沉降不能满足高速铁路无砟轨道铺设条件对工后沉降的要求。因此，在综合分析不同的地基加固处理方法效果和施工时间安排的基础上，设计采用 CFG 桩复合地基加固。沉降监测和预测拟合在施工和设计中都起着极其重要的作用。从监测所得的数据中找到沉降时间的近似拟合公式，可以据此来预测地基工后沉降和最终沉降，及时指导施工、调整方案。

目前，工程上通常是结合现场施工沉降动态观测，利用预压期沉降观测资料推算后期沉降的发展。即通过现场实测资料来推算沉降量与时间的关系，利用实测资料推求沉降避免了室内试验和理论计算建设条件中存在的问题。

二、相关理论知识

地基的沉降主要是由于荷载作用通过基础而引起地基土体的变形。地基的沉降过程可分为瞬时沉降、主固结沉降和次固结沉降三部分。

瞬时沉降是指荷载在施加的瞬间所引起的土体沉降变形，瞬时沉降的特点是历时短、沉降量小且对工程的影响可忽略不计。主固结沉降是指荷载形成土体固结的过程中，由土体固结排水和土体体积压缩作用所产生的沉降变形，主固结沉降是沉降的主要形成部分，其特点是沉降历时长、土体沉降量大。次固结沉降主要是指土体沉降过程中某些黏性土在孔隙水完全排出、土体达到固结稳定后，由于黏性土体的蠕变产生的沉降变形，次固结沉降的特点是沉降时间长、沉降量小且随时间逐渐趋于稳定。

地基最终沉降量一般指地基土层在荷载作用下变形完成后土体的最大竖向位移量。计算地基最终沉降量的目的在于确定建筑物可能产生的最大沉降量、沉降差、倾斜量及局部倾斜量，判断是否超过允许沉降范围，为建筑物设计和地基处理提供依据，保证建筑物安全。

计算沉降量的方法很多，常见的有分层总和法、应力面积法、弹性理论法等，本节主要介绍常用的分层总和法。

(一)分层总和法计算

1. 计算原理

分层总和法假定地基土为直线变形体，在外荷载作用下变形只发生在有限厚度的范围内(即压缩层)；同时由于竖向附加应力 σ_z＝作用使土体压缩变形导致地基沉降，而剪切应力等其他影响因素则忽略不计，土体压缩时不产生侧向变形。将地基压缩层范围内的土层分成若干薄层，根据侧限压缩试验得到的 $e—p$ 曲线或 $e—\lg p$ 曲线，计算每一薄层的变形量，然后求和作为地基土压缩的最终沉降量。

压缩层是指压缩变形不可忽略的土层范围。由于一般土体沉积历史比较长，土体在自重作用下变形已经结束，当荷载在土层中引起的应力增加不大时，所引起的变形也很小，可以忽略不计。一般控制附加应力 σ_z 与自重应力 σ_{cz} 的比值小于等于 0.2，既 $\sigma_z/\sigma_{cz}\leqslant 0.2$ 的土层可以不计变形量；但对下部有软弱土层时，压缩层计算深度应满足 $\sigma_z/\sigma_{cz}\leqslant 0.1$

2. 计算假定

1)地基中划分的各薄层均在无侧向膨胀情况下产生竖向压缩变形。这样计算基础沉降时，就可以使用室内固结试验的成果，如压缩模量，$e—p$ 曲线。

2)基础沉降量按基础底面中心垂线上的附加应力进行计算。实际上基底下同一深度偏离中垂线的其他各点的附加应力比中垂线上的均较小，这样会使计算结果比实际稍偏大，可以抵消一部分由基本假定所造成的误差。

3)对于每一薄层来说，从层顶到层底的应力是变化的，计算时均近似地取层顶和层底应力的平均值。划分的土层越薄，由这种简化所产生的误差就越小。

4)只计算“压缩层”范围内的变形。所谓“压缩层"是指基础底面以下地基中有显著变形的那部分土层。由于基础下引起土体变形的附加应力是随着深度的增加而减小，自重应力则相反。因此到一定深度后，地基土的应力变化值已不大，相应的压缩变形也就很小，计算基础沉降时可将其忽略不计。这样，从基础底面到该深度之间的土层，就被称为“压缩层”。压缩层的厚度称为压缩层的计算深度。

3. 单一压缩土层的计算

如图 6-15 所示为单一压缩土层地基受到无限大面积的均布荷载 q 的作用，土层中各点的附加应力均相等，并且只有竖直方向的变形，即与侧限压缩试验的受力状态相同。设受荷前土层厚度为 H_1，取断面面积为 A 的土体为分析体，其体积 $V_1=AH_1$。

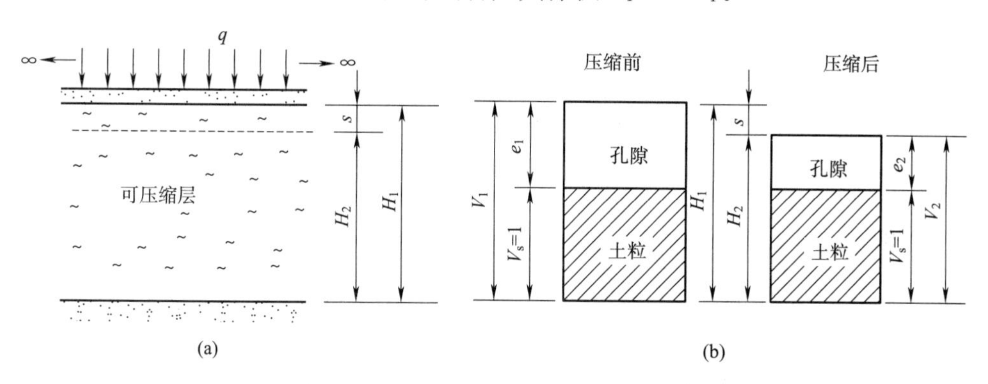

图 6-15　单一压缩土层变形计算原理

根据土的三相图，则有 $V_1=V_{v_1}+V_s$，即：

$$AH_1=V_{v_1}+V_s=V_s(1+e_1) \tag{6-17a}$$

在均布荷载 q 作用下，土层变形稳定后的厚度为 H_2，面积 A 范围内的土体体积为 $V_2=AH_2$，由于土体内土颗粒的体积 V_s 未发生变化，则：

$$AH_2=V_{v_2}+V_s=V_s(1+e_2) \tag{6-17b}$$

由图 6-15 知，土层在荷载 q 的作用下，其压缩变形量为：

$$s=H_1-H_2=(1-H_2/H_1)H_1 \tag{6-18}$$

由式(6-17a)和式(6-17b)可得：

$$\frac{H_2}{H_1}=\frac{1+e_2}{1+e_1} \tag{6-19}$$

代入式(6-18)得：

$$s=\left(1-\frac{1+e_2}{1+e_1}\right)H_1=\frac{e_1-e_2}{1+e_1}H_1 \tag{6-20}$$

将压缩系数或压缩模量的公式代入式(6-20)便可得到：

$$s=\frac{a}{1+e_1}\Delta pH_1 \tag{6-21}$$

或

$$s=\frac{\Delta pH_1}{E_s} \tag{6-22}$$

式(6-20)～式(6-22)均为侧限条件下地基单一压缩土层变形量的计算公式。e_1 为附加应力作用前土体的孔隙比，e_2 为自重应力与附加应力共同作用下土层稳定后的孔隙比，均可以根据自重应力平均值 $\bar{\sigma}_{cz}$ 与附加应力的平均值之和 $\bar{\sigma}_{cz}+\bar{\sigma}_z$ 查 e—p 曲线得到。

4. 分层总和法的计算方法及步骤

1)用坐标纸按比例绘制地基土层分布图和基础剖面图。

2)地基土分层。其原则为：

(1)地基土层中的天然层面必须作为分层界面；

(2)平均地下水位作为分层界面；

(3)每分层内的附加应力分布曲线接近于直线，要求分层厚度 $h<0.4b$(b 为基础宽度)，水闸地基分层厚度 $h<0.25b$。

3)计算基底层面土的基底压力及基底附加压力。

4)计算各分层上、下层面处土的自重应力 σ_{cz} 和基底附加压力 σ_z 。

5)确定压缩层的深度 z_n。某层面处的附加应力和自重应力的比值满足 $\sigma_z/\sigma_{cz}\leqslant0.2$ 或软弱土层中满足 $\sigma_z/\sigma_{cz}\leqslant0.1$ 时，下部土体可不计算变形量。

6)计算压缩土层深度内各分层的平均自重应力 $\bar{\sigma}_{cz}$ 和平均附加应力 $\bar{\sigma}_z$ 。计算式为 $\bar{\sigma}_{cr}=(\sigma_{czi}+\sigma_{czi})/2$；$\bar{\sigma}_z=(\sigma_{zi-1}+\sigma_{zi})/2$

7)在 e—p 曲线上依据 $p_{1i}=\bar{\sigma}_{czi}$ 查出相应的孔隙比和 e_{1i} 和 e_{2i}，按照式(6-20)计算各分层的变形量；若已知土层的压缩系数或压缩模量，可以按照式(6-21)或式(6-22)计算各层土的变形量。

8)将各分层沉降量 s_i 总和起来，即可求出总沉降量 $s=\sum s_i$。

(二)地基沉降与时间的关系

黏性土地基在建筑荷载作用下，其固结变形需要经过相当长的时间才能完成，而建筑物的施工过程相对于地基固结过程来说较短，所以施工阶段完成的地基变形相对较小，建筑物使用阶段的地基变形较大。为了建筑物的安全和正常使用，对于一些重要和特殊的建筑物，应在工程实践和研究分析中掌握沉降与时间关系的规律性。而砂土和碎石土的压缩性很小，且渗透性强，所以受荷后固结稳定所需要的时间很短，一般在外荷载施加过程中其固结变形基本结束，故实际工程中一般只考虑黏性土的变形对建筑物的影响。

对于饱和黏性土来说，其固结主要是由于孔隙水被排出，固结速度取决于土的渗透性，故称饱和土体的固结为渗透固结。目前均以饱和土的渗透固结为理论基础研究沉降与时间的关系。

1. 饱和土的渗透固结

饱和土的渗透固结可以借助于渗透固结模型来说明。如图6-16所示为饱和黏性土的渗透固结模型，模型由一个盛满水的容器、弹簧和带孔的轻质活塞组成，弹簧代表土骨架，容器中的水代表孔隙水，活塞模拟土的排水通道，容器壁上装有一根测压管，以显示容器内的水压力。

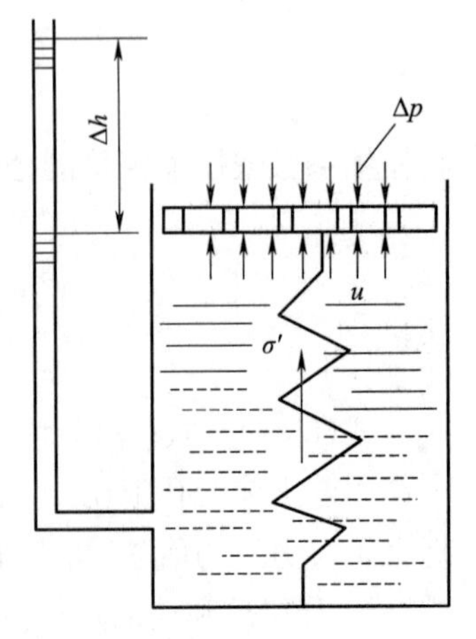

图 6-16　饱和黏性土的渗透固结模型

当活塞上无外力作用时，测压管水位与容器中水位相同，测压管水头 $h=0$，此时孔隙水压力等于静水压力，土中无渗透发生。在活塞上施加压力强度为 Δp 的外荷载，施加的瞬间，容器中的水还来不及排出，由于水体被视为不可压缩体，此时活塞未下降，弹簧没有变形，说明土骨架未受力，荷载全部由孔隙水承担。随着孔隙水压力的增大，测压管水头升高，其高度 $\Delta h=\Delta p/\gamma_w$ 。这时有效应力为零，孔隙水中超过原来静水压力部分的超静水压力等于外加压力 Δp，即 $t=0$ 时，$u=\Delta p$，$\sigma'=0$ 随着受压时间的延续，容器中的水通过活塞小孔向外排出，测压管水头下降，弹簧逐渐被压缩，说明孔隙水压力在减小，有效应力在增加，总压力由两种应力共同承担，即当 $0<t<\infty$ 时，u 减小，σ' 增加，$\Delta p = u+\sigma'$。随着排水过程的延续，测压管水头越来越小，有效应力越来越大，最后压力水头消散，排水终止，弹簧达到最大变形，说明超静水压力已减小到零，总应力全部由土颗粒承担，即 $t=\infty$ 时，$u=0,\sigma'=\Delta p$。

如图 6-17(a)所示为饱和黏土层在均布荷载 p 作用下的固结情况，其固结过程可以通过多层渗透固结模型(图 6-17(b))来说明。多层渗透固结模型由多层带孔的活塞板、弹簧和容器组成，容器内充满水。模型各层分别表示不同深度的土层。荷载作用于模型后，可以从测压管中水位的变化情况，剖析土层中孔隙水压力随时间消散的过程。

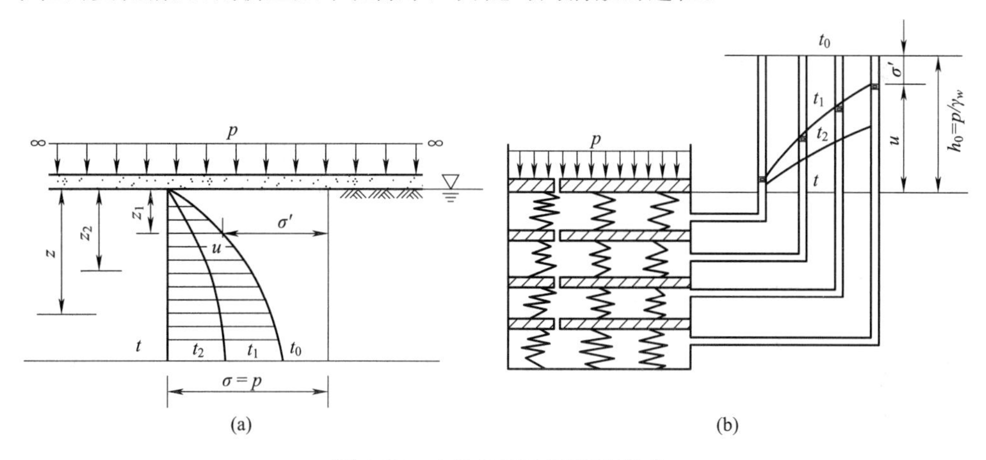

图 6-17　土的多层渗透固结模型

加荷之前，测压管中的水位与容器中的水位保持齐平，表明土中各点的超静水压力等于零。在荷载 p 施加的瞬间($t=0$ 时)，各土层的水都来不及排出，活塞板不下沉，弹簧未变形，即弹簧不受力，全部荷载由容器中孔隙水来承担。各测压管中水的水位都升高了 h_0($h_0 = p/\gamma_w$)，表明土层中各点的超静水压力都为 $u=p$，而 $\sigma'=0$。在升高的水压力作用下，模型中的水将随着时间不断排出，表示土体开始固结。因模型顶面为排水面，第 1 层的水首先排出，随后第 2、第 3、第 4 层的水依次被排出，离排水面愈远的点，排水愈困难，因而孔隙水压力形成上小下大的状况，将某一时刻各测压管的水位连接起来，可得如图 6-17(a)所示的曲线，此时($0<t<\infty$)模型中的各点：

超静水压力：$u_1 < u_2 < u_3 < u_4 < p$

土骨架的有效应力：$\sigma_1' > \sigma_2' > \sigma_3' > \sigma_4'$

且
$$p = u_i + \sigma_i'$$

随着时间的增长，测压管中的水位逐渐恢复到与圆筒中的水位齐平。此时圆筒中的水不再向外排出，弹簧承担全部外荷载，变形达到稳定，相当于土层中各点的超静水压力已全部消散，荷载全部由土骨架承担，即 $t=\infty$ 时，$u_i=0$，$\sigma_i'=p$。表明此时土的渗透固结完成。由此看出，饱和土的渗透固结过程实质上是孔隙水压力向有效应力转换的过程，或孔隙水压力消散而有效应力增长的过程。

2. 饱和土的单向固结理论

土体在固结过程中，如果孔隙水只沿一个方向排出，土的压缩也只在一个方向发生(一般指竖直方向),那么,这种固结就称为单向固结。工程中,荷载分布面积很大、靠近地表的薄土层,其渗透固结就近似属于这种情况。

1)单向渗透固结理论的基本假设

(1)地基土为均质、各向同性的饱和土。

(2)土的压缩完全是由于孔隙体积的减少而引起的,土粒和孔隙水均不可压缩。

(3)孔隙水的渗流和土的压缩只沿竖向发生,侧向既不变形,也不排水。

(4)孔隙水的渗流服从达西定律,土的固结快慢取决于渗透系数的大小。

(5)在整个固结过程中,假定孔隙比 e、压缩系数 a 和渗透系数 k 为常量。

(6)荷载是连续均布的,并且是一次瞬时施加的。

2)单向固结微分方程

如图 6-18 所示,饱和黏性土层厚度为 H,上面为透水层,底面为不透水层(属非压缩层),在自重应力作用下已固结稳定。作用于层面的荷载为无限广阔的均布荷载,则在土层内部引起的竖向附加应力(即固结应力)沿土层深度的分布是均匀的,即各点的附加应力等于外加均布荷载($\sigma_i' = p$)。在黏土层中深度 z 处取厚度为 dz 的微分单元体(面积为 1×1)进行水量平衡分析。

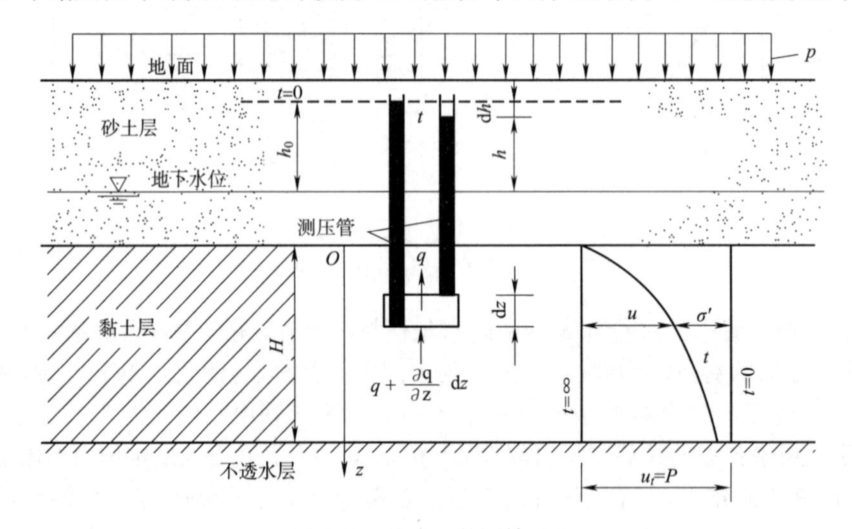

图 6-18 饱和土的固结过程

微元体的体积 $V=1\times1\times\mathrm{d}z=\mathrm{d}z$,由于 $\frac{V_s}{V}=\frac{1}{e+1}$,所以土颗粒体积 $V_s=\frac{1}{e+1}\mathrm{d}z$,且在固结过程中保持不变,孔隙体积 $V_v=nV=\frac{e}{1+e}\mathrm{d}z$。因此微元体在时间 d$t$ 内的体积变化量为:

$$\frac{\partial V}{\partial t}\mathrm{d}t=\frac{\partial(V_s+V_v)}{\partial t}\mathrm{d}t=\frac{\partial V_v}{\partial t}\mathrm{d}t=\frac{\partial(\frac{e}{1+e}\mathrm{d}z)}{\partial t}\mathrm{d}t=\frac{1}{1+e}\frac{\partial e}{\partial t}\mathrm{d}z\mathrm{d}t \tag{6-23}$$

根据微元体的变形条件,由压缩系数的概念可知:

$$\mathrm{de}=-a\mathrm{d}\sigma'=-a\mathrm{d}(p-u)=a\mathrm{d}u \tag{6-24}$$

将式(6-24)代入式(6-23)得:

$$\frac{\partial V}{\partial t}\mathrm{d}t=\frac{a}{1+e}\frac{\partial u}{\partial t}\mathrm{d}z\mathrm{d}t \tag{6-25}$$

设在固结过程中的某一时刻 t，从单元体顶面流出的流量为 q，则从底面流入的流量应为 $q+\frac{\partial q}{\partial z}\mathrm{d}z$。因此，在时间增量 $\mathrm{d}t$ 内，单元体中的水量变化应等于流出与流入单元体的数量之差，即：

$$Q_1-Q_2=q\mathrm{d}t-(q+\frac{\partial q}{\partial z}\mathrm{d}z)\mathrm{d}t=-\frac{\partial q}{\partial z}\mathrm{d}z\mathrm{d}t \tag{6-26}$$

由于微元体中土粒的体积不变，其体积的变化实际就是土体内孔隙水体积的变化，即体积变化量等于流入和流出单元体的水量之差，即：

$$Q_2-Q_1=\frac{\partial V}{\partial t}\mathrm{d}t$$

$$\frac{\partial q}{\partial z}\mathrm{d}z\mathrm{d}t=\frac{\partial V}{\partial t}\mathrm{d}t \tag{6-27}$$

将式(6-25)代入式(6-27)得：

$$\frac{\partial q}{\partial z}=\frac{a}{1+e}\frac{\partial u}{\partial t} \tag{6-28}$$

根据前述固结理论可知，在加荷的瞬间($t=0$)，固结应力全部由孔隙中的水来承担，所以各点的测压管水位都升高 $h_0=u_0/\gamma_w=p/\gamma_w$。固结过程中的某一时刻 t，由于孔隙水压力开始消散，测压管水位都将下降，设此时单元体顶面处的孔隙水压力为 u，则测压管水位高出地面水位 $h=u/r_w$，而底面测压管水位将比顶面测压管水位高出 $\mathrm{d}h=\frac{\partial h}{\partial z}\mathrm{d}z=\frac{1\partial u}{\gamma_w\partial z}\mathrm{d}z$，如图 6-18 所示。因此有：

$$\frac{\partial h}{\partial z}=\frac{1}{\gamma_w}\frac{\partial u}{\partial z} \tag{6-29}$$

由于 $A=1\times1$，根据达西定律有：

$$q=Aki=k\frac{\partial h}{\partial z} \tag{6-30}$$

由式(6-29)和式(6-30)可得：

$$\frac{\partial q}{\partial z}=k\frac{\partial^2 h}{\partial z^2}=\frac{k}{\gamma_w}\frac{\partial^2 u}{\partial z^2} \tag{6-31}$$

将式(6-28)代入式(6-31)左端得：

$$\frac{a}{1+e}\frac{\partial u}{\partial t}=\frac{k}{\gamma_w}\frac{\partial^2 u}{\partial z^2}$$

整理可得：

$$\frac{\partial u}{\partial t}=\frac{k(1+e)}{\gamma_w a}\frac{\partial^2 u}{\partial z^2}$$

令 $C_v=\frac{k(1+e)}{a\gamma_w}$，则：

$$\frac{\partial u}{\partial t}=C_v\frac{\partial^2 u}{\partial z^2} \tag{6-32}$$

式中 C_v——土的固结系数，$\mathrm{cm^2}$/年；

e——加荷前土的孔隙比；

k——土的渗透系数，cm/年；

a——土的压缩系数，$\mathrm{cm^2/N}$；

γ_w ——水的重度，$\gamma_w = 0.00981\ N/cm^3$。

式(6-32)为饱和土的单向渗透固结微分方程。根据初始条件和边界条件，可求得任一深度 z 在任一时刻 t 时的孔隙水压力 u 的表达式。初始条件指开始固结时附加应力的分布情况；边界条件指可压缩土层顶面的排水条件。图 6-18 的初始条件和边界条件为：

$t=0$ 和 $0 \leqslant z \leqslant H$ 处　　$u_0 = \sigma_z = p$　　（施加荷载的瞬间）

$0 < t < \infty$ 及 $z=0$ 处　　$u=0$　　（在排水面处）

$z=H$ 处　　$q = 0, \dfrac{\partial u}{\partial z} = 0$　　（排水距离最大处）

将上述初始条件和边界条件代入式(6-32)，可得出微分方程的解为：

$$u = \frac{4\sigma_z}{\pi^2}\sum_{m=1}^{\infty}\frac{1}{m^2}\sin\left(\frac{m\pi z}{2H}\right)e^{-\frac{m^2\pi^2}{4}T_v} \tag{6-33}$$

式中　m——正整数，即 1,3,5…；

e——自然对数的底数，e=2.718 28；

u——某一时刻深度 z 处的孔隙水压力；

σ_z ——附加应力；

H——土层最大排水距离，单面排水为土层厚度，双面排水时，取土层厚度的一半；

T_v——时间因数，无量纲，$T_v = \dfrac{C_v t}{H^2}$。

3)几种不同情况的固结度计算

固结度是指地基在某一固结应力作用下，经历时间 t 以后，土体发生固结或孔隙水压力消散的程度。固结度的计算方法都是假定基础荷载是一次突然施加到地基上去的，实际上工程的施工期相当长，基础荷载是在施工期内逐步施加的。一般可以假定在施工期逐渐增加的，工程完成后荷载就不再增加。对于这种情况，在实际工程计算中将逐步加荷的过程简化为在加荷起讫时间中点一次瞬时加载。然后用太沙基固结理论计算其固结度。

单向压缩情况可表示为任一时刻的沉降量 s_t 与最终沉降量 s 的比值。土层任一深度 z 处，在 t 时刻的固结度可表示为：

$$U_t = \frac{u_0 - u}{u_0} = 1 - \frac{u}{u_0} \tag{6-34}$$

某一点的固结度对于解决工程实际问题并无很大意义。为此，我们引入平均固结度的概念。土层平均固结度，就是指任一时刻该土层孔隙水压力的平均消散程度，即有效应力分布图形面积与总应力分布图形面积的比值，可表示为：

$$U_t = 1 - \frac{\int_0^H u\mathrm{d}z}{\int_0^H u_0\mathrm{d}z} \tag{6-35}$$

式(6-35)为各种情况下，任一时刻 t 的平均固结度的基本表达式，积分后整理可得：

$$U_{t\alpha} = 1 - \frac{\frac{\pi}{2}\alpha - \alpha + 1}{1+\alpha}\frac{32}{\pi^3}e^{-\frac{\pi^2}{4}T_v} \tag{6-36a}$$

对单面排水附加应力呈矩形分布情况，即 $\alpha = 1$ 时，可得：

$$U_{t1} = 1 - \frac{8}{\pi^2}e^{-\frac{\pi^2}{4}T_v} \tag{6-36b}$$

由式(6-36)可知平均固结度是时间因数 T_v 的单值函数,它与固结应力的大小无关,但与土层中固结应力的分布有关。式(6-36b)适合于单面排水,附加应力呈矩形分布,也适合于所有的双面排水情况的固结度计算。双面排水时,T_v 计算式中的 H 为排水最大距离,即压缩层厚度的一半。对于其他各种情况的平均固结度与时间因数的关系,也可从理论上求得,并且也是时间因数的单值函数。为使用方便,已将各种情况的 U_t 和 T_v 之间的关系曲线绘于图6-19 中。

图 6-19 中曲线的参数为 $\alpha = \dfrac{\sigma'_z}{\sigma''_z}$,$\sigma'_z$ 为透水面处的固结应力,σ''_z 为非透水面处的固结应力。为了使用的方便,已将各种附加应力呈直线情况下地层的平均固结度与时间因数之间的关系绘制成曲线,可以解决下列两类沉降计算问题。

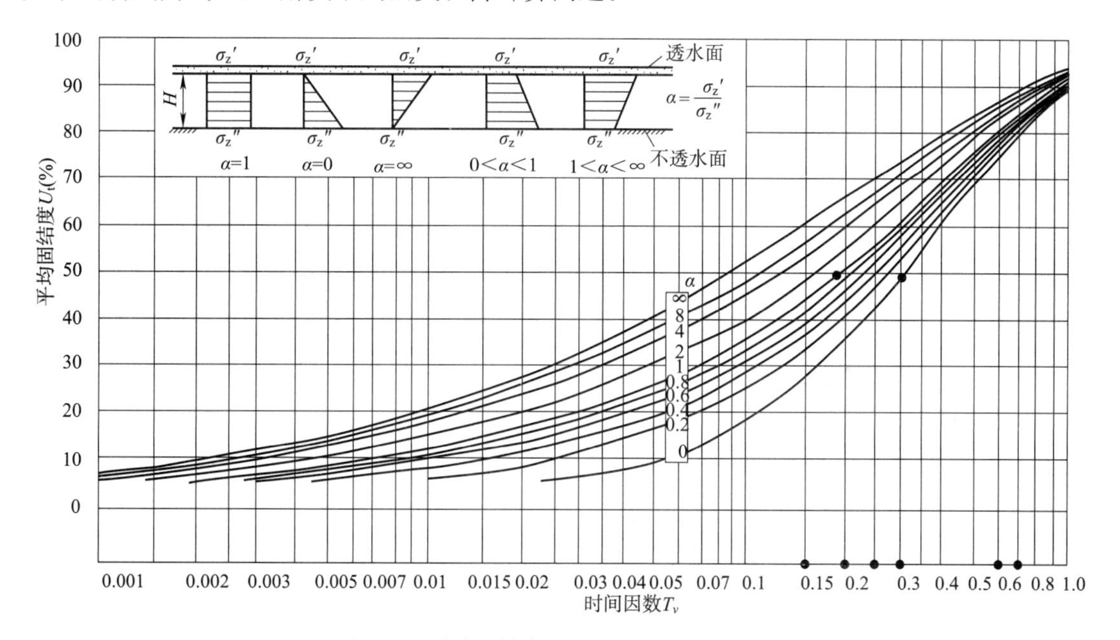

图 6-19　平均固结度 U_t 与时间因数 T_v 的关系

(1)已知地层的最终沉降量 s_c,求某一固结历时 t 已完成的沉降量 s_{ct}。对于这类问题,首先根据土层的 H 和给定的时间 z,算出土层平均固结系数 C_v 和时间因数 T_v,然后利用图 6-19 中的曲线查出相应的固结度 U,再求得 s_{ct}。

(2)已知土层的最终沉降量 s_c,求土层产生某一沉降量 s_{ct} 时所需的时间。对于这类问题,首先求出土层平均固结度 $U = s_{ct}/s_c$,然后从图 6-19 中的曲线查得相应的时间因数 T_v,再求出所需的时间。

以上所述均为单面排水情况,若土层为双面排水,则不论土层中附加应力分布为哪一种情况,只要是线性分布均可按 $\alpha = 1$ 计算。这是根据叠加原理而得到的结论,具体过程不再讲述,可参考有关文献。但对双面排水情况时间因数中的排水距离应取土层厚度的一半。

式(6-36)亦可用下列近似公式计算:

$$T_v = \frac{\pi}{4}U_t^2 \qquad U_t < 0.6 \tag{6-37a}$$

$$T_v = -0.933\lg(1-U_t) - 0.085 \qquad U_t > 0.6 \tag{6-37b}$$

$$T_v = 3U_t \qquad U_t = 1 \tag{6-37c}$$

不同 α 值的固结度 $U_{t\alpha}$，可以根据 $\alpha=1$ 时的 U_{t1} 和 $\alpha=0$ 时的 U_{t0} 按下式计算：

$$U_{t\alpha}=\frac{2\alpha U_{t1}+(1-\alpha)U_{t0}}{1+\alpha} \tag{6-38}$$

三、相关例题

1. 某水闸基底长 200 m，宽 20 m，作用在基底上的荷载如图 6-20(a)所示，沿宽度方向的轴向偏心荷载 $P=360\ 000$ kN(偏心距 $e=0.5$ m)，水平荷载 $P_h=30\ 000$ kN，基底埋深 $d=3$ m，地基土体为正常固结黏性土，地下水位在基底以下 3 m 处，基底以下 0～3 m、3～8 m、8～15 m 土体的压缩性分别如图 6-20(b)曲线Ⅰ、Ⅱ、Ⅲ所示，基底以下 15 m 以下为中砂。地下水位以上土体的重度 $\gamma_1=19.62$ kN/m³，地下水位以下土体浮重度 $\gamma'=9.81$ kN/m³，计算基础中线下(点 2)和两侧边点(点 1、3)的最终沉降量(不计砂土层的变形)。

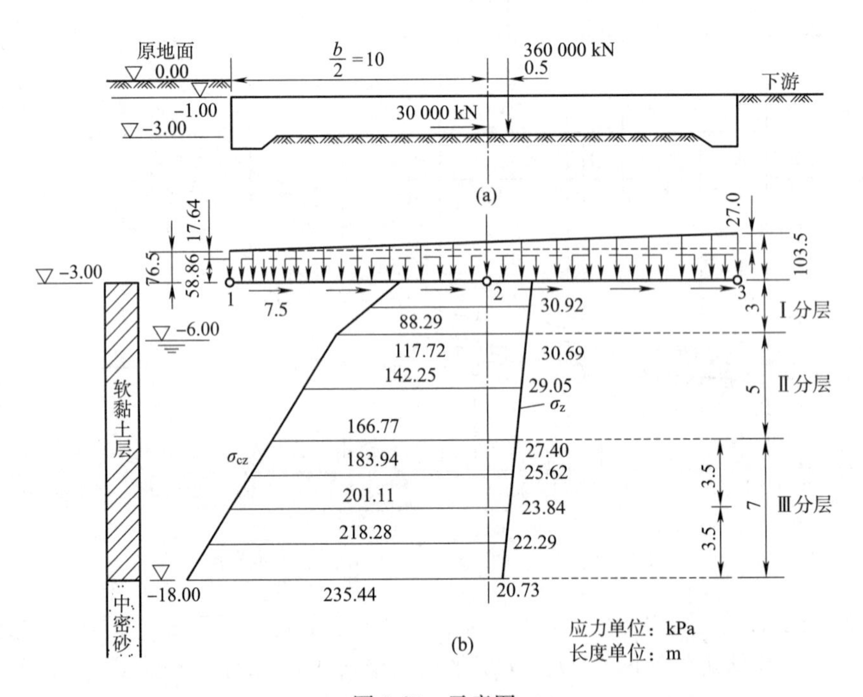

图 6-20　示意图

解：(1)地基土分层。

以基底为计算零点，取层底深度分别为 $z_1=3$ m，$z_2=8$ m，$z_3=11.5$ m，$z_4=15$ m，最大分层厚度为 5 m=0.25b，符合闸基要求的最大分层厚度≤0.25b。

(2)计算基底压力及附加压力。

因为 $l/b=200/20=10>5$，故可按条形基础计算。基础每米长度上所受的竖直荷载 $\bar{p}=360\ 000/200=1\ 800$ kN/m，所受水平荷载 $\bar{p}=30\ 000/200=150$ kN/m。因此基地竖直压力为：

$$p_{\min}^{\max}=\frac{\bar{p}}{b}\left(1\pm\frac{6e}{b}\right)=\frac{1\ 800}{20}\times\left(1\pm\frac{6\times0.5}{20}\right)=\begin{matrix}103.5\\76.5\end{matrix}\ \text{kPa}$$

基底附加压力为：

$$p_{0\min}^{\max}=p_{\min}^{\max}-\gamma d=\begin{matrix}103.5\\76.5\end{matrix}-19.62\times3=\begin{matrix}44.64\\17.64\end{matrix}\ \text{kPa}$$

基底水平附加压力为：

$$p_h = \frac{150}{20} = 7.5 \text{ kPa}$$

基底压力及基底附加压力分布如图 6-20(b)所示。

(3)计算各分层面处的自重应力。

基础底面处(z=0)：$\sigma_{c0} = \gamma d = 19.62 \times 3 = 58.86$ kPa

地下水位处(z=3 m)：$\sigma_{c3} = 19.62 \times (3+3) = 117.72$ kPa

基底以下 8 m 处(z=8 m)：$\sigma_{c8} = 19.62 \times (3+3) + 9.81 \times 5 = 166.77$ kPa

基底以下 11.5 m 处(z=11.5 m)：$\sigma_{c11.5} = 19.62 \times (3+3) + 9.81 \times 8.5 = 201.11$ kPa

中密砂层顶面处(z=15 m)：$\sigma_{c15} = 19.62 \times (3+3) + 9.81 \times (5+7) = 235.44$ kPa

自重应力 σ_{cz} 分布如图 6-20(b)所示。

(4)各层面处附加应力计算。

将基底竖直附加应力分为均布荷载和三角形荷载，其中三角形竖直荷载 $p_t = 44.64 - 17.64 = 27$ kPa，均布竖直荷载 $p_0 = 17.64$ kPa。此外，水平荷载 $p_h = 7.5$ kPa，各荷载在地基中引起的附加应力计算见表 6-3，附加应力分布如图 6-20(b)所示。

表 6-3　基础中点下(点 2)的附加应力计算

b=20 m　x/b=0.5								$\sum\sigma_z$ (kPa)
z(m)	z/b	p_0=17.64 kPa		p_t=27.00 kPa		p_h=7.5 kPa		
		K_z^s	σ_z	K_z^t	σ_z	K_z^h	σ_z	
0	0	1.00	17.64	0.50	13.50	0	0	31.14
3	0.15	0.99	17.46	0.49	13.23	0	0	30.69
8	0.40	0.88	15.52	0.44	11.88	0	0	27.40
11.5	0.58	0.77	13.58	0.38	10.26	0	0	23.84
15	0.75	0.67	11.82	0.33	8.91	0	0	20.73

(5)确定压缩层计算深度。

由题意可知，中密砂土层的压缩量可以忽略不计，软黏土底部(z=15 m)处的附加应力 σ_z=20.73 kPa < $0.1\sigma_{cz}$，故压缩层计算深度可取 15 m。

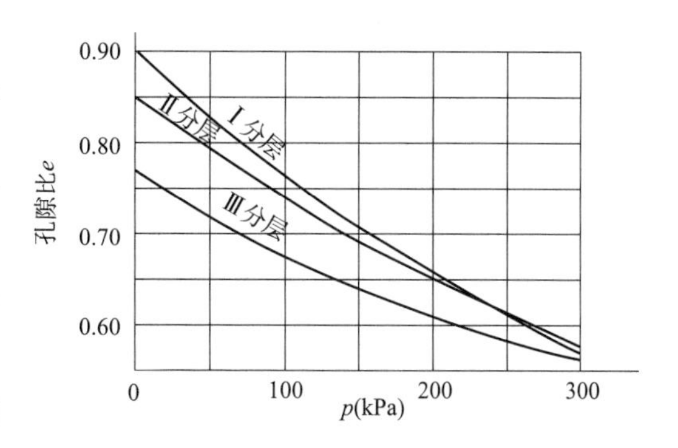

图 6-21　黏土层的 e—p 曲线

(6)计算各土层自重应力平均值和附加应力平均值。

计算结果见表 6-4，其中第一层应力平均值为：

$$\overline{\sigma_{cz}} = (58.86 + 117.72)/2 = 88.29 \text{ kPa}$$

$$\overline{\sigma_z} = (31.14 + 30.69)/2 = 30.92 \text{ kPa}$$

同理计算出其他各土层的应力平均值。

表 6-4 基础中点下地基变形量计算

分层编号	分层厚度（cm）	初始应力平均值（kPa）	压缩应力平均值（kPa）	最终应力平均值（kPa）	e_{1i}	e_{2i}	$\frac{e_{1i}-e_{2i}}{1+e_{1i}}$	$s_i=\frac{e_{1i}-e_{2i}}{1+e_{1i}}H_i$（cm）
Ⅰ	300	88.29	30.92	119.21	0.783	0.745	0.021 3	6.4
Ⅱ	500	142.25	29.05	171.30	0.695	0.665	0.017 7	8.9
Ⅲ1	350	183.94	25.62	209.56	0.619	0.604	0.009 3	3.2
Ⅲ2	350	218.28	22.29	240.57	0.602	0.590	0.007 5	2.6
$s=\sum s_i=21.1$ cm								

(7)计算基础中点的变形量。

由图 6-21 中初始应力平均值$\overline{\sigma_{cz}}$查出初始孔隙比 e_1，由最终应力平均值$\overline{\sigma_{cz}}+\overline{\sigma_z}$查出最终孔隙比 e_2，代入式(6-20)计算各层的变形量 s_i，然后求和得到基础中点的沉降量为 21.1 cm。

按上述同样方法可以计算出点 1 和点 3 的沉降量分别为 7.2 cm 和 4.3 cm。

2. 某地基压缩层为厚 8 m 的饱和黏性土，下部为隔水层，软黏土加荷之前的孔隙比为 $e_1=0.7$，渗透系数 $k=2.0$ cm/年，压缩系数 $a=0.25\ \text{MPa}^{-1}$，附加应力分布如图 6-22 所示，求：

(1)一年后地基沉降量为多少？

(2)加荷多长时间才能使地基固结度达到 80%？

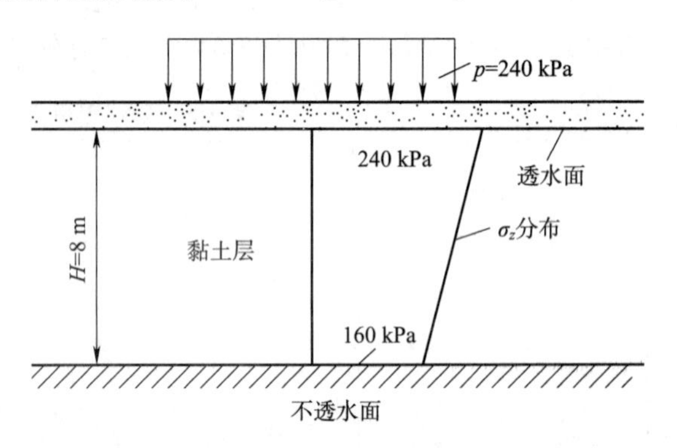

图 6-22 附加应力分布图

解：(1)求土层最终沉降量 s。

地基的平均附加应力为：

$$\bar{\sigma}_z=\frac{240+160}{2}=200\ \text{kPa}$$

$$s=\frac{a}{1+e_1}\bar{\sigma}_z H=\frac{0.25}{1+0.7}\times 0.2\times 800=23.53\ \text{cm}$$

该土层固结系数为：

$$C_u=\frac{k(1+e_1)}{a\gamma_w}=\frac{2\times(1+0.7)}{0.00025\times 0.098}=1.39\times 10^5\ \text{cm}^2/\text{年}$$

$$T_v=\frac{C_v t}{H^2}=\frac{1.39\times 10^5\times 1}{800^2}=0.217$$

$$\alpha=\frac{\sigma_z'}{\sigma_z''}=\frac{240}{160}=1.5$$

由图 6-19 可得加荷一年的固结度 $U_t=0.55$，故 $s_t=0.55\times 23.53=12.94$。

(2)计算地基固结度为 80%所需要的时间。

由 $\alpha=\frac{\sigma_z'}{\sigma_z''}=1.5$ 和 $U_t=0.8$，查图 6-19 可得 $T_v=0.54$。

由 $T_v=\frac{C_v t}{H^2}$ 得固结度达到 80%所需时间 $t=\frac{T_v H^2}{C_v}=\frac{0.54\times 800^2}{1.39\times 10^5}=2.49$ 年。

学习项目 3　铁路地基沉降的防治

一、引出案例

路基堆载预压沉降观测是高速铁路施工的重要环节，京沪高铁曲阜站场路基施工环节工艺复杂、标准高，DK533＋500～DK534＋437.35 段设计堆载高度为 3.5 m，区段内共设置观测断面 22 个，每个断面布设三个沉降板，观测点 74 个。

按原卸载方案，预压期要一年。但自堆载沉降观测以来，按要求进行了为期 6 个月的沉降变形观测，累计观测次数达 1 705 余次。通过沉降观测数据比较及结合各测点的沉降曲线图分析，该段后 1 个月的沉降观测，表现出趋于稳定的变化趋势，可以认为该段满足预压土卸载的技术条件，可以提前卸载。京沪高铁曲阜站场路基堆载预压评估段提前 6 个月顺利通过评估，为曲阜站场邻近的辽河一号特大桥桥面施工提前启动提供了宝贵时间，同时也为进入辽河一号特大桥桥面施工道路的开通创造了有利条件。

科学、合理的运用各项路基沉降观测技术和标准，因地制宜的提出科学的技术管理方法，才能从根本上保证工程质量，确保项目交付使用后路基的强度、刚度和稳定性。

二、相关理论知识

建筑物的地基基础的不均匀沉降问题，从选址开始，到地质勘察、设计，直到工程施工都应建立在摸清地质结构条件的前提下，按照客观规律因势利导地去开展工作。

地下障碍物存在的年代有远有近，埋藏有深有浅，范围有大有小，没有规律可循。只有认真地做好地质勘察，分析判断，精心处理，才能除掉隐患。处理方案要谨慎选择，且要四方共同重视努力，才能得到圆满的解决。

(一)地　　基

地基是指建筑物下面支承基础的土体或岩体。作为建筑地基的土层分为岩石、碎石土、砂土、粉土、黏性土和人工填土。地基有天然地基和人工地基两类。天然地基是不需要人工加固的天然土层。人工地基需要人加固处理。

当土层的地质状况较好，承载力较强时可以采用天然地基；而在地质状况不佳的条件下，如坡地、砂地或淤泥地质，或虽然土层质地较好，但上部荷载过大时，为使地基具有足够的承载能力，则要采用人工加固地基，即人工地基。

支承由基础传递的上部结构荷载的土体(或岩体)。为了使建筑物安全、正常地使用而不遭到破坏，要求地基在荷载作用下不能产生破坏；组成地基的土层因膨胀收缩、压缩、冻胀、湿陷等原因产生的变形不能过大。在进行地基设计时，要考虑：

(1)基础底面的单位面积压力小于地基的容许承载力。

(2)建筑物的沉降值小于容许变形值。

(3)地基无滑动的危险。

由于建筑物的大小不同，对地基的强弱程度的要求也不同，地基设计必须从实际情况出发考虑三个方面的要求。有时只需考虑其中的一个方面，有时则需考虑其中的两个或三个方面。若上述要求达不到时，就要对基础设计方案作相应的修改或进行地基处理，以改善其工程性质，达到建筑物对地基设计的要求。

（二）引起地基不均匀沉降的原因

（1）地质勘察报告的准确性差、真实性不高

在施工中，有些工程不进行地质勘察盲目施工；有的勘察不按规定进行，如钻探中布孔不准确或孔深不到位；有的抄袭相邻建筑物的资料等，都会给设计人员造成分析、判断或设计错误，使建筑物可能产生沉降或不均匀沉降，甚至发生结构破坏。地质钻探报告真实性如何，对多层住宅的沉降量大小关系很大。工程地质报告要正确反映土层性质、地下水和土工试验情况，并结合设计要求，对地基作出评价，对设计和施工提出某些建议。如果地质报告不真实，就给设计人员造成分析、判断的错误。以前在地质钻探中有的有孔或深度不到位，有的抄袭相邻的地质报告，个别甚至出具假报告，都曾给建设单位造成过重大经济损失。

（2）设计方面存在问题

建筑物长度太长；建筑体型比较复杂凹凸转角多；未在适当部位设置沉降缝；基础及建筑物整体刚度不足；建筑物层高相差大所受荷载差异大；地基土的压缩性显著不同、地基处理方法不同；以及设计方面的错误等都会引起建筑物产生过大的不均匀沉降。基础刚度或整体刚度不足，不均匀沉降量大，造成下层开裂。设计马虎，计算不认真，有的不作计算，照抄别的建筑物的基础和主体设计。

（3）施工方面存在问题

没有认真进行验槽；基础施工前扰动了地基土；在已建成的建筑物周围推放大量的建筑材料或土方；对于砖砌体结构，砌筑质量不满足要求，砂浆强度低、灰缝不饱满、砌砖组砌不当、通缝多、拉结筋不按规定设置等，也会引起建筑物建成后产生不均匀沉降。墙体留槎违反规范要求等。

（三）地基的改善措施

（1）改善剪切特性

地基的剪切破坏表现在建筑物的地基承载力不够；使结构失稳或土方开挖时边坡失稳；使临近地基产生隆起或基坑开挖时坑底隆起。因此，为了防止剪切破坏，就需要采取增加地基土的抗剪强度的措施。

（2）改善压缩特性

地基的高压缩性表现在建筑物的沉降和差异沉降大，因此需要采取措施提高地基土的压缩模量。

（3）改善透水特性

地基的透水性表现在堤坝、房屋等基础产生的地基渗漏；基坑开挖过程中产生流砂和管涌。因此需要研究和采取使地基土变成不透水或减少其水压力的措施。

（4）改善动力特性

地基的动力特性表现在地震时粉、砂土将会产生液化；由于交通荷载或打桩等原因，使邻近地基产生振动下沉。因此需要研究和采取使地基土防止液化，并改善振动特性以提高地基抗震性能的措施。

（5）改善特殊土的不良地基的特性

主要是指消除或减少黄土的湿陷性和膨胀土的胀缩性等地基处理的措施。这些是基本的改善措施，如果要有坚固的地基就必须根据实际情况来选择合适的处理方法，以下几种地基的

处理方法是比较实用的。

（四）地基的处理方法

在建筑学中地基的处理是十分重要的，上层建筑是否牢固地基有无可替代的作用。建筑物的地基不够好，上层建筑很可能倒塌，这样说一点也不为过，而地基处理的主要目的是采用各种地基处理方法以改善地基条件。地基处理的对象是软弱地基和特殊土地基。我国的《建筑地基基础设计规范》（GB50007—2011）中明确规定："软弱地基系指主要由淤泥、淤泥质土、冲填土、杂填土或其他高压缩性土层构成的地基"。殊土地基带有地区性的特点，它包括软土、湿陷性黄土、膨胀土、红黏土和冻土等地基。

（1）换填法

当建筑物基础下的持力层比较软弱、不能满足上部结构荷载对地基的要求时，常采用换土垫层来处理软弱地基。即将基础下一定范围内的土层挖去，然后回填以强度较大的砂、碎石或灰土等，并夯实至密实。

（2）预压法

预压法是一种有效的软土地基处理方法。该方法的实质是在建筑物或构筑物建造前，先在拟建场地上施加或分级施加与其相当的荷载，使土体中孔隙水排出，孔隙体积变小，土体密实，提高地基承载力和稳定性。堆载预压法处理深度一般达 10 m 左右，真空预压法处理深度可达 15 m 左右。

（3）强夯法

强夯法是法国 L・梅纳（Menard）1969 年首创的一种地基加固方法，即用几十吨重锤从高处落下，反复多次夯击地面，对地基进行强力夯实。实践证明，经夯击后的地基承载力可提高 2～5 倍，压缩性可降低 200％～500％，影响深度在 10 m 以上。

（4）振冲法

振冲法是振动水冲击法的简称，按不同土类可分为振冲置换法和振冲密实法两类。振冲法在黏性土中主要起振冲置换作用，置换后填料形成的桩体与土组成复合地基；在砂土中主要起振动挤密和振动液化作用。振冲法的处理深度可达 10m 左右。

（5）深层搅拌法

深层搅拌法系利用水泥或其他固化剂通过特制的搅拌机械，在地基中将水泥和土体强制拌和，使软弱土硬结成整体，形成具有水稳性和足够强度的水泥土桩或地下连续墙，处理深度可达 8～12 m。施工过程：定位—沉入到底部—喷浆搅拌（上升）—重复搅拌（下沉）—重复搅拌（上升）—完毕

（6）砂石桩法

振动沉管砂石桩是振动沉管砂桩和振动沉管碎石桩的简称。振动沉管砂石桩就是在振动机的振动作用下，把套管打入规定的设计深度，夯管入土后，挤密了套管周围土体，然后投入砂石，再排砂石于土中，振动密实成桩，多次循环后就成为砂石桩。也可采用锤击沉管方法。桩与桩间土形成复合地基，从而提高地基的承载力和防止砂土振动液化，也可用于增大软弱黏性土的整体稳定性。其处理深度达 10 m 左右。

（7）土或灰土挤密桩法

土桩及灰土桩是利用沉管、冲击或爆扩等方法在地基中挤土成孔，然后向孔内夯填素土或灰土成桩。成孔时，桩孔部位的土被侧向挤出，从而使桩周土得以加密。土桩及灰土桩挤密地

基，是由土桩或灰土桩与桩间挤密土共同组成复合地基。土桩及灰土桩法的特点是就地取材，以土治土，原位处理、深层加密和费用较低。

用这些方法可以使地基比较坚固，但并没有什么是完美的，同样地基处理技术也在不断的完善与改进中。

三、相关案例

铁路、地铁隧道在施工阶段会打破周边土体原有的平衡而引发地面沉降；开通营运后，列车日复一日地循环碾压轨道，也可能引发沉降，继而可能导致路面塌陷、塌方，使地上建筑物以及地下管道受损。据记载因地铁施工导致的路面沉陷坍塌事故就在北京、上海、广州、青岛、沈阳、大连、杭州等多个城市发生。

无锡地铁为了防止沉降，在盾构始发时，施工方会将端头井加固。具体来说，就是加水泥浆，让含水丰富的土壤变成“硬骨头”，改善土性；或者冷冻，把“豆腐”变成“冻豆腐”，再去“打洞”。这样做的好处在于，盾构始发时会将原本完整的土壤“开洞”，土壤中的水就容易从洞口涌出，水如果流走了，原本结实的土壤自然就会空下来，从而发生沉降。现在水被水泥浆凝固了或被冻成“冰坨子”，自然就不会从洞口涌出。加固好后，盾构设备没有急于始发，又在水平方向打 3 m 左右长的孔，又称条件验收。这样做的主要目的就是看土壤是否加固到位，还有没有涌水现象。如果有就接着加固。通过条件验收后，盾构才正式开始钻进。在土质较差的地段放慢速度，而且加强沉降监测，确保安全通过。

【思考与练习题】

一、名词解释

有效应力　　孔隙水压力　　土的压缩模量　　固结度

二、简 答 题

1. 有效应力与孔隙水压力的物理概念是什么？在固结过程中两者是怎样变化的？

2. 什么是固结度？如何运用固结度确定固结时间？

3. 计算沉降的分层总和法与规范法有何异同？试从基本假定，分层厚度，采用指标，计算深度和数值修正加以比较。

4. 压缩系数 a 的物理意义是什么？怎样用 a_{1-2} 判别土的压缩性质？

5. 压缩模量 E_s 和变形模量 E_0 的物理意义是什么？它们是如何确定的？

三、填 空 题

1. 总应力不变的情况下，孔隙水压力等于____应力与____应力之差。

2. 地基的压缩变形是____引起的；地下水位永久性下降，也能引起建筑物的____。

3. 室内压缩试验时，土样是在完全侧限情况下受压，通过试验可测得____、______和__压缩性指标。

4. 实验室中测定原状土压缩性的方法是做______试验。试验时，将取土环刀内的原状土样放置在一个厚壁钢圈做成的容器中，上下面加____，以便土样中____，然后通过加荷板____施加压力，使土样压缩。有时称这种压缩实验为____压缩实验。

5. 计算基础沉降时是以基底____点以下土中附加应力为代表值。

6. 在分层总和法中，地基压缩层厚度的下限取地基的____等于或小于____的 20%(软土为 10%)土层处。

7. 工业与民用建筑物地基基础设计规范所推荐的地基最终沉降量值的计算方法是一种简化的______ 。

8. 按规范法计算基础最终沉降时，其压缩层厚度 z_n 应满足____。

9. 地基的沉降是由________引起的。

10. 固结度是指土层中______压力向______应力转移的过程。

四、计 算 题

某土层厚 5 m，原自重压力 $p_1=100$ kPa。考虑在该土层上建造建筑物，估计会增加压力 $\Delta p=150$ kPa。取土作压缩试验结果见表 6-5。求该土层的压缩变形量为多少。

表 6-5　压缩试验结果

p(kPa)	0	50	100	200	300	400
e	1.406	1.250	1.120	0.990	0.910	0.850

单元 7　铁道工程中土的强度理论及应用

【学习导读】土的抗剪强度是土的重要力学性质之一。建筑物地基和路基的承载力，挡土墙和地下结构的土压力，堤坝、基坑、路堑以及各类边坡的稳定性均由土的抗剪强度所控制。在土木工程建设工作中，对于土体稳定性的计算分析而言，抗剪强度是其中最重要的计算参数。能否正确测定土的抗剪强度，往往是设计质量和工程成败的关键所在。

【能力目标】1. 具备正确应用抗剪强度理论的能力；
2. 具备解决实际工程中土的强度和稳定问题的能力；
3. 具备地基变形和地基破坏加固处理的能力。

【知识目标】1. 掌握土的强度理论和抗剪强度的主要测定方法；
2. 掌握土的抗剪强度指标及其影响因素；
3. 了解地基变形的阶段和地基破坏形式；
4. 掌握确定地基承载力的基本方法。

学习项目 1　抗剪强度理论

一、引　　文

在工程中与土的抗剪强度有关的工程问题有三类。第一类是以土作为建造材料的土工构筑物的稳定性问题，如土坝、路堤等填方边坡以及天然土坡等的稳定性问题，比如由于抗剪强度降低引起的山体滑坡等。第二类是土作为工程构筑物环境的安全性问题，如挡土墙、地下结构物等的周围土体，它的强度破坏将造成对墙体过大的压力以至可能导致这些工程构筑物发生滑动、倾覆等破坏事故，如基坑坍塌等。第三类是土作为建筑物地基的承载力问题，地基土体产生整体滑动或因局部剪切破坏而导致过大的地基变形，将会造成上部结构的破坏或影响其正常使用功能。如加拿大特朗斯康谷仓严重倾倒事故的发生等。

二、相关理论知识

土的抗剪强度是指土体抵抗剪切破坏的极限能力。当土体受到荷载作用后，土中各点将产生剪应力。若某点的剪应力达到其抗剪强度，在剪切面两侧的土体将产生相对位移而产生滑动破坏，该剪切面也称滑动面或破坏面。随着荷载的继续增加，土体中的剪应力达到抗剪强度的区域（也即塑性区）愈来愈大，最后各滑动面连成整体，土体将发生整体剪切破坏而丧失稳定性，如图 7-1 所示。

（一）库仑公式

库仑（Coulomb ）于 1776 年根据砂土剪切试验，提出砂土抗剪强度的表达式为：

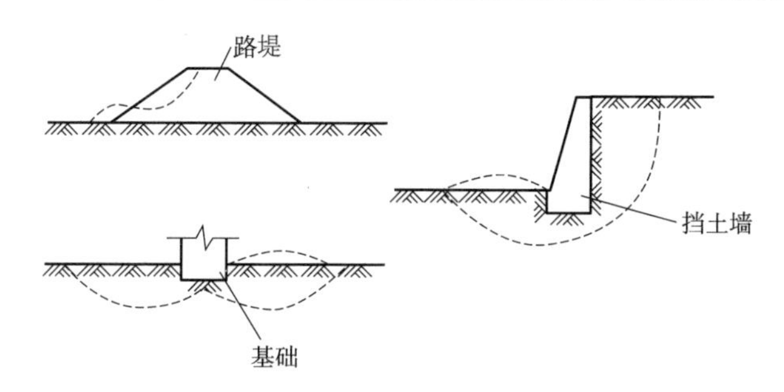

图 7-1　土体发生整体剪切破坏而丧失稳定性

$$\tau_f = \sigma\tan\varphi \tag{7-1}$$

式中　τ_f——土的抗剪强度，kPa；

σ——作用在剪切面上的法向应力，kPa；

φ——砂土的内摩擦角，(°)，干松砂的 φ 值近似于其自然休止角（干松砂在自然状态下所能维持的斜坡的最大坡角）。

后来又通过试验提出适合黏性土的抗剪强度表达式为：

$$\tau_f = c + \sigma\tan\varphi \tag{7-2}$$

式中　c——土的黏聚力，kPa。

式(7-1)和式(7-2)一起统称为库仑公式，可分别用图 7-2(a)、(b)表示。从式(7-1)可看出，无黏性土（如砂土）的 $c=0$，因而式(7-1)是式(7-2)的一个特例，其抗剪强度与作用在剪切面上的法向应力成正比。

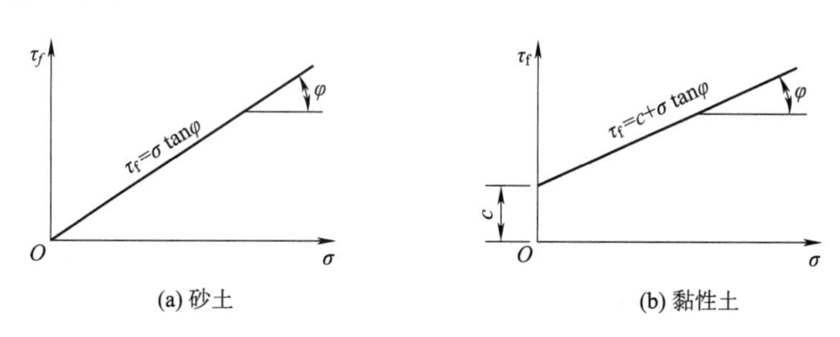

图 7-2　抗剪强度与法向应力之间的关系

当 $\sigma=0$ 时，$\tau_f=0$，这表明无黏性土的 τ_f 由剪切面上土粒间的摩阻力所形成。粒状的无黏性土的粒间摩阻力包括滑动摩擦和由粒间相互咬合所提供的附加阻力，其大小取决于土颗粒的粒度大小、颗粒级配、密实度和土粒表面的粗糙度等因素。而从式(7-2)可知，黏性土的 τ_f 包括摩阻力（$\sigma\tan\varphi$）和黏聚力(c)两个组成部分。黏聚力系土粒间的胶结作用和各种物理—化学键力作用的结果，其大小与土的矿物组成和压密程度有关。当 $\sigma=0$ 时，c 值即为抗剪强度线在纵坐标轴上的截距。

库仑公式在研究土的抗剪强度与作用在剪切面上法向应力的关系时，未涉及土这种三相性、多孔性的分散颗粒集合体的最主要特征——有效应力问题。随着固结理论的发展，人们逐渐认识到土体内的剪应力仅能由土的骨架承担，土的抗剪强度并不简单取决于剪切面上的总法向应力，而取决于该面上的有效法向应力。土的抗剪强度应表示为剪切面上有效法向应力的函数。太沙基(Terxaghi)在 1925 年提出饱和土的有效应力概念，并用试验证明了有效应力 σ' 等于总应

力 σ 与孔隙水压力 u 的差值。因此，对应于库仑公式，土的有效应力强度表达式可写为：

$$\begin{aligned}\tau_f &= (\sigma - u)\tan\varphi' = \sigma'\tan\varphi' \\ \tau_f &= c' + (\sigma - u)\tan\varphi' = c' + \sigma'\tan\varphi'\end{aligned} \tag{7-3}$$

式中　c'——土的有效黏聚力，kPa；

φ'——土的有效内摩擦角，(°)；

σ'——作用在剪切面上的有效法向应力，kPa；

u——孔隙水压力，kPa。

在前面的学习中已指出，饱和土的渗透固结过程，实际上是孔隙水压力消散和有效应力增长的转移过程。因此，土的抗剪强度随着它的固结压密而不断增长。

由此可见，土的抗剪强度有两种表达方法。土的 c 和 φ 统称为土的总应力强度指标，直接应用这些指标所进行的土体稳定分析就称为总应力法；而 c' 和 φ' 统称为土的有效应力强度指标，应用这些指标所进行的土体稳定分析就称为有效应力法。由于有效法向应力才是影响粒间摩擦阻力的决定因素。因此有效应力法概念明确，为求得有效法向应力，需增加测求孔隙水压力工作量。但是由于实际工程中的孔隙水压力很难准确计算和量测，因而有许多土工问题仍采用总应力的分析计算方法。所以，针对其难以准确反映孔隙水压力的存在对抗剪强度产生的影响，工程中往往选用最接近实际条件的试验方法取得总应力强度指标。

土的 c 和 φ 应理解为只是表达 $\sigma-\tau_f$ 关系试验成果的两个数学参数，因为即使是同一种土，其 c 和 φ 也并非常数值，它们均因试验方法和土样的试验条件(如固结和排水条件)等的不同而异；同时应指出，许多土类的抗剪强度线并非都呈直线状，而是随着应力水平有所变化。莫尔(Mohr)1910 年提出当法向应力范围较大时，抗剪强度线往往呈非线性性质的曲线形状。应力水平增高对强度指标的影响可由图 7-3 说明。由于土的 $\sigma-\tau_f$ 关系是曲线而非直线，其上各点的抗剪强度指标 c 和 φ 并非恒定值，而应由该点的切线性质决定。如图 7-3 所示，当剪切面的法向应力为 σ_1 时，其抗剪强度指标为 c_1，φ_1；当法向应力增大至 σ_2 时，其抗剪强度指标为 c_2，φ_2。二者的变化趋势是 c 随 σ 的增大而增加，φ 随 σ 的增大而减小，此时就不能用库仑公式来概括土的抗剪强度特性，通常把试验所得的不同形状的抗剪强度线统称为抗剪强度包线。

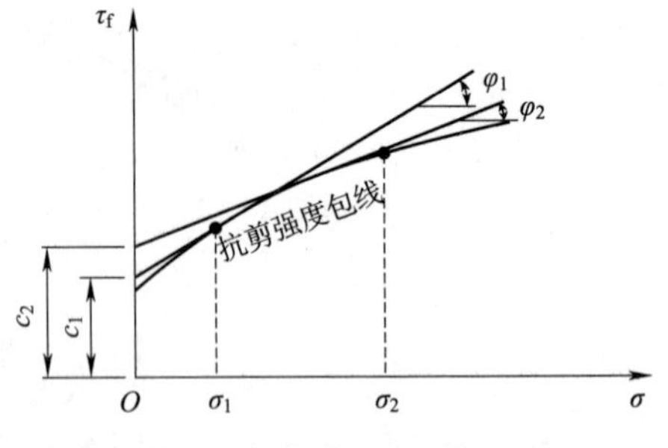

图 7-3　应力水平对强度指标的影响

(二)莫尔—库仑强度理论

1. 莫尔圆和抗剪强度的关系

当土体中某点任一平面上的剪应力等于土的抗剪强度时，将该点即濒于破坏的临界状态称为“极限平衡状态”。表征该状态下各种应力之间的关系称为“极限平衡条件”。由之前学习内容可求得在自重和竖向附加应力作用下土体中任一点 M 的应力状态 σ_1 和 σ_3，如图 7-4(a)所示。为简单起见以平面单元体为例，现研究该点是否产生破坏。如图 7-4(b)所示，该点土单元体两个相互垂直的面上分别作用着最大主应力 σ_1 和最小主应力 σ_3。若忽略其自身重力，则根据静力平衡条件，可求得任一截面 $m-n$ 上的法向应力 σ 和剪应力 τ 为：

$$\sigma = \frac{1}{2}(\sigma_1 + \sigma_3) + \frac{1}{2}(\sigma_1 - \sigma_3)\cos 2\alpha$$

$$\tau=\frac{1}{2}(\sigma_1-\sigma_3)\sin 2\alpha \tag{7-4}$$

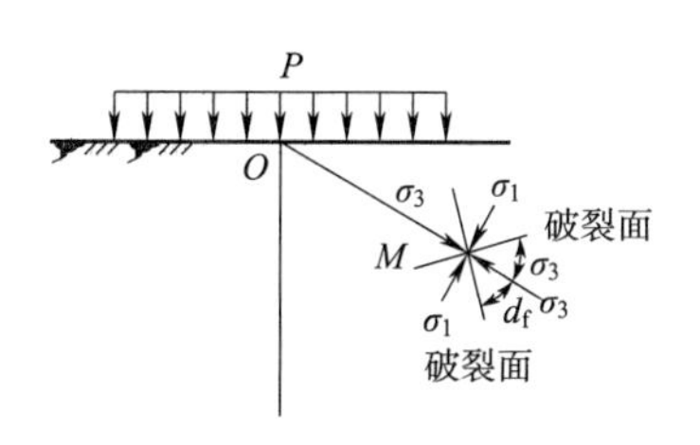

(a) M点的应力

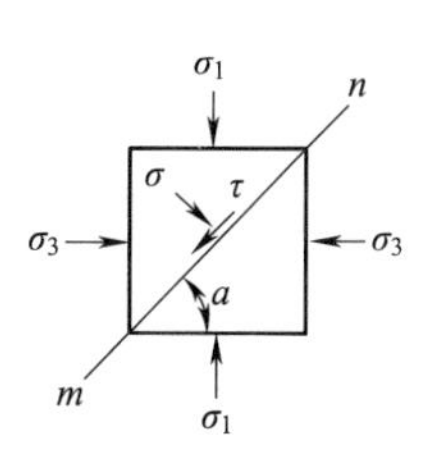

(b) 微单元体上的应力

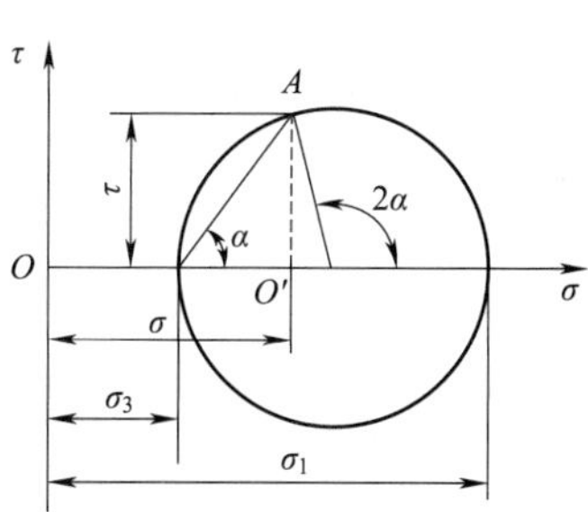

(c) 莫尔圆

图 7-4　土体中任意点 M 的应力

取两式平方和，即得应力圆的公式：

$$\left(\sigma-\frac{\sigma_1-\sigma_2}{2}\right)^2+\tau^2=\left(\frac{\sigma_1+\sigma_3}{2}\right)^2 \tag{7-5}$$

可以很容易地发现，此式可表示为纵、横坐标分别为 τ 及 σ 的圆，圆心为$\left(\frac{\sigma_1+\sigma_3}{2},0\right)$，圆半径等于 $\frac{\sigma_1-\sigma_3}{2}$。

由材料力学应力状态分析可知，以上 σ、τ 与 σ_1、σ_3 的关系也可用莫尔应力圆表示，如图 7-4(c)所示。其圆周上各点的坐标即表示该点在相应平面上的法向应力和剪应力。

为判别 M 点土是否破坏，可将该点的莫尔应力圆与土的抗剪强度包线 $\sigma-\tau_f$ 绘在同一坐标图上并作相对位置比较。如图 7-5 所示。它们之间的关系存在以下三种情况：

(1)M 点莫尔应力圆整体位于抗剪强度包线的下方(圆Ⅰ)，莫尔应力圆与抗剪强度线相离，表明该点在任何平面上的剪应力均小于土所能发挥的抗剪强度，因而，该点未被剪破。

(2)M 点莫尔应力圆与抗剪强度包线相切(圆Ⅱ)，说明在切点所代表的平面上，剪应力恰好等于土的抗剪强度，该点就处于极限平衡状态，莫尔应力圆亦称极限应力圆。由图中切点的位置还可确定 M 点破坏面的方向。连接切点与莫尔应力圆圆心，连线与横坐标之间的夹角为 $2\alpha_f$，根据莫尔圆原理，可知土体中 M 点的破坏面与大主应力 σ_1 作用面方向夹角为 α_f，如图7-6 所示。

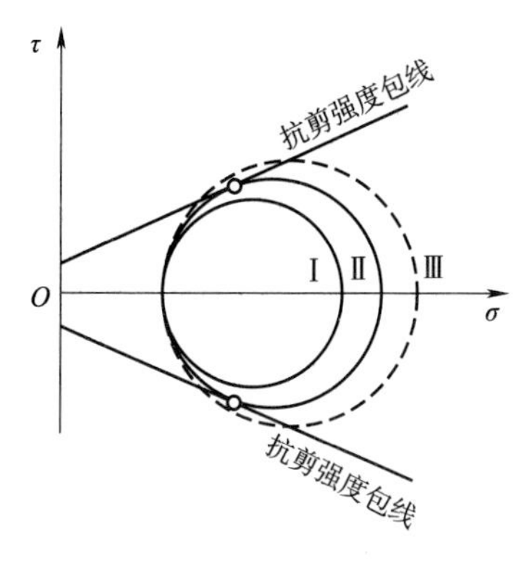

图 7-5　莫尔圆和抗剪强度的关系

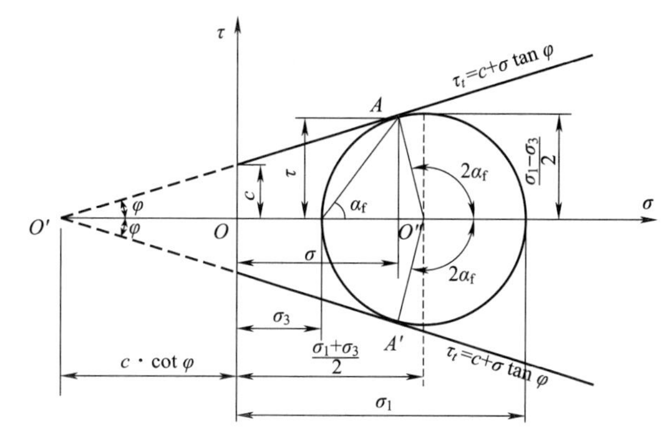

图 7-6　极限平衡状态时莫尔圆和强度包线

(3)M点莫尔应力圆与抗剪强度包线相割(圆Ⅲ),则M点早已破坏,实际上圆Ⅲ所代表的应力状态是不可能存在的,因为M点破坏后,应力已超出弹性理论范畴。

2. 极限平衡条件

这一对破裂面之间的夹角在σ_1作用方向等于$\theta=90-\varphi$。但剪破面并不产生于最大剪应力面,而与最大剪应力面成$45°-\varphi/2$的夹角,可知,土的剪切破坏并不是由最大剪应力τ_{max}所控制。

从应力圆的几何条件可知:

$$\sin\varphi=\frac{AO''}{O'O''}=\frac{AO''}{O'O+OO''}$$

而:$O'O=\cot\varphi\cdot c$

$$AO''=\frac{\sigma_1-\sigma_3}{2}$$

$$OO''=\frac{\sigma_1+\sigma_3}{2}$$

代入上式得:
$$\sin\varphi=\frac{\frac{1}{2}(\sigma_1-\sigma_3)}{c\cdot\cot\varphi+\frac{1}{2}(\sigma_1+\sigma_3)}=\frac{\sigma_1-\sigma_3}{\sigma_1+\sigma_3+2c\cdot\cot\varphi} \tag{7-6}$$

进一步整理可得:

$$\frac{\sigma_1-\sigma_3}{2}=c\cdot\cos\varphi+\frac{\sigma_1+\sigma_3}{2}\sin\varphi \tag{7-7}$$

$$\sigma_1=\sigma_3\tan^2\left(45°+\frac{\varphi}{2}\right)+2c\cdot\tan\left(45°+\frac{\varphi}{2}\right) \tag{7-8}$$

$$\sigma_3=\sigma_1\tan^2\left(45°-\frac{\varphi}{2}\right)-2c\cdot\tan\left(45°-\frac{\varphi}{2}\right) \tag{7-9}$$

注:(1)由实测σ_3及公式(7-8)可推求土体处于极限状态时,所能承受的最大主应力σ_{1f}(若实际最大主应力中σ_1);

(2)同理,由实测σ_1及公式(7-9)可推求土体处于极限平衡状态时所能承受的最小主应力σ_{3f}(若实际最小主应力为σ_3);

(3)判断:

当$\sigma_{1f}>\sigma_1$或$\sigma_{3f}<\sigma_3$时,土体处于稳定平衡;

当$\sigma_{1f}=\sigma_1$或$\sigma_{3f}=\sigma_3$时,土体处于极限平衡;

当$\sigma_{1f}<\sigma_1$或$\sigma_{3f}>\sigma_3$时,土体处于失稳状态。

无黏性土的$c=0$,由式(7-8)和式(7-9)可知,其极限平衡条件为:

$$\sigma_1=\sigma_3\tan^2\left(45°+\frac{\varphi}{2}\right) \tag{7-10}$$

$$\sigma_3=\sigma_1\tan^2\left(45°-\frac{\varphi}{2}\right) \tag{7-11}$$

由图7-6中几何关系,可得破坏面与大主应力作用面间的夹角α_f为:

$$\alpha_f=\frac{1}{2}(90°+\varphi)=45°+\frac{\varphi}{2} \tag{7-12}$$

在极限平衡状态时,由图7-4(a)中看出,通过M点将产生一对破裂面,它们均与大主应力

作用面成 α_f 夹角，相应的在莫尔应力圆上横坐标上下对称地有两个破裂面 A 和 A'（图 7-6），而这一对破裂面之间在大主应力作用方向夹角为 $90°-\varphi$。

（三）土的抗剪强度的影响因素

钢材和混凝土等建筑材料的强度比较稳定，并可由人工加工定量控制，各地区的各类工程可以根据需要选用标准的强度。而土的抗剪强度与之不同，为非标准定值，受到很多因素影响。不同成因、不同地区、不同类型的土的抗剪强度往往有很大的差别，即使同一种土在不同的密度、含水率、剪切速度、仪器等条件下，其抗剪强度的数值也不同，根据库仑定律中的相关公式可以知道，土的抗剪强度与法向应力、土的内摩擦角和土的黏聚力三者有关，因此，影响强度的因素可以归纳为两类。

1. 土的物理化学性质的影响

1）土粒的矿物成分

砂土中石英矿物含量越多，内摩擦角越大；云母矿物含量越多，内摩擦角越小。黏性土的矿物成分不同，黏土表面结合水和电分子力不同，其黏聚力也不同，土中含有各种胶结物质，可使黏聚力增大。

2）土的颗粒形状与级配

土的颗粒越粗，表面越粗糙，内摩擦角越大。土的级配良好，内摩擦角越大；土粒越均匀，内摩擦角越小。

3）土的原始密度

土的原始密度越大，土粒之间的接触点越多且越紧密，则土粒之间的表面摩擦力和粗粒土之间的咬合力越大，即内摩擦角和黏聚力越大，同时，土的原始密度大，土的孔隙小，接触紧密，黏聚力也必然大。

4）土的含水率

当土的含水率增加时，水分在土粒表面形成润滑剂，使内摩擦角减小，对黏性土来时，含水率增加，将使薄膜水变厚，甚至增加自由水，则土粒之间的电分子力减弱，使黏聚力降低。凡是山坡滑动，通常都在雨后发生，雨水入渗使山坡土中含水率增加，降低了土的抗剪强度，导致山坡失稳滑动。

5）土的结构

黏性土具有结构强度，如黏性土的结构受扰动，则其黏聚力降低。

2. 孔隙水压力的影响

由有效应力原理可知，作用在试样剪切面上的总应力，为有效应力和孔隙水压力之和，即 $\sigma=\sigma'+\mu$。在外荷载作用下，随着时间的增长，孔隙水压力因为排水而逐渐消散，同时有效应力相应的不断增加。由于孔隙水压力作用在自由水上，不会产生土粒之间的内摩擦力，只有作用在土骨架上的有效应力才能产生土的内摩擦强度。因此，土抗剪试验的条件不同（土中孔隙水是否排出与排出多少），影响有效应力的数值的大小，使抗剪强度试验的结果不同。

三、相关例题

设黏性土地基中某点的主应力 $\sigma_1=300$ kPa，$\sigma_3=100$ kPa，土的抗剪强度指标 $c=20$ kPa，$\varphi=26°$，试问该点处于什么状态？

解：由式：$\sigma_3=\sigma_1\tan^2\left(45^\circ-\frac{\varphi}{2}\right)-2c\cdot\tan\left(45^\circ-\frac{\varphi}{2}\right)$

可得土体处于极限平衡状态，而最大主应力为 σ 时，所对应的最小主应力为：

$$\sigma_{3f}=\sigma_1\tan^2\left(45^\circ-\frac{\varphi}{2}\right)-2c\cdot\tan\left(45^\circ-\frac{\varphi}{2}\right)=90\ \text{kPa}$$

$\because\sigma_{3f}<\sigma_3$，故可判定该点处于稳定状态。

或：由 $\sigma_1=\sigma_3\tan^2\left(45^\circ+\frac{\varphi}{2}\right)+2c\cdot\tan\left(45^\circ+\frac{\varphi}{2}\right)$

得 $\sigma_{1f}=320\ \text{kPa}$

$\because\sigma_{1f}>\sigma_1$ $\therefore$稳定。

学习项目 2　抗剪强度指标的确定

一、引出案例

2006 年 6 月 27 日，原铁道部在兰州组织召开“青藏铁路风火山多年冻土长期综合观测与试验研究”科研成果评审会，以程国栋院士为鉴定委员会主任的专家组高度评价：研究工作具有开拓性和前瞻性，解决了多年冻土区铁路土建工程的多项关键技术问题，成果总体水平国内领先。其中路基人为上限变化规律、冻融界面抗剪强度试验方法与成果、钻孔灌注桩承载性能试验与计算方法等达到国际先进水平。

中铁西北科学研究院风火山冻土定位观测站自 1961 年建站以来，坚持 45 年不间断的观测和研究，是我国乃至世界上海拔最高、全年值守的高原冻土定位观测站。根据青藏铁路的建设需要，针对高原多年冻土问题，以该站为科研试验基地，辐射开展筑路技术难题的攻关研究，取得丰富的科研成果。为国家确定进藏铁路方案和青藏铁路建设提供了有力的技术支撑，在青藏铁路的设计、施工中发挥重要作用。主要成果有：通过风火山气象要素、太阳辐射和深孔地温的观测，结合沿线气象台站的资料，分析研究青藏铁路高原多年冻土区 40 多年来气候、地温的变化规律，探讨其发展趋势。在风火山地区首先开展冻融界面的抗剪强度试验，解决了冻土边坡稳定性检算中抗剪强度指标的选取问题。开展的冻土锚杆抗拔力试验、L 形挡墙墙背冻胀力与变形发展过程的试验，提出多年冻土区支挡结构设计参数与计算方法。开展的冻土与基础界面间的抗拉冻结强度试验，得出冻土与基础界面的抗拉冻结强度高于抗剪冻结强度的结论，在基础稳定性检算中用抗剪冻结强度代替抗拉冻结强度是偏于安全的。这些试验方法和结论至今仍是高原冻土区较为系统完整的可供设计应用的成果。通过风火山多年冻土试验工程，得出路堤的人为上限具有不对称性，揭示高原多年冻土区路堤人为上限的六种形态。根据对试验路堑基底倾填碎石层热传输机理的分析，碎石层中传热，暖季以传导为主，寒季以对流为主，具有‘热开关效应’。寒季的有效导热系数是暖季有效导热系数的 12.2 倍，有很好的阻热传冷效应，可以增加基底冷储量，保护多年冻土。该结论为青藏铁路多年冻土区路基采用块、碎石气冷防护措施提供了依据。

二、相关理论知识

土的抗剪强度是决定建筑物地基和土工建筑物稳定性的关键因素，因而正确测定土的抗剪强度指标对工程实践具有重要的意义。经过多年来的不断发展,目前已有多种类型测定土抗剪强度指标的室内和现场测试仪器。室内试验常用的有直接剪切仪、三轴压缩仪、无侧限抗压仪和单剪仪等,现场试验常用的有十字板剪切仪等。每种试验仪器都有一定的适用性,在试验方法和成果整理等方面也有各自多种不同的做法。

(一)直接剪切试验

直接剪切试验使用的仪器称为直接剪切仪(简称直剪仪),分为应变控制式和应力控制式两种。前者对试样采用等速剪应变测定相应的剪应力,后者则是对试样分级施加剪应力测定相应的剪切位移。以我国普遍采用的应变控制式直剪仪为例,其构造简图如图 7-7 所示。仪器由固定的上盒和可移动的下盒构成,试样置于盒内上、下盒之间,试样上、下各放一块透水石以利试样排水。试验时,由杠杆系统通过活塞对试样施加垂直压力,水平推力则由等速前进的轮轴施加于下盒,使试样在沿上、下盒水平接触面产生剪切位移。剪应力大小则根据量力环上的侧微表,由测定的量力环变形值经换算确定。活塞上的测微表用于测定试样在法向应力作用下的固结变形和剪切过程中试样的体积变化。

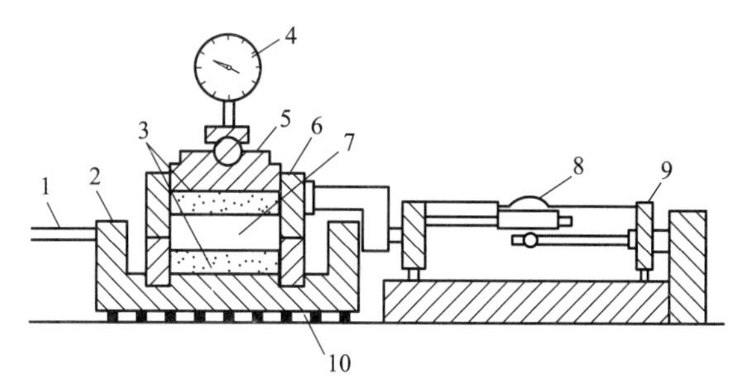

图 7-7 应变控制式直接剪切仪

1—轮轴;2—底座;3—透水石;4—侧微表;5—活塞;6—上盒;7—土样;8—侧微表;9—量力环;10—下盒

直剪仪在等速剪切过程中,可隔固定时间间隔,亦即隔定值的剪切位移增量,测读一次试样剪应力大小,就可绘制在一定的法向应力 σ 条件下,试样剪切位移 Δl(上、下盒水平相对位移)与剪应力 τ 的对应关系如图 7-8(a)所示。硬黏土和密实砂土的 $\tau-\Delta l$ 曲线(A 线)可出现剪应力的峰值 τ_{fp},即为土的抗剪强度。峰后强度随剪切位移增大而降低,称应变软化特征。软黏土和松砂的 $\tau-\Delta l$ 曲线(B 线)则往往不出现峰值,强度随剪切位移增加而缓慢增大,称应变硬化特征。此时应按某一剪切位移值作为控制破坏的标准,如一般可取相应于 4 mm 剪切位移量的剪应力作为土的抗剪强度值 τ_f。

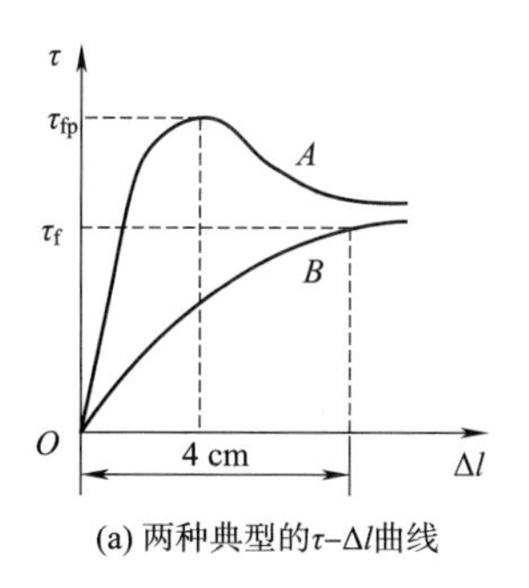

(a) 两种典型的τ-Δl曲线

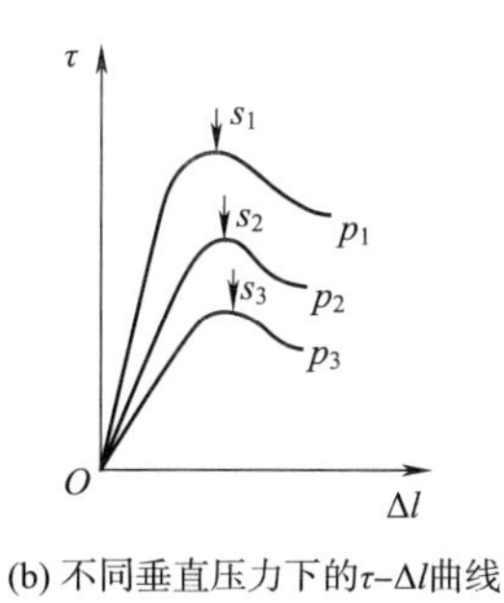

(b) 不同垂直压力下的τ-Δl曲线

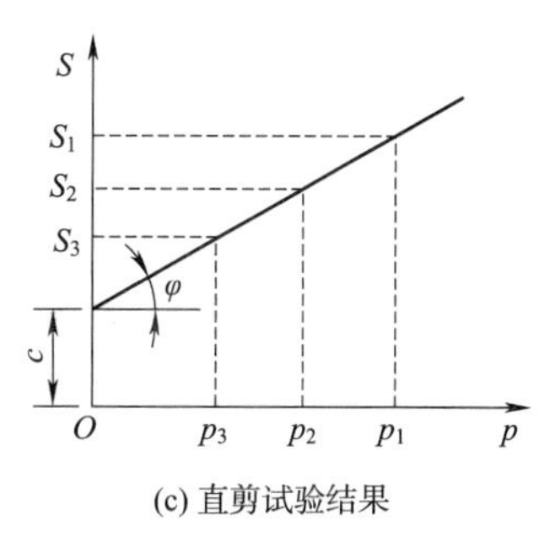

(c) 直剪试验结果

图 7-8 直接剪切试验

要绘制某种土的抗剪强度包线,以确定其抗剪强度指标,至少应取 3 个以上试样,在不同的垂直压力 p_1、p_2、p_3、p_4、……。(一般可取 100 kPa,200 kPa,300 kPa,400 kPa,……)作用下测得相应的 $\tau-\Delta l$ 曲线如图 7-8(b)所示,按上述原则确定对应的抗剪强度 s 值,从而绘出库仑强度包线如图 7-8(c)所示。绘图时必须使纵横坐标的比例尺完全一致,该线与横轴的夹角为土的内摩擦角 φ,在纵轴上的截距即为土的黏聚力 c。

直剪仪具有构造简单，操作简便，并符合某些特定条件，至今仍是实验室常用的一种试验仪器。但该试验也存在如下缺点：

(1)剪切过程中试样内的剪应变和剪应力分布不均匀。试样剪破时，靠近剪力盒边缘的应变最大，而试样中间部位的应变相对小得多；此外，剪切面附近的应变又大于试样顶部和底部的应变；基于同样的原因，试样中的剪应力也是很不均匀的。

(2)剪切面人为地限制在上、下盒的接触面上，而该平面并非是试样抗剪最弱的剪切面。

(3)剪切过程中试样面积逐渐减小，且垂直荷载发生偏心，但计算抗剪强度时却按受剪面积不变和剪应力均匀分布计算。

(4)不能严格控制排水条件，因而不能量测试样中的孔隙水压力。

(5)根据试样破坏时的法向应力和剪应力，虽可算出大、小主应力的数值，但中主应力无法确定。

针对直剪仪的上述缺陷，人们曾作了一些改进。如能改善试样中的应力均匀程度，并外套橡皮膜以控制排水的单剪仪；能控制中主应力的直剪仪和能测定残余强度的环剪仪等。

(二)三轴压缩试验

三轴压缩试验是一种较完善的测定土抗剪强度试验方法，与直接剪切试验相比较，三轴压缩试验试样中的应力相对比较明确和均匀。三轴剪力仪同样分应变控制式和应力控制式两种。应变式三轴剪力仪由压力室、轴向加压系统、周围压力系统和孔隙水压力量测系统等构成。目前较先进的三轴剪力仪还配备有自动化控制系统、电测和数据自动采集系统等，应变式三轴剪力仪的构造简图如图 7-9 所示。其核心部分是压力室，它是由一个金属活塞、底座和透明有机玻璃圆筒组成的封闭容器；轴向加压系统用以对试样施加轴向附加压力，并可控制轴向应变的速率；周围压力系统则通过液体(通常是水)对试样施加周围压力；试样为圆柱形，并用橡皮膜包裹起来，以使试样中的孔隙水与膜外液体(水)完全隔开。试样中的孔隙水通过其底部的透水面与孔隙水压力量测系统连通，并由孔隙水压力阀门控制。

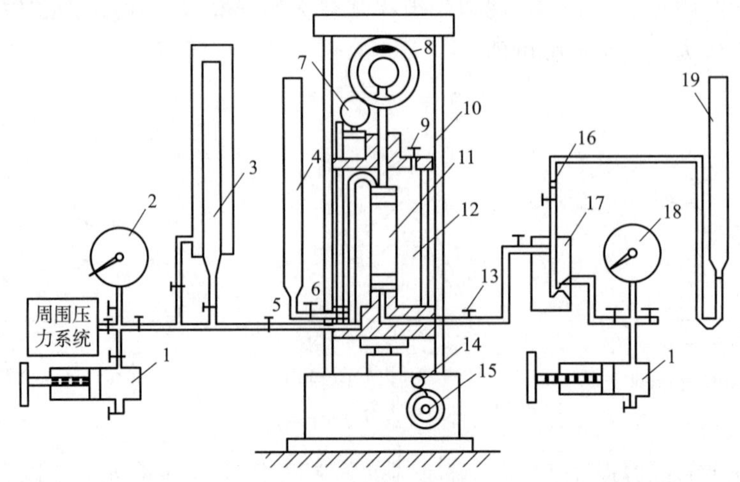

图 7-9　三轴剪力仪

1—调压筒；2—周围压力表；3—体变管；4—排水管；5—周围压力阀；6—排水阀；7—变形量表；8—量力环；9—排气孔；10—轴向加压设备；11—试样；12—压力室；13—孔隙压力阀；14—离合器；15—手轮；16—量管阀；17—零位指示器；18—孔隙水压力表；19—量管

试验时，先打开周围压力系统阀门，使试样在各向受到的周围压力达 σ_3 维持不变时如图7-10(a)所示，然后由轴压系统通过活塞对试样施加轴向附加压力 $\Delta\sigma$（$\Delta\sigma = \sigma_1 - \sigma_3$，称为偏应力）。试验过程中 $\Delta\sigma$ 不断增大而 σ_3 却维持不变，试样的轴向应力(大主应力) σ_1 也不断增大，其应力莫尔圆亦逐渐扩大至极限应力圆，试样最终被剪破如图7-10(b)所示。极限应力圆可由试样剪破时的 σ_{1f} 和 σ_3 作出图7-10(c)中实线圆。破坏点的确定方法为量测相应的轴向应变 ε_1，点绘 $\Delta\sigma - \varepsilon$ 关系曲线，以偏应力 $\sigma_1 - \sigma_3$ 的峰值为破坏点(图7-11)；无峰值时，取某一轴向应变(如 $\varepsilon_1 = 15\%$)对应的偏应力值作为破坏点。

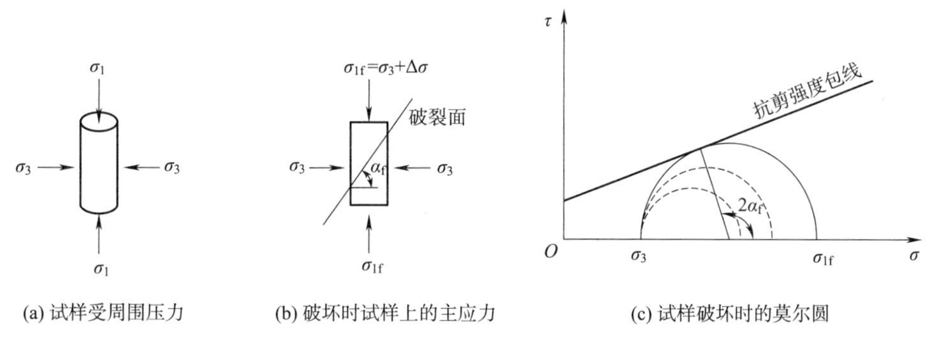

(a) 试样受周围压力　(b) 破坏时试样上的主应力　(c) 试样破坏时的莫尔圆

图7-10　三轴压缩试验原理

在给定的周围压力 σ_3 作用下，一个试样的试验只能得到一个极限应力圆，同种土样至少需要3个以上试样在不同的 σ_1 作用下进行试验，方能得到一组极限应力圆，由于这些试样均被剪破，绘极限应力图的公切线，即为该土样的抗剪强度包线。它通常呈直线状，其与横坐标的夹角即为土的内摩擦角 φ，与纵坐标的截距即为土的黏聚力 c，如图7-12所示。

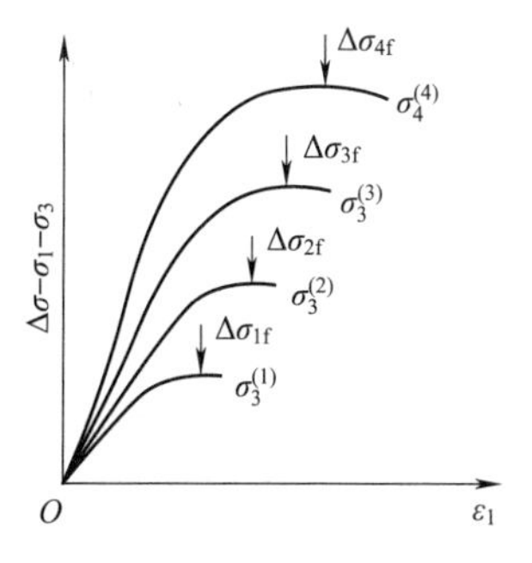

图7-11　三轴试验的 $\Delta\sigma - \varepsilon$ 曲线

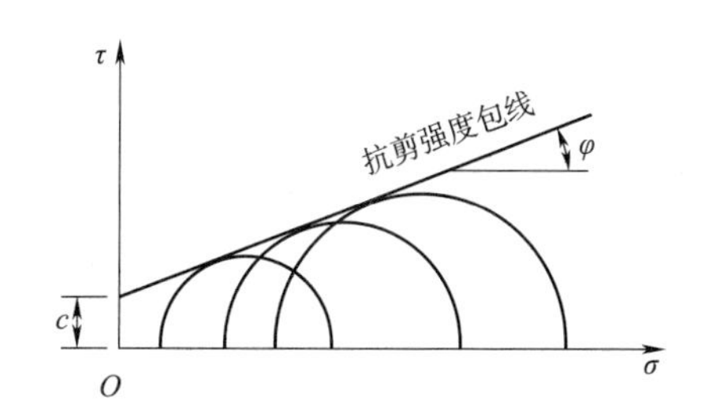

图7-12　三轴试验的强度破坏包线

三轴压缩试验可根据工程目的的不同，采用不同的排水条件进行试验。在试验中，既能令试样沿轴向压缩，也能令其沿轴向伸长。通过试验还可测定试样的应力、应变、体积应变、孔隙水压力变化和静止侧压力系数等。如试样的轴向应变可根据其顶部刚性试样帽的轴向位移量和起始高度算得；试样的侧向应变可根据其体积变化量和轴向应变间接算得；对饱和试样而言，试样在试验过程中的排水量即为其体积变化量。排水量可通过打开量管阀门，让试样中的水排入量水管，并由量水管中水位的变化算出。在不排水条件下，如要测定试样中的孔隙水压力，可关闭排水阀，打开孔隙水压力阀门，待试样施加轴向压力后，由于试样中孔隙水压力增加而迫使零位指示器中水银面下降。此时可用调压筒施反向压力，调整零位指示器的水银面始终保持原来的位置，从孔隙水压力表中即可读出孔隙水压力值。

三轴压缩试验可供在复杂应力条件下研究土的抗剪强度特性之用，其突出优点是：

(1)试验中能严格控制试样的排水条件，准确测定试样在剪切过程中孔隙水压力变化，从而可定量获得土中有效应力的变化情况；

(2)与直剪试验对比起来，试样中的应力状态相对地较为明确和均匀，不硬性指定破裂面位置；

(3)除抗剪强度指标外，还可测定如土的灵敏度、侧压力系数、孔隙水压力系数等力学指标。

但三轴压缩试验也存在试样制备和试验操作比较复杂，试样中的应力与应变仍然不够均匀的缺点。由于试样上、下端的侧向变形分别受到刚性试样帽和底座的限制，而在试样的中间部分却不受约束，因此，当试样接近破坏时，试样常被挤压成鼓形。此外，目前所谓的“三轴试验”，一般都是在轴对称的应力应变条件下进行的。许多研究报告表明，土的抗剪强度受到应力状态的影响。在实际工程中，油罐和圆形建筑物地基的应力分布属于轴对称应力状态，而路堤、土坝和长条形建筑物地基的应力分布属于平面应变状态($\varepsilon_2=0$)，一般方形和矩形建筑物地基的应力分布则属三向应力状态($\sigma_1\neq\sigma_2\neq\sigma_3$)。有人曾利用特制的仪器进行三种不同应力状态下的强度试验，发现同种土在不同应力状态下的强度指标并不相同。如对砂土所进行的许多对比试验表明，平面应变的砂土的 φ 值较轴对称应力状态下约高出 3°左右。因而，三轴压缩试验结果不能全面反映中主应力的影响。若想获得更合理的抗剪强参数，须采用真三轴仪，其试样可在三个互不相同的主应力 $\sigma_1\neq\sigma_2\neq\sigma_3$ 作用下进行试验。

(三)无侧限抗压强度试验

无侧限抗压强度试验如同三轴压缩试验中 $\sigma_3=0$ 时的特殊情况。试验时，将圆柱形试样置于如图 7-13 所示无侧限压缩仪中，对试样不加周围压力，仅对它施加垂直轴向压力 σ_1 (图 7-14(a))，剪切破坏时试样所承受的轴向压力称为无侧限抗压强度 q_u，由于试样在试验过程中在侧向不受任何限制，故称无侧限抗压强度试验。无黏性土在无侧限条件下试样难以成型，故该试验主要用于黏性土，尤其适用于饱和软黏土。无侧限抗压强度试验中，试样破坏时的判别标准类似三轴压缩试验。坚硬黏土的 $\sigma_1-\varepsilon_1$ 关系曲线常出现 σ_1 的峰值破坏点(脆性破坏)，此时的 σ_{1f} 即为 q_u，而软黏土的破坏常呈现为塑流变形 $\sigma_1-\varepsilon_1$ 关系曲线常无峰值破坏点(塑性破坏)，此时可取轴向应变 $\varepsilon_1=15\%$ 处的轴向应力值作为 q_u。无侧限抗压强度 q_u 相当于三轴压缩试验中试样在 $\sigma_3=0$ 条件下破坏时的大主应力 σ_{1f}，故由式(7-8)可得：

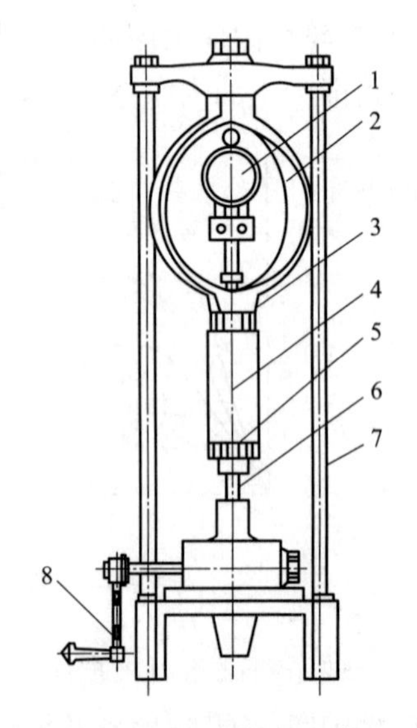

图 7-13 无侧限压缩仪

1—侧微表；2—量力环；3—上加压板；4—试样；5—下加压饭；6—升降螺杆；7—加压框架；8—手轮

$$q_u=2c\cdot\tan\left(45^\circ+\frac{\varphi}{2}\right) \tag{7-13}$$

式中 q_u——无侧限抗压强度，kPa。

无侧限抗压强度试验结果只能作出一个极限应力圆($\sigma_{1f}=q_u$，$\sigma_3=0$)，因此，对一般黏性土难以作出破坏包线。但试验中若能量测得试样的破裂角 α_f (图 7-14(b))，则理论上可根据

式 $\alpha_f = 45° + \frac{\varphi}{2}$ 推算出黏性土的内摩擦角 φ。再由式(7-2)推得土的黏聚力。但一般 α_f 不易量测,要么因为土的不均匀性导致破裂面形状不规则,要么由于软黏土的塑流变形而不出现明显的破裂面,只是被挤压成鼓形如图 7-14(c)所示。但对于饱和软黏土,在不固结不排水条件下进行剪切试验,可认为 $\varphi=0$,其抗剪强度包线与 σ 轴平行。因而,由无侧限抗压强度试验所得的极限应力圆的水平切线,即为饱和软黏土的不排水抗剪强度包线。

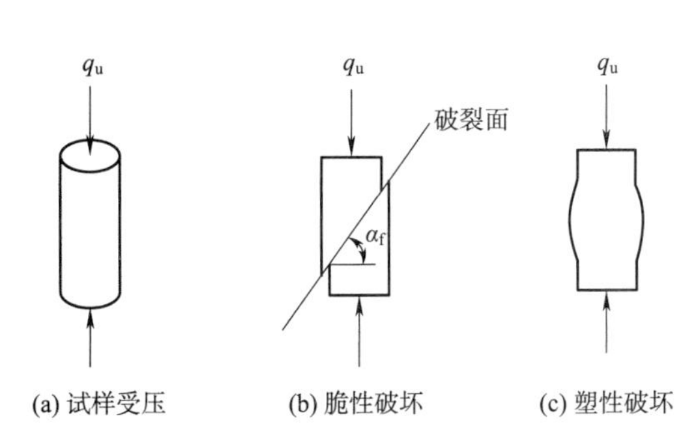

图 7-14 无侧限抗压强度试验原理

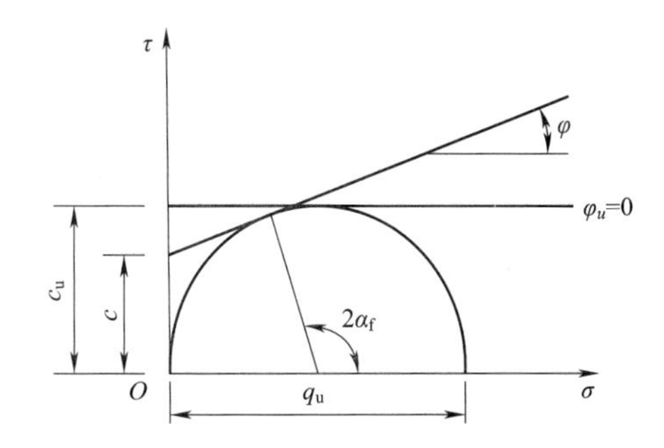

图 7-15 无侧限抗压强度试验的强度包线

由图 7-15 可知,其不排水抗剪强度 c_u 为:

$$c_u = \frac{q_u}{2} \tag{7-14}$$

无侧限抗压强度试验还可用来测定黏性土的灵敏度 S_r。其方法是将已做完无侧限抗压强度试验的原状土样,彻底破坏其结构,并迅速塑成与原状试样同体积的重塑试样,以保持重塑试样的含水率与原状试样相同,并避免因触变性导致土的强度部分恢复。对重塑试样进行无侧限抗压强度试验,测得其无侧限抗压强度 q'_u则该土的灵敏度 S_r为:

$$S_r = \frac{q_u}{q'_u} \tag{7-15}$$

式中 q_u——原状试样的无侧限抗压强度,kPa;

q'_u——重塑试样的无侧限抗压强度,kPa。

(四)十字板剪切试验

在土的抗剪强度现场原位测试方法中,最常用的是十字板剪切试验。它具有无需钻孔取得原状土样而使土少受扰动,试验时土的排水条件、受力状态等与实际条件十分接近,因而特别适用于难于取样和高灵敏度的饱和软黏土。

十字板剪切仪的构造如图 7-16 所示,其主要部件为十字板头、轴杆、施加扭力设备和测力装置,近年来已有用自动记录显示和数据处理的新仪器代替只有测力装置的仪器。十字板剪切试验的工作原理是将十字板头插入土中待测的土层标高处,然后在地面上对轴杆施加扭转力矩带动十字板旋转。十字板头的四翼矩形片旋转时与土体间形成圆柱体表面形状的剪切面如图 7-17 所示。通过测力设备测出最大扭转力矩 M,据此可推算出土的抗剪强度。

土体剪切破坏时,其抗扭力矩由圆柱体侧面和上、下表面土的抗剪强度产生的抗扭力矩两部分构成:

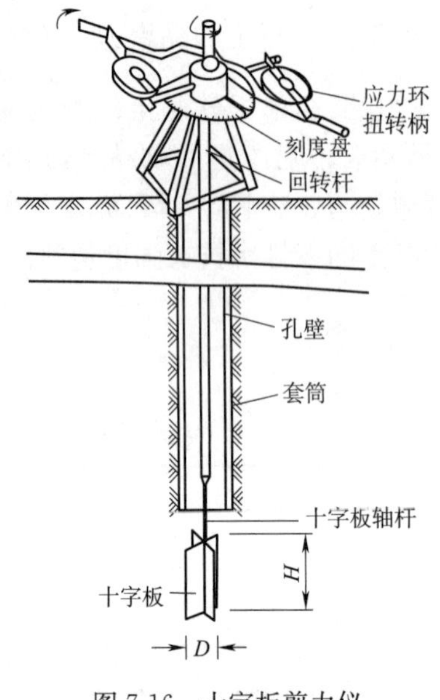

图 7-16　十字板剪力仪

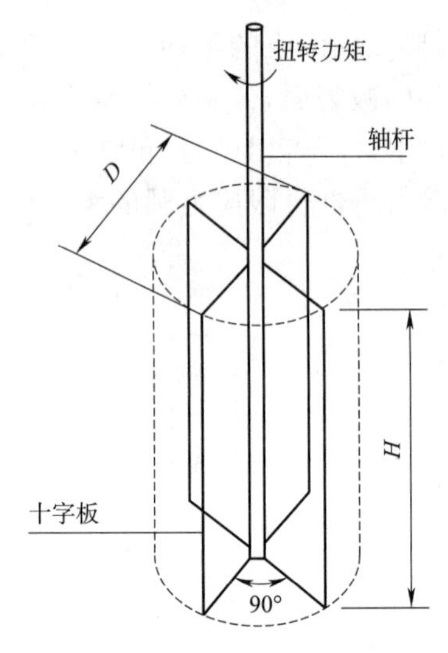

图 7-17　十字板剪切原理

(1)圆柱体侧面上的抗扭力矩 M_1

$$M_1 = \left(\pi DH \cdot \frac{D}{2}\right)\tau_1 \tag{7-16}$$

式中　D——十字板的宽度，即圆柱体的直径，m；

H——十字板的高度，m；

τ_1——土的抗剪强度，kPa。

(2)圆柱体上、下表面上的抗扭力矩 M_2

$$M_2 = \left(2 \times \frac{\pi D^2}{4} \times \frac{D}{3}\right)\tau_1 \tag{7-17}$$

式中　$D/3$——力臂值，m，由剪力合力作用在距圆心三分之二的圆半径处所得。

应该指出，实用上为简化起见，式(7-16)和式(7-17)的推导中假设了土的强度为各向相同，即剪切破坏时图柱体侧面和上、下表面土的抗剪强度相等。

由土体剪切破坏时所量测的最大扭矩，应与图柱体侧面和上、下表面产生的抗扭力矩相等，可得：

$$M = M_1 + M_2 = \left(\frac{\pi HD^2}{2} \times \frac{\pi D^3}{6}\right)\tau_1 \tag{7-18}$$

于是，由十字板原位测定的土的抗剪强度 τ_f 为：

$$\tau_f = \frac{2M}{\pi D^2\left(H + \frac{D}{3}\right)} \tag{7-19}$$

对饱和软黏土来说，与室内无侧限抗压强度试验一样，十字板剪切试验所得成果即为不排水抗剪强度 c_u。且主要反映土体垂直面上的强度。由于天然土层的抗剪强度是非等向的，水平面上的固结压力往往大于侧向固结压力，因而水平面上的抗剪强度略大于垂直面上的抗剪强度，十字板剪切试验结果理论上应与无侧限抗压强度试验相当(甚至略小)。但事实上十字板剪切试验结果往往比无侧限抗压强度值偏高，这可能与土样扰动较少有关。除土的各向异性外，土的成层性，十字板的尺寸、形状、高径比、旋转速率等因素对十字板剪切试验结果均有影响。此外，十字板剪切面上的应力条件十分复杂，如有人曾利用衍射成像技术。发现十字板周围土体存在因受剪影响使颗粒重新定向排列的区域，表明十字板剪切不是简单沿着一个面产生，而是存在着一个具有一定厚度的剪切区域。因此，十字板剪切的 c_u 值与原状土室内的不排水剪切试验结果有一定的差别。

三、相关例题

在饱和状态正常固结黏土上进行固结不排水的三轴压缩试验。当侧压力 $\sigma_3 = 2.0\ kg/cm^2$ 时，破坏时的应力差 $\sigma_1 - \sigma_3 = 3.5\ kg/cm^2$，孔隙水压力 $u_w = 2.2\ kg/cm^2$，滑移面的方向和水平面成 60°。求这时滑移面上的法向应力 σ_n 和剪应力 τ 和 σ_n'，另外，确定试验中的最大剪应力及其方向。

解：根据在破坏时，$\sigma_3 = 2.0\ kg/cm^2$，

$$\sigma_1 = \Delta\sigma + \sigma_3 = 3.5 + 2.0 = 5.5\ kg/cm^2$$

∵ $\alpha = 60°$

∴求关于总应力的法向应力和剪应力 τ

则：$\sigma_n = \dfrac{\sigma_1 + \sigma_3}{2} + \dfrac{\sigma_1 - \sigma_3}{2}\cos 2\alpha$

$$\sigma_n = \frac{5.5 + 2.0}{2} + \frac{5.5 - 2.0}{2}\cos 120° = 2.875\ kg/cm^2$$

$$\tau = \frac{\sigma_1 - \sigma_3}{2}\sin 2\alpha = \frac{5.5 - 2.0}{2}\sin 120° = 1.516\ kg/cm^2$$

有效应力如下：$\sigma_n' = \sigma_n - u_w = 2.875 - 2.2 = 0.675\ kg/cm^2$

另外，最大剪应力发生在和水平面成 45°的方向。

其大小为：$\tau_{max} = \dfrac{\sigma_1 - \sigma_3}{2} = \dfrac{5.5 - 2.0}{2} = 1.75\ kg/cm^2$

学习项目 3　地基破坏型式

一、引　　文

常见的地基基础工程事故包括：地基失稳、地基变形、土坡滑动、地基溶蚀或管涌、地震引起的事故、特殊土地基工程事故等。其中地基失稳（也称地基滑动）事故是由地基土的抗剪强度不足而引起的地基整体失稳破坏，具体形式有整体剪切破坏、局部剪切破坏、冲切剪切破坏，其结果是建筑物倾斜、开裂、破坏，严重时可能导致建筑物整体倒塌。比如 2005 年 5 月 9 日上午 7 时 10 分，浙江萧甬铁路余姚西至驿亭区间，由于地方上一家砖瓦厂取土，造成铁路地基土体移位，路堤发生整体下沉事故，导致铁路中断行车。

二、相关理论知识

（一）地基变形阶段

地基破坏是一个逐渐发展的过程，经由不同的阶段。由地基静载荷试验获得的典型地基

荷载—沉降量 p—s 关系曲线如图 7-18(a)所示，地基破坏的过程一般经过弹性压密阶段、塑性区发展阶段和破坏阶段。

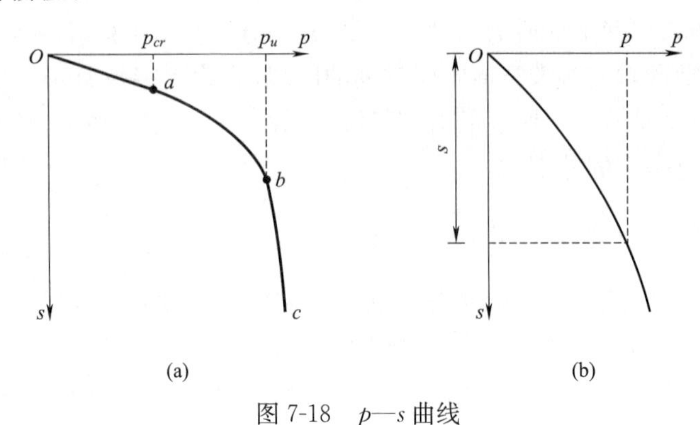

图 7-18 p—s 曲线

1. 弹性压密阶段

弹性压密阶段对应于 p—s 曲线上的 Oa 段，该阶段 p—s 曲线近似于直线，故也称直线变形阶段。在这一阶段，土中各点的剪应力均小于土的抗剪强度，土体处于弹性平衡状态，基础的沉降主要由土的弹性压密变形引起。p—s 曲线上 a 点对应的荷载称为比例界限荷载 p_{cr}，也称临塑荷载。

2. 塑性区发展阶段

塑性区发展阶段对应于 p—s 曲线上的 ab 段。在这一阶段 p—s 曲线已不再保持线性关系，沉降量的增长率随荷载的增大而增加。在这一阶段，地基土中局部范围内的剪应力达到土的抗剪强度，发生剪切破坏。发生剪切破坏的区域称为塑性区，塑性区首先在基础边缘处产生。随着荷载的继续增加，塑性区的范围也逐步扩大，直至土中形成连续的滑动面，不适于再继续承载。该阶段末 b 点对应的荷载称为极限荷载 p_u。

3. 破坏阶段

破坏阶段对应于 p—s 曲线上的 bc 段。当荷载超过极限荷载后，基础沉降量急剧增加，即使不增加荷载，沉降量也将继续增加，p—s 曲线呈陡降段。在这一阶段，由于土中塑性区范围的扩展，已在土中形成连续滑动面，土从基础两侧挤出而丧失整体稳定性。

(二)地基破坏型式

地基在荷载作用下，由于承载能力不足会引起破坏，而这种破坏通常是由于基础下持力层土体的剪应力达到或超过了土的抗剪强度，出现剪切破坏所造成的，这种剪切破坏的型式可分为整体剪切破坏、局部剪切破坏和刺入剪切破坏三种，如图 7-19 所示。

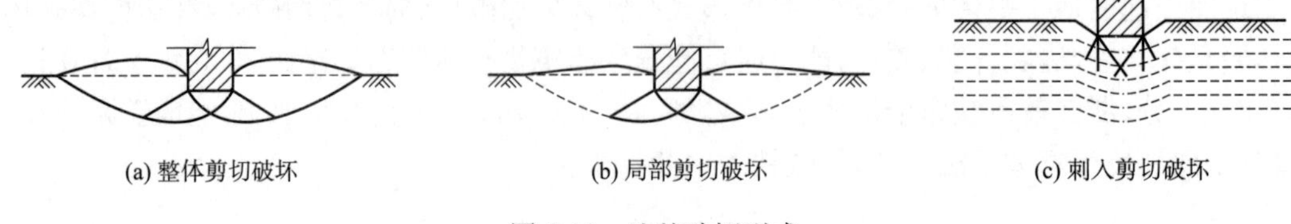

图 7-19 地基破坏型式

1. 整体剪切破坏的特征

当基础荷载较小时，基底压力 p 与基础沉降量 s 基本上是直线关系，如图 7-18(a)曲线的

Oa 段所示。当荷载增加到某一值(临塑荷载)时,在基础边缘处的土最先产生塑性剪切破坏,随着基础荷载的增加,塑性剪切破坏区域逐步扩大,基底压力 p 与基础沉降量 s 不再呈直线关系,表现为曲线关系,如图 7-18(a)所示曲线的 ab 段,基础沉降量增长率较前一阶段增大。当荷载达到极限荷载后,地基土中塑性破坏区发展成连续滑动面,并延伸到地面,荷载稍有增加,基础急剧下沉、倾斜,土从基础两侧挤出并隆起,整个地基失去稳定而破坏,如图 7-19(a)所示。整体剪切破坏常发生在压缩性较小的坚实地基中,如密砂、硬黏土地基等,也可能发生在基础埋深相对较小的软土地基中。

2. 局部剪切破坏的特征

随着荷载的增加,塑性剪切破坏区首先从基础边缘处开始,但塑性区的发展局限在地基某一范围内,土中滑动面没有延伸到地面,基础四周地面微微隆起,建筑物没有明显的倾斜或倒塌,破坏的特征介于整体剪切破坏和刺入剪切破坏之间,如图 7-19(b)所示,基底压力与基础沉降量关系曲线从开始就呈非线性关系。

3. 刺入剪切破坏的特征

刺入剪切破坏常发生在基础埋深相对较大的软弱地基中,如松砂和软土地基。其破坏特征是随着荷载的增加,基础下土层发生压缩变形,基础随之下沉,当荷载继续增加,基础之下的软弱土沿基础周边发生竖向剪切破坏,使基础刺入土中,就像利器刺人其他物体一样,表面不仅没有隆起现象,还有稍微的凹陷,故称为刺入剪切破坏,又称为冲切剪切破坏,如图 7-19(c)所示。破坏时,地基中不出现明显的滑动面和较大的建筑物倾斜。刺入剪切破坏的 p—s 曲线如图 7-18(b)所示,沉降量随着荷载的增大而不断增加,但 p—s 曲线上没有明显的转折点,没有明显的比例界限荷载和极限荷载。

地基的剪切破坏型式,除了与地基土的性质有关外,还同基础底面尺寸、基础埋深、加载速率等因素有关。其中基础的相对埋深(基础埋深与底面宽度的比值)是决定地基破坏型式的关键因素。当基础的相对埋深较大时,如桩基,刺入剪切破坏的情况较多;当基础的相对埋深较小时,发生整体剪切破坏的可能性较大。

(三)确定地基承载力的方法

地基承载力的确定在浅基础设计中是一项非常重要而又十分复杂的问题。影响地基承载力的因素很多,诸如土的物理力学性质指标,基础形式、基础埋深与基础底面尺寸,建筑物的类型、结构特点和施工速率等,要精确地确定地基承载力是比较困难的。合理地确定地基承载力既能保证建筑物的安全和正常使用,又能达到降低工程造价的目的。确定地基承载力常用的方法有以下几种:

(1)按现场静载荷试验方法确定。

(2)按其他原位测试结果确定,如静力触探试验、标准贯入试验、旁压试验等。

(3)按土的抗剪强度指标利用理论公式计算确定。

(4)按当地建筑经验方法确定。

这些方法各有长短互为补充,必要时可按多种方法综合确定。地基承载力确定方法的选择和确定的精细程度宜按地基基础设计等级、地基岩土条件和当地建筑经验合理选择,避免出现不必要的过分严格和随意的过分简化两种倾向。熟练掌握各种方法,在工程实践中合理地利用当地建筑经验,通过较少的地质勘察测试工作,就能获得比较精确的地基承载力值。

三、相关案例

加拿大特朗斯康谷仓,如图 7-20 所示。加拿大特朗斯康谷仓 1911 年动工,1913 年完工,谷仓自重 20 000 t。

图 7-20　加拿大特朗斯康谷仓前后对比

1913 年 10 月 17 日发现 1 h 内竖向沉降达 30.5 cm,结构物向西倾斜,并在 24 h 内倾倒,谷仓西端下沉 7.32 m,东端上抬 1.52 m。

事故原因:设计时未对谷仓地基承载力进行调查研究,而采用了邻近建筑地基 352 kPa 的承载力,事故后 1952 年的勘察试验表明,该地基的实际承载力为 193.8～276.6 kPa,远小于谷仓破坏时的 329.4 kPa 的地基压力,地基超载而发生强度破坏。

处理措施:通过在塔北侧下部钻孔取土的方法对塔纠偏的技术方案。

学习项目 4　地基承载力的确定

一、引出案例

意大利比萨斜塔(图 7-21)自 1173 年 9 月 8 日动工,至 1178 年建至第 4 层中部,高度 29 m 时,因塔明显倾斜而停工。94 年后,1272 年复工,经 6 年时间建完第 7 层,高 48 m,再次停工中断 82 年。1360 年再次复工,至 1370 年竣工,前后历经近 200 年。该塔共 8 层,高 55 m,全塔总荷重 145MN,相应的地基平均压力约为 50 kPa。地基持力层为粉砂,下层为粉土和黏土层。由于地基的不均匀下沉,塔向南倾斜,南北两端沉降差 1.8 m,塔顶离中心线已达 5.27 m,倾斜 5.5 m,成为危险建筑。

图 7-21　意大利比萨斜塔

在建筑斜塔前没有做出正确的地下土质勘探结果,使得没有正确的地基承载力值的测定,导致事故的发生。如果按地基承载力确定建筑物基础的尺寸,一般情况,可以保证地基土不会因发生剪切破坏而失去稳定,也不会使基础产生过大的沉降变形而影响建筑物的正常使用。

二、相关理论知识

原位测试法就是在现场地基土体所在位置上测定地基土的性能。由于原位测试所涉及的土体比室内试验土体大,又未经过搬运和扰动,因而能反映岩土体本来的和宏观的性能。原位测试确定地基承载力的方法很多,常用的有静载荷试验、标准贯入试验、轻便触探试验、重锤触探试验、静力触探试验和旁压试验等。

(一)静载荷试验法

地基的静载荷试验是岩土工程中的重要试验,它对地基直接加载,对地基土扰动小,能测定荷载板下应力主要影响深度范围内土的承载力和变形参数。对土层不均、难以取得原状土样的杂填土及风化岩石等复杂地基尤其适用。静载荷试验的结果较为准确可靠,是校核其他方法确定的地基承载力准确性的依据。静载荷试验分浅层平板载荷试验和深层平板载荷试验。

1. 浅层平板载荷试验

浅层平板载荷试验适用于确定浅部地基土层在荷载板下应力主要影响深度范围内土的承载力。

1)浅层平板载荷试验装置

浅层平板载荷试验装置如图 7-22 所示,由加载稳压装置、反力装置和沉降观测装置三部分组成。静荷载一般由千斤顶提供,千斤顶产生的反力由反力装置承担。反力装置由堆载、排钢梁、支墩和反力钢梁组成。承压板的沉降观测装置由百分表、精密水准仪、基准梁和基准桩构成,百分表安装在基准梁上。承压板面积不应小于 0.25 m^2,对于软土不应小于 0.5 m^2。底面形状为方形或圆形。边长或直径常用尺寸为 0.50 m、0.707 m、1.0 m,相应的承压板面积为 0.25 m^2、0.5 m^2、1.0 m^2。

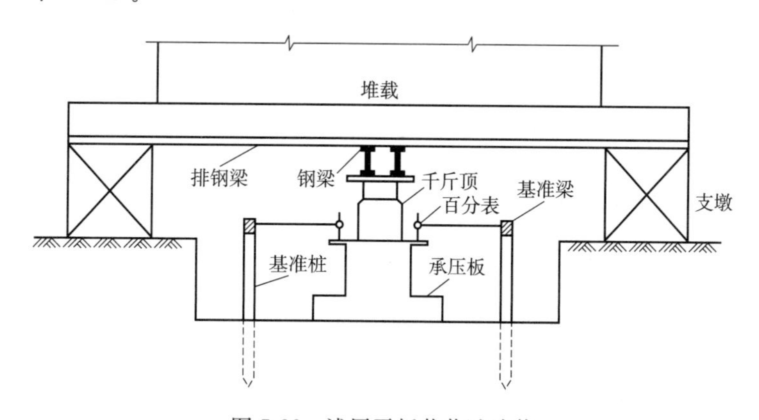

图 7-22　浅层平板载荷试验装

2)试验方法

(1)在建筑场地,选择有代表性的部位进行载荷试验。

(2)开挖试坑,试坑深度为基础设计埋深,试坑宽度不小于承压板宽度或直径的 3 倍。

(3)在拟试压表面铺一层厚度不超过 20 mm 的粗、中砂,并找平,以保持试验土层的原状结构和天然湿度。

(4)分级加载。加载分级不应少于 8 级。最大加载量不应少于荷载设计值的 2 倍。第一级荷载相当于开挖试坑卸除土的自重应力,自第二级荷载开始,每级荷载宜为最大加载量的 1/12~1/8。

(5)测记压板沉降量。每级加载后,按间隔 10 min、10 min,10 min、15 min、15 min,以后每隔 30 min 测读一次沉降量。当连续 2 h 内,每小时沉降量小于 0.1 mm 时,则认为沉降已趋稳定,可加下一级荷载。

(6)终止加载。当出现下列情况之一时,即可终止加载:

①承压板周围的土明显地侧向挤出;

②沉降量 s 急骤增大,荷载—沉降量关系曲线出现陡降段;

③在某一级荷载下,24 h 内沉降速率不能达到稳定标准;

④总沉降量与承压板宽度或直径之比大于或等于 0.06。

3)极限荷载的确定

当满足终止加载标准前三种情况之一时,其对应的前一级荷载定为极限荷载 p_u。

4)载荷试验结果整理

试验时应以严肃认真的科学态度及时作好试验记录,并妥善保管原始数据,将载荷试验结果整理绘制成如图 7-18 所示的荷载—沉降量关系曲线(p—s 曲线)。

5)地基承载力特征值的确定

地基承载力特征值按下列规定确定:

(1)当 p—s 曲线有比较明显的比例界限时,取该比例界限所对应的荷载值 p_0 作为地基承载力特征值;当极限荷载小于比例界限所对应的荷载值的 2 倍时,则取极限荷载 p_u的一半作为地基承载力特征值。

(2)对于软弱土或压缩性高的土,p—s 曲线通常无明显的转折点(图 7-18(b))。无法取得比例界限值 p_0 与极限荷载值 p_u,从沉降控制的角度考虑,在 p—s 曲线上,以一定的容许沉降值所对应的荷载作为地基的承载力特征值。由于沉降量与基础底面尺寸、形状有关,在相同的基底附加压力下,基底面积越大,基础沉降量越大。承压板通常小于实际的基础尺寸,因此不能直接利用基础的容许变形值在 p—s 曲线上确定地基承载力特征值。由地基沉降计算原理可知,如果基底附加压力相同,且地基均匀,则沉降量 s 与各自的宽度 b 之比(s/b)大致相等。《建筑地基基础设计规范》(GB 50007—2011)根据实测资料规定:当承压板面积为 0.25~0.5 m^2 时,可取承压板沉降量 s 与其宽度 b 的比值(s/b=0.01~0.015)所对应的荷载值作为地基承载力的特征值,但其值不应大于最大加载量的一半。

由于静载荷试验费时长、耗资大,不能对地基土进行大量的静载荷试验,因此《建筑地基基础设计规范》(GB 50007—2011)规定:对同一土层,应至少选择 3 个载荷试验点,当试验实测值的极差不超过平均值的 30%时,则取平均值作为地基承载力特征值,否则应增加试验点数,综合分析确定地基承载力的特征值。

2. 深层平板载荷试验

深层平板载荷试验适用于确定深部地基土层及大直径桩桩端土层在荷载板下应力主要影响深度范围内土的承载力。

1)试验要点

(1)深层平板载荷试验的承压板采用直径为 0.8 m 的圆形刚性板,紧靠承压板周围外侧的土层高度应不小于 80 cm。

(2)加载等级可按预估极限荷载的 1/10～1/15 分级施加。

(3)每级加载后，第一个小时内按间隔 10 min、10 min、10 min、15 min、15min，以后为每隔 30 min 测读一次沉降量。当连续 2 h 内，每小时的沉降量小于 0.1 mm 时，则认为已趋稳定，可加下一级荷载。

(4)当出现下列情况之一时，可终止加载：

①沉降量 s 急骤增大，p—s 曲线上有可判定极限荷载的陡降段，且沉降量超过 0.04 倍的承压板直径 d；

②在某级荷载下，24 h 内沉降速率不能达到稳定标准；

③本级沉降量大于前一级沉降量的 5 倍；

④当持力层土层坚硬、沉降量很小时，最大加载量不小于荷载设计要求的 2 倍。

2)承载力特征值的确定

承载力特征值的确定应符合下列规定：

(1)当 p—s 曲线上有明确的比例界限时，取该比例界限所对应的荷载值。

(2)满足前三条终止加载条件之一时，其对应的前一级荷载定为极限荷载，当该值小于比例界限对应的荷载值的 2 倍时，取极限荷载值的一半。

(3)不能按上述两条确定时，可取 $s/d=0.01\sim0.015$ 所对应的荷载值，但其值不应大于最大加载量的一半。同一土层参加统计的试验点不应少于三点，各试验实测值的极差不得超过平均值的 30%，取此平均值作为该土层的地基承载力特征值 f_{ak}。

(二)静力触探试验法

静力触探是利用机械装置或液压装置将贴有电阻应变片的金属探头，通过触探杆压如土中，用电阻应变仪测定探头所受的贯入阻力。在贯入过程中，贯入阻力的变化反映了土的物理力学性质的变化。一般说来，同一种土愈密实、愈硬，探头所受的贯入阻力愈大；反之，则愈小。因此，可以依据探头所受的贯入阻力测定地基土的承载力和其他物理力学性质指标。

与常规的勘探手段相比较，它能快速、连续地探测土层类别和其性质的变化，质量好、效率高、成本低，适用于黏性土、粉土、砂土及含少量碎石的土层，但不适用于大块碎石类地层和岩基。若静力触探与钻探相结合，效果会更好。

1. 试验设备

静力触探设备的核心部分是触探头，它是土层阻力的传感器(图 7-23)。根据触探头的构造和量测贯入阻力的方法可将触探头分为测定比贯入阻力 p_s 的单桥探头，测试锥尖阻力—q_c 和侧壁摩阻力 f_s 的双桥探头，以及能同时测量孔隙水压力 u 的多用探头。如图 7-24 所示为单桥探头结构示意图。

2. 静力触探试验技术要点

(1)圆锥锥头底面积应采用 10.0 cm^2 或 15.0 cm^2；双桥探头侧壁面积宜为 150～300 m^2，单桥探头侧壁高应为 57.0 mm 或 70.0 m；锥尖锥角宜为 60°

(2)探头测力传感器连同仪器、电缆应进行定期标定，室内率定重复性误差、线性误差、滞后误差、温度飘移、归零误差均应小于 1.0%，现场归零误差应小于 3.0%，绝缘电阻不小于 500.0 MΩ。

(3)深度记录误差范围应为±1.0%。

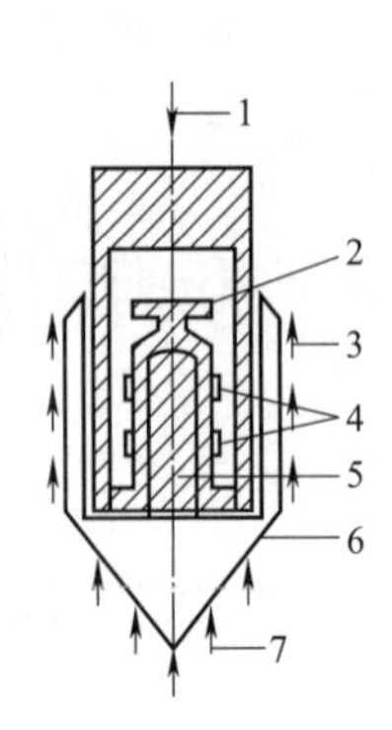

图 7-23 触探头工作原理示意图

1—贯入力；2—空心柱；3—侧壁摩阻力；4—电阻片；5—顶柱；6—探头套；7—锥尖阻力

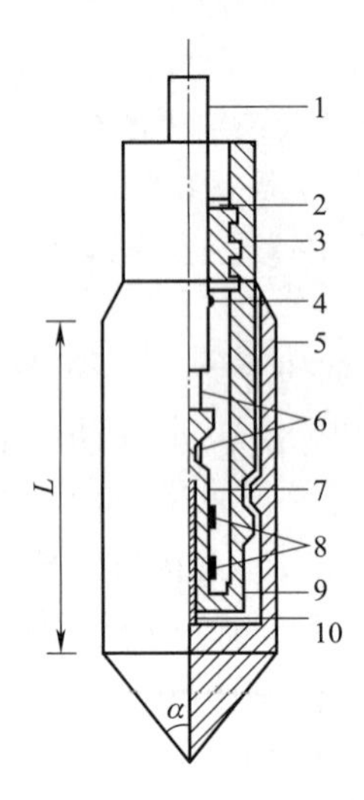

图 7-24 单桥探头结构示意图

1—四芯电缆；2—密封圈；3—探头管；4—防水塞；5—外套筒；6—导线；7—空心柱；8—电阻片；9—防水盘根；10—顶柱

(4)探头应垂直、均匀地压入土中，贯入速率为(1.2±0.3)m/min。

(5)当贯入深度超过 50.0 m 或穿透深厚软土层后再贯入硬土层，应采取措施防止孔斜或断杆，也可配置测斜探头，量测触探孔的偏斜度，校正土的分层界限。

(6)孔隙水压力探头在贯入前，应在室内保证探头应变腔为已排除气泡的液体所饱和，并在现场采取措施，保持探头的饱和状态，直到探头进入地下水位以下为止，在孔隙水压力试验过程中不得提升探头。

(7)当在预定深度进行孔隙水压力消散试验时，应量测停止贯入后不同时间的孔隙水压力值，计时间隔由密而疏合理控制，试验过程不得松动触探杆。

3. 成果整理与应用

(1)单桥探头

单桥探头试验时，测得包括探头锥尖阻力和侧壁摩阻力在内的总贯入阻力 P，探头总贯入阻力与探头的截面积 A 的比值，称为比贯入阻力 p_s

$$p_s = \frac{P}{A} = K\varepsilon \tag{7-20}$$

式中 p_s——比贯入阻力，kPa；

K——探头系数；

ε——电阻应变仪量测的微应变读数值。

(2)双桥探头

双桥探头试验时，分别测得锥尖总阻力 Q_c 和侧壁总摩擦阻力 P_s，则锥头阻力 q_c 和侧壁摩阻力 f_s，分别为

$$q_c = \frac{Q_c}{A} \tag{7-21}$$

$$f_s = \frac{P_s}{A_s} \tag{7-22}$$

式中　A_s——摩擦筒的总表面积，cm^2。

地基中某一深度处的摩阻比 n 按下式计算：

$$n=\frac{f_s}{q_c}\times 100\% \tag{7-23}$$

绘制比贯入阻力与深度关系曲线、锥头阻力与深度关系曲线、侧壁摩阻力与深度关系曲线、摩阻比与深度关系曲线。

根据贯入曲线的线型特征，结合相邻钻孔资料和地区经验，划分和判定土的类别；对数据进行计算和统计分析，估算土的状态、密实度、强度、承载力和压缩性，判断土的液化可能性。图 7-25 是单桥探头测得的比贯入阻力与深度关系曲线 p_s—z 曲线，其线型特征是：黏性土、粉土的 p_s 值较小，p_s—z 曲线平缓；砂土的 p_s 值较大，p_s—z 曲线高低起伏、波动较大；杂填土的 p_s 值较小，p_s—z 曲线高低起伏、波动大，说明其不均匀，组成复杂。

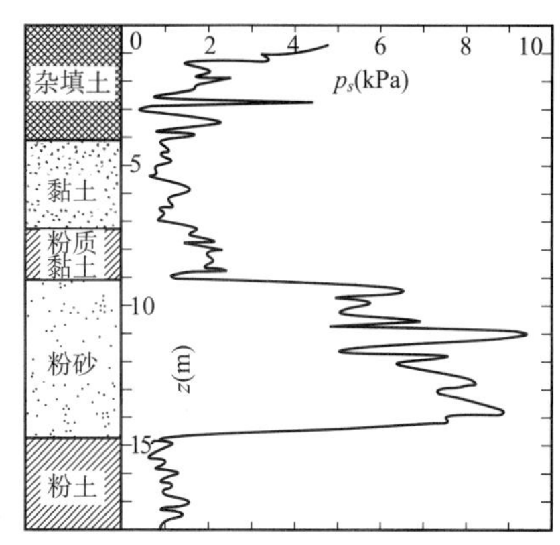

图 7-25　静力触探 p_s—z 曲线和钻孔柱状图

在积累大量试验研究数据的基础上，我国相关的研究部门建立起许多关于地基承载力与比贯入阻力间的经验公式。当 $p_s\leqslant$1 500 kPa 时，关于黏性土地基承载力的各经验公式计算结果相差不大；当 $p_s>$1 500 kPa 时，各经验公式计算出的地基承载力值有较大的出入。产生这种现象的原因是多方面的，试验条件和确定地基承载力的参照不同可能是主要原因。下面列出几个经验公式，供参考。

武汉静力触探联合研究组提出的经验公式：

$$[R]=10.4p_s+26.9 \tag{7-24}$$

式(7-24)适用于 300 kPa$\leqslant p_s\leqslant$6 000 kPa 的淤泥、淤泥质黏土、一般黏性土和老黏土。

《用静探测定砂土承载力》联合试验研究小组提出的经验公式：

1 000 kPa$\leqslant p_s\leqslant$10 000 kPa 的中、粗砂：$[R]=5.25\sqrt{p_s}-103.3$

1 000 kPa$\leqslant p_s\leqslant$15 000 kPa 的粉、细砂：$[R]=2p_s+59.5$

(三)动力触探试验法

动力触探是将一定质量的穿心锤，以一定的高度自由下落，将探头贯入土中，然后记录贯入一定深度所需的锤击数，并以此判断土的性质。动力触探试验主要包括标准贯入试验、轻便触探试验等类型，其类型及规格见表 7-1。触探前可根据所测土层种类、软硬、松密等情况而选用不同的类型。这里主要介绍标准贯入试验。

表 7-1　常用的动力触探类型及规格

类型		锤的质量(kg)	落距(cm)	贯入击数	贯入深度(cm)
轻型		10	50	N_{10}	30
中型		28	80	N_{28}	10
重型	管式贯入器	63.5	76	N	30
	圆锥头			$N_{63.5}$	10
起重型		120	100	N_{120}	10

标准贯入试验是利用锤击能将装在钻杆前端的贯入器打入钻孔孔底土中，测试每贯入 30.0 cm 的锤击数 N。用其锤击数判别土层变化和确定地基承载力特征值的方法，具有经济、快捷等优点。

标准贯入试验设备主要由标准贯入器、触探杆和穿心锤三部分组成，触探杆一般用直径为 42.0 mm 的钻杆，穿心锤质量为 63.5 kg。标准贯入试验操作要点如下：

(1)先用钻具钻至试验土层标高以上约 15 cm 处，以避免下层土受到扰动。

(2)贯入时，穿心锤落距为 76.0 cm，使其自由下落，先将贯入器竖直打入土层 15.0 cm。然后以每分钟不大于 30 击的锤击速率，将贯入器打入土层中，记录每贯入 10.0 cm 的锤击数，累计贯入 30.0 cm 的锤击数，即为实测锤击数 N'。当锤击数已达 50 击，而贯入深度未达 30.0 cm 时，可记录 50 击的实际贯入度，并终止试验。最后换算成相当于 30.0 cm 的标准贯入试验锤击数。

(3)当钻杆长度大于 3.0 m 时，由于土对钻杆的摩擦作用，引起锤击能量损失，锤击数应按下式进行钻杆长度修正：

$$N = \alpha N' \tag{7-25}$$

式中 N——标准贯入试验锤击数；

N'——实测锤击数；

α——触探杆长度修正系数，按表 7-2 确定。

表 7-2 触探杆长度修正系数

触探杆长度(m)	≤3	6	9	12	15	18	21
α	1.00	0.92	0.86	0.81	0.77	0.73	0.70

根据标准贯入锤击数 N 查有关表格，可以确定地基承载力特征值 f_{ak} 。

(四)《铁路桥涵地基和基础设计规范》确定地基容许承载力

地基容许承载力[σ]系指在保证地基稳定的条件下，桥梁和涵洞基础下地基单位面积上容许承受的力。

1. 地基的基本承载力(σ_0)系指基础宽度 $b \leqslant 2$ m、埋置深度 $h \leqslant 3$ 时的地基容许承载力，可按表 7-3～表 7-6 确定，用原位测试方法确定时，可不受上述诸表限制；对重要桥梁或地质复杂桥梁应采用载荷试验及原位测试方法等综合确定。软土地基容许承载力按规范确定。

其中基础宽度 b，对于矩形基础为短边宽度(m)，对于圆形或正多边形基础为 $\sqrt{F}$ ，F 为基础的底面积(m^2)。

表 7-3 岩石地基的基本承载力 σ_0 单位：kPa

节理发育程度 / 节理间距 / 岩石类别	节理很发育	节理发育	节理不发育或较发育
	2～20	20～40	大于 40
硬质岩	1 500～2 000	2 000～3 000	大于 3 000
较软岩	800～1 000	1 000～1 500	1 500～3 000
软　岩	500～800	700～1 000	900～1 200
极软岩	200～300	300～400	400～500

注：1. 对于溶洞、断层、软弱夹层、易溶岩的岩石等，应个别研究确定；
2. 裂隙张开或有泥质填充时，应取低值。

表 7-4　碎石类土地基的基本承载力 σ_0　　单位:kPa

密实程度 土　名	松　散	稍　密	中　密	密　实
卵石土、粗圆砾土	300～500	500～600	650～1000	1000～1200
碎石土、粗角砾土	200～400	400～500	550～800	800～1000
细圆砾土	200～300	300～400	400～600	600～850
细角砾土	200～300	300～400	400～500	500～700

注:1. 半胶结的碎石类土可按密实的同类土的 σ_0 值,提高 10%～30%;
2. 由硬质岩块组成,充填砂类土者用高值;由软质岩块组成,充填黏性土者用低值;
3. 自然界中很少见松散的碎石类土,定为松散应慎重;
4. 漂石土、块石土的 σ_0 值,可参照卵石土、碎石土适当提高。

表 7-5　砂类土地基的基本承载力 σ_0　　单位:kPa

土　名	湿度 密实程度	稍　松	稍　密	中　密	密　实
砾砂、粗砂	与湿度无关	200	370	430	550
中砂	与湿度无关	150	330	370	450
细砂	稍湿或潮湿	100	230	270	350
	饱和		190	210	300
粉砂	稍湿或潮湿		190	210	300
	饱和		90	210	200

表 7-6　粉土地基的基本承载力 σ_0　　单位:kPa

e / w	10	15	20	25	30	35	40
0.5	400	380	(355)				
0.6	300	290	280	(270)			
0.7	250	235	225	215	(205)		
0.8	200	190	180	170	(165)		
0.9	160	150	145	140	130	(125)	
1.0	130	125	120	115	110	105	(100)

注:1. e 为天然孔隙比,w 为天然含水率,有括号者仅供内插;
2. 在湖、塘、沟、谷与河漫滩地段以及新近沉积的粉土,应根据当地经验取值

2. 当基础的宽度 b 大于 2 m 或基础底面的埋置深度 h 大于 3 m,且 $h/b\leqslant 4$ 时,地基的容许承载力可按下式计算:

$$[\sigma]=\sigma_0+k_1\gamma_1(b-2)+k_2\gamma_2(h-3) \tag{7-26}$$

式中　$[\sigma]$——地基的容许承载力,kPa;
σ_0——地基的基本承载力,kPa;
b——基础的短边宽度,m,大于 10 m 的按 10 m 计算;

h——基础底面的埋置深度，m，对于受水流冲刷的墩台，由一般冲刷线算起，不受水流冲刷者，由天然地面算起，位于挖方内，由开挖后地面算起；

γ_1——基底以下持力层土的天然容重，kN/m^3，如果持力层在水面以下，且为透水者，应采用浮重；

γ_2——基底以上天然重度的平均值，kN/m^3，如持力层在水面以下，且为透水者，水中部分应用浮重，如为不透水者，不论基底以上水中部分的透水性质如何，应采用饱和容重；

k_1、k_2——宽度和深度的修正系数，按持力层土确定。

有些地区较特殊土类和性质比较复杂的土类，采用多种方法综合分析确定。按规范确定地基容许承载力的方法就是先根据地基土的类别和物理性质，从规范相应的表格中查找出其相应的地基容许承载力，然后再按修正计算公式算出修正后的地基容许承载力值。

（五）《建筑地基基础设计规范》(GB 50007—2011)经验公式法

以塑性荷载作为计算地基承载力特征值的理论公式，与静载荷试验结果相比较，该公式较适合于黏性土，但对于内摩擦角较大的砂类土，关于基础底面宽度的承载力系数 N_b 的值偏低。《建筑地基基础设计规范》(GB 50007—2011)考虑这一因素，结合静载荷试验成果和建筑经验，对塑性荷载公式中的承载力系数 N_b 的值加以修改，提出了计算地基承载力特征值的经验公式。其表达式：

$$f_a = M_b\gamma b + M_d\gamma_m d + M_c c_k \tag{7-27}$$

式中　f_a——地基承载力特征值，kPa；

M_b、M_c、M_d——承载力系数，查表 7-7 确定；

b——大于 6.0 m 时按 6.0 考虑，对于砂土，小于 3.0 m 时按 3.0 m 考虑；

c_k——基底下一倍基础短边宽深度内土的黏聚力标准值；

γ——基底以下土的重度，kN/m^3，地下水位以下取浮重度；

γ_m——基础底面以上土的加权平均重度 kN/m^3，地下水位以下取浮重度；

d——基础埋深，m。

表 7-7　承载力系数 M_b、M_c、M_d

土的内摩擦角标准值 φ_k(°)	M_b	M_d	M_c	土的内摩擦角标准值 φ_k(°)	M_b	M_d	M_c
0	0	1.00	3.14	22	0.61	3.44	6.04
2	0.03	1.12	3.32	24	0.80	3.87	6.45
4	0.06	1.25	3.51	26	1.10	4.37	6.90
6	0.10	1.39	3.71	28	1.40	4.93	7.40
8	0.14	1.55	3.93	30	1.90	5.59	7.95
10	0.18	1.73	4.17	32	2.60	6.35	8.55
12	0.23	1.94	4.42	34	3.40	7.21	9.22
14	0.29	2.17	4.69	36	4.20	8.25	9.97
16	0.36	2.43	5.00	38	5.00	9.44	10.80

续上表

土的内摩擦角标准值 φ_k(°)	M_b	M_d	M_c	土的内摩擦角标准值 φ_k(°)	M_b	M_d	M_c
18	0.43	2.72	5.31	40	5.80	10.84	11.73
20	0.51	3.06	5.66				

式(7-27)适用于荷载偏心距 e 小于或等于 0.033 倍基础底面宽度的情况。其中,当地基土的内摩擦角标准值 $\varphi_k \geqslant 24°$ 时,表 7-7 中承载力系数 M_b 采用了比理论值大的经验值,以充分发挥砂土的承载力潜力。

(六)岩石地基承载力特征值

岩石地基承载力特征值,可按《建筑地基基础设计规范》(GB 50007—2011)附录提供的岩基载荷试验方法确定。对完整、较完整和较破碎的岩石地基承载力特征值,可根据岩石室内饱和单轴抗压强度按下式计算:

$$f_a = \psi_r f_{rk} \tag{7-28}$$

式中　f_a——岩石地基承载力特征值,kPa;

f_{rk}——岩石饱和单轴抗压强度标准值,kPa;

ψ_r——折减系数,根据岩体完整程度和结构面的间距、宽度、产状和组合,由地区经验确定;无经验时,对完整岩体可取 0.5,对较完整岩体可取 0.2～0.5,对较破碎岩体可取 0.1～0.2。

式(7-28)中的折减系数未考虑施工因素及建筑物建成后风化作用的继续,对于黏土质岩,在确保建筑物施工期和使用期地基遭水浸泡时,其单轴抗压强度的测定也可采用天然湿度的试样,不进行饱和处理。

对于破碎、极破碎的岩石地基承载力特征值,可根据地区经验取值;无地区经验值时,根据平板载荷试验方法确定。

岩石饱和单轴抗压强度标准值 f_{rk},可根据《建筑地基基础设计规范》(GB 50007—2011)附录 J 计算。

$$f_{rk} = \psi f_{rm} \tag{7-29}$$

$$\psi = 1 - \left(\frac{1.704}{\sqrt{n}} + \frac{4.678}{n^2}\right)\delta \tag{7-30}$$

式中　f_{rm}——岩石饱和单轴抗压强度平均值,kPa;

ψ——统计修正系数;

δ——变异系数;

n——样本数量。

(七)地基承载力特征值的修正

由地基承载力理论可知,地基的承载力随基础底面尺寸和埋深的增大而增加。地基承载力特征值确定的主要依据是静载荷试验,而静载荷试验试验板的底面尺寸较小,因此当基底宽度大于 3.0 m 或基础埋深大于 0.5 m 时,由静载荷试验或其他原位测试、经验值等方法确定的地基承载力特征值,尚应按下式进行宽度和埋深修正:

$$f_a = f_{ak} + \eta_b \gamma (b - 3.0) + \eta_d \gamma_m (d - 0.5) \tag{7-31}$$

式中　f_a——修正后地基承载力特征值，kPa；

f_{ak}——地基承载力特征，kPa；

η_b、η_d——基础宽度和埋深的承载力修正系数，按基底下土的类别查表 7-8 确定；

b——基底底面宽度，m，当基底宽度小于 3.0 m 时按 3.0 m 考虑，大于 6.0 m 时按 6 m 考虑；

γ——基底以下土的重度，kN/m^3，地下水位以下取浮重度；

γ_m——基础底面以上土的加权平均重度，kN/m^3，地下水位以下取浮重度；

d——基础埋深，m，一般自室外地面起算，在填方整平地区，可自填土地面起算，但填土在上部结构施工后完成时，应从天然地面起算，对于地下室，如采用箱形基础或筏基时，基础埋深自室外地面起算，采用独立基础或条形基础时，应从室内地面起算，当基础埋深小于 0.5 m 时按 0.5 m 计。

表 7-8　承载力修正系数

土的类别		η_b	η_d
淤泥和淤泥质土		0	1.0
人工填土 e 或 I_L 大于等于 0.85 的黏性土		0	1.0
红黏土	含水比 $\alpha_w > 0.8$	0	1.2
	含水比 $\alpha_w \leqslant 0.8$	0.15	1.4
大面积压实填土	压实系数大于 0.95、黏粒含量 $\rho_c \geqslant 10\%$ 的粉土	0	1.5
	最大干密度大于 2.1 t/m^3 的级配砂石	0	2.0
粉土	黏粒含量 $\rho_c \geqslant 10\%$ 的粉土	0.3	1.5
	黏粒含量 $\rho_c < 10\%$ 的粉土	0.5	2.0
e 或 I_L 均小于 0.85 的黏性土		0.3	1.6
粉砂、细砂（不包括很湿与饱和时的稍密状态）		2.0	3.0
中砂、粗砂、砾砂和碎石土		3.0	4.4

注：1. 强风化和全风化的岩石，可参照所风化成德相应土类取值，其他状态下的岩石不修正。

2. 地基承载力特征值按深层平板载荷试验确定时 η_d 取 0。

三、相关例题

1. 某多层砖混结构住宅建筑，筏板基础底面宽度 $b=9.0$ m，长度 $l \approx 54.0$ m，基础埋深 $d=0.6$ m，埋深范围内土的平均重度 $\gamma_m=17.0\ kN/m^3$，地基为粉质黏土，饱和重度 $\gamma_{sat}=19.5\ kN/m^3$，内摩擦角标准值 $\varphi_k=18°$，黏聚力标准值 $c_k=16.0$ kPa，地下水位深 0.6 m，所受竖向荷载设计值 $F=58\ 000.0$ kN，试用《建筑地基基础设计规范》（GB 50007—2011）经验公式验算地基的承载力。

解：(1)计算基底压力

$$p=\frac{F}{A}+\gamma_G d=\frac{58000}{9.0\times 54.0}+20\times 0.6=131.3\ \text{kPa}$$

(2)计算地基承载力特征值

依据地基土的内摩擦角标准值查表 7-7 得承载力系数 $M_b=0.43$，$M_d=2.72$，$M_c=5.31$，基础底面宽度 $b=9.0$ m，大于 6.0 m 时按 6.0 m 考虑，持力层在地下水位以下取浮重度 $\gamma=$

$\gamma' = 9.5\ \text{kN/m}^3$。

$f_a = M_b\gamma b + M_d\gamma d + M_c c_k = 0.43 \times 9.5 \times 6.0 + 2.72 \times 17.0 \times 0.6 + 5.1 \times 16.0$

$= 137.2\ \text{kPa}$

(3)验算地基的承载力

$p = 131.3\ \text{kPa} \leqslant f_a = 137.2\ \text{kPa}$,满足承载力要求。

2. 某工程的岩石饱和抗压强度试验数据见表7-9,岩石为中风化,确定岩石地基承载力特征值。

表7-9 岩石饱和抗压强度试验数据

编号	1	2	3	4	5	6	7	8	9	10	11	12	13
抗压强度(MPa)	25.1	25.2	24.7	27.6	33.2	18.1	16.3	20.9	23.2	24.4	34.0	32.4	33.9

解:抗压强度平均值 $f_{rm} = 26.1\ \text{MPa}$,试样个数 $n=13$,标准差 $\sigma = 5.9$,变异系数 $\sigma = 5.9/26.1 = 0.23$,统计修正系数 $\psi = 1 - \left(\dfrac{1.704}{\sqrt{n}} + \dfrac{4.678}{n^2}\right)\delta = 0.88$

由式(7-29)得到岩石抗压强度标准值 $f_{rk} = 0.88 \times 26.1 = 22.968\ \text{MPa}$

对于中风化岩石 $\psi = 0.17 \sim 0.25$,取 $\psi = 0.17$,岩石地基承载力特征值:

$f_a = 0.17 \times 22\ 968 = 3\ 904.6\ \text{kPa}$

3. 若基础底面尺寸 $l = 12.0\ \text{m}$,$b = 9.0\ \text{m}$,埋深 $d = 3.6\ \text{m}$,埋深范围内土的平均重度 $\gamma_m = 18.0\ \text{kN/m}^3$,地基土为黏性土,地基土的重度 $\gamma = 18.5\ \text{kN/m}^3$,$e = 0.73$,$I_L = 0.45$,地基承载力特征值 $f_{ak} = 209.0\ \text{kPa}$,所受竖向荷载设计值 $F = 24\ 000.0\ \text{kN}$,试验算地基承载力。

解:(1)计算基底压力

$$p = \frac{F}{A} + \gamma_G d = \frac{24000.0}{9.0 \times 12.0} + 20 \times 3.6 = 294.2\ \text{kPa}$$

(2)计算地基承载力特征值 f_a

依据地基土的 e 及 I_L 查表7-8得承载力修正系数 $\eta_b = 0.3$、$\eta_d = 1.6$。基础底面宽度 $b = 9.0\ \text{m}$,大于 $6.0\ \text{m}$ 时按 $6.0\ \text{m}$ 考虑:

$f_a = f_{ak} + \eta_b\gamma(b - 3.0) + \eta_d\gamma_m(d - 0.5)$

$= 209.0 + 0.3 \times 18.5 \times (6.0 - 3.0) + 1.6 \times 18.0 \times (3.6 - 0.5) = 314.9\ \text{kPa}$

(3)验算基地的承载力

$$p = 294.0\ \text{kPa} \leqslant f_a \leqslant 314.9\ \text{kPa},\text{满足地基承载力要求。}$$

【思考与练习题】

一、名词解释

地基承载力　　土的抗剪强度

二、简 答 题

1. 三轴剪切试验的三种试验方法各适用于何种情况?对于一级建筑物地基应采用何种仪器?对饱和软黏土应采用何种试验方法?

2. 根据剪切前固结程度,排水条件及加荷快慢将直剪试验和三轴试验分为哪几种?各适用哪些情况?

3. 试述整体剪切破坏各阶段土中应力、变形及 p—s 曲线的变化情况?

4. 何谓土的极限平衡状态和极限平衡条件?

5. 砂土与黏性土的抗剪强度表达式有何不同? 同一土样的抗剪强度是不是一个定值? 为什么?

6. 土中发生剪切破坏面是不是剪应力的最大面? 在什么情况下剪切破坏面与最大剪应力面是一致的? 剪切破坏面与大主应力作用面呈什么角度?

7. 影响地基承载力的因素有哪些? 有何影响?

8. 地基承载力原位测试主要有哪几种方法?

9. 影响岩石地基承载力的因素有哪些? 与土地基有何不同?

三、计 算 题

1. 已知地基中某点受到大主应力 $\sigma_1=500$ kPa,小主应力 $\sigma_3=180$ kPa,其内摩擦角为36°求

(1)该点的最大剪应力是多少? 最大剪应力面上的法向应力为多少?

(2)此点是否已达到极限平衡状态? 为什么?

(3)如果此点未达到极限平衡,令大主应力不变,而改变小主应力,使该点达到极限平衡状态时,小主应力应为多少?

2. 某条形基础底面宽度 $b=2.4$ m,埋深 $d=1.6$ m,荷载合力偏心距 $e=0.07$ m,地下水位距地表 1.0 m 处,基底以上为杂填土,天然重度为 17.0 kN/m^3,饱和重度为 19.0 kN/m^3,基底面以下为粉质黏土,内摩擦角 $\varphi=16°$,黏聚力 $c=24.0$ kPa。试用《建筑地基基础设计规范》(GB 50007—2011)提供的根据土的抗剪强度指标确定地基承载力公式求地基承载力特征值。

单元8　铁道工程中土压力理论及应用

【学习导读】有关土压力理论与计算方法的研究一直是岩土工程领域中一个比较活跃的课题，自从库仑于1793年提出著名的库仑土压力理论以后，不少学者作了许许多多的发展和延伸，目的是更精确的求得土压力，来完成进一步的工程设计和施工依据。

【能力目标】1. 具备应用适合的土压力理论计算工程中常见土压力的能力；

2. 具备解决特殊情况下的主动土压力的能力；

3. 具备设计简单重力式挡土墙的能力。

【知识目标】1. 掌握土压力的概念和基本类型，理解土压力产生的条件和三种土压力的关系；

2. 了解朗肯土压力理论的基本原理，熟悉朗肯土压力理论的假定，熟练运用朗肯土压力理论计算公式；

3. 了解库仑土压力理论的基本原理，熟悉库仑土压力理论的假定，熟练运用库仑土压力理论计算公式。

学习项目1　土压力的基本认识

一、引　　文

在铁路、公路路基工程中，支挡结构被广泛应用于稳定路堤、路堑、隧道洞口以及桥梁两端的路基边坡等，主要用于承受土体侧向土压力。在水利、矿场、房屋建筑等工程中，支挡结构主要用于加固山坡、基坑边坡和河流岸壁。当以上工程或其他岩土工程遇到滑坡、崩塌、岩堆体、落石、泥石流等不良地质灾害时，支挡结构主要用于加固或拦挡不良地质体。支挡结构是岩土工程中的一个重要组成部分，随着我国国民经济水平的提高与基本建设的不断发展，以及支挡结构技术水平的提高和减少环境破坏、节约用地观念的加强等，支挡结构在岩土工程中的使用越来越广泛，特别是在铁路、公路路基及建筑基础工程中所占的比重也越来越大。

图8-1为几种挡土墙的应用实例，分别为支撑建筑周围填土的挡土墙、地下室侧墙、桥台以及贮藏粒状材料的挡墙等，箭头所指为作用在挡土墙上土压力。

二、相关理论知识

挡土墙按其刚度和位移方式分为刚性挡土墙、柔性挡土墙和临时支撑三类。

(1)刚性挡土墙：指用砖、石或混凝土所筑成的断面较大的挡土墙。

由于刚度大，墙体在侧向土压力作用下，仅能发身整体平移或转动，挠曲变形则可忽略。墙背受到的土压力呈三角形分布，最大压力强度发生在底部，类似于静水压力分布。

(2)柔性挡土墙：当墙身受土压力作用时发生挠曲变形。

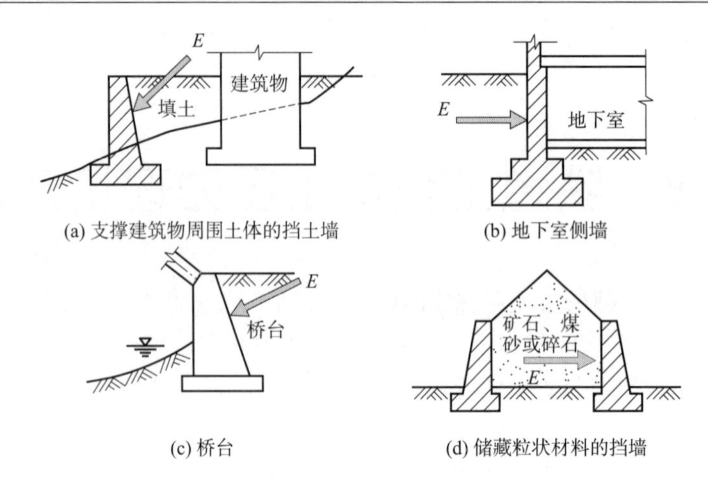

(a) 支撑建筑物周围土体的挡土墙　(b) 地下室侧墙

(c) 桥台　(d) 储藏粒状材料的挡墙

图 8-1　挡土墙的应用实例

(3)临时支撑:边施工边支撑的临时性支撑工程措施。

挡土墙后的填土因自重或外荷载作用对墙背产生的侧向力,称之为挡土墙的土压力。水在静止状态下没有抗剪强度,因此水向任何方向上的压力都相等,但土有抗剪强度,所以在不同方向上,土压力大小也不同。土压力计算十分复杂,它与填料的性质、挡土墙的形状和位移方向以及地基土质等因素有关,目前大多采用古典的朗肯和库仑土压力理论进行土压力计算。

(一)土压力的类型

根据挡土墙的位移情况和墙后土体所处的应力状态,可将土压力分为以下三种:

(1)主动土压力:挡土墙在填土压力作用下,向着背离填土方向移动或沿墙根的转动,直至土体达到主动平衡状态,形成滑动面,此时的土压力称为主动土压力,一般用 E_a 表示。多为普通边坡承受的土压力。

(2)被动土压力:挡土墙在外力作用下向着土体的方向移动或转动,土压力逐渐增大,直至土体达到被动极限平衡状态,形成滑动面。此时的土压力称为被动土压力,一般用 E_p 表示。如拱桥桥台在桥上荷载作用下挤压土体并产生一定量的位移,则作用在台背的侧压力属被动土压力。

(3)静止土压力:墙受侧向土压力后,墙身变形或位移很小,可认为墙不发生转动或位移,墙后土体没有破坏,处于弹性平衡状态,墙上承受土压力称为静止土压力,用 E_0 表示。如地下室外墙、地下水池侧壁、涵洞的侧壁以及其他不产生位移的挡土构筑物均可按静止土压力计算。

太沙基(1934)曾用砂土作为填土进行了挡土墙的模型试验,后来一些学者用不同土作为墙后填土进行类似实验。实验表明:当墙体离开填土移动时,位移量很小,即发生主动土压力。该位移量对砂土约 $0.001h$(h 为墙高),对黏性土约 $0.004h$。

当墙体从静止位置被外力推向土体时,只有当位移量大到相当值后,才达到稳定的被动土压力值 E_p,该位移量对砂土约需 $0.05h$,黏性土填土约需 $0.1h$,而这样大小的位移量实际上对工程常是不容许的。本章主要介绍曲线(如图 8-2)上的三个特定点的土压力计算,即 E_0、E_a 和 E_p。

同样填土高度的挡土墙,作用有不同性质的土压力时,有如下的关系(图 8-2):

$$E_p > E_0 > E_a$$

在工程中需定量地确定这些土压力值。

研究土压力的目的主要用于：

①设计挡土构筑物，如挡土墙，地下室侧墙，桥台和贮仓等；

②地下构筑物和基础的施工、地基处理方面；

③地基承载力的计算，用于岩体力学和埋管工程等领域。

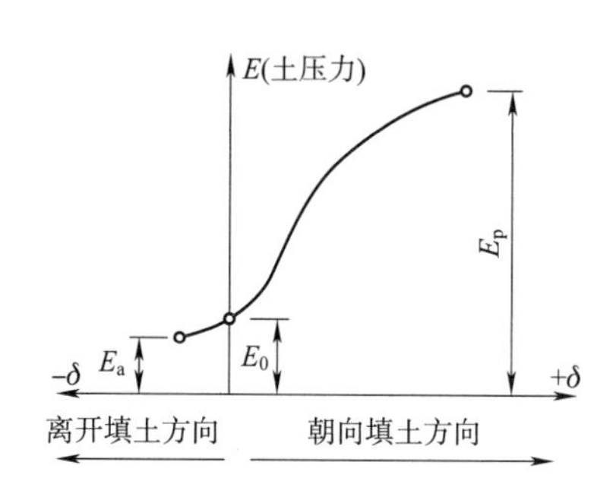

图 8-2　土压力和挡土墙的位移关系

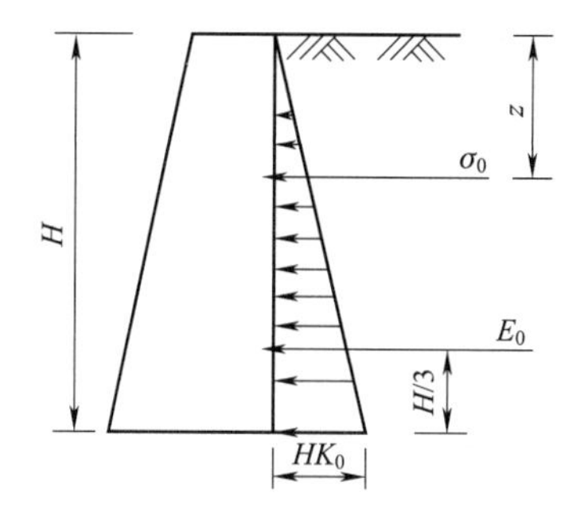

图 8-3　静止土压力

（二）静止土压力的计算

设一土层，表面是水平的，土的容重为 γ，设此土体为弹性状态，如图 8-3 所示。

静止土压力犹如半空间弹性变形体，在土的自重作用下无侧向变形时的水平侧压力与地基土中的土受到的水平自重应力相等，故填土表面以下任意深度 z 处的静止土压力强度可按下式计算：

在深度 z 处，作用在水平面上的主应力为 γz，在竖直面的主应力为：

$$\sigma_0 = K_0 \gamma z$$

式中　K_0——土的静止侧压力系数。

γ——土的容重

σ_0 即为作用在竖直墙背 AB 上的静止土压力强度，可以看出静止土压力强度与深度 z 呈直线分布。即静止土压力强度与 z 成正比，沿墙高呈三角形分布。所以每延米的挡土墙上的静压力合力 E_0 为：$E_0 = \frac{1}{2}\gamma H^2 K_0$（$H$ 为挡土墙的高度）。可见：总的静止土压力为三角形分布图的面积。

E_0 的作用点位于静止土压力强度三角形分布图的形心高度处，即墙底面以上 $H/3$ 处。

静止侧压力系数 K_0 的数值可通过室内的或原位的静止侧压力试验测定。其物理意义：在不允许有侧向变形的情况下，土样受到轴向压力增量 $\Delta\sigma_1$ 将会引起侧向压力的相应增量 $\Delta\sigma_3$，比值 $\Delta\sigma_3/\Delta\sigma_1$ 称为土的侧压力系数 ζ 或静止土压力系数 K_0。理论上 $K_0 = \frac{\mu}{1-\mu}$（μ 为土的泊松比），静止土压力系数 K_0 值可参考表 8-1。

表 8-1　静止土压力系数 K_0 值

土名	砾石、卵石	砂土	粉土	粉质黏土	黏土
K_0	0.20	0.25	0.35	0.45	0.55

也可用室内测定方法测出静止土压力系数 K_0 值：

(1)压缩仪法:在有侧限压缩仪中装有测量侧向压力的传感器。

(2)三轴压缩仪法:在施加轴向压力时,同时增加侧向压力,使试样不产生侧向变形。

上述两种方法都可得出轴向压力与侧向压力的关系曲线,其平均斜率即为土的侧压力系数。

对于无黏性土及正常固结黏土也可用下式近似的计算:

$$K_0 = 1 - \sin \varphi'$$

式中 φ'——为填土的有效摩擦角。

对于超固结黏性土:

$$K_{0(OC)} = K_{0(NC)} + (OCR)^m$$

式中 $K_{0(OC)}$——超固结土的 K_0 值;

$K_{0(NC)}$——正常固结土的 K_0 值;

OCR——超固结比;

m——经验系数,一般可用 $m=0.41$。

对于主动土压力和被动土压力的计算,目前我们主要应用朗肯土压力理论和库仑土压力理论为依据来计算,以下分别介绍其基本原理和计算方法。

学习项目 2 常用的土压力理论

一、引出案例

羊角啧隧道是国家新建渝怀铁路线上一座专项设计的地质复杂隧道,全长 2 425 m,为单线电气化铁路隧道。该隧道位于重庆市武隆县境内,沿乌江北岸走行,穿越武陵山脉。隧道进口为重庆端,紧邻糯米溪沟,沟内常年流水,且三峡蓄水会抬高沟内水位。隧道所在地为低中山剥蚀、侵蚀地貌,处于白马向斜东翼与羊角背斜西翼。进口坐落在一古滑坡体上,并穿过滑坡体,滑坡体沿隧道横向宽约 300 m,其倾角与山体地表坡度几近一致,隧道在距进口 28 m 处与滑坡体相交,滑坡体厚为 21~98 m 不等,由坡积物碎石土组成,透水性强,整体性及自稳能力均较差。滑坡体下伏岩层为砂岩、页岩互层。砂页岩产状与滑坡体滑向关系属基本稳定组合关系,滑坡体前缘位于糯米溪沟沟底。为保证隧道施工期和运营期的安全稳定,同时避免三峡蓄水水位抬高引起的滑坡体复活,设计人员做了很多工作,例如在隧道洞门的设计上,主动土压力是作用在隧道洞门上的主要荷载,设计人员运用数值模拟、极限分析方法和有限长度空间土压力理论,提出隧道洞门土压力计算方法。

二、相关理论知识

(一)朗肯土压力理论

朗肯土压力理论是通过研究弹性半空间体内的应力状态,根据土的极限平衡条件而得出的土压力计算方法。朗肯假定地基中的任意点都处于满足土体破坏条件时的应力状态,并在这种情况下导出主动土压力和被动土压力的计算公式。如图 8-4(a)所示,假想墙壁沿水平方向产生离开土体方向的位移,土体中水平方向的应力减少到 σ_a,地基土产生主动破坏状态。图 8-4(b)中墙壁沿水平方向产生向着土体方向的位移,土体中水平方向的应力增加到 σ_p,地基土产生被动破坏状态。这单水平方向的应力 σ_a 和 σ_p,分别是在这两种特殊情况下作用于墙上的水平应力，相当于主动土压力强度和被动土压力强度。下面讨论主动土压力和被动土压力的计算。

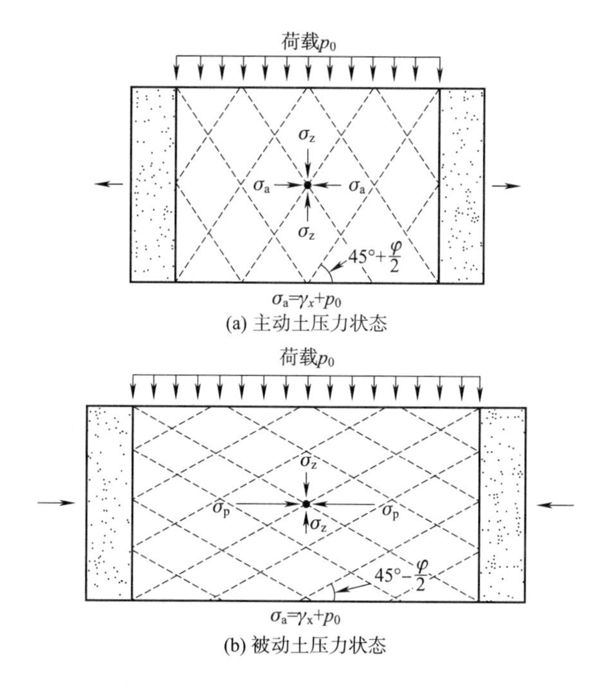

图 8-4　朗肯主动土压力状态和被动土压力状态中的滑动面

假定挡土墙墙背竖直、光滑，墙后填土面水平如图 8-5(a)所示，墙背与填土面间无摩擦力产生，故剪应力为零，墙背为主应力面。若挡土墙不出现位移，墙后土体处于弹性平衡状态，作用在墙背的应力状态与弹性半空间土体应力状态相同。在离填土面深度 z 处，$\sigma_z=\sigma_1=\gamma z$，$\sigma_x=\sigma_3=K_0\gamma z$。用$\sigma_1$ 与 σ_3 做成的摩尔应力圆与土的抗剪强度曲线不相切，如图 8-6 所示圆Ⅰ所示。

当挡土墙离开土体向左移动时，如图 8-5(b)所示墙后土体有伸张趋势。此时竖向应力不变，法向应力 σ_x 减小，σ_z 和 σ_x 仍为大、小主应力。当挡土墙位移使墙后土体达极限平衡状态时，σ_x 达到最小值 σ_a，其摩尔应力圆与抗剪强度包线相切，如图 8-6 所示圆Ⅱ。土体形成一系列滑裂面，面上各点都处于极限平衡状态，称主动朗肯状态，此时墙背法向应力 σ_x 为最小主应力，即朗肯主动土压力。滑裂面的方向与大主应力作用面(即水平面)成 $\alpha=45°+\frac{\varphi}{2}$ 角。

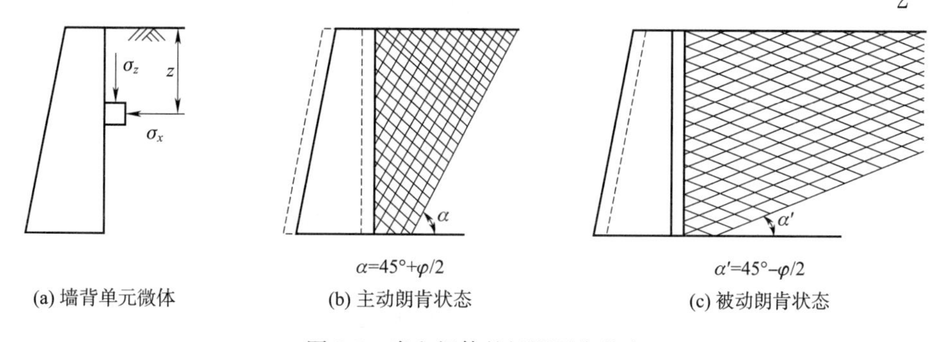

(a) 墙背单元微体　(b) 主动朗肯状态　(c) 被动朗肯状态

图 8-5　半空间体的极限平衡状态

同理，若挡土墙在外力作用下向右挤压土体，如图 8-5(c)所示，σ_z 仍不变，而 σ_x 随着挡土墙位移增加而逐步增大，当 σ_x 超过 σ_z 时，σ_x 为大主应力，σ_z 为小主应力。当挡土墙位移至墙后土体达极限平衡状态时，σ_x 达最大值 σ_p，摩尔应力圆与抗剪强度包线相切，如图 8-6 所示圆Ⅲ，土体形成一系列滑裂面，称被动朗肯状态。此时墙背法向应力 σ_x 为最大主应力，即朗肯被动土压力。滑裂面与水平面成 $\alpha' = 45° - \frac{\varphi}{2}$ 角。

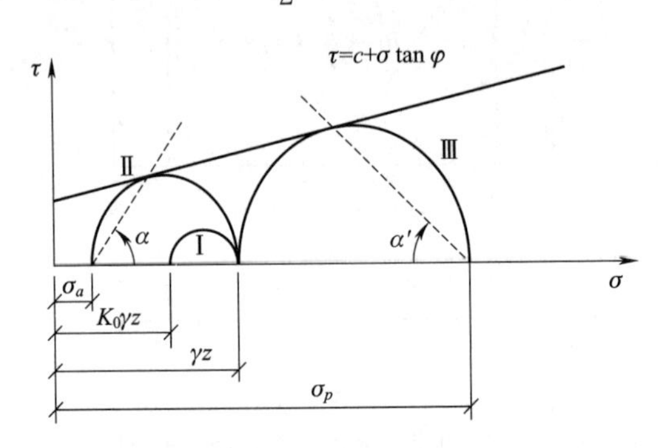

图 8-6　摩尔应力圆表示的朗肯状态

1. 主动土压力

根据土的强度理论，当土体中某点处于极限平衡状态时，大、小主应力 σ_1 与 σ_3 应满足以下关系式(图 8-7)：

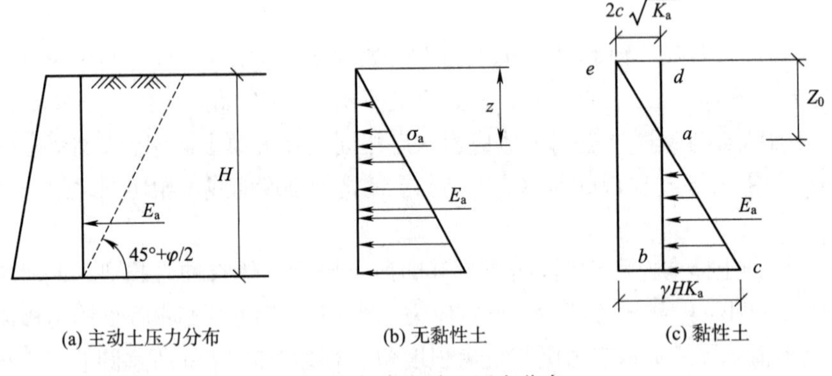

图 8-7　朗肯主动土压力分布

(1)无黏性土

$$\sigma_3 = \sigma_1 \tan^2\left(45° - \frac{\varphi}{2}\right) = \gamma z K_a$$

式中　K_a——朗肯主动土压力系数，$K_a = \tan^2\left(45° - \frac{\varphi}{2}\right)$。

σ_a的作用方向垂直于墙背，沿墙高呈三角形分布，当墙高为 H，则作用于单位延米的墙高度上的总土压力 $E_a = \frac{1}{2}\gamma H^2 K_a$，$E_a$ 垂直于墙背，作用点在距墙底 $\frac{H}{3}$ 处。

(2)黏性土

将 $\sigma_1 = \sigma_z = \gamma z, \sigma_3 = \sigma_a$，代入黏性土极限平衡条件：

$\sigma_3 = \sigma_1 \tan^2\left(45° - \dfrac{\varphi}{2}\right) - 2c \cdot \tan\left(45° - \dfrac{\varphi}{2}\right)$ 得

$$\sigma_a = \sigma_1 \tan^2\left(45° - \frac{\varphi}{2}\right) - 2c \cdot \tan\left(45° - \frac{\varphi}{2}\right) = \gamma z K_a - 2c\sqrt{K_a}$$

黏性土得主动土压力由两部分组成，第一项：$\gamma z K_a$ 为土重产生的，是正值，随深度呈三角形分布；第二项为黏聚力 c 引起的土压力 $2c\sqrt{K_a}$，是负值，起减少土压力的作用，其值是常量。

总主动土压力 E_a 应为三角形 abc 之面积，即：

$$E_a = \frac{1}{2}\left[(\gamma H K_a - 2c\sqrt{K_a})(H - \frac{2c}{\gamma\sqrt{K_a}}\right] = \frac{1}{2}\gamma H^2 K_a - 2cH\sqrt{K_a} + \frac{2c^2}{\gamma}$$

E_a 作用点则位于墙底以上 $\dfrac{1}{3}(H - Z_0)$ 处。

2. 被动土压力

当挡土墙在外力作用下挤压土体出现被动朗肯状态时，墙背填土中任意深度 z 处的竖向应力 σ_z 已变为小主应力 σ_3，而水平应力 σ_x 为大主应力 σ_1。同理根据土的强度理论，当土体中某点处于极限平衡状态时，大、小主应力 σ_1 与 σ_3 关系式导得朗肯被动土压力强度 σ_p 为：

黏性土：$\sigma_p = \gamma z K_p + 2c\sqrt{K_p}$

无黏性土：$\sigma_p = \gamma z K_p$

式中　K_p——朗肯被动土压力系数，$K_p = \tan^2\left(45° + \dfrac{\varphi}{2}\right)$。

被动土压力分布如图 8-8 所示，如取单位墙长计算，则总被动土压力为：

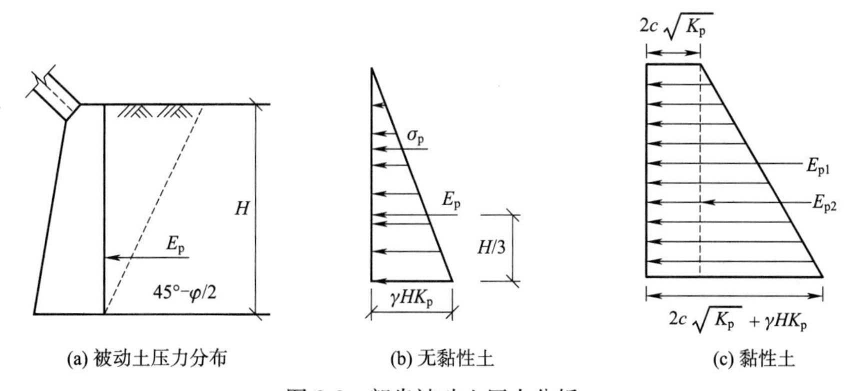

(a) 被动土压力分布　　(b) 无黏性土　　(c) 黏性土

图 8-8　朗肯被动土压力分析

(1)无黏性土

$$E_p = \frac{1}{2}\gamma H^2 K_p$$

σ_p沿墙高低分布及单位长度墙体上土压力合力 E_p作用点的位置均与主动土压力相同。墙后土体破坏滑动面与小主应力作用面之间的夹角 $\alpha = 45° - \dfrac{\varphi}{2}$。

(2)黏性土

黏性填土的被动压力也由两部分组成，都是正值，墙背与填土之间不出现裂缝；叠加后其

压力强度 σ_p 沿墙高呈梯形分布；总被动土压力为：

$$E_p = \frac{1}{2}\gamma H^2 K_p + 2cH\sqrt{K_p}$$

E_p 的作用方向垂直于墙背，作用点位于梯形面积重心上。梯形面积可以用分成矩形和三角形的面积之和，用 E_{p1} 和 E_{p2} 分别代表矩形面积和三角形面积计算的得到的被动土压力的两个分量，E_{p1} 和 E_{p2} 分别作用于矩形和三角形的形心处，合力 E_p 作用在体形上的形心上，其作用点至墙底的距离 z_p 也可以按照下式进行计算：

$$z_p = \frac{E_{p1}\dfrac{H}{2} + E_{p2}\dfrac{H}{3}}{E_p}$$

(二)库仑土压力理论

1. 基本假设

库仑土压力理论是根据墙后土体处于极限平衡状态并形成滑动楔体时，从楔体的静力平衡条件得出的土压力计算理论。其基本假设为：

(1)墙后填土是理想的散粒体(黏聚力 $c=0$)。

(2)滑动破裂面为通过墙踵的平面。

(3)滑动土楔为刚塑性体，本身无变形。

库仑土压力理论适用于砂土或碎石填料的挡土墙设计，可考虑墙背倾斜、填土面倾斜以及墙背与填土间的摩擦等多种因素的影响。分析时，一般沿墙长度方向取 1 m 考虑。取滑动楔体 ABC 为隔离体进行受力分析

分析可知：作用于楔体 ABC 上的力有：土体 ABC 的重量 G；下滑时受到墙面 AB 给予的支撑反力 E(其反方向就是土压力)；BC 面上土体支撑反力 R。

(1)根据楔体整体处于极限平衡状态的条件，可得知 E、R 的方向，如图 8-9 所示。

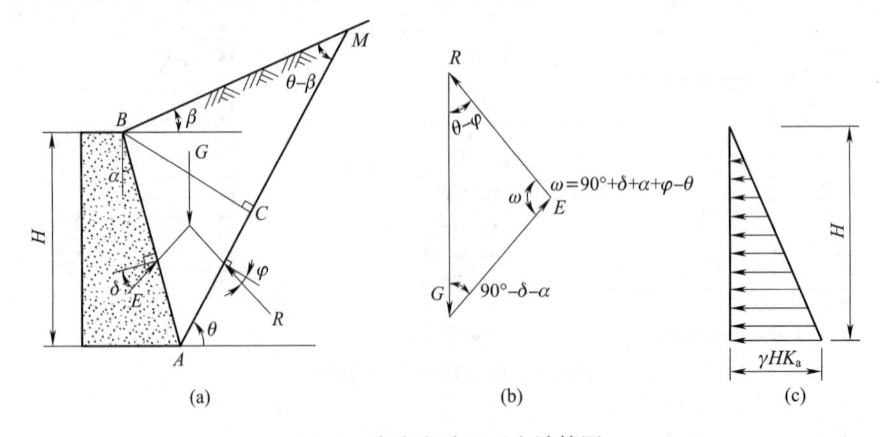

图 8-9 库仑主动土压力计算图

(2)根据楔体应满足静力平衡力三角形闭合的条件，可知 E、R 的大小。

(3)求极值，找出真正滑裂面，从而得出作用在墙背上的总主动压力 E_a 和被动压力 E_p。

2. 数解法

(1)无黏性土的主动压力

设挡土墙墙后为无黏性填土。

取土楔 ABC 为隔离体，根据静力平衡条件，作用于隔离体 ABC 上的力 G、E、R，组成力的闭合三角形。根据几何关系和利用正弦定律可得：

$$\frac{E}{\sin(\theta-\varphi)}=\frac{G}{\sin(90^\circ+\delta+\alpha+\varphi-\theta)}$$

$$E=\frac{G\sin(\theta-\varphi)}{\sin(90^\circ+\delta+\alpha+\varphi-\theta)}$$

（式中：$G=\gamma\Delta ABC=\frac{\gamma H^2}{2}\frac{\cos(\alpha-\beta)\cdot\cos(\theta-\alpha)}{\cos^2\alpha\cdot\sin(\theta-\beta)}$）

由此式可知：假定有不同的滑体面 BC，则有不同的 G，E 值即 E 是 θ 的函数。对应于不同的 θ，有一系列的滑动面和 E 值。与主动土压力 E_a 相应的是其中的最大反力 E_{max}，对应的滑动面为最危险滑动面。令：$\frac{dE}{d\theta}=0$，将求得的 θ 值代入 $E=\frac{W\sin(\theta-\varphi)}{\sin(90^\circ+\delta+\alpha+\varphi-\theta)}$ 得：

$$E_a=\frac{1}{2}\gamma H^2K_a$$

式中　K_a——库仑主动土压力系数，$K_a=\frac{\cos^2(\varphi-\alpha)}{\cos^2\alpha\cos(\alpha+\delta)\left[1+\sqrt{\frac{\sin(\varphi+\delta)\cdot\sin(\varphi-\beta)}{\cos(\alpha+\delta)\cdot\cos(\alpha-\beta)}}\right]^2}$。

H——挡土墙高度，m；

γ——墙后填土的重度，kN/m^3；

φ——墙后填土面的内摩擦角，(°)；

α——墙背的倾角，(°)（墙背俯斜时取正号，仰斜时取负号）；

β——墙后填土面的倾角，(°)；

δ——土对挡土墙背的摩擦角。

当 $\alpha=0$，$\delta=0$，$\beta=0$ 时；由 $E_a=\frac{1}{2}\gamma H^2K_a$ 得出：

$$E_a=\frac{1}{2}\gamma H^2\tan^2\left(45^\circ-\frac{\varphi}{2}\right)$$

可见与朗肯总主动土压力公式完全相同，说明当 $\alpha=0$，$\delta=0$，$\beta=0$ 这种条件下，库仑与朗肯理论得结果时一致。

关于土压力强度沿墙高得分布形式，$\sigma_{az}=\frac{dE_a}{dz}$，即：

$$\sigma_{az}=\frac{dE_a}{dz}=\frac{d}{dz}\left(\frac{1}{2}\gamma z^2K_a\right)=\gamma zK_a$$

可得 P_{az} 沿墙高成三角形分布，E_a 作用点在距墙底 $H/3$ 处，如图 8-9(c)所示。

但这种分步形式只表示土压力大小，并不代表实际作用墙背上的土压力方向。而沿墙背面的压强则为 $\gamma\cdot z\cdot K_a\cdot\cos\alpha$。

(2)无黏性土的被动土压力

用同样的方法可得出总被动土压力 E_p 值为：

$$E_p=\frac{1}{2}\gamma H^2K_p$$

式中　K_p——库仑被动土压力系数，$K_p=\frac{\cos^2(\varphi+\alpha)}{\cos^2\alpha\cos(\alpha-\delta)\left[1-\sqrt{\frac{\sin(\varphi+\delta)\cdot\sin(\varphi+\beta)}{\cos(\alpha-\delta)\cdot\cos(\alpha-\beta)}}\right]^2}$。

被动土压力强度 σ_{p2} 沿墙也成三角形分布，如图 8-10(c)所示。

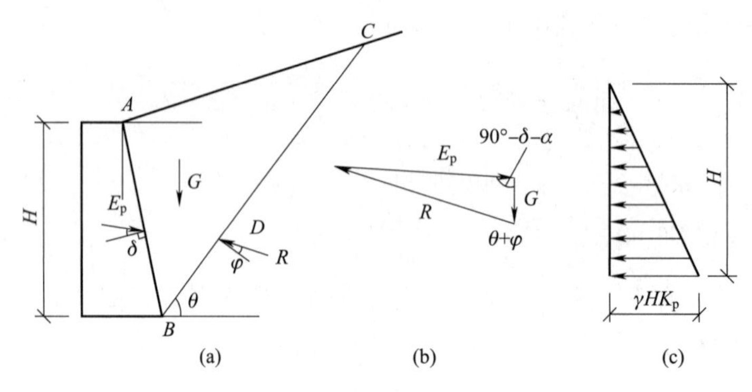

图 8-10　库仑被动土压力计算图

三、相关例题

1. 已知某混凝土挡土墙，墙高为 $H=6.0$ m，墙背竖直，墙后填土表面水平，填土的重度 $\gamma=18.5$ kN/m^3，填土内摩擦角 $\varphi=20°$，土的黏聚力 $c=19$ kPa。试计算作用在此挡土墙上的静止土压力，主动土压力和被动土压力。

解：(1)静止土压力，取 $K_0=0.5$，$\sigma_0=\gamma z K_0$

$$E_0=\frac{1}{2}\gamma H^2K_0=\frac{1}{2}\times18.5\times6^2\times0.5=166.5\ \text{kN/m}$$

E_0作用点位于下 $\frac{H}{3}=2.0$ m 处。

(2)主动土压力

根据朗肯主压力公式：$\sigma_a=\gamma zK_a-2c\sqrt{K_a}$，$K_a=\tan^2\left(45°-\frac{\varphi}{2}\right)$

$$E_a=\frac{1}{2}\gamma H^2K_a-2cH\sqrt{K_a}+\frac{2c^2}{\gamma}$$

$$=0.5\times18.5\times6^2\times\tan^2(45°-20°/2)-2\times19\times6\times\tan(45°-20°/2)+2\times19^2/18.5$$

$$=42.6\ \text{kN/m}$$

临界深度：$Z_0=\dfrac{2c}{\gamma\sqrt{K_a}}=\dfrac{2\times19}{18.5\times\tan\left(45°-\frac{20°}{2}\right)}=2.93$ m

E_a作用点距墙底：

$$\frac{1}{3}(H-Z_0)=\frac{1}{3}(6.0-2.93)=1.02\ \text{m 处。}$$

(3)被动土压力：

$$E_p=\frac{1}{2}\gamma H^2K_p+2cH\sqrt{K_p}=\frac{1}{2}\times18.5\times6^2\times\tan^2\left(45°+\frac{20°}{2}\right)+2\times19\times6\tan\left(45°+\frac{20°}{2}\right)$$

$$=1\ 005\ \text{kN/m}$$

墙顶处土压力：$\sigma_{a1}=2c\sqrt{K_p}=54.34$ kPa

墙底处土压力为：$\sigma_{a2}=\gamma HK_p+2c\sqrt{K_p}=280.78$ kPa

总被动土压力作用点位于梯形底重心，距墙底 2.32 m 处。

2. 挡土墙高 5 m,墙背倾斜角 $\alpha = 10°$(俯角),填土坡角 $\beta = 20°$,填土重度 $\gamma = 18\ \mathrm{kN/m^3}$,$\varphi = 30°$,$c = 0$,填土与墙背的摩擦角 $\delta = \frac{2}{3}\varphi$,按库仑土压力理论计算主动土压力及其作用点。

解:可求得主动土压力系数 $K_a = 0.540$,由于主动土压力沿墙背垂直面为三角形分布,故主动土压力的合力为:

$$E_a = \frac{1}{2}\gamma h^2 K_a = \frac{1}{2} \times 18 \times 5^2 \times 0.540 = 121.5\ \mathrm{kN/m}$$

主动土压力作用点在离墙底 $h/3 = 5.0\ \mathrm{m}/3 = 1.67\ \mathrm{m}$ 处。

学习项目 3　特殊情况下的主动土压力计算

一、引出案例

某单位的建筑物坐落于坡地,分布在几个不同高度的由挡土墙围成的平台上,挡土墙由毛石和砖砌筑而成,位置关系如图 8-11 所示。2002 年春天,该地区接连下了几场大暴雨,挡土墙 A 从转角开始,约 29 m 长的部分轰然倒塌,连基础都向外移动了,距离最大达到 0.35 m,且倒塌的挡土墙 A 把下面的挡土墙 B 也砸斜了,倒塌事故现场剖面如图 8-12 所示。挡土墙 A 倒塌并不是偶然的,早在 1999 年,它的转角附近就出现了宽度不一的垂直裂缝,在不同材料交接处出现了水平裂缝,随着时间的推移,裂缝宽度逐渐增长到几厘米。在此期间,虽然采取了一些修补措施(在墙体裂缝外面抹一些水泥砂浆),但没有解决实质性的问题。

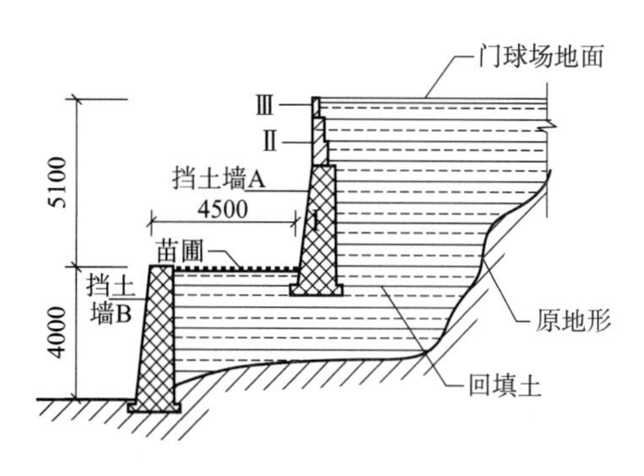

图 8-11　原挡土墙 A 和 B 剖面图(单位:mm)

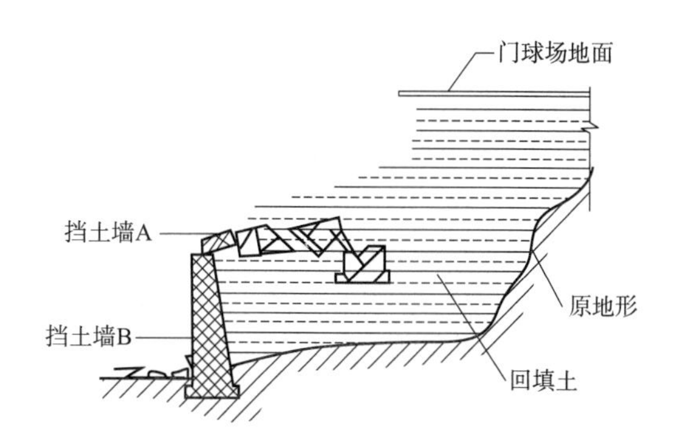

图 8-12　事故发生时现场剖面图

通过充分调查和仔细分析,发现这次挡土墙倒塌主要有以下几个原因:

(1)挡土高度不断增加,而挡土墙下面未做任何处理,导致挡土墙 A 抵抗不了外力的作用而产生破坏。挡土墙 A 是根据不同时期的需要分三次砌筑的。第一次用毛石修建了挡土墙 A 的第Ⅰ部分,即自然地坪以上 3.5 m 高,且它的基础放置在未经完全夯实的回填土上,根据当时的情况,挡土墙 A 在结构上是安全的。后来为利用挡土墙 A 上面的这块空地做一个小型预制场,在第Ⅰ部分上又增加了第Ⅱ部分,即 0.49 m 和 0.37 m 宽、1.1 m 高的黏土砖墙。其后在预制场上又增加一层黏土、炉渣及砂等,把预制场改为门球场,于是在挡土墙 A 第Ⅱ部分上又增加了第Ⅲ部分,即 0.24 m 宽、0.5 m 高的黏土砖墙。

(2)排水不合理导致挡土墙倒塌。

挡土墙A的地基土和墙背后的填土为黏性土，但未按规定留置排水孔和滤水层。一下雨，其上平台的雨水灌入挡土墙内，使挡土墙A经常受到较大的水压力作用，加之在挡土墙A和B之间平台上的苗圃经常浇水，使挡土墙A的地基土经常为软塑状态。

(3)挡土墙施工质量不好。从倒塌的挡土墙来看，墙体砌筑不密实，中间存在着大量的空洞，大块毛石之间没有用细毛石和混凝土、砂浆等填满。不同时期、不同材料砌筑的挡土墙接口处理不好。

二、相关理论知识

由于工程上所遇到的土压力计算较复杂，有时不能用前述的理论求解。

(一)成层土的压力

当挡土墙后有几层不同种类的水平土层时，不能直接采用朗肯土压力和库仑土压力理论进行计算，但各层可采用朗肯土压力和库仑土压力理论，以符合朗肯土压力条件为例，若求某层面的土压力强度，则需先求各层的土压力系数，其次求出各层面处的竖向应力，然后乘以相应土层的主动土压力系数，即：

$$\sigma_a = \sum_{i=1}^{n} \gamma_i h_i K_a - 2c\sqrt{K_a}\ ,\ K_a = \tan^2\left(45° - \frac{\varphi}{2}\right)$$

φ，c 由所计算点决定，在性质不同的分层填土的界面上下可分别算得两个不同的 σ_a 值（$\sigma_a^{上}$ 和 $\sigma_a^{下}$），K_a 由 $K_a^{上}$ 和 $K_a^{下}$（和 $c^{上}$、$c^{下}$）来确定，在界面处的土压力强度发生突变；各层的 γ_i 值不同，土压力强度分布图对各层也不一样。

(二)墙后填土中有地下水位

当墙后填土中有地下水位时，计算 σ_a 时，在地下水位以下的 γ 应用 γ'。同时地下水对土压力产生影响，主要表现为：

(1)地下水位以下，填土重量将因受到水的浮力而减少。

(2)地下水对填土的强度指标 c 中的影响，一般认为对砂性土的影响可以忽略；但对黏性填土，地下水使 c，φ 值减小，从而使土压力增大。

(3)地下水对墙背产生静水压力作用。

以无黏性土为例(图 8-13)：

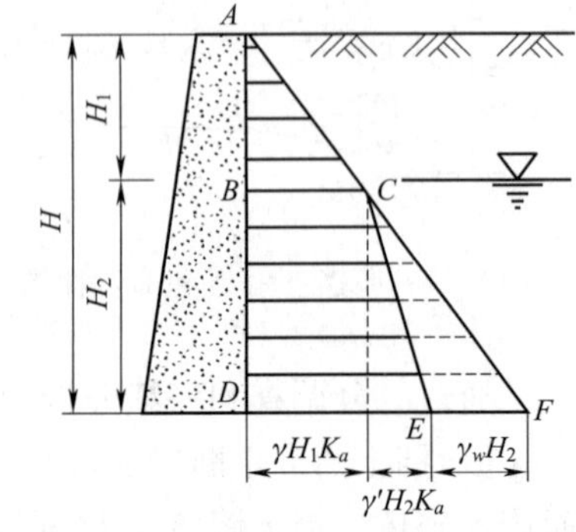

图 8-13 墙后填土中有地下水

A 点土压力 $(\sigma_a)_A = 0$

B 点土压力：$(\sigma_a)_B = \gamma H_1 K_a$

D 点土压力 $(\sigma_a)_D = \gamma H_1 K_a + \gamma' H_2 K_a$

总的主动土压力由图中压力分布图的面积求得：

$$E_a = 1/2\gamma H_1^2 K_a + \gamma H_1 H_2 K_a + 1/2\gamma' H_2^2 K_a$$

作用在墙背面的水压力为：$E_w = \dfrac{1}{2}\gamma_w H_2^2$

作用在挡土墙上的总压力应为总土压力与水压力之和。

$$E = E_a + E_w = \frac{1}{2}\gamma H_1{}^2 K_a + \gamma H_1 H_2 K_a + \frac{1}{2}\gamma' H_2^2 K_a + \frac{1}{2}\gamma_w H_2^2$$

（三）填土表面有荷载作用

1. 连续均匀荷载

当挡土墙墙背垂直，在水平面上有连续均布荷载 q 作用时，如图 8-14 所示。

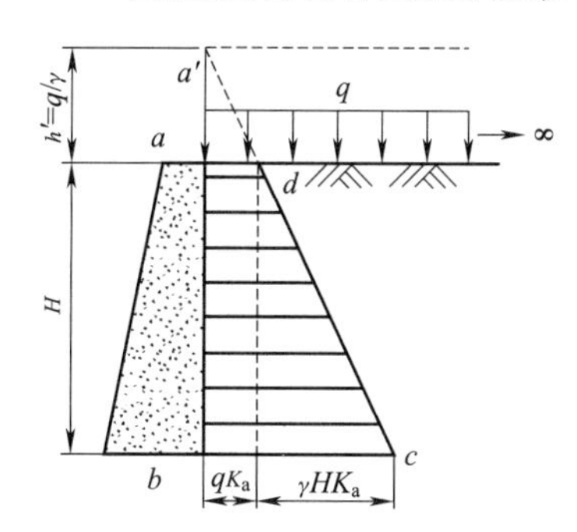

图 8-14　连续均匀荷载

填土层下，z 深度处，土单元所受应力为

$$\sigma_1 = q + \gamma z$$

$$\sigma_3 = \sigma_a = \sigma_1 K_a - 2C\sqrt{K_a}$$

（1）当 $c=0$ 时（无黏性土）

$$K_a = \tan^2\left(45^\circ - \frac{\varphi}{2}\right)$$

$$\sigma_a = qK_a + \gamma z K_a$$

可得作用在墙背面的土压力 σ_a 由两部分组成：一部分由均匀荷载 q 引起，是常数；其分布与深度 z 无关；另一部分由土重引起，与深度 z 成正比。总土压力 E_a 即为图 8-14 所述梯形的面积。

$$E_a = qHK_a + \frac{1}{2}\gamma H^2 K_a$$

（2）当 $c \neq 0$ 时（黏性土）

$$\sigma_a = (q + \gamma z)K_a - 2c\sqrt{K_a} = qK_a + \gamma z K_a - 2c\sqrt{K_a}$$

当 $z=0$ 时，$\sigma_a = qK_a - 2c\sqrt{K_a}$，若小于 0 为负值时，出现拉力区；

当 $z=H$ 时，$\sigma_a = qK_a + \gamma HK_a - 2c\sqrt{K_a}$

令 $\sigma_a=0$，则 $qK_a + \gamma z_0 K_a - 2c\sqrt{K_a} = 0$

$$z_0 = \frac{2c\sqrt{K_a} - qK_a}{\gamma K_a} = \frac{2c}{\gamma\sqrt{K_a}} - \frac{q}{\gamma}$$

可得作用在墙背面的土压力 P_a 由三部分组成：一是由均布荷载 q 引起，常数，与 z 无关；二是由土重引起，与 z 成正比；三是由黏聚力引起。

总土压力：$E_a = \frac{1}{2}(qK_a + \gamma HK_a - 2c\sqrt{K_a})(H - z_0)$

2. 局部荷载作用

若填土表面有局部荷载 q 作用时，如图 8-15 所示，则 q 对墙背产生的附加土压力强度值仍可用朗肯公式计算，即：$\sigma_a = qK_a$，但缺乏理论上的严格分析。

工程中常采用近似方法计算。即认为，地面局部荷载产生的土压力是沿平行于破裂面的方向传递至墙背上的。

如图 8-16 所示荷载 q 仅对 CD 范围内引起附加土压力 σ_a，C 点以上和 D 点以下不受 q 影响。

作用于墙面的总土压力分布如图 8-15 所示的阴影面积。

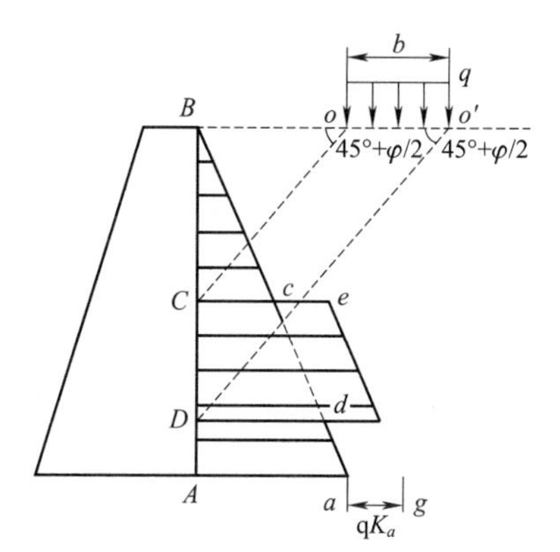

图 8-15　填土表面有局部荷载 q 作用

（四）墙背条件特殊时的土压力计算

坦墙土压力计算方法

坦墙指墙背较平缓的墙如图 8-16 所示。土体不是沿墙背即 $\overline{AC}$ 面滑动，而是沿 $\overline{BC}$ 面滑

动。$\overline{BC}$ 与垂直线夹角为临界角 α_{cr}。α_{cr} 可按下式计算：

$$\alpha_{cr}=45^\circ-\frac{\varphi}{2}+\frac{\beta}{2}-\frac{1}{2}\arcsin\frac{\sin\beta}{\sin\varphi}$$

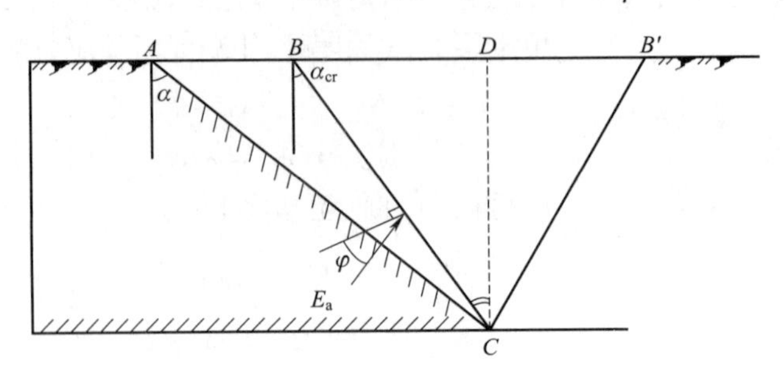

图 8-16　坦墙

确定了 α_{cr} 之后用库仑公式或楔体试算法计算土压力。此时，土压力的作用面为 $\overline{BC}$，而△ABC 内土体的有效重力计入墙体自重内。

另一种方法是假定土压力的作用面是 $\overline{DC}$，按朗肯理论计算 E_a，而将△ACD 内土体的有效重力计入墙体自重内。

(五)土压力讨论

1. 土压力计算的几个应用问题

1)朗肯理论与库仑理论比较

首先是分析方法的异同，朗肯与库仑土压力理论均属于极限状态，计算出的土压力都是墙后土体处于极限平衡状态下的主动与被动土压力 E_a 和 E_p。不同点：

(1)研究出发点不同：朗肯理论是从研究土中一点的极限平衡应力状态出发，首先求出的是 σ_a 或 σ_p 及其分布形式，然后计算 E_a 或 E_p 极限应力法。

库仑理论则是根据墙背和滑裂面之间的土楔，整体处于极限平衡状态，用静力平衡条件，首先求出 E_a 或 E_p，需要时再计算出 σ_a 或 σ_p 及其分布形式(滑动楔体法)。

(2)研究途径不同

朗肯理论在理论上比较严密，但应用不广，只能得到简单边界条件的解答。

库仑理论是一种简化理论，但能适用于较为复杂的各种实际边界条件，应用广。

(3)计算误差的原因不同

朗肯假定墙背与土无摩擦 $\delta=0$，因此计算所得的主动压力系数 K_a 偏大，而被动土压力系数 K_p 偏小。库仑理论考虑了墙背与填土的摩擦作用，边界条件是正确的，但却把土体中的滑动面假定为平面，与实际情况和理论不符。一般来说计算的主动压力稍偏小；被动土压力偏高。

2)土体抗剪强度指标

填土抗剪强度指标的确定极为复杂，必须考虑挡土墙在长期工作下墙后填土状态的变化及长期强度的下降因素，方能保证挡土墙的安全。根据国外研究成果，此数值约为标准抗剪强度的 1/3 左右。有的规定土的计算摩擦角为标准值减去 2°，黏聚力约为标准值的 0.3～0.4 倍。大量调查表明，该计算值与实际情况比较相符。

3)墙背与填土的外摩擦角 δ

δ 的取值大小对计算结果影响很大。根据计算，当墙背为砂性填土，δ 从 0°提高到 15°时，挡土墙的圬工体积可减少 15%～20%。其取值大小取决于墙背的粗糙程度、填土类别以及墙背的排水条件等。墙背愈粗糙，填土的 φ 值愈大，则 δ 也愈大。此外，δ 还与超载大小及填土面的倾角有关。

(六)减小土压力的措施

1. 选用 φ 值较大的土料回填

无论从郎肯公式还是库仑公式都可以看出，主动土压力的大小与 $\tan^2(45°-\frac{\varphi}{2})$ 成正比。因此，在 H 为定值的情况下，随填土 φ 值得变大，主动土压力将明显降低。如果填土重度和墙高不变，填土 φ 角分别为 20°、30°、40°，则计算主动土压力的比值将依次为 4.0∶3.3∶2.2，即 φ 值从 20°增大到 40°土压力可以降低一倍以上，所以，在重要的挡土墙设计中，如果对填土没有防渗的要求，常使用高 φ 值的砂砾料，以降低土压力，从而减小挡土墙的断面尺寸，但一定要经过经济核算才能确定。

2. 设减压平台

在前面已经分析了减压平台对于减小土压力的作用。因此，只要挡土墙本身能满足要求，也能满足地基承载力要求时，使用减压扶壁式挡土墙常会得到良好的效果。

3. 仰斜式挡土墙

在满足挡土墙使用要求的情况下，如为了防止土坡坍塌单一目的而设置的挡土墙，其外坡允许做成任意坡度时，将墙背做成仰斜式，也可以达到减小土压力的效果，ε 值越大，土压力越小，但设计中应考虑施工难易、工程布置及使用要求等条件，综合的选择合理的仰角。

4. 设置排水措施

地下水在填土中上升到某一高度时，水位以下的填土将受水对土粒的浮力作用，重度降低为浮重度，从而使土的压力减小。但是地下水对挡土墙的水压力，将大大超过由于重度降低而使土压力减小的数值，故可以肯定，地下水位上升会增大对挡土墙的推力。在主动土压力情况下，这对挡土墙的稳定是不利的。解决这一问题的措施是在墙身中留设排水孔，黏性填土中设排水通道，使之互相连通，并且都将采取反滤设施防止排水孔道堵塞。

三、相关例题

1. 挡土墙高 7 m，墙背竖直、光滑，墙后填土面水平，并作用有均布荷载 q=20 kPa，各填土层物理性质指标如图 8-17 所示，试计算该挡土墙墙背总侧压力 E 及其作用点位置，并绘出侧压力分布图。

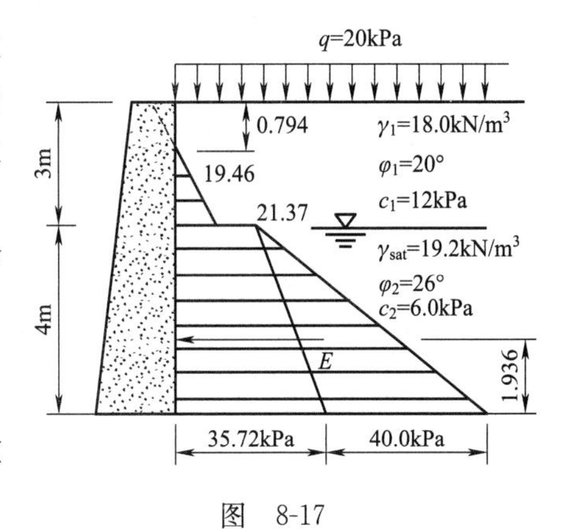

图　8-17

解：因为墙背竖直、光滑，填土面水平，符合朗肯条件，可计算得第一层填土的土压力强度为：

$$K_{a1}=\tan^2\left(45°-\frac{20°}{2}\right)=0.490$$

$$\sigma_{a0}=qK_{a1}-2c_1\sqrt{K_{a1}}=20\times0.490-2\times12\times\sqrt{0.490}=-7.00\ \text{kPa}$$

$\sigma_{a1} = (q+\gamma_1 h_1)K_{a1} - 2c_1\sqrt{K_{a1}} = (20+18.0\times 3)\times 0.490 - 2\times 12\times\sqrt{0.490} = 19.46\ \text{kPa}$

第二层填土的土压力强度为：

$K_{a2} = \tan^2\left(45° - \dfrac{26°}{2}\right) = 0.390$

$\sigma'_{a1} = (q+\gamma_1 h_1)K_{a2} - 2c_2\sqrt{K_{a2}} = (20+18.0\times 3)\times 0.390 - 2\times 6\times\sqrt{0.390} = 21.37\ \text{kPa}$

$\sigma_{a2} = (q+\gamma_1 h_1 + \gamma'_1 h_2)K_{a2} - 2c_2\sqrt{K_{a2}} = [20+18.0\times 3+(19.2-10)\times 4]\times 0.390 - 2\times 6 \times\sqrt{0.390} = 35.72\ \text{kPa}$

第二层底部水压力强度为：$\sigma_w = \gamma_w h_2 = 10\times 4 = 40.00\ \text{kPa}$

又设临界深度为 z_0，则有 $(q+\gamma_1 z_0)K_{a1} - 2c_1\sqrt{K_{a1}} = 0$

可乘 $z_0 = 0.794\ \text{m}$

各点土压力强度画在图上，可见其总侧压力为：

$$E = \frac{1}{2}\times 19.45\times(3-0.794) + 21.37\times 4 + \frac{1}{2}(40.00+35.72-21.37)\times 4 = 215.64\ \text{kN/m}$$

总侧压力 E 至墙底的距离 x 为：

$$\frac{\left[21.46\times\left(4+\dfrac{3-0.794}{3}\right) + 85.48\times 2 + 108.70\times\dfrac{4}{3}\right]}{215.4} = 1.936\ \text{m}$$

2. 某挡土墙，高 5 m，墙后填土由两层组成。第一层土厚 2 m，$r_1 = 15.68\ \text{kN/m}^3$，$\varphi_1 = 10°$，$c_1 = 9.8\ \text{kN/m}^2$；第二层土厚 3 m，$r_2 = 17.64\ \text{kN/m}^3$，$\varphi_2 = 16°$，$c_2 = 14.7\ \text{kN/m}^2$。填土表面有 $31.36\ \text{kN/m}^2$ 的均布荷载；试计算作用在墙上总的主动土压力和作用点的位置。

解：(1)先求二层土的主动压力系数 K_a

$$K_{a1} = \tan^2(45° - 5°) = \tan^2 40° \approx 0.70$$

$$K_{a2} = \tan^2 37° \approx 0.57$$

(2)由于 $c_1 = 9.8 > 0$，故为黏性土，可解出：

$$z_{01} = \frac{2c_1}{\gamma_1\sqrt{K_{a1}}} - \frac{q}{r_1} = \frac{2\times 9.8}{15.68\tan 40°} - \frac{31.36}{15.68} = -0.52\ \text{m}$$

因为 $z_{01} < 0$，所以在第一层土中没有拉力区。

同理可求出，第二层中土压力强度 $P_{a2} = 0$ 的点 z_{02}

$$z_{02} = \frac{2c_2}{r_2\sqrt{K_{a2}}} - \frac{q+r_1 H_1}{r_2} = -1.35\ \text{m}$$

可见，第二层土中也没有拉力区。

(3)当 $z=0$ 时，由 $\sigma_a = qK_a + rzK_a - 2c\sqrt{K_a}$ 可知

$$(\sigma_{a0})_A = 6.68\ \text{kN/m}^2$$

当 $z=2$ m 时，$\sigma_{a1}{}^{上} = r_1 H_1 K_{a1} + qK_{a1} - 2c_1\sqrt{K_{a1}} = 27.7\ \text{kN/m}^2$

$$\begin{aligned}\sigma_{a2}{}^{下} &= r_1 H_1 K_{a2} + qK_{a2} - 2c_2\sqrt{K_{a2}} \\ &= 15.68\times 2\tan^2 37° + 31.36\tan^2 37° - 2\times 14.7\tan 37° \\ &= 13.5\ \text{kN/m}^2\end{aligned}$$

$$(\sigma_{a2}) = (r_1 H_1 + r_2 H_2)K_{a2} + qK_{a2} - 2c_2\sqrt{K_{a2}}$$
$$= (15.68 + 17.64 \times 3)\tan^2 37° + 31.36\tan^2 37° - 2 \times 14.7 \times \tan^2 37°$$
$$= 43.5\ \text{kN/m}^2$$

可知第一层及第二层土的土压力强度分布均为梯形。

(4)求 E_a

求第一层土的主动土压力 E_{a1} ：

$$E_{a1} = \frac{5.68 + 27.7}{2} \times 2 = 33.38\ \text{kN/m}^2$$

求第二层土的主动土压力 E_{a2} ：

$$E_{a2} = \frac{13.5 + 43.5}{2} \times 3 = 85.5\ \text{kN/m}^2$$

整个墙的主动土压力为：

$$E_a = E_{a1} + E_{a2} = 118.88\ \text{kN/m}^2$$

(5)求 E_a 的作用点

设 E_a 的作用点距墙底高度为 h_a ，则：

$$E_a \cdot h_c = E_{a1} \cdot h_{c1} + E_{a2} \cdot h_{c2}$$

$$h_c = \frac{5.68 \times 2 \times 4 + \frac{1}{2}(27.7 - 5.68) \times 2 \times 3.667 + 13.5 \times 3 \times 1.5 + \frac{1}{2}(43.5 - 13.5) \times 3 \times \frac{3}{3}}{118.88}$$
$$\approx 1.95\ \text{m}$$

学习项目 4　挡土墙的设计

一、引出案例

2002 年冬，豫北某市进行城市道路改造，其中有一项石砌重力式挡土墙工程。为了抢赶工期，在零下近 10℃气温下施工，除加强了传统的冬期施工措施外，还在砌筑砂浆中掺入了氧盐和微膨胀剂。由于拆迁的需要，在挡土墙的回填土上铺设了一条用于某单位进出中型载重车的钢筋混凝土路面。第二年春天，在使用了几个月之后，挡土墙突然垮塌，一辆正在行驶的载重汽车滑落坡下，所幸没有人员伤亡。

为了查找挡土墙垮塌的原因，对工程的事故段进行了详尽地探查和分析。石材；冬期施工、外加剂使用、养护方法、墙体承载能力分析；墙体在土压力作用下整体滑移验算；墙体在土压力作用下抗倾覆验算；地基承载力验算；挡土墙在土压力作用下抗弯验算，几种能使挡土墙垮塌的可能性排除之后，问题的关键自然又回到了挡土墙背后的填土上。原来，一公共浴池的下水沟埋设在回填土内，沟盖板没有把热水蒸气隔蔽在沟内，而是日复一日在不经意间侵入了挡土墙背后的填土之中。由于回填的黏性土透气性和透水性均较差，加之挡土墙排水孔不顺畅，设置数量又偏少，这样蒸气遇冷凝结成水后融入土中，原来设计的“干土”成了“湿土”，就直接导致了回填土抗剪强度的降低，重度增加，土压力增大，最终造成挡土墙垮塌。

之后垮塌的挡土墙已经修复，高黏性回填土中也加入了部分砂石，用以稳定其抗剪强度和强化排水功能；泄水孔的大小及密度均按要求重新作了调整，且严格了泛水坡度和质量；重新设置了 300×300×200 的碎石疏水层。事故虽然妥善处理了，但留给我们的思考却深远而长久。在挡土墙工程的设计、施工过程中涉及很多问题，应认真分析。

二、相关理论知识

（一）挡土墙按其结构形式可分为六种主要类型

1. 重力式挡土墙它依自重来抵抗由于土压力引起的倾覆的力矩。重力式挡土墙依靠墙体自重抵抗土压力、防止土体坍滑的挡土结构。

2. 衡重式挡土墙以填土重力和墙体自重共同抵抗土压力的挡土结构。墙身的截面尺寸较大，墙重对地基承载力要求较高。因此，对于较高的墙采用重力式并不经济，所以一般地基较好且墙的高度较小时采用。

3. 悬壁式挡土墙：由钢筋混凝土的立壁，墙踵板墙趾板构成其稳定性是依靠由墙踵板上的填料重量对该板产生的弯矩来平衡压力作用于立壁所产生的弯矩。

4. 扶壁式挡土墙：其结构与悬壁式挡土墙结构相似。在沿墙长纵向每隔一定距离设置一道扶壁，使它与墙趾或墙踵板和底板连在一起。设置扶壁的目的是为了减少墙的剪力和弯矩，增加悬壁的抗剪刚度。

5. 锚杆式挡土墙：墙由钢筋混凝土墙板及锚固稳定层中的锚杆组成。可通过钻孔灌浆、开挖预埋等方法设置锚杆。作用是将墙体所承受的土压力传递到土层内部、从而维持挡土墙的稳定性。

6. 加筋土挡土墙是由金属或岩石土工织物筋条来加固土的一种挡土结构，它通过拉筋材料与填土之间摩擦作用来改善土体变形的条件和提高土体稳定能力。

（二）挡土墙设计的要点

1. 墙型的选择；

2. 作用在挡土墙上的力系计算；

3. 倾覆、滑动稳定性的验算；

4. 墙排水措施；

5. 墙后填土质量要求。

（三）重力式挡土墙的设计（试算法）

1. 初步拟定墙身断面尺寸和形状

一般先根据挡土墙所处的条件（工程地质、填土性质、荷载情况，以及建筑材料和施工条件等）凭经验初步拟定截面尺寸（若进行挡土墙的各种验算，如不满足要求，则应改变截面尺寸或采取其他措施）。

2. 作用在挡土墙上的力（图 8-18）

（1）土压力是作用在挡土墙上的主要荷载；

（2）墙身自重；

（3）基底反力。

3. 挡土墙验算

1）在上述几个力作用下，挡土墙的稳定性破坏通常有如下两种形式：

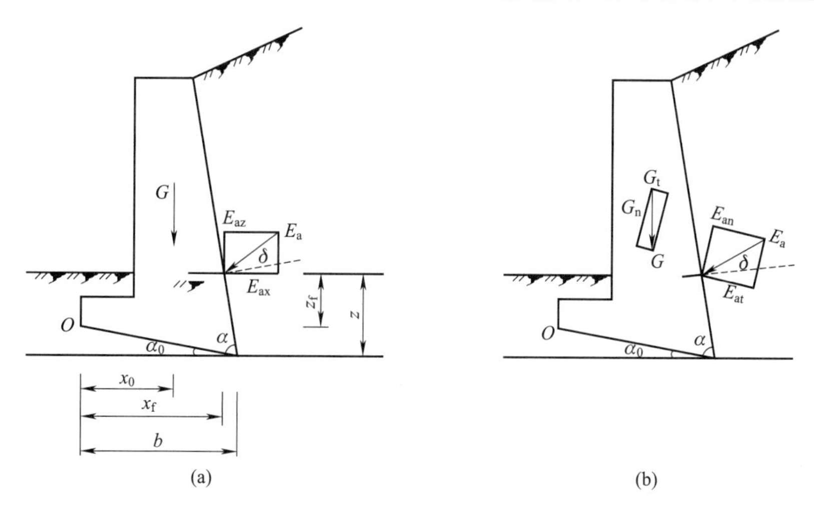

图 8-18　作用在挡土墙上的力

(1)在主动土压力作用下绕墙趾外倾,对此应进行抗倾覆验算

抗倾覆验算:将主动土压力分解为水平力 E_{ax} 和 E_{az}(垂直分力),则抗倾覆力矩与倾覆力矩之比称为抗倾覆安全系数 K_t,应满足下式要求即:

$$K_t=\frac{Gx_0+E_{az}.x_f}{E_{ax}z_f}\geqslant 1.6$$

$$E_{az}=E_a\cos(\alpha-\delta)$$

$$E_{ax}=E_a\sin(\alpha-\delta)$$

$$x_f=b-z\cot\alpha$$

$$z_f=z-b\tan\alpha_0$$

式中　G——挡土墙每延米自重,kN/m;

E_{ax}——主动土压力的水平分力,kN/m;

E_{az}——主动土压力的垂直分力,kN/m;

x_0——挡土墙重心离墙趾 O 的水平距离,m;

x_f——土压力的竖向分力 E_{ax} 距墙趾 O 的水平距离,m;

z——土压力作用点距墙踵的高度,m;

z_f——土压力作用点距墙趾的高度,m;

α——挡土墙背与水平面的夹角,(°);

α_0——挡土墙基底面与水平面的夹角,(°);

b——基底的水平投影宽度,m。

当验算结果不满足 $K_t>1.5$ 时,可采取下列措施加以解决:

①增大挡土墙断面尺寸,加大 G,但将增加工程量;

②在将墙身做成仰斜式,以减少土压力;

③在挡土墙后做卸荷台,由于卸荷台以上土重应力增加了挡土墙的自重,减少了侧向土压力,从而增大了抗倾覆力矩,减少了倾覆力矩。

④有时还得更改设计方案,采用悬壁式或扶壁式挡土墙。

(2)在土压力作用下沿墙基外移,需进行抗滑验算。

滑动稳定性验算:将主动土压力 E_a 和 G 分别分解为垂直和平行于基底的分力,抗滑力与滑动力之比称为抗滑稳定系数 K_s,应满足下式要求:

$$K_s = \frac{(G_n + E_{an})\mu}{E_{at} - G_t} \geqslant 1.3$$

$$G_n = G\cos\alpha_0$$

$$G_t = G\sin\alpha_0$$

$$E_{an} = E_a\cos(\alpha - \alpha_0 - \delta)$$

$$E_{at} = E_a\sin(\alpha - \alpha_0 - \delta)$$

式中　μ——土对挡土墙基底的摩擦系数,宜通过试验确定,亦可按表 8-2 选用。

表 8-2　土对挡土墙基底的摩擦系数 μ

土的类别		摩擦系数 μ
黏性土	可塑 硬塑 坚硬	0.25~0.30 0.30~0.35 0.35~0.40
粉土	$S_t \leqslant 0.5$	0.30~0.40
中砂、粗砂、砾砂		0.40~0.60
碎石土		0.40~0.60
软质岩石		0.40~0.60
表面粗糙的硬质岩石		0.65~0.75

注:对易风化的软质岩石和 $I_p > 22$ 的黏性土,μ 值应通过试验测定,对碎石土可根据其密实度,填充物状况、风化程度等确定。

当验算结果 $K_s < 1.3$ 时,可采取下列措施:

①增大挡土墙断面尺寸,加大 G;

②在挡土墙底面做砂、石垫层,以加大 μ;

③在挡土墙底面做逆坡,利用滑动面上部分反力来抗滑;

④在软土地基上,其他方法无效或不经济时,可在墙踵后加拖板,利用拖板上的土重抗滑,拖板与挡土墙之间用钢筋连接。

2)地基承载力验算

3)墙本身强度验算

三、相关案例

挡土墙设计说明书

(一)设计内容

1. 根据所给设计资料分析确定的挡土墙位置和类型;
2. 进行挡土墙结构设计;
3. 进行挡土墙稳定性分析;
4. 挡土墙排水设计;
5. 对挡土墙的圬工材料及施工提出要求。

（二）设计步骤

1. 根据所给设计资料分析挡土墙设置的必要性和可行性

此次设计的浆砌石挡土墙是为防止墙后堆积的煤矸石坍滑而修筑，主要承受侧向土压力的墙式构筑物。

2. 拟定挡土墙的结构形式及断面尺寸

给定资料：挡土墙高 3.5 m，堆渣坡坡比为 1∶0.5。设此挡土墙为重力式挡土墙，为增加挡土墙的稳定性，设置水平基底，为方便计算，挡土墙长度取单位长度 $L=1$ m。设墙顶宽为 $b_1=0.5$ m，墙背坡比为 1∶0.5，墙面坡比为 1∶0.2，地基深 $h=1$ m，前墙趾宽为 0.5 m，后墙趾宽为 0.5 m，则可计算基底宽 $B=3.95$ m，墙身与基底交接除宽 $b_2=2.95$ m，如图 8-19 所示。

查阅相关资料可知：浆砌石重度 $\gamma=22$ kN/m^3，煤矸石堆积重度 $\gamma_{煤}=12\sim18$ kN/m^3，取 15 kN/m^3，煤矸石内摩擦角 $\varphi=33°$。地基与墙底的摩擦系数 $\mu=0.4$，墙背与填土间的摩擦角为 $\delta=0.67,\varphi=22.11°$。

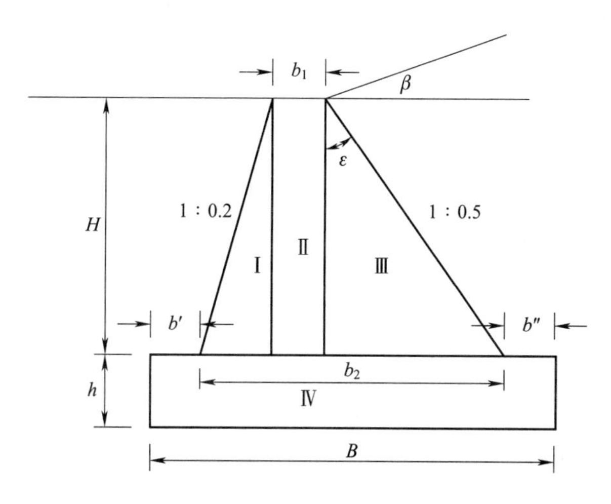

图 8-19　挡土墙草图

3. 土压力计算

计算挡土墙主动土压力 E_a，首先要确定挡土墙主动土压力系数 K_a，计算公式如下：

$$K_a=\frac{\cos^2(\varphi-\varepsilon)}{\cos^2\varepsilon\cos(\varepsilon+\delta)\left[1+\sqrt{\dfrac{\sin(\varphi+\delta)\sin(\varphi-\beta)}{\cos(\delta+\varepsilon)\cos(\varepsilon-\beta)}}\right]^2} \quad ①$$

$$E_a=\frac{1}{2}\gamma_{煤}H^2K_a \quad ②$$

式中　E_a——作用在挡土墙上的主动土压力，kN/m，其作用点距基底 h'（土压力图形的形心距基底的距离）。

H——挡土墙墙身高，m；

$\gamma_{煤}$——墙后煤矸石堆积重度，kN/m^3；

β——挡土墙墙后填土表面坡角，(°)；

ε——挡土墙墙背面与铅直面的夹角，(°)；

φ——挡土墙墙后回填煤矸石的内摩擦角,(°);

δ——挡土墙墙后煤矸石对墙背的摩擦角,(°)。

由已知条件可得:$\gamma_{煤}=15\ kN/m^3$,$\beta=26.5651°$,$\varepsilon=26.5651°$,$\varphi=33°$,$\delta=22.11°$,$H=3.5\ m$。

将相关数据代入①②式中,可得:$K_a=0.9914$,$E_a=91.08\ kN/m$

则土压力的水平和垂直分力分别为:

水平分力 $E_{ax}=E_a\cos(\varepsilon+\delta)$

$=91.08\times\cos(26.5651°+22.11°)$

$=60.1427\ kN/m$

垂直分力 $E_{ay}=E_a\sin(\varepsilon+\delta)$

$=91.08\times\sin(26.5651°+22.11°)$

$=68.4018\ kN/m$

主动土压力的作用点距基底距离为:$h'=\frac{1}{3}H+h=2.17\ m$

则:水平分力 E_{ax}距基底左下部竖直距离为 2.17 m;

垂直分力 E_{ay}距基底左下部水平距离为 2.87 m。

挡土墙的自重:

$G=\gamma(b_1+b_2)\times H\times 1/2\times L$

$=22\times(0.5+2.95)\times 3.95\times 1/2\times 1$

$=219.725\ kN/m$

先将挡土墙划分为Ⅰ、Ⅱ、Ⅲ、Ⅳ四部分,它们分别对墙趾的力矩为:

$M_{GⅠ}=1/2\times 0.2H^2L\gamma\times 0.97$

$=1/2\times 0.2\times 3.5^2\times 1\times 22\times 0.97$

$=26.0517\ kN\cdot m$

$M_{GⅡ}=b_1\times H\times\gamma\times 1.45$

$=0.5\times 3.5\times 22\times 1.45$

$=55.825\ kN\cdot m$

$M_{GⅢ}=1/2\times 0.5H^2\gamma\times 2.28$

$=1/2\times 0.5\times 3.5^2\times 22\times 2.28$

$=153.840\ kN\cdot m$

$M_{GⅣ}=Bh\gamma\times 1.975$

$=3.95\times 1\times 22\times 1.975$

$=171.63\ kN\cdot m$

$M_G=M_{GⅠ}+M_{GⅡ}+M_{GⅢ}+M_{GⅣ}$

$=26.0517+55.825+152.840+171.63$

$=407.3437\ kN\cdot m$

$M_{E_{ax}}=2.17\times E_x$

$=2.17\times 60.1427$

$=130.5096\ kN\cdot m$

$M_{E_{ay}}=2.87\times E_y$

$=2.87\times 68.4018$

$=196.3132\ \text{kN}\cdot\text{m}$

则抗倾覆力矩 $\sum My=M_G+M_{E_{ay}}$

$=407.3437+196.3132$

$=603.6569\ \text{kN}\cdot\text{m}$

倾覆力矩 $\sum Mx=M_{E_{ax}}=130.5096\ \text{kN}\cdot\text{m}$

当 $|e|\leqslant B/6$ 时

$P_{max}=(E_{ay}+G)(1+6e/B)/(BL)$　　③

$P_{min}=(E_{ay}+G)(1-6e/B)/(BL)$　　④

根据资料得 $e=B-Z_n$

其中 $Z_n=(\sum M_y-\sum M_x)/(G+E_{ay})$

$=(603.6069-130.5096)/(219.725+68.4018)$

$=1.642$

则 $e=0.333<B/6$

将相关数据代入③式与④式中可求得：

$P_{max}=109.8424\ \text{kPa}$

$P_{min}=36.0478\ \text{kPa}$

$P_{max}/P_{min}\approx 3$　符合挡土墙基底应力最大值与最小值之比的允许值。

4. 稳定性验算——抗滑稳定性和抗倾覆稳定性验算

(1)抗滑稳定性验算

基底抗滑力与滑动力之比称为抗滑安全系数 K_s。为保证挡土墙抗滑稳定性，应验算在土压力及其他外力作用下，基底摩擦力抵抗挡土墙滑移的能力，在一般的情况下，要求抗滑安全系数 K_s 应满足下式：

$$K_s=(G+E_{ay})\mu/E_{ax}\geqslant 1.3$$

代入相关数据可得 $K_s=2.2>1.3$，可知挡土墙满足抗滑稳定性要求。

(2)抗倾覆稳定性验算

抗倾覆力矩与倾覆力矩之比称为抗倾覆安全系数 K_t。为保证挡土墙抗倾覆稳定性，须验算它抵抗墙身绕墙脚趾向外转动倾覆的能力，在一般的情况下，要求抗倾覆安全系数 K_t 应满足下式：

$$K_t=\sum M_y/\sum M_x\geqslant 1.6$$

代入相关数据可得 $K_t=4.6>1.6$，可知挡土墙满足抗倾覆稳定性要求。

5. 挡土墙排水和变形缝设置

为防止地表水渗入墙背填料或地基，因此设立地面排水沟。在距地面 0.3 m 处设置一排排水孔，排水沟的横断面为 10 cm×10 cm 的矩形，间距为 2.5 m。为防止因地基不均匀沉陷而引起墙身开裂，根据地基地质条件及墙高、墙身断面的变化情况，设置沉降缝。同时，为了减少圬工砌体因硬化收缩和温度变化作用而产生裂缝，须设置伸缩缝。

【思考与练习题】

一、填 空 题

1. 影响挡土墙土压力大小的最主要因素是____和____。

2. 朗肯土压力理论的假设是____、____、____和____。

3. 当墙后填土处于主动朗肯状态时,破裂面与水平面的夹角____,当处于被动朗肯状态时斜截面上的正应力破裂面与水平面的夹角是____。

4. 朗肯的主动土压力系数K_a的表达式____,被动土压力系数K_p的表达式是____。

5. 朗肯土压力理论是根据土的____得出的土压力计算方法;库仑土压力理论是从楔体的____得出的土压力计算理论。

6. 挡土墙设计的内容包括____、____、____、____及____。

7. 考虑墙背与土之间存在摩擦力时,计算将会使主动土压力____,被动土压力增大。

8. 在朗肯土压力理论中,当提高墙后填土的质量,使φ、c增加时,将会使____土压力减小,____土压力增加。

二、选 择 题

1. 当外界条件相同时主动土压力____被动土压力;主动土压力____静止土压力;被动土压力____静止土压力。

A. 大于　　B. 小于　　C. 等于　　D. 无法判断

2. 在墙型和墙后填土相同的情况下,如墙高增大为原来的两倍,那么其主动土压力增大为原来的____倍。

A. 一倍　　B. 二倍　　C. 四倍　　D. 无法判断

3. 库仑公式只适用无黏性土,在工程实际中,对干黏性土,常把黏聚力视为零而将____增大。

A. 土的内摩擦角φ　　B. 填土面的坡度角β

C. 墙背倾斜角α　　D. 填土高度

三、简 答 题

1. 土压力有哪几种?影响土压力的各种因素中最主要的因素是什么?

2. 试阐述主动、静止、被动土压力的定义和产生的条件,并比较三者的数值大小。

3. 朗肯土压力理论的假定和适用条件是什么?利用朗肯理论如何计算主动、被动土压力?

4. 简述挡土墙上的土压力与挡土墙位移的关系?

5. 什么是简单土坡?

四、计 算 题

1. 某挡土墙高5m,墙背垂直光滑,墙后填土面水平,填土的黏聚力c=11 kPa,内摩擦角φ=22°,重度γ=18 kN/m^3,试作出墙背主动土压力(强度)分布图形和主动土压力的合力。

2. 对上题的挡土墙,如取附图8-20所示的毛石砌体截面,砌体重度为22 kN/m,挡土墙下方为坚硬黏性土，摩擦系数 $\mu=0.45$。试对该挡土墙进行抗滑动和抗倾覆验算。

3. 挡土墙高 7 m，墙背直立、光滑，墙后填土面水平，填土面上有均布荷载 $q=20$ kPa，填土情况如图 8-21 所示。试计算主动土压力合力的大小和作用点及作出墙背主动土压力分布图。

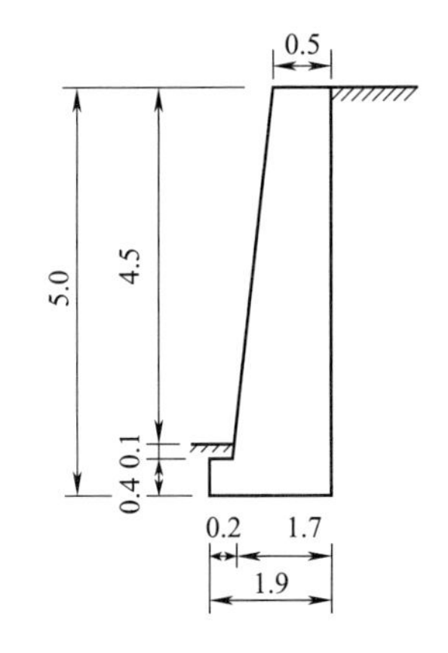

图 8-20　挡土墙截面(单位:m)

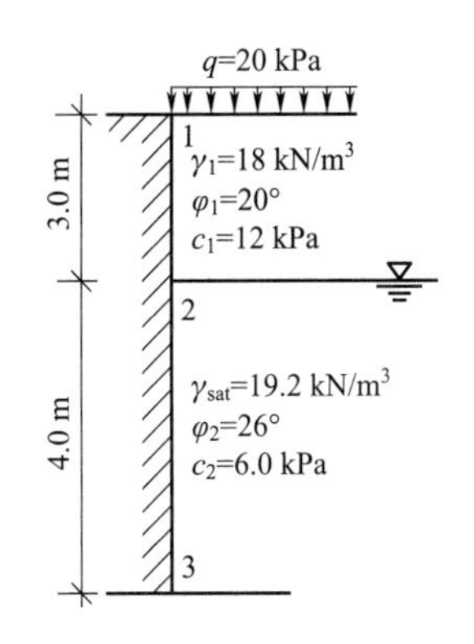

图 8-21　挡土墙背填土物理性质指标

单元 9　特殊性土

【学习导读】特殊性岩土是指在特定的地理环境或人为条件下形成的具有特殊的物理力学性质和工程性质，以及特殊的物质组成、结构构造的岩土。如果在此类岩土上修建建筑物，在常规勘察设计的方法下不能满足工程需求，为了安全和经济，在勘察和施工中采取特殊的研究和处理。且特殊性岩土种类多，其分布一般具有明显的地域性。

【能力目标】1. 具备处理常见特殊性岩土地基的能力；

2. 具备鉴别各类特殊性土成因及特征的能力；

3. 具备计算特殊土特殊性质指标的能力。

【知识目标】1. 弄清各种特殊性岩土的基本概念；

2. 了解各种特殊性岩土的物理性质和工程性质；

3. 了解各种特殊土地基的处理方法。

学习项目 1　软　　土

一、引出案例

六盘水工务段管辖线路一千余公里，地跨云、贵、川三省，属于典型的山区铁路，沿线地质情况十分复杂。由于膨胀土和软土填料路基等原因引起的路基病害常年困扰行车安全，雨季极易造成基床翻浆冒泥，路基下沉变形导致线路几何尺寸变化加剧，经常降速运行，形成运输瓶颈，打乱运输秩序，造成运输损失，严重影响行车安全。

二、相关理论知识

(一)基本概念

软土主要是由天然含水率大、压缩性高、承载能力低的淤泥沉积物及少量腐殖质所组成的土。淤泥是在静水或缓慢的流水环境中沉积并含有机质的细粒土，其天然含水率大于液限，天然孔隙比大于 1.5；当天然孔隙比小于 1.5 而大于 1.0 时称为淤泥质土。泥炭是喜水植物遗体在缺氧条件下，经缓慢分解而形成的泥沼覆盖层，其特点是持水性大，密度较小。

(二)软土的组成和状态特征

软土泛指淤泥及淤泥质土，是第四纪后期于沿海地区的滨海相、泻湖相、三角洲相和溺谷相，内陆平原或山区的湖相和冲击洪积沼泽相等静水或非常缓慢的流水环境中沉积，并经生物化学作用形成的饱和软黏性土。软土的组成和状态特征是由其生成环境决定的。由于它形成于上述水流不通畅、饱和缺氧的静水盆地，这类土主要由黏粒和粉粒等细小颗粒组成。淤泥的黏粒含量较高，一般达 30%～60%。黏粒的黏土矿物成分以水云母和蒙脱石为主，含大量的有机质。有机质含量一般达 5%～15%,最大达 17%～25%。这些黏土矿物和有机质颗粒表面带有大量负电荷,与水分子作用非常强烈,因而在其颗粒外围形成很厚的结合水膜,且在沉积过程中由于粒间静电荷引力和分子引力作用,形成絮状和蜂窝状结构。所以,软土含大量的结合水,并由于存在一定强度的粒间联结而具有显著的结构性。

由于软土的生成环境及粒度、矿物组成和结构特征,结构性显著且处于形成初期,呈饱和状态,这都使软土在其自重作用下难于压密,而且来不及压密。因此,不仅使之必然具有高孔隙性和高含水率,而且使淤泥一般呈欠压密状态,以致其孔隙比和天然含水率随埋藏深度很小变化,因而土质特别松软。淤泥质土一般则呈稍欠压密或正常压密状态,其强度有所增大。

淤泥和淤泥质土一般呈软塑状态,但当其结构一经扰动破坏,就会使其强度剧烈降低甚至呈流动状态。因此,淤泥和淤泥质土的稠度实际上通常处于潜流状态。

(三)软土的物理力学特性

1. 高含水率和高孔隙性

软土的天然含水率一般为 50%～70%,最大甚至超过 200%。液限一般为 40%～60%,天然含水率随液限的增大成正比增加。天然孔隙比在 1～2 之间,最大达 3～4。其饱和度一般大于 95%,因而天然含水率与其天然孔隙比呈直线变化关系。软土的高含水率和高孔隙性特征是决定其压缩性和抗剪强度的重要因素。

2. 渗透性弱

软土的渗透系数一般在 $1.0\times10^{-4}\sim1.0\times10^{-8}$ cm/s 之间,而大部分滨海相和三角洲相软土地区,由于该土层中夹有数量不等的薄层或极薄层粉、细砂,粉土等,故在水平方向的渗透性较垂直方向要大得多。

由于该类土渗透系数小、含水率大且饱和状态,这不但延缓其土体的固结过程,而且在加荷初期,常易出现较高的孔隙水压力,对地基强度有显著影响。

3. 压缩性高

软土均属高压缩性土,其压缩系数 $a_{0.1-0.2}$ 一般为 0.7～1.5 MPa^{-1},最大达 4.5 MPa^{-1}(例如渤海海淤),它随着土的液限和天然含水率的增大而增高。由于土质本身的因素而言,该类土的建筑荷载作用下的变形特征:变形大而不均匀;变形稳定历时长。

4. 抗剪强度低

软土的抗剪强度小且与加荷速度及排水固结条件密切相关,不排水三轴快剪所得抗剪强度值很小,且与其侧压力大小无关。排水条件下的抗剪强度随固结程度的增加而增大。

5. 较显著的触变性和蠕变形

(四)软土的鉴别

建设部标准《软土地区岩土工程勘察规范》(JGJ 83—2011)规定凡符合以下三项特征即为软土:

(1)外观以灰色为主的细粒土;

(2)天然含水率大于或等于液限;

(3)天然孔隙比大于或等于 1.0。

(五)软土的工程问题

当路线经过软土地区时,易诱发道路病害。软基地段道路病害主要是差异变形,可引起路基非均匀沉降,使其上覆路面中的非刚性基层产生附加弯拉应力。弯拉附加应力和路面荷载应力共同作用将加剧路面结构的疲劳破坏，宏观表现即为路面产生裂缝、跳车等。

铁路在通过沿海一带及湖泊沼泽地区时，常常会遇到软土地基问题，主要有路基沉降不稳定及变形过大；路基边坡失稳外挤；路基基床病害等。由于软基变形对铁路路基运营期间造成较大的危害，它影响行车安全，增大线路的养护维修量。从 20 世纪 50 年代开始，铁路工程技术人员就针对路基工程遇到的软土地基处理问题进行大量的现场软基试验和研究。经过几十年的努力，通过提高现场勘察技术和手段，采用各种新的原位测试技术和方法，应用各种软基处理新技术和新方法，使铁路路基工程遇到的软土地基处理问题得到了较好的解决。

软土由于其不良的工程力学特性，对工程有极大的危害性，综合分析主要有以下几种形式：

(1)剪切破坏，由于地基抗剪强度不足以承受其上列车所施加的动、静荷载，造成破坏，表现为使邻近地基产生隆起；

(2)由于软土地基的高压缩性，发生不均匀沉降，使轨道结构的基础由于应力集中出现裂缝，最终使轨道结构遭到破坏，失去其使用功能；

(3)由于软土地基的高孔隙比与高含水率，在使用中发生排水固结，发生不均匀沉降，使轨道结构下沉量过高，影响使用功能。在工程应用实际中，由于铁路路基是承受静、动双向荷载，其受力的复杂性，决定其软土地基发生均匀沉降的可能性极小。

(六)软土地基处理方法分类及应用范围

1. 换填垫层法

此法处理的经济实用高度为 2～3 m，如果软弱土层厚度过大，则采用换填法会增加弃方与取土方量而增大工程成本。通过换填具有较高抗剪强度的地基土，从而达到增强地基承载力的目的，满足轨道结构对地基的要求。主要加固方法有换填、抛石挤淤、垫层、强夯挤淤几种。垫层法根据材料的不同可分为砂(砾石)垫层、碎石垫层、粉煤灰垫层、干渣垫层、土(灰土、二灰)垫层。

2. 深层密实法

适用于软土厚度＞3 m 的中厚软土的加固，分布面积广的软基加固处理，其加固深度可达到 30 m。通过振动、挤压使地基中土体密实、固结，并利用加入的具有高抗剪强度的桩体材料置换部分软弱土体中的三相(气相、液相与固相)部分，形成复合地基，达到提高抗剪强度的目的。主要加固方法有强夯法、土(或灰土、粉煤灰加石灰)桩法、砂桩法、爆破法、碎石桩法(振冲置换法)、石灰桩法、水泥粉煤灰碎石桩(CFG 桩法)、粉喷桩法、旋喷桩法。代表方法有碎石桩法、强夯法、水泥粉煤灰碎石桩法、粉喷桩法。

CFG 桩是英文 Cement Fly-ash Grave 的缩写，意为水泥粉煤灰碎石桩，由碎石、石屑、砂、粉煤灰掺水泥加水拌和，用各种成桩机械制成的可变强度桩。通过调整水泥掺量及配比，其强度等级在 C15～C25 之间变化，是介于刚性桩与柔性桩之间的一种桩型。水粉煤灰碎石桩和桩间土一起，通过褥垫层形成水泥粉煤灰碎石桩复合地基共同工作，故可根据复合地基性状和计算进行工程设计。水粉煤灰碎石桩一般不用计算配筋，并且还可利用工业废料粉煤灰和石屑作掺和料，进一步降低工程造价。桩的适用范围很广，在砂土、粉土、黏土、淤泥质土、杂填土等地基均有大量成功的实例。钻杆是中空螺旋状的，靠钻杆顶端的两个电机提供动力。螺旋状的钻杆下钻把土旋转出来，钻到设计深度以后，由混凝土输送泵开始通过中空钻杆向孔内泵压流态水泥粉煤灰碎石，边泵压流态水泥粉煤灰碎石边提升钻杆。

3. 置换法

由于深层密实法中的几种方法都有加入高抗剪强度的材料，置换软土中部分成分的加固机理，与原有的土体共同组成复合地基，达到加固地基的目的，因此深层密实法有时也称为置换法。

4. 排水固结法

适用于处理各类淤泥、淤泥质黏土及冲填等饱和黏性土地基。软土地基在附加荷载的作用下，逐渐排出孔隙水，使孔隙比减小，产生固结变形。在这个过程中，随着土体超静孔隙水压力的逐渐扩散，土的有效应力增加，并使沉降提前完成或提高沉降速度。主要加固方法有堆载预压法、砂井法、袋装砂井、真空预压法、电渗排水法、降低地下水位法、塑料排水板法等。

真空预压法在高速铁路软基处理时经常应用，首先在软土地基上先施作竖向排水系统(砂井或塑料排水板)，然后在加固的区域内覆盖不透气膜，利用真空源不停地对加固的土体进行抽气，使其内部形成一个近似真空的环境，土体中的孔隙水在负压作用下，沿着排水通道加速被吸出，从而达到加固的作用。

真空预压法也属于排水固结类的加固范围，其排水固结作用与加载预压作用是可以相叠加的，可以加速排水，在工期紧时可以使用该法加快软土固结的速度。适用于软土厚度大、工期紧的软土地基。其设备与材料损耗小，可以重复使用。

真空源一般采用射流箱与离心泵组成，在加固施工中，一套真空装置应能担负1 000～1 200 m^2加固面积，覆膜采用聚乙烯或聚氯乙烯薄膜。

5. 化学加固法

即在软土地基中加入水泥或其他化学材料进行软土地基处理，适用于处理砂土、粉土、淤泥质黏土、粉质黏土、黏土和一般人工填土，也可以在处理裂隙岩体及已有构筑物地基加强中。水泥或其他化学材料注入土体后，与土体发生化学反应，吸收和挤出土中部分水与空气，形成具有较高承载力的复合地基。主要加固方法有粉喷桩、旋喷桩、注浆、水泥土搅拌法。

6. 加筋土法

通过在路基中埋入高强度、大韧性的土工聚合物、拉筋、受力杆件或柴(木)梢排等方法加强路基的自身强度，增加抵抗地基变形沉降的能力。适用于软弱岩体、土体中的路堤与路堑。主要加固方法有加筋土路基、土工聚合物、土钉墙、土层锚杆、土钉、树根桩法、柴(木)梢排法。

7. 其他加固方法

除了上述软土路基处理方法外，比较常用的还有桩基、沉井、侧向约束法、反压护道法。

桩基与沉井常用于在软土地基中建设重要构筑物(桥梁、大型涵洞等)的基础中，根据软弱土层的厚度其下承层土质情况，桩基设计可分为柱桩与摩擦桩两种。常用的桩基有钻孔桩、挖孔桩、管桩、木桩。侧向约束与反压护道的加固机理均是限制软弱土体向旁挤出，以增加路堤的抗剪能力。侧向约束法适合软土层厚度较小，软土体面积较大的软土地基的加固。反压护道法适合软土体分布面狭窄而软土体厚度较大的软土地基的处理。

地基处理技术发展十分迅速，老方法得到改进，新方法不断涌现，在软土地基处理方面，铁路建设中有很多成功的实例，也不乏失败的教训。针对这些工程中应用的经验与教训，在软土地基处理中应当遵循以下几条原则组织设计与施工，才能更好地达到预期的效果：

(1)认真进行地质调查，根据地质情况进行合适的设计与变更设计，达到预期的加固效果，避免返工处理的现象。

(2)在工程施工时,要充分了解各种形式的软土地基加固机理,以便针对加固机理进行有重点的质量控制,该放宽的技术指标可适当调整,以降低成本。例如砂桩与砂井的加固机理就不同,砂桩对软土的加固作用主要是挤密作用(特别是在黏性土中),因此砂桩的数量与直径应有充分的保证,对其平面分布的均匀性可以适当放宽标准,砂井的加固机理偏重于排水固结,因此在早期砂井加固基础上,又改进形成了袋装砂井的技术,以保证砂井的均匀程度与连续性。同属深层密实法加固的粉喷桩与旋喷桩,粉喷桩更倾向于喷粉与软弱土形成复合地基,而旋喷桩则偏重于喷体桩的作用,因此在旋喷桩设计时就充分验证其作为桩基础的力学效果。

(3)加强基础学科的研究,给软土地基处理技术更有力的支持。目前国际上软土加固技术已得到较大的发展,但其理论基础还存在着不准确性与不确定性。例如:强夯法在多处工程施工中的应用并且实测效果证明其加固效果可用,但其加固机理在土力学中还没有完全从理论方面得到证明,或部分还存在着模糊的概念;在挡护设计中经验公式的利用较多,其参数取值的不确定性还大量存在;作为土力学最基本理论的朗肯定理与库仑定理中不确定的因素也较多。所有的这些都说明要想加快软土基础技术的开发与应用,必须加强其基础科学的研究。

(4)在实际处理软土地基时,往往不是采用一种形式的处理,应采用多种处理方式相结合,取其加固效果综合作用,能够起到事半功倍的效果。软基处理改良是现在岩土行业的热点之一,地基要满足建筑物的稳定性、强度要求,强夯、机密、预压改变土的密度、性能,为了找到一个经济合理、安全度高、风险性小的方法,需要继续进行深入研究,以探索新的软土地基处理的方法。当然在考虑安全经济同时还要考虑环境和可持续发展的问题,过去以排水为主的,比如软土地基常采用的袋装砂井法和塑料排水办法都以排水为主,现在为了环保尽量以堵水为主,采用砂桩、碎石桩等,应该尽量实现环境和生态平衡不受破坏。

三、相关案例

广珠铁路亚洲第一跨建设工地。2008 年 4 月 28 日,广珠铁路施工从珠海段的虎跳门大桥正式拉开序幕,并迅速展开了连点成线的全面施工。以货运为主预留客运的广珠铁路线,将并入全国铁路干线网,与京广、贵广、武广等线路接轨,成为支持珠海发展大港口、大物流、大工业重要交通基础。

珠海西站进出站口相距 3 km,垂直纵深最远 260 m,总面积达 32 万平方米,是广珠铁路珠海段规模最大的一站。当地长期被海水浸泡,厚达二三十米的淤泥层抛给施工队一个巨大的难题,打下去的水泥搅拌桩都不见了,沿线多处试验纷纷失败。原铁道部、广铁科研所等机构的专家们表示,这种被称为"深厚海相软土地基处理"的技术性难题,之前在中国铁路建设中还从未见过。业内有人曾提出珠海地质条件不适合建铁路。

2009 年初,珠海软土地基问题成功申报成为国家铁道部科研攻关项目。2009 年 4 月,在广铁科研所等科研机构的现场介入下,珠海西站试验区开始 7.7 万平方米范围内的试验片施工。该试验区被分为 4 个区,分别采用真空预压的 4 种不同的工艺工法同时推进,每天对 8 项数据进行检测分析,期望最后能找出一种能达标,更经济、更有效的施工方法。

根据广铁科研所监测的数据,在采用真空联合堆载预压的方法进行软基处理之后,该区土层固结度已超过 80%,完全有望达到建设货运铁路的固结度要求。根据实验结果的对比,项目部将在垂直纵深 130 m,设有 4 站台 6 股道,面积约 10 万平方米的主站场区域内,使用增压式真空预压法进行软土地基处理。这种工艺被证明是目前国内针对深厚海相软土地基问题最有效方法，但成本比普通工法高出一半。在其他区域内，将继续使用传统真空预压法进行施工。

2009 年 11 月 9 日，全面的施工准备完成。半个多月后，在实验区两侧低洼的淤泥或松土地上，10 台插板机已经开始作业，这些设备将把白色带状的排水板插到地下 20 多米深。与此同时，在进出站口桥梁与路基相接的过渡段，几台打桩机正把预应力管桩打入地下四五十米深。珠海西站施工作业面已沿铁路铺开 3 km 长。“棉花团上建铁路”的神话变成了现实。

广珠铁路珠海段地处临海，大多为水塘和围海造地水产养殖区，地基土为海相沉积流塑状淤泥，含水率高、液性指数大，软土地基处理的难度非常大。而横跨虎跳门水道的虎跳门大桥全长 2 507 m，共 63 跨，其中最长的一跨为 248 m。248 m 的提篮钢拱在亚洲同类桥梁中跨度最长，是亚洲“第一跨”。

学习项目 2　黄　土

一、引出案例

郑西高速铁路(郑州至西安)是世界上首条修建在大面积湿陷性黄土地区的高速铁路，在施工建设中突破了高速铁路在湿陷性黄土地区施工的一系列难题。全长 505 km 的郑西高速铁路 80%的地段处于湿陷性黄土地区，全线地质复杂，路基、桥隧等工程建设难度较大。建设中，广大科技工作者和建设者创新施工方式，消除了黄土湿陷性，提高了地基土强度，确保了路基工程质量。郑西高铁全线正线桥梁达 137 座，312 km。建设者在施工中首次采用提篮拱、V 形墩连续钢构件、高烈度地震区大跨度等桥式，创新黄土地层钻孔桩施工技术，缩短了桩长，增加了承载力，减少了工后沉降，开辟了湿陷性黄土地层钻孔桩施工的新途径，填补了国内空白。

郑西高铁全线隧道 38 座，总计 78.2 km，大部分隧道位于新老黄土地层，为浅埋双线黄土隧道，隧道开挖断面大，施工难度大。其中难度之最为秦东隧道。7 686 m 的秦东隧道，位于陕西潼关境内，为双线黄土隧道，是郑西高速铁路的控制性工程，最大开挖断面达164 m^2，也是目前世界上最大断面的黄土隧道，是我国特有的高原地质隧道。在湿陷性黄土地区进行隧道施工，由于土质松软，承载力极低，遇水就要沉落，隧道施工的风险非常大。而在湿陷性砂质黄土地质条件下进行特大断面双线高速铁路隧道开挖，在全世界尚属首次。施工中首创“步长控制”隧道安全施工理论，加快了施工进度，节省了工程造价，确保施工安全，使我国黄土大断面隧道施工获得全面突破。

二、相关理论知识

(一)黄土的成因

黄土是一个复杂而巨大的地质系统，因此，关于黄土成因的研究，已有百余年的历史，中外学者先后提出了十多种不同成因的假说，其中主要是风成说、水成说和多成因说三大类型。一般认为，典型的或原生的黄土主要是风成黄土。黄土状土或次生黄土多为其他成因的黄土(如冲积，洪积，坡积，湖泊沉积，冰水沉积，洪积—坡积，洪积—冲积，残积—坡积，冲积—坡积等)或经过其他营力改造过的风成黄土。

(二)黄土的湿陷性及敏感性

在我国西北、华北广大黄土地区，分布着数条铁路干线，主要有陇海线、宝中线、兰新线、宝兰线、兰青线等。黄土一个显著的特点是在天然状态下，未受水浸湿的黄土具有较高的强度，较小压缩性，但当遇水浸湿后，由于黄土大孔隙结构的破坏，产生湿陷变形。

在一定压力作用下受水浸湿，结构迅速破坏并发生显著附加下沉的土，称为湿陷性黄土。黄土的湿陷性和它本身所具有的大孔隙结构及其所含的易溶盐等化学物质成分有关。大孔隙结构的四周由于有可溶盐浓缩所形成的胶结物质的存在，增强了土粒间抗滑移的能力，阻止了土体在上覆自重压力下的压密。另外，由于碳酸钙等物质的胶结作用，使颗粒间的联结强度增加，因而在天然含水率状态下，未受水浸湿的黄土具有较高的强度，较小压缩性。但当黄土受水浸湿后，结合水膜增厚，结合水联结消失，颗粒四周的胶结盐类也溶于水中，因此颗粒间联结强度降低，在上部建筑物荷重作用下，大孔隙结构破坏，颗粒滑向大孔隙，孔隙体积减小，土体被压密，黄土则出现了湿陷变形。黄土路基病害在行车速度不太高，行车密度不大，列车轴重较低时并不显得十分突出。但随着列车朝高速、重载方向发展时，在黄土铁路路基中，作为直接承受行车及轨道荷载作用，直接受到降雨影响的路基基床，尤其是基床表层部分，所产生的病害所造成的不利影响非常突出。

1. 湿陷性黄土的特征

湿陷性黄土具有与一般粉土和黏性土不同的特性，有肉眼可见的大孔隙，在覆盖土层的自重应力或自重应力和建筑物附加应力的综合作用下浸水，则土的结构迅速破坏，并发生显著的附加下沉。它具有如下特征：

(1)土的颜色在干燥时呈淡黄色，稍湿时呈黄色，湿润时呈褐黄色。

(2)在天然状态下，具有肉眼可见的大孔隙，孔隙比大于 1。

(3)颗粒组成以粉土颗粒为主，含量常占 60%以上，富含碳酸盐类，含盐量大于 0.3%。

(4)透水性强，土样浸入水中以后，很快崩解，同时有气泡产生。

(5)黄土在干燥状态下，有较高的强度和较小的压缩性，但在遇水后，土的结构迅速破坏并且发生显著的沉降，产生严重湿陷。

2. 湿陷性黄土的分布

世界上黄土主要分布于中纬度干旱和半干旱地区，如法国的中部和北部，东欧的罗马尼亚、保加利亚、俄罗斯、乌克兰、乌兹别克斯坦，美国沿密西西比河流域及西部不少地区。在我国黄土地域辽阔，其分布面积约 45 万平方公里，其沉积过程经历了整个第四纪时期，按形成年代的早晚，可分为午城黄土、离石黄土、马兰黄土和黄土状土。按照黄土是否具有湿陷性，将黄土分为老黄土和新黄土，如表 9-1 所示。老黄土土质密实，颗粒均匀，无大孔或稍带大孔结构，一般不具湿陷性。新黄土土质均匀或较为均匀，结构疏松，大孔发育，一般具有湿陷性。

表 9-1　黄土的地层划分

时　　代	地层划分	按是否具有湿陷性划分
全新世 Q_4	黄土状土	新黄土，具湿陷性
晚更新世 Q_3	马兰黄土	
中更新世 Q_2	离石黄土	老黄土，不具湿陷性
早更新世 Q_1	午城黄土	

注：全新世 Q_4 黄土包括全新世湿陷性黄土 Q_4^1 和新近堆积黄土 Q_4^2。

3. 黄土湿陷性评价

1)湿陷系数

黄土在一定压力作用下,受水浸湿后结构迅速破坏而产生显著附加沉陷的性能,称为湿陷性,可以用浸水压缩试验求得的湿陷性系数来评价。天然黄土土样在某压力 p 作用下压缩稳定后(这时土样高度为 h_p),不增加荷重而将土样浸水饱和,土样产生附加变形、这时测得土样的高度为 h'_p ,h_p和 h'_p之差愈大,说明土的湿陷愈明显。一般用 h_p和 h'_p二之差(湿陷值)与土样的原始高度 h_0之比来衡量黄土的湿陷程度,这个指标叫湿陷系数 δ_s ,即:

$$\delta_s = \frac{h_p - h'_p}{h_0} \tag{9-1}$$

δ_s 值愈大,说明黄土的湿陷性愈强烈。但在不同压力下,黄土的 δ_s 是不一样的,一般以 0.2 MPa 压力作用下的 δ_s 作为评价黄土湿陷性的标准。当黄土的湿陷系数 $\delta_s > 0.015$ 时,则认为该黄土为湿陷性黄土,且该值愈大,黄土的湿陷性愈强烈。当 δ_s 为 0.015~0.03 时,湿陷性轻微;当 δ_s 为 0.03~0.07 时,湿陷性中等;当 $\delta_s > 0.07$ 时,湿陷性强烈;当 $\delta_s < 0.015$ 时则为非湿陷性黄土,可按一般土对待。

2)自重湿陷系数

黄土受水浸湿后,在上部土层的饱和自重压力作用下而发生湿陷,称为自重湿陷性黄土。自重湿陷性黄土的湿陷起始压力较小,低于其上部土层饱和自重压力。非自重湿陷性黄土的湿陷起始压力一般较大,高于其上部土层的饱和自重压力。

划分非自重湿陷性黄土和自重湿陷性黄土,可取土样在室内做浸水压缩试验,在土的饱和自重压力下测定土的自重湿陷系数 δ_{zs},即:

$$\delta_{zs} = \frac{h_z - h'_z}{h_0} \tag{9-2}$$

式中 h_z——保持天然含水率和结构的土样,加压至土的饱和自重压力时,下沉稳定后的高度;

h'_z——上述加压稳定后的土样,在浸水作用下,下沉稳定后的高度;

h_0 ——土样的原始高度。

测定自重湿陷系数用的自重压力,自地面算起至该土样顶面为止的上覆土的饱和(S_r=85%)自重压力。当 $\delta_{zs} < 0.015$ 时,应定为非自重湿陷性黄土;当 $\delta_{zs} \geqslant 0.015$ 时,应定为自重湿陷性黄土。

3)湿陷起始压力

黄土在某一压力作用下浸水后开始出现湿陷时的压力叫湿陷起始压力。如果作用在湿陷性黄土地基上的压力小于湿陷起始压力,地基即使浸水,也不会发生湿陷。湿陷起始压力值常通过室内浸水压缩试验和现场浸水载荷试验确定。湿陷起始压力 p_{sh} 按压缩试验,有单线法和双线法。

(1)单线法。应在同一取土点的同一深度处,至少以环刀切取 5 个试样。各试样均分别在天然湿度下分级加荷至不同的规定压力,待下沉稳定后测出土样高度 h_p后浸水,并测定湿陷稳定后的土样高度 h'_p。绘制 p— δ_s 曲线后,确定 p_{sh}的方法同双线法。

按现场载荷试验确定时,应在 p—s 曲线上,取转折点所对应的压力作为湿陷起始压力。当曲线上的转折点不明显时,可取浸水下沉量 s 与承压板宽度 b 之比小于 0.015 时所对应的压力作为湿陷起始压力。

(2)双线法。应在同一取土点的同一深度处,以环刀切取两个试样,一个在天然湿度下加第一级荷重,下沉稳定后浸水,待湿陷稳定后再分级加荷。分别测定这两个试样在各级压力下,下沉稳定后的试样高度 h_p 和浸水下沉稳定后的试样高度 h'_p,就可以绘出不浸水试样的 p— δ_s 。曲线和浸水试样的 p— h'_p 曲线,然后按式(9-1)计算各级荷载下的湿陷系数 δ_s ,从而绘制 p— δ_s 曲线。在 p— δ_s 曲线上取 δ_s 值为 0.015 所对应的压力作为湿陷起始压力 p_{sh}

4)湿陷性黄土场地的自重湿陷量

湿陷性黄土场地的湿陷类型,应按自重湿陷量的实测值 Δ'_{zs} 或计算值 Δ_{zs} 判定,并应符合下列规定:

(1)当自重湿陷量的实测值 Δ'_{zs} 或计算值 Δ_{zs} 小于或等于 70 mm 时,应定为非自重湿陷性黄土场地。

(2)当自重湿陷量的实测值 Δ'_{zs} 或计算值 Δ_{zs} 大于 70 mm 时,应定为自重湿陷性黄土场地。

(3)当自重湿陷量的实测值和计算值出现矛盾时,应按自重湿陷量的实测值判定。

湿陷性黄土场地自重湿陷量的计算值 Δ_{zs} ,应按下式计算

$$\Delta_{zs} = \beta_0 \sum_{i=1}^{n} \delta_{zsi} h_i$$

式中 δ_{zsi} ——第 i 层土自重湿陷系数;

h_i ——第 i 层土的厚度,mm;

β_0——因地区土质而异的修正系数,在缺乏实测资料时,按下列陇西地区取 1.50,陇东—陕北—晋西地区取 1.20,关中地区取 0.90,其他地区取 0.50。

自重湿陷量的计算值 Δ_{zs} ,应自天然地面(当挖、填方的厚度和面积较大时,应自、设计地面)算起,至其下非湿陷性黄土层的顶面,其中自重湿陷系数 Δ_{zs} 小于 0.015 的土层不累计。

5)湿陷性黄土地基的湿陷等级

湿陷性黄土地基的湿陷等级根据湿陷量 Δ_s 和计算自重湿陷量 Δ_{zs} 由表 9-2 确定,湿陷量 Δ_s 按下式计算:

$$\Delta_s = \sum_{i=1}^{n} \beta \delta_{si} h_i \tag{9-3}$$

式中 δ_{si} ——第 i 层土的湿陷系数;

h_i ——第 i 层土的厚度,mm;

β——考虑地基土的受水浸湿可能性和侧向挤出等因素的修正系数(在缺乏实测资料时,按下列规定取值:基底下 0~5 m 深度,取 β =1.50;基底下 5~10 m 深度,取 β =1.0;基底下 10 m 以下至非湿陷性黄土层顶面,在自重湿陷性黄土场地,可取工程所在地区的 β_0 值)。

表 9-2 湿陷性黄土地基的湿陷等级

Δ_s(mm)	非自重湿陷性场地	自重湿陷性场地	
	$\Delta_{zs} \leqslant 70$ mm	70 mm$< \Delta_{zs} \leqslant 350$ mm	$\Delta_{zs} > 350$ mm
$\Delta_s \leqslant 300$	Ⅰ(轻微)	Ⅱ(中等)	—
$300 < \Delta_s \leqslant 700$	Ⅱ(中等)	Ⅱ(中等)Ⅲ(严重)	Ⅲ(严重)

续上表

Δ_s(mm)	非自重湿陷性场地	自重湿陷性场地	
	$\Delta_{zs}\leqslant 700$ mm	70 mm$<\Delta_{zs}\leqslant 350$ mm	$\Delta_{zs}>350$ mm
$\Delta_s>700$	Ⅱ(中等)	Ⅲ(严重)	Ⅳ(很严重)

注:当总湿陷量 $\Delta_s\geqslant 600$ mm,计算自重湿陷量 $\Delta_{zs}\geqslant 300$ mm 时,可判为Ⅲ级,其他情况可判为Ⅱ级。

湿陷量的计算值 Δ_s 的计算深度,应自基础底面(如基底高程不确定,自地面下 1.50 m)算起;在非自重湿陷性黄土场地,累计至基底下 10 m(或地基压缩层)深度;在自重湿陷性黄土场地,累计至非湿陷黄土层的顶面。其中湿陷系数 δ_s (10 m 以下为 δ_{zs})小于 0.015 的土层不累计。

(三)湿陷性黄土地基承载力

湿陷性黄土地基承载力的确定,应符合下列规定:

(1)地基承载力特征值,应保证地基在稳定的条件下,使建筑物的沉降量不超过允许值。

(2)甲、乙类建筑的地基承载力特征值,可根据静载荷试验或其他原位测试、公式计算,并结合工程实践经验等方法综合确定。

(3)当有充分依据时,对丙、丁类建筑,可根据当地经验确定。

(4)对天然含水率小于塑限含水率的土,可按塑限含水率确定土的承载力。

当基底宽度大于 3 m 或埋深大于 1.5 m 时,地基承载力特征值应按下式修正:

$$f = f_{ak} + \eta_b\gamma(b-3) + \eta_d\gamma_m(d-1.5) \tag{9-4}$$

式中 f——修正后地基承载力,kPa;

f_{ak}——地基承载力标准值,kPa;

η_b、η_d——基础宽度和埋深的承载力修正系数,按表 9-3 确定;

b——基础底面宽度,m,当基底宽度小于 3.0 m 时按 3.0 m 考虑,大于 6.0 m 时按 6.0 m 考虑;

γ——基底以下土的重度,kN/m^3,地下水位以下取浮重度;

γ_m——基础底面以上土的加权平重度,kN/m^3,地下水位以下取浮重度。

表 9-3 承载力修正系数

地基土的类别	有关物理指标	η_b	η_d
晚更新世黄土 Q_3、 全新世湿陷性黄土 Q_4^1	$\omega<24\%$ $\omega>24\%$	0.2 0	1.25 1.1
饱和黄土①②	$e<0.85, I_L<0.85$ $e>0.85, I_L>0.85$ $e\geqslant 1.0, I_L\geqslant 1.0$	0.2 0 0	1.25 1.1 1.0
新近堆积黄土 Q_4^2		0	1.0

注:①只适用于 $I_p>10$ 的饱和黄土;

②饱和度 $S_r\geqslant 80\%$的晚更新世黄土 Q_3、全新世湿陷性黄土 Q_4。

(四)黄土地基沉降量

湿陷性黄土地基的沉降量包括压缩变形和湿陷变形两部分,按下式计算:

$$s = s_h + s_w \tag{9-5}$$

$$s_{\mathrm{h}}=\psi_{\mathrm{s}}\sum_{i=1}^{n}\frac{p_0}{E_{si}}(z_i\bar{a}_i-z_{i-1}\bar{a}_{i-1}) \tag{9-6}$$

$$s_{\omega}=\sum_{i=1}^{n}\frac{e_{\mathrm{mi}}}{1+e_i}h_i \tag{9-7}$$

式中 s——黄土地基总沉降量；

s_{h}——黄土未浸水的沉降量；

s_{w}——黄土浸水后的湿陷交形量；

ψ_{s}——沉降计算经验系数，按表 9-4 选用；

e_{mi}——第 i 层土浸水前后孔隙比变化，即大孔隙系数；

e_i——第 i 层土浸水前孔隙比；

h_i——第 i 层土厚度。

表 9-4 黄土计算经验系数 ψ_{s}

$\bar{E}_{\mathrm{s}}$ (MPa)	3.3	5.0	7.5	10.0	12.5	15.0	17.5	20.0
ψ_{s}	1.80	1.22	0.82	0.62	0.50	0.40	0.35	0.30

$\bar{E}_{\mathrm{s}}$ 为沉降计算深度范围内压缩模量的当量值，按下式计算：

$$\bar{E}_{\mathrm{s}}=\frac{\sum A_i}{\sum\frac{A_i}{E_{si}}} \tag{9-8}$$

式中 A_i——基底以下第 i 层土的附加应力面积；

E_{si}——第 i 层土的压缩模量。

（五）黄土地基处理

在湿陷性黄土地区进行建设，地基应满足承载力、湿陷变形、压缩变形和稳定性的要求。此外，应根据各地湿陷性黄土的特点和建筑物的类别，采取以地基处理为主的综合措施，以防止地基湿陷，保证建筑物的安全与正常使用。建筑工程设计的综合措施主要有地基处理措施、防水措施和结构措施。

1. 地基处理措施

地基处理是防止湿陷性危害的主要措施，其原理主要是破坏湿陷性黄土的大孔结构，以便全部或部分消除地基的湿陷性。通过换土或加密等各种方法，减小原有地基的总湿陷量，控制下部未处理土层的湿陷量不超过规范规定的数值。

当地基的湿陷性大，要求处理的土层厚，技术上有困难或经济上不合理时，也可采用深基础或桩基础穿越湿陷性土层将上部荷载直接传到非湿陷性土层或岩层中。

《湿陷性黄土地区建筑规范》(GB 50025－2018)根据建筑物的重要性及地基受水浸湿可能性的大小和在使用上对不均匀沉降限制的严格程度，将建筑物分为甲、乙、丙、丁四类。对甲类建筑要求消除地基的全部湿陷量或穿透全部湿陷性土层。对乙、丙类建筑则要求消除地基的部分湿陷量。表 9-5 列出了四种处理湿陷性黄土地基的常用方法及其适用范围和一般可处理(或穿透)基底下的湿陷性土层厚度。丁类属次要建筑，地基可不作处理。

表 9-5　湿陷性黄土地基常用的处理方法

处理方法	适用范围	可处理(或穿透)基底下的湿陷性土层厚度(m)
垫层法	地下水位以上,局部或整片处理	1～3
强夯法	地下水位以上,S_r<60%的湿陷性黄土,局部或整片处理	3～12
挤密法	地下水位以上,S_r<65%的湿陷性黄土	5～15
预浸水法	自重湿陷性黄土场地,地基湿陷等级为Ⅲ、Ⅳ级,可消除地面下 6 m 以下湿陷性黄土层的全部湿陷性	6 m 以上,尚应采用垫层法或其他方法处理

2. 防水措施

防水措施的目的是消除黄土发生湿陷变形的外因,因而也是保证建筑物安全和正常使用的重要措施之一。主要包括:

(1)基本防水措施:在建筑物布置、场地排水、地面防水、散水、排水沟、管道敷设、管道材料和接口等方面,应采取措施防止雨水或生产、生活用水的渗漏。

(2)检漏防水措施:在基本防水措施的基础上,对防护范围内的地下管道,应增设检漏管沟和检漏井。

(3)严格防水措施:在检漏防水措施的基础上,应提高防水地面、排水沟、检漏管沟和检漏井等设施的材料标准,如增设卷材防水层、采用钢筋混凝土排水沟等。

3. 结构措施

对于一些地基不处理,或处理后仅消除地基的部分湿陷量的建筑,除了要采用防水措施,还应采取结构措施,以减小建筑物的不均匀沉降或使结构能适应地基的湿陷变形。这些措施主要包括:

(1)加强建筑物的整体性与空间刚度。

(2)选择适宜的结构体系和基础型式。

(3)加强砌体和构件的刚度。

三、相关例题

1. 某场地载荷试验的承压板面积为 0.25 m^2,压力与浸水下沉量关系如表 9-6 所示,确定黄土的湿陷起始压力。

表 9-6　压力与浸水下沉量关系

载荷板底面压力(kPa)	25	50	70	100	125	150	175	200	225
浸水下沉量(mm)	4.8	6.0	7.2	8.5	9.8	11.0	14.0	16.8	19.9

解:(1)以压力为横坐标、浸水下沉量为纵坐标,绘制 p—s 曲线(图 9-1)。

(2)确定湿限起始压力。

从 p—s 曲线中看出,曲线存在一个明显的拐点,拐点坐标为(160 kPa,l.15 cm),故场地的湿陷起始压力 P_{sh}=160 kPa。

2. 陕北某黄土勘察资料见表 9-7,建筑物为丙类建筑,基础埋深为 2.5 m,确定地基的湿陷等级。

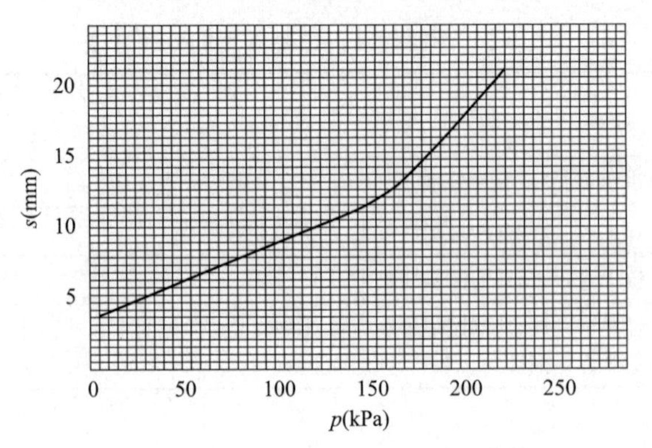

图 9-1 压力与浸水下沉量关系曲线

表 9-7 勘察资料

层号	层厚(m)	自重湿陷系数 δ_{zs}	湿陷系数 δ_s
1	4	0.024	0.032
2	5	0.016	0.025
3	5	0.007	0.021
4	2	0.006	0.020
5	3	0.006	0.018
6	8	0.001	0.010

解:(1)计算自重湿陷量

自天然地面算起,至其下全部湿陷性黄土层面。陕北地区风 $\beta_0 = 1.20$

$$\Delta_{zs} = \beta_0 \sum_{i=1}^{n} \delta_{zsi} h_i = 1.20 \times (0.024 \times 4000 + 0.016 \times 5000) = 211.2 \text{ mm} > 70 \text{ mm}$$

故该场地判定为自重湿陷性黄土场地。

(2)计算湿陷量

基底下 0～5 m 深度,取 $\beta = 1.50$;基底下 5～10 m 深度,取 $\beta = 1.0$,自重湿陷性黄土场地,计算深度累计至非湿陷黄土层的顶面。基底下 10 m 至非湿陷性黄土层顶面,在自重湿陷性黄土场地,可取工程所在地区的 β_0 值。则湿陷量为:

$$\Delta_s = \sum_{i=1}^{n} \beta \delta_{si} h_i = 1.50 \times 0.032 \times 1500 + 1.50 \times 0.025 \times 3500 + 1.0 \times 0.025 \times 1500 + 1.0 \times 0.021 \times 3500 + 1.2 \times 1500 + 1.2 \times 0.020 \times 2000 + 1.2 \times 0.018 \times 3000 = 464.9$$

(3)确定地基的湿陷等级

$\Delta_{zs} = 211.2$ mm,$\Delta_s = 464.9$ mm,查表 9-2 可知,该湿陷性黄土地基的湿陷等级可判定为Ⅱ级(中等)。

学习项目 3 膨 胀 土

一、引出案例

广西是我国膨胀性岩土主要分布区之一。广西膨胀性岩土地质灾害和工程问题的严重性和复杂性曾得到国内膨胀岩土研究者的关注。对南昆铁路百色盆地膨胀性岩土已有很多学者进行了研究。柳州局管段共有膨胀土路基 60 km，南昆线全线开通后接连发生几十处灾害性膨胀土基床病害，主要病害形式为路基下沉、路肩开裂、路堤坍塌、滑坡、道砟囊等。路基病害的发生既与南昆铁路百色盆地膨胀土的成因、成分和性质有关，也和设计施工措施密切相关。

自由膨胀率法常出现膨胀势判别等级偏低的现象，使勘测设计标准降低，造成工程运行后病害频繁。在百色盆地南昆铁路典型病害点取样分析，分别按国内自由膨胀率法和国际方法判别膨胀势，发现自由膨胀率法判定结果偏低，国际方法判别结果认为各病害点黏土均属于具有中等、高或很高膨胀势的黏土。按国内方法仅林逢站 K135＋950 处属于强膨胀土，其他严重病害点属于中、弱或非膨胀土。由于对膨胀土国际判别法和国内判别方法的差别造成设计安全系数偏低，并造成病害的严重发生。

准确判别膨胀上及评价膨胀势大小是膨胀土地基处理首要解决的问题。若将膨胀土漏判或将强膨胀土判为弱膨胀土，会给工程埋下隐患；若将普通土误判为膨胀土或将弱膨胀土判为强膨胀土，会造成经济的巨大浪费。已有的工程教训证明，许多膨胀土的工程危害是由工程人员对膨胀土误判造成。

二、相关理论知识

我国膨胀土分布很广，以云南、广西、湖北、安徽、河北、河南等省区的山前丘陵和盆地边缘最严重，此外，贵州、陕西、山东、江苏、四川等地也有分布。我国在总结膨胀土地区修建的铁路时，也有“逢堑必滑、无堤不塌”之说。全世界由于膨胀土造成的损失平均每年高达 50 亿美元以上，已超过洪水、飓风、地震和龙卷风所造成的损失的总和。由此可见，膨胀土对工程建筑危害之大是可想而知的。膨胀土是土中黏粒成分主要由亲水性矿物组成、具有显著的吸水膨胀和失水收缩两种变形特性的黏性土。虽然一般黏性土也都有膨胀、收缩特性，但其变形量不大；而膨胀土的膨胀—收缩—再膨胀的周期性变形特性非常显著，并给工程带来危害，因而将其作为特殊土从一般黏性土中区别出来。

（一）膨胀土的特性

膨胀土一般强度较高，压缩性低，易被认为是建筑性能较好的地基土。但由于其具有膨胀和收缩的特性，当利用这种土作为建筑物地基时，如果对它的特性缺乏认识，或在设计和施工中没有采取必要的措施，会给建筑物造成危害。

一般根据野外特征，结合室内试验指标及建筑物的破坏特点进行综合判别的方法来

判定膨胀土。其主要特征为：

(1)在自然条件下，土的结构致密，多呈硬塑或坚硬状态，具有黄红、褐、棕红、灰白或灰绿等多种颜色。

(2)裂隙发育，常见裂隙有竖向、斜交和水平三种，裂隙中常充填灰绿、灰白色黏土，土被浸湿后裂隙会缩变窄或闭合。

(3)自由膨胀率大于 40％，天然含水率接近塑限，塑性指数大于 17，多数为 22～35，液性指数小于零，天然孔隙比变化范围为 0.5～0.8。

(4)多出现于二级及三级以上河谷阶地、垅岗、山梁、斜坡、山前丘陵和盆地边缘，地形坡度平缓，无明显自然陡坎。

(5)土中成分含有较多亲水性强的蒙脱石、多水高岭石、伊利石(水云母)和硫化铁、蛭石

等，有明显的湿胀干缩效应。

(6)膨胀土地区旱季地表常出现地裂，雨季则裂缝闭合。地裂上宽下窄，一般长 10～80 m，深度多为 3.5～8.5 m，壁面陡立而粗糙。

(二)影响膨胀土胀缩变形的主要因素

膨胀土的胀缩变形特性主要由土的内在因素决定，同时受到外部因素的制约。胀缩变形的产生是膨胀土的内在因素在外部适当的环境条件下综合作用的结果。影响土的胀缩变形的主要因素包括内因和外因两个方面。

1. 内因

1)矿物及化学成分

膨胀土主要由蒙脱石、伊利石等矿物组成，亲水性强，胀缩变形大。化学成分以氧化硅、氧化铝、氧化铁为主。若氧化硅含量大，则胀缩量大。

2)黏粒的含量

由于黏土颗粒细小，比表面积大，因而具有很大的表面能，对水分子和水中阳离子的吸附能力强。因此，土中黏粒含量越多，则土的胀缩性越强。

3)土的密度

若土的密度大即孔隙比小，则浸水膨胀强烈，失水收缩小；反之，当土的密度小即孔隙比大，则浸水膨胀小，失水收缩大。

4)土的含水率

若初始含水率与膨胀后含水率接近，则膨胀小，收缩大；反之则膨胀大，收缩小。

5)土的结构强度

土的结构强度愈大，则土体限制胀缩变形的能力也愈大，而当土的结构被破坏后，土的胀缩性也增大。

2. 外因

1)气候条件

气候条件是影响土胀缩变形的首要因素。它主要包括降雨量、蒸发量、气温、相对湿度和地温等，雨季土体吸水膨胀，旱季土体失水收缩。

2)地形、地貌条件

地形、地貌条件也是一个重要的因素，实质上仍然要联系到土中水分的变化问题。同类膨胀地基，地势低处比地势高处胀缩变形小得多；在边坡地带，坡脚地段比坡肩地段的同类地基的胀缩变形又要小得多。

3)建筑物周围的树木

建筑物周围的树木，尤其是阔叶乔木，旱季树根吸水，加剧地基土的干缩变形，使邻近有成排树木的房屋产生裂缝。

4)日照的时间和强度

房屋向阳面开裂多，背阴面开裂少。

(三)膨胀土的胀缩性指标

1. 自由膨胀率

将人工制备的磨细烘干土样，经无颈漏斗注入量土杯(容积 10 mL)盛满刮平后，将试样倒入盛有蒸馏水的量筒(容积 50 mL)后加入凝聚剂并用搅拌器上下均匀搅拌 10 次。土粒下沉后每隔一定时间读取土样的体积数，直至认为膨胀达到稳定。则自由膨胀率：

$$\delta_{ef} = \frac{V_w - V_0}{V_0} \tag{9-9}$$

式中　δ_{ef} ——自由膨胀率，%；

V_0 ——干土样原有体积，即量土杯的体积，mL；

V_w ——土样在水中膨胀稳定后的体积，mL。

自由膨胀率越大，土的胀缩性越大，一般自由膨胀率 $\delta_{ef} \geqslant 40\%$ 的土，应判定为膨胀土。根据自由膨胀率的大小，膨胀土的膨胀潜势分为三类：弱（$40\% \leqslant \delta_{ef} < 65\%$）、中（$65\% \leqslant \delta_{ef} < 90\%$）、强（$\delta_{ef} \geqslant 90\%$）。

2. 有荷膨胀率

有荷膨胀率表示原状土在侧限压缩仪中，在一定压力作用下，浸水膨胀稳定后土样增加的高度与原始高度之比，可表示为：

$$\delta_{ep} = \frac{h_w - h_0}{h_0} \tag{9-10}$$

式中　δ_{ep} ——有荷膨胀率，%；

h_0 ——土样的原始高度，mm；

h_w ——土样浸水膨胀稳定后的高度，mm。

有荷膨胀率所施加的荷载有 50 kPa、100 kPa，为了比较不同土的膨胀性，需要统一规定压力值，我国规定采用 50 kPa。

3. 线缩率

线缩率是指土的竖向收缩应变与原状土样高度之比，可表示为：

$$e_s = \frac{h_0 - h_i}{h_0} \tag{9-11}$$

式中　e_s ——线缩率，%；

h_0 ——土样的原始高度，mm；

h_i ——试验中含水率对应的土样高度，mm。

（四）收缩系数

根据不同时刻的线缩率及相应的含水率，可绘制收缩曲线（图 9-2），可以看出，当含水率减小时，土的收缩过程分为三个阶段，即收缩阶段（Ⅰ）、过渡阶段（Ⅱ）和微缩阶段（Ⅲ）。在收缩阶段中含水率每降低 1%时，所对应的线缩率的改变为收缩系数 λ_s，即：

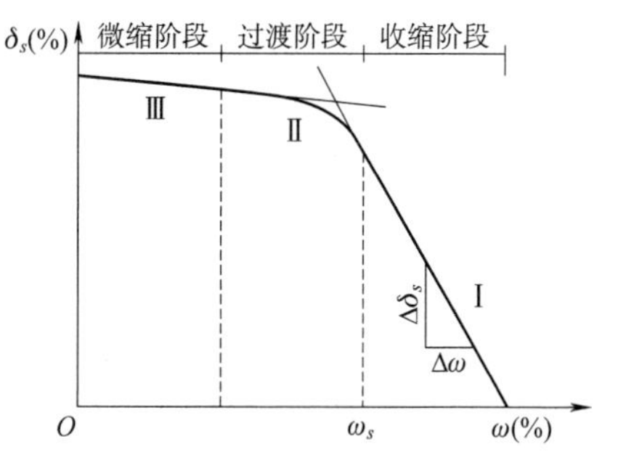

图 9-2　收缩曲线

$$\lambda_s = \frac{\Delta \delta_s}{\Delta \omega} \tag{9-12}$$

式中　λ_s ——收缩系数；

$\Delta \delta_s$ ——收缩过程中与两点含水率之差对应的竖向线缩率之差，%；

$\Delta \omega$ ——收缩过程中直线变化阶段两点含水率之差，%。

（五）膨胀土地基变形量

膨胀土地基变形量按下列三种情况计算：

1)当离地表 1 m 处地基土的天然含水率等于或接近最小值时,或地面覆盖且无蒸发可能时,一级建筑物使用期间,经常有浸水的地基,可按膨胀变形量计算。

2)当离地表 1 m 处地基土的天然含水率大于 1.2 倍塑限含水率时,或直接接受高温作用的地基,可按收缩变形量计算。

3)其他情况按胀缩变形量计算:

(1)膨胀变形量

地基土的膨胀变形量计算:

$$s_e = \psi_e \sum_{i=1}^{n} \delta_{epi} h_i \tag{9-13}$$

式中 s_e——地基土的膨胀变形量;

ψ_e——经验系数,根据当地经验确定,对于三层及三层以下建筑物,可采用 0.6;

δ_{epi}——基础底面下第 i 层土的压力(该层土的平均自重应力与平均附加应力之和)作用下的膨胀率,由室内试验确定;

h_i——第 i 层土的计算厚度。

(2)收缩变形量

收缩变形量按下式计算:

$$s_s = \psi_s \sum_{i=1}^{n} \lambda_{si} \Delta\omega_i h_i \tag{9-14}$$

$$\Delta\omega_i = \Delta\omega_1 - (\Delta\omega_1 - 0.01)\frac{z_i - 1}{z_n - 1}$$

$$\Delta\omega_1 = \omega_1 - \psi_w \omega_p \tag{9-15}$$

式中 s_s——地基土的收缩变形量;

ψ_s——经验系数,根据当地经验确定,对于三层及三层以下建统物,可采用 0.8;

λ_{si}——第 i 层土的收缩系数,由室内试验确定;

$\Delta\omega_i$——地基土在收缩过程中,第 i 层土可能发生的含水率变化平均值;

ω_1、ω_p——地表下 1 m 处土的天然含水率和塑限;

z_n——计算深度,可取大气影响深度;

z_i——第 i 层土的深度;

ψ_w——土的湿度系数。

说明:①在地表下 4 m 土层深度内,存在不透水基岩时,可假定含水率变化值为常数;②在计算深度内有稳定地下水位时,可计算至水位以上 3 m。

(3)胀缩变形量

胀缩变形量计算:

$$s_c = \psi \sum_{i=1}^{n} (\delta_{epi} + \lambda_{si} \Delta\omega_i) h_i \tag{9-16}$$

式中 s_c——地基土的胀缩变形量;

ψ——计算胀缩变形量的经验系数,可取 0.7;

其他符号含义同前。

(六)膨胀土地基评价

1. 膨胀土的判别

具有下列工程地质特征的场地,且自由膨胀率 $\delta_{ef} \geqslant 40\%$ 的土,应判定为膨胀土。

(1)裂隙发育,常有光滑面和擦痕,有的裂隙中充填着灰白、灰绿色黏土,在天然条件下呈坚硬或硬塑状态。

(2)多出露于二级或二级以上阶地、山前和盆地边缘丘陵地带,地形平缓,无明显自然陡坎。

(3)常见浅层塑性滑坡、地裂,新开挖坑(槽)壁易发生坍塌。

(4)建筑物裂缝随气候变化而张开和闭合。

2. 膨胀土地基的胀缩等级

根据地基的膨胀、收缩变形对低层砖混结构房屋的影响程度,膨胀土地基的胀缩等级按分级胀缩变形量 s_c 大小进行划分,可按表9-8分为三级,等级越高其膨胀性越大。

表9-8 膨胀土地基的胀缩等级

地基胀缩变形量 s_c(mm)	级别
$15 \leqslant s_c < 35$	Ⅰ
$35 \leqslant s_c < 70$	Ⅱ
$s_c \geqslant 70$	Ⅲ

(七)膨胀土地基设计

由于膨胀土的变形受外界影响因素较多,且带有周期性变形性质,因此在地基设计时主要控制最大变形值,使其不超过允许变形值;当不满足要求时,应针对膨胀土的胀缩特性从地基、基础、上部结构以及施工等方面采取措施。

1. 建筑措施

(1)建筑物应尽量布置在地形条件比较简单、土质比较均匀、胀缩性较弱的场地。

(2)建筑物体型应力求简单。在地基土显著不均匀处,建筑物平面转折部位或高度(荷重)有显著变化部位以及建筑结构类型不同部位,应设置沉降缝。

(3)加强隔水、排水措施,尽量减小地基土含水率的变化。室外排水应通畅,避免积水,屋面排水宜采用外排水。散水宜较宽设置,一般均应大于1.2 m,并加隔热保温层。

(4)室内地面设计应根据要求区别对待。对Ⅲ级膨胀土地基和使用要求特别严格的地面,可采取地面配筋或地面架空的措施。对一般工业与民用建筑,可按一般方法进行设计,也可采用预制块铺砌,但块体间应嵌填柔性材料,大面积地面应做分格变形缝。

(5)建筑物周围宜种草皮。在植树绿化时应注意树种的选择,例如:不易种植吸水量和蒸发量大的桉树等速生树种,而尽可能选用蒸腾量小的针叶树种。

2. 结构措施

(1)基础形式。较均匀的弱膨胀土地基可采用条形基础。当基础埋深较大或条形基础基底压力较小时,宜采用墩基础。

(2)承重砌体结构。可采用拉结较好的实心砖墙,不得采用空斗墙、砌块墙或无砂混凝土砌体;不宜采用砖拱结构、无砂大孔混凝土和无筋中型砌块等对变形敏感的结构。

(3)设置圈梁。为增加房屋的整体刚度,基础顶部和房屋顶层宜设置圈梁,多层房屋的其他各层可隔层设置,必要时也可层层设置。

(4)设置构造柱。钢和钢筋混凝土排架结构、山墙、内隔墙应采用与柱基相同的基础形式,以加强上部结构的整体性。

3. 地基处理

根据膨胀土的胀缩等级、当地材料及施工工艺等，进行综合技术经济比较后确定处理方法，常采用的地基处理方法有换土垫层、增大基础埋深，必要时可采用桩基础。

(1)换土垫层。在较强或强膨胀性土层出露较浅的建筑场地，或建筑物在使用上对不均匀变形有严格要求时，可采用非膨胀性土或灰土等置换膨胀土，以减少可膨胀的土层，达到减小地基胀缩变形量的目的。换土厚度应通过计算来确定。平坦场地上Ⅰ、Ⅱ级膨胀土的地基处理，宜采用砂、碎石垫层，垫层厚度不应小于 300 mm，基础两侧宜采用与垫层相同的材料回填，并作好防水处理。

(2)增大基础埋深。膨胀土地基上建筑物的基础埋深不应小于 1 m。一般基础的埋深宜超过大气影响深度。

(3)桩基础。当大气影响深度较深，膨胀土层厚，选用其他处理方式有困难或不经济时，可选用桩基础，桩基础应穿过膨胀土层，使桩尖进入非膨胀土层，或伸入大气影响急剧层以下一定的深度。

三、相关例题

某建筑物为三层，其场地为膨胀土地基，地表 1 m 处的天然含水率为 29.2%，塑限为 22%，土的收缩系数为 0.15，基础埋深为 1.5 m，土的湿度系数为 0.7，试计算地基土的收缩变形量。

解：由于天然含水率大于塑限的 1.2 倍，故按收缩变形量计算。

(1)根据土的湿度系数查表 9-9，得到大气影响深度 $d=4$ m。

表 9-9　大气影响深度

土的湿度系数	0.6	0.7	0.8	0.9
大气影响深度(m)	5	4	3.5	3

(2)土层中点深度 $z_i = 1.5 + \frac{4-1.5}{2} = 2.75$ m

(3)地表下 1m 处含水率变化值 $\Delta\omega_i = \omega_1 - \psi_w \omega_p = 29.2\% - 0.7 \times 22\% = 0.138$

(4)土层含水率变化值 $\Delta\omega_i = \Delta\omega_1 - (\Delta\omega_1 - 0.01)\frac{z_i - 1}{z_n - 1} = 0.138 - (0.318 - 0.01) \times$

$\frac{2.75-1}{4-1} = 0.06$

(5)收缩变形量 $s_s = \psi_s \sum_{i=1}^{n} \lambda_{si} \Delta\omega_i h_i = 0.8 \times 0.15 \times 0.06 \times 2.5 = 0.018\ \text{m} = 18\ \text{mm}$

学习项目 4　盐 渍 土

一、引出案例

南疆铁路处于塔里木盆地北缘、南天山南麓山前冲洪积扇。库尔勒至喀什段全长 969.88 km，沿途经过库车、阿克苏、巴楚等地，它是连接南疆各主要城市的通道。本段线路盐渍土病害较为明显，特别是阿克苏和喀什工务段管辖路段的盐渍土病害十分严重，其病害产生路段累计长达 108 km。路基的盐渍土病害主要表现为路基泛盐，表面松胀，部分路基板结，脚踩下陷，盐渍土病害最严重的路段路基下沉，轨道几何尺寸变形较大，严重影响行车安全。研究南疆铁路盐渍土成因，对治理盐渍土病害，保证行车安全就显得尤为重要。

南疆铁路地区盐渍土的形成是此地区自然条件和人类活动综合作用的结果。自然条件则是盐渍土形成的决定性条件；南疆铁路地区特殊的地形、地质、水文地质和气候等条件决定了地下水的矿化度高、埋藏浅、毛细水上升高度较高等特点，而这些特点又直接决定了此地区盐渍土的形成。对于路基盐渍土病害来讲，弄清楚此地区盐渍土的性质与成因对路基盐渍土病害整治有着很大的指导意义。

二、相关理论知识

(一)盐渍土的分类及腐蚀性

盐渍土是指含易溶盐超过一定量的土，工程上对盐渍土划分界限各不相同。我国沿用苏联分类标准，即规定易溶盐含量大于 0.5%或中溶盐含量大于 5%为盐渍土。

1. 盐渍土的分类

(1)按含盐性质分

按含盐性质盐渍土可分为氯盐渍土、亚氯盐渍土、亚硫酸盐渍土、硫酸盐渍土、碱性盐渍土。

(2)按含盐量大小分

按含盐量大小盐渍土可分为弱盐渍土、中盐渍土、强盐渍土、超盐渍土。

2. 盐渍土的腐蚀性

盐渍土对基础或地下设施的腐蚀，一般来说属于结晶性质的腐蚀。它可分为物理侵蚀和化学腐蚀两种，在地下水位深或地下水位变化幅度大的地区，物理侵蚀相对显著，而在地下水位浅、变化幅度小的地区，化学腐蚀作用显著。

(1)物理侵蚀

含于土中的易溶盐类，在潮湿情况下呈溶液状态，通过毛细管作用，浸入建筑物基础或墙体。在建筑物表面，由于水分蒸发，盐类便结晶析出。而盐类在结晶时体积膨胀产生很大的内应力，使建筑物由表及里逐渐疏松剥落。在建筑物经常处于干湿交替或温度变化较大的部位，由于晶体不断增加，其侵蚀作用相对明显。

(2)化学腐蚀

地下水或低洼处积水中的混凝土基础或其他地下设施，当水中硫酸根含量超过一定限量时，它与混凝土中的碱性游离石灰和水泥中的水化铝酸钙相化合，生成硫铝酸钙结晶或石膏结晶。这种结晶体的体积增大，产生膨胀压力，使混凝土受内应力作用而破坏。

对于钢筋混凝土基础或构件，一旦混凝土遭到破坏产生裂纹，则构件中的钢筋很快腐蚀。因此，在腐蚀严重的盐渍土地区，浇筑钢筋混凝土基础或构件时，应加入适量的钢筋防锈剂。

(二)盐渍土的融陷性

盐渍土的融陷性可用融陷系数作为评定的指标。融陷系数可由室内压缩试验和现场浸水载荷试验确定。其计算方法如下：

1. 室内压缩试验时

在一定压力 p 作用下，融陷系数：

$$\delta = \frac{h_p - h'_p}{h_0} \tag{9-18}$$

式中 h_0 ——原状试样的(原始)高度，cm；

h_p ——加压至 p 时，土样变形稳定后的高度，cm；

h'_p ——上述土样在维持压力 p，经浸水融陷待其变形稳定后的高度。

2. 现场浸水载荷试验时

按下式确定平均融陷系数：

$$\delta = \Delta_s / h \tag{9-19}$$

式中 Δ_s ——压力为 p 时浸水融陷过程中所测得盐渍土层的融陷量，cm；

h——压板下盐渍土的湿润深度，cm。

上述两种方法所采用的压力 p，一般应按试验土层实际的设计平均压力取值，但有时为方便起见，也可取为 200 kPa。当 $\delta < 0.01$ 时，盐渍土为非融陷性；当 $\delta \geqslant 0.01$ 时则为融陷性盐渍土。

三、相关案例

包兰铁路惠农至兰州段线路是京兰通道的重要组成部分，是西北地区与华北地区客货交流的主要通道之一。起点包头，途经宁夏回族自治区石嘴山市、银川市、吴忠市、中卫市，而后进入甘肃省白银市、兰州市，终至兰州东站，全长 457.18 km。其中，惠农至中卫段属于既有线，中卫至兰州段属于新线。

地质勘察结果表明，该线路惠农至中卫段沿线普遍存在盐渍土分布，对未来铁路的路基会产生很大危害。

1. 包兰铁路惠农至中卫段盐渍土成因分析

(1)地质条件

根据地质调查分析，包兰铁路惠农至中卫段沿线经过的地貌单元分为黄河冲积平原及河谷区、山前及山间冲洪积平原区、低缓丘陵区、黄土梁赤区及低中山区。沿线出露的地层主要有第四系、上第三系、白垩系、侏罗系、三叠系、二叠系、石灰系、泥盆系、寒武系、震旦系等地层。其中影响盐渍土分布及特征的主要是第四系的地层。

本区第四系地层包括全新统、下更新统和上更新统，其中全新统地层由人工堆积层、冲积层、洪积层和残坡积层组成，岩性主要为粉质黏土、粉土、黏质黄土、砂质黄土、粉细砂、中砂、粗砂、圆砾土、碎石等。

(2)气象水文条件

该线路通过的地区主要属于中温带干旱和半干旱气候区，以干燥少雨，多风沙，夏季炎热，冬季寒冷，昼夜、四季温差大，降雨集中，蒸发强烈为特征。年平均气温 8.3℃～9.5℃，最冷月平均气温－15.8℃～6.1℃；年平均降水量 181.1～319.6 mm，年最大降水量 253.7～546.7 mm，雨季集中在 7、8、9 三个月，年平均蒸发量 1 457.7～2 109.9 mm；土壤最大冻结深度为 0.83～1.03 m。沿线主要河流包括黄河干流、宛川河、米粮川等，除黄河干流外沿线沟谷一般为季节性河沟。沿线局部地段分布有季节性或常年积水水塘，是由于地下水位埋藏较浅，局部低洼地带地下水溢出，加之地表排水不畅而形成。地下水类型主要包括第四系孔隙潜水和基岩裂隙水，分布于山前倾斜平原及黄河冲积平原阶地上，其补给来源为黄河河水、水渠渗漏、农田灌溉水及大气降水。

(3)研究区土壤盐渍化形成机制

研究表明，土壤盐渍化是地下水埋深较浅，地表蒸发强烈地区土壤中水盐运移结果的一种表现形式。主要受土壤类型、土壤质地、地下水埋深和气候条件等影响，且地下水位埋深浅以及地表强烈的蒸发作用是盐渍土形成最重要的因素。宁夏回族自治区属于西北干旱半干旱地区，其盐渍土的形成主要是自然条件和人为因素综合作用的结果。其中自然因素包括气候、土壤、地形和地下水等，人为因素主要包括引水灌溉和排水条件等，二者相互作用导致了地下水位的升降、水土中盐分的转移和分配状态。首先，该区的气候条件为土壤可溶性盐分的积累创造了基础条件；其次，研究区位于平坦、开阔的冲洪积平原内，山区降水和冰雪融水约有 35%～45%渗入地下，并与地表径流一起补给地下水，平原内低洼地区成为地表、地下水径流的汇水聚盐区。

根据取样测试分析，包兰铁路惠农至中卫段沿线盐渍土主要为不同强度的亚硫酸盐渍土，包括弱亚硫酸盐渍土，中亚硫酸盐渍土和强亚硫酸盐渍土，盐分多富集于表层，厚度 0.2 m 以上，其含盐量一般为 3%～10%，0.2 m 以下含盐量逐渐减少，一般在 1%以下，属中盐渍土场地。研究区水位一般为 0.5～3.0 m，为地表盐渍化的形成提供了必要条件，其侵蚀性研究表明，其矿化度高，水质较差，对混凝土有 H1～H3 级硫酸盐侵蚀及 L1～L2 级氯盐侵蚀。其中 K549＋500～K551＋500 段铁路线位于黄河冲积平原上，由于地势低洼，径流滞缓，地表蒸发强烈，毛细作用导致地下水不断向上补给，水分被蒸发，其携带盐分则逐渐在表层富集，导致地表发生盐渍化，多形成白色盐霜或 1～2 cm 厚的盐壳。

2. 盐渍土路基病害分析

盐渍土对路基有很大的破坏作用，主要表现为路基表层泛碱和表面板结现象、路基下沉、轨道变形等，这些对行车会造成很大的安全隐患。盐渍土之所以对路基有这么大的危害，主要是由于其特殊的工程性质，即盐胀性、溶陷性、冻胀和翻浆以及腐蚀性。

(1)盐胀性

盐胀现象主要形成于硫酸盐盐渍土地区。几种易溶盐中，硫酸盐的盐胀性最强，氯盐次之。硫酸盐溶解度受温度影响较大，当温度升高时，溶解度下降，晶体脱水变成粉末，体积变小，致使土体结构破坏后呈松软潮湿状态，地基强度降低。反之，当温度降低时，硫酸盐吸水结晶，体积增大，促使土体膨胀。

由于西北地区昼夜温差以及季节温差较大，表层土壤的温度随气温变化而变化，土壤中的硫酸盐反复膨胀和收缩，使路基而发生变形甚至破坏，包兰铁路在进行路基处理时应避免此病害的发生。

(2)溶陷性

盐渍土的含盐类型多为硫酸盐、碳酸盐和氯盐，这些盐类成为土壤颗粒之间胶结物的主要成分，其中钠盐和钾盐等属于易溶性盐类。干燥状态下它具有强度高、压缩性小的特点，但遇水后，可溶性盐类溶解，土体在荷载或自重作用下下沉，这就是盐渍土的溶陷性。其中，氯盐的溶陷性最大。溶陷性一般与含盐量、厚度及浸水程度有关，含盐量、厚度及浸水量越大，下沉量也越大。

通过室内试验和现场浸水试验可以确定出盐渍土的溶陷性系数，根据溶陷性系数大小可以对地基进行分级，选择相应的工程处理措施。

(3)冻胀和翻浆

冻胀主要发生在反复冻融地区，路基土沿着温度的降低方向生成了冰晶体形状的霜柱，对路基和土体结构造成破坏。一般来说，道路的中央部分冻胀量最大，沿着中心线的纵断面方向上容易产生纵向裂缝。影响盐渍土冻胀的因素主要包括土壤含水率、土体类型、含盐量和温度等。在温度＞－4℃时，盐渍土的冻胀率变化最大；当温度＜－4℃后，冻胀率几乎稳定在一定数值范围内。盐渍土的冻胀率还随含水率的增大而增大，随易溶盐含量的增加而降低。

翻浆主要是指在寒冷地区天暖解冻时，路面下的冻土开始融化，使路基土层饱水软化，在行车作用下造成路面破裂，从裂缝中冒出泥浆的现象。这种翻浆也称为冻融翻浆，是季节性冰冻地区的主要病害之一。它主要受盐渍土类型、温度、水以及荷载等因素控制，且土体冻胀的发生会促进翻浆现象的发生。

(4)腐蚀性

盐渍土的腐蚀性包括物理腐蚀、化学腐蚀和电化学腐蚀。盐渍土中 $NaCl$、Na_2SO_4、等盐类的腐蚀作用能导致混凝土构造物、金属物等道路设施产生疏松等损坏。在潮湿或多雨的季节，地表的部分易溶盐由于降雨的溶解随水下渗，形成对路基的溶蚀现象。

3. 防治措施

盐渍土的存在会对铁路路基的完整性和安全性造成很大的破坏，如路基变形，表面松胀，部分路基板结、下沉，甚至导致轨道的几何形状发生变化，严重影响行车安全。所以在铁路设计施工前，应该结合沿线实际的盐渍土特征及分布情况采取必要的防治措施，避免路基病害的发生。根据已往的盐渍土路基病害防治办法，结合包兰铁路沿线盐渍土的特征，提出以下防治措施。

(1)设置隔离层。包括设置砂石材料隔离层和土工布隔离层，其主要目的是切断毛细水上升的通道。其中砂石材料隔离层还可以提高路基的整体强度控制路基的不均匀变形，其厚度可根据相应的规范进行计算；土工布隔离层则要求土工布对硫酸盐、氯盐等盐类有长期的抗腐蚀性。根据使用位置及目的，确定最优化的渗透系数、顶破系数、耐冻性和耐老化性等参数和性能的具体要求。

(2)提高路基。路基的提高高度，应结合防治措施及排水设计综合考虑。排水不良的过湿地带，路基最小高度不应小于有关盐渍土地区路基最小高度的相关规定。

(3)加固路基结构。即通过增强铁路路基的整体强度和稳定性来保持路基处于良好状态，具体办法包括强夯、设半刚性基层、挤密桩加固地基等。如在原土路基上打入间距较密的砂砾桩，将原土地基挤密，不仅可以防止土体因冻胀和盐胀而松散和垮塌，而且还可以提高路基对上部荷载的承载力。

(4)去除盐分。即通过去除或改变盐分特征来达到治理盐渍土病害的目的，具体办法包括换填法和浸水预溶法。换填法是把路基范围内的强盐渍土用好的土壤或其他材料替换掉；浸水预溶法是在进行工程施工之前，通过水浸地基，把上部地基中的易溶盐溶解渗流到较深层的土中，从而达到改良盐渍土地基的效果。此外，化学固化作用也非常重要，但是对于强硫酸盐盐渍土，当其中含有活性铝时，活性铝与固化剂中的氢氧化钙迅速反应生成钙矾石而导致固化土膨胀破坏，减少固化剂中的水泥含量及进行二次碾压有利于减小固化土孔隙率，可有效提高改良土的强度和耐久性。

学习项目 5 冻 土

一、引出案例

我国冻土带主要分布在北纬 30°以北的广大地区，此线以南几乎不见冻土。西部川陕地区由于山脉地形屏障，北纬 33°以南未出现过冻土现象。冻土最深的地方是在大兴安岭北部、新疆和青藏高原。

大兴安岭多年冻土是高纬度古代冰川沉积残留物，是长期自然历史条件下的产物，并由于该地区纬度高，气候严寒而得以保存至今。多年冻土地区各种病害的发生原因，不论是气候环境的变迁，或是人为工程活动的干扰破坏，一旦打破或改变了多年冻土生存的自然条件，就必然导致多年冻土的退化，这是人们难以避免和控制的。

关键的是冻土在冻结、融化时具有特殊的物理、力学性质变化。土壤冻结时最重要的物理过程是水分的迁移和重分布，而冻土融化时最重要的是物理力学变化是结构、强度的急剧衰减。从而在冻融循环中不断地改变着土层的形态结构和物理力学性质，导致工程建筑物基础的反复变化与破坏。冻土是一种特殊的、低温易变的自然体，会给各类工程造成冻胀和融沉的问题。在寒季，冻土像冰一样冻结，并且随着温度的降低体积发生膨胀，建在上面的路基和钢轨就会被膨胀的冻土顶得凸起；到了夏季，冻土融化体积缩小，路基和钢轨又会随之凹下去。冻土的冻结和融化反复交替地出现，路基就会翻浆、冒泥，钢轨出现波浪形高低起伏，对铁路运营安全造成威胁。

二、相关理论知识

（一）冻土及冻土类别

凡温度等于或低于 0℃且含有冰的土，称为冻土。其类别有：

（1）季节性冻土。又称融冻层，只在冬季气温降至 0℃以下才冻结，春季气温上升而融化，因此冻土的深度不大。我国华北、东北与西北大部分地区为此类冻土。

（2）多年冻土。指当地气温连续三年保持在 0℃以下并含有冰的土层。这种冻土很厚，常年不融化，具有特殊的性质。当温度条件改变时，其物理力学性质随之改变，并产生冻胀、融陷、热融滑塌等现象。

（二）冻土的冻胀性指标

1. 冻胀量

土在冰冻过程中的相对体积膨胀称为冻胀量，以小数表示，按下式计算：

$$V_P = \frac{\gamma_r - \gamma_d}{\gamma_r} \tag{9-20}$$

式中 V_p——冻胀量；

γ_r 、γ_d ——冻土融化后和融化前的干重度，kN/m^3。

根据冻胀量的大小，可将冻土分为三类：$V_p<0$，为不冻胀土；$0\leqslant V_p\leqslant 0.22$，为弱冻胀土；$V_p>0.22$，为冻胀土。

2. 融陷系数

冻土在融化过程中，在无外荷载条件下所产生的沉降，称为融化下沉或融陷。融陷的

大小常用融陷系数 A_0 表示。其表达式为

$$A_0 = \frac{\Delta h}{h} \tag{9-21}$$

式中 A_0 ——融陷系数,%;

Δh ——融陷量,mm;

h ——融化层厚度,mm。

融陷量 Δh 可由下式计算:

$$\Delta h = \frac{e_1 - e_2}{1 + e_1} \tag{9-22}$$

式中 e_1 ——冻土融化前的孔隙比;

e_2 ——冻土起始融沉孔隙比。

3. 融化压缩系数

冻土融化后,在外荷载作用下产生的压缩变形称为融化压缩,一般用融化压缩系数 a_0 表示。其表达式为:

$$a_0 = \frac{\dfrac{s_2 - s_1}{h}}{p_2 - p_1} \tag{9-22}$$

式中 a_0 ——融化压缩系数,MPa^{-1};

p_1、p_2——分级荷载,MPa;

s_1、s_2——相应于 p_1、p_2 载下的稳定下沉量,mm;

h——试件高度,mm。

融陷系数和融化压缩系数在无试验资料时可查表 9-15 和表 9-16。

表 9-10 冻结黏性土、粉土融陷系数和触陷压缩系数参考值

表 9-10　冻结黏性土、粉土融陷系数和融陷压缩系数参考值

冻土总含水率 w(%)	$\leqslant w_p$	$w_p \sim w_p+7$	$w_p+7 \sim w_p+15$	$w_p+15 \sim 50$	50～60	60～80	80～100
A_0(%)	<2	2～5	5～10	10～20	20～30	30～40	>40
a_0(MPa^{-1})	<01	0.1～0.2	0.2～0.3	0.3～0.4	0.4～0.5	0.5～0.6	0.6～0.7

表 9-11 冻结砂类土、碎石类土融陷系数和融化压缩系数参考值

表 9-11　冻结砂类土、碎石类土融陷系数和融化压缩系数参考值

冻土总含水率 w(%)	<10	10～15	15～20	20～25	25～30	30～35	>35
A_0(%)	0	0～3	3～6	6～10	10～15	15～20	>20
a_0(MPa^{-1})	0	0～0.1	0.1	0.2	0.3	0.4	0.5

(三)冻 胀 力

土在冻结时由于体积膨胀对基础产生的作用力称为土的冻胀力。冻胀力按其作用方向可分为作用在基础底面的法向冻胀力和作用在侧面的切向冻胀力。

法向冻胀力一般都很大,非建筑物自重所能克服的,所以一般要求基础埋深在冻结深度以下或采取相应的消除措施。切向冻胀力可在建筑物使用条件下通过现场试验或室内试验求得,也可根据经验查表 9-12 确定。

表 9-12　土冻结时对混凝土基础的切向冻胀力

黏性土	液性指数 I_L	$I_L \leqslant 0$	$0 I_L \leqslant 0.5$	$0 < I_L \leqslant 1$	$I_L > 1$
	切向冻胀力(kPa)	<50	50～100	100～150	150～250
砂土、碎石土	总含水率 w(%)	$w \leqslant 12$	$12 < w \leqslant 18$	$w > 18$	
	切向冻胀力(kPa)	<40	40～80	80～160	

我国多年冻土地区，建筑物基底融化深度 3 m 左右，所以对多年冻土融陷性分级评价也按 3 m 考虑，根据计算融陷量及融陷系数对冻土的融陷性分为 5 级。

(1) Ⅰ级为少冰冻土(不融陷土)。为基岩以外最好的地基土，一般建筑可不考虑冻融问题。

(2) Ⅱ级为多冰冻土(弱融陷土)。为多年冻土中较良好的地基土，一般可直接作为建筑物的地基，当最大融化深度控制在 3 m 以内时，建筑物均未遭受明显破坏。

(3) Ⅲ级为富冰冻土(中融陷土)。这类土不但有较大的融陷量和压缩量，而且在冬天回冻时有较大的冻胀性，作为地基，一般应采取专门处理措施，如深基础、保温及防止基底融化等。

(4) Ⅳ级为饱冰冻土(强融陷土)。作为天然地基时，由于融陷量大，常造成建筑物的严重破坏。这类土作为建筑物地基时，原则上不允许发生融化，宜采用保持冻结设计原则，或采用桩基础、架空基础等。

(5) Ⅴ级为含土冰层(极融陷土)。这类土含有大量的冰，当直接作为地基时，若发生融化将产生严重融陷，造成建筑物极大破坏。如受长期荷载将产生流变作用，所以作为地基应专门处理。

(四)防止建筑物冻害的措施

(1)换填法。用粗砂、砾石等不冻胀材料填筑在基础底下。

(2)物理化学法。土中加入无机盐等降低冰点温度，加入憎水剂减小地基的含水率，加入有机化合物改善土颗粒聚集或分散性等。

(3)保温法。在建筑物基础底部或四周设隔热层，增大热阻，推迟土的冻结，提高土温，降低冻深。

(4)排水隔水法，建筑物周围设排水沟，防止雨水渗入地基土中，同时在基础的两侧与底部填砂石料，并设排水管将入渗水排除。

(5)结构措施。采用深基础、锚固式基础、架空通风基础等。

(五)成套冻土工程措施

通过大量试验研究和理论分析，对冻土在外界条件下的变化过程及对路基变形的影响规律有新的认识。针对不同冻土条件，创新出一整套多年冻土工程措施：

(1)片石气冷措施

片石气冷路基是在路基垫层之上设置一定厚度和孔隙度的片石层，因片石层上下界面间存在温度梯度，引起片石层内空气的对流，热交换作用以对流为主导，利用高原冻土区负积温量值大于正积温量值的气候特点，加快路基基底地层的散热，取得降低地温、保护冻土的效果。通过室内模拟试验和试验段工程测试分析，探索出片石气冷路基的合理结构形式、设计参数和施工工艺。确定路基垫层厚度不小于 0.3 m，片石层设计厚度不小于 1 m，一般可在 1.5 m，粒径 0.2～0.4 m，强度不小于 30 MPa，片石层上铺厚度不小于 0.3 m 的碎石层，并加设工布。这一措施已在沿线 117 km 的高温不稳定冻土区加以应用。经三个冻融循环的观测分析，起到了降低路基基底地温和增加地层冷储量的作用，路基沉降变形明显减小并基本趋于稳定。这是主动降温、保护冻土的一种有效工程措施。

(2)碎石(片石)护坡(或护道)措施

在路基一侧或两侧堆填碎石或片石，形成护坡或护道。碎石(片石)护坡孔隙内的空气在一定温度梯度的作用下产生对流，寒季碎石(片石)内空气对流换热作用强烈，有利于地层散热，暖季碎石(片石)内空气对流作用减弱，对热量的传入产生屏蔽作用，从而增强了地层寒季的散热，减少了暖季的传热，达到了降低地温、保护冻土的效果。深入研究碎石(片石)护坡和护道的作用机理，确定了能够保持或抬高多年冻土上限的最佳厚度和粒径。实测表明，厚度 1.0～1.5 m 的碎石(片石)护坡都具有很好的降温效果。通过改变路基阴阳坡面上的护坡厚度，阳坡面厚度 1.6 m，阴坡面厚度 0.8 m，可调节路基基底地温场的不均衡性。这项措施对解决多年冻土区路基不均匀变形具有重要作用。

(3)通风管措施

在路基内横向埋设水平通风管，冬季冷空气在管内对流，加强了路基填土的散热，降低基底地温，提高冻土的稳定性。青藏铁路使用钢筋混凝土管和 PVC 管。现场试验研究表明，通风管宜设置在路基下部，距地表不小于 0.7 m，其净距一般不超过 1.0 m，管径为 0.3～0.4 m。通风管的降温效果受管径、风向及管内积雪、积沙的影响，特别是夏季热空气在管内的对流对冻土有负面影响。为解决这一问题，现场做了在管口设置自动控制风门的试验。当外界气温低时风门开启，以利冷空气进入管内；当外界气温高时风门关闭，以防热空气进入管内。

(4)热棒措施

热棒是利用管内介质的气液两相转换，依靠冷凝器与蒸发器之间的温差，通过对流循环来实现热量传导的系统。当大气温度低于冻土地温时，热棒自动开始工作，当大气温度高于冻土地温，热棒自动停止工作，不会将大气中的热量带入地基。我们针对青藏铁路多年冻土特性，在工程实践中对采用热棒措施进行试验，研究了符合实际的热棒工作参数。青藏铁路有 32km 路基采用了热棒措施，收到了基底地温降低、冻土上限上升的良好效果。

(5)遮阳棚措施

在路基上部或边坡设置遮阳棚，可有效减少太阳辐射对路基的影响，减少传入冻土地基的热量。我们在风火山试验基础上，又在唐古拉山越岭地段设置了一处钢结构遮阳棚。现场测试表明，遮阳棚效果明显，降低了路基基底的地温，提高了多年冻土的稳定性。这种措施可在一定条件下使用。

(6)隔热保温措施

当路基高度达不到最小设计高度时，为减少地表热量向地基传递，采用挤塑聚苯乙烯等隔热材料，可起到当量路基填土高度同样的保温效果。实践表明，路基工程宜在地表以上 0.5 m 处铺设隔热材料，铺设时间选择在寒季末为好。隔热保温层在暖季减少了向地基传递的热量，但在冬季也减少了向地基传递的冷量，属于被动型保温措施。所以，青藏铁路仅在低路堤和部分路堑采用。

(7)基底换填措施

为避免和减轻多年冻土对路基稳定的影响，在挖方地段或填土厚度达不到最小设计高度……基底采用了换填粗粒土措施，防止冻胀融沉，确保路基稳定。当基底为高含冰量冻土层时，换填厚度为 1.3～1.4 倍天然上限深度。为防止地表水下渗，换填时设置了复合土工膜防渗层。

(8)路基排水措施

研究和实践都证明，水是冻土病害的最大根源。排水不良将造成多年冻土路基严重病害。青藏铁路设计统筹考虑了多年冻土区的防排水措施。合理布设桥涵，设置挡水埝、排水沟、截水沟等工程，以保证排水畅通。防止路基两侧积水造成冻融变形或引发不良冻土现象。

(9)合理路基高度措施

在低温多年冻土区，路基设计高度应在合理范围内。路基达到一定填筑高度后，在一定的气温、地温条件下多年冻土上限可以保持基本稳定。但随着路基高度增加，边坡受热面增大，由边坡传入地基的热量增加，太高的路基不利于稳定。根据不同的地温分区，多年冻土路基合理设计高度为 2.5～5.0 m。若不能满足这个条件时，需采取其他工程措施。

(10)路桥过渡段措施

为减少多年冻土区路桥过渡段的不均匀沉降，台后不小于 20 m 范围内，按倒梯形分层填筑卵砾石土或碎砾石土，分层碾压夯实。桥台基坑采用碎石分层填筑压实，其上填筑片石、碎石、碎石土。经工程列车运营检测，没有发现明显的变形，路桥过渡段处于稳定状态。

(11)桥涵基础措施

为减少桥梁工程施工对多年冻土的扰动，我们对冻土区桥梁钻孔灌注桩、钻孔打入桩和钻孔插入桩等三种桩基形式开展了现场对比试验。钻孔打入桩在冻土层中打入困难，钻孔插入桩桩周围回填质量难以控制。钻孔灌注桩具有承载力大、抗冻拔能力强的明确优点。在使用旋挖钻机施工速度快、质量好、对冻土扰动小，因此在全线绝大多数非坚硬岩石地基的桥梁都采用了旋挖钻机成孔的灌注桩基础。对涵洞工程进行研究比较后，选用了矩形拼装式钢筋混凝土结构。这种涵洞采用明挖基坑拼装或混凝土基础，在寒季施工对冻土的热扰动小，基底冻土回冻时间短，易于控制施工质量。

在不宜修筑路基的厚层地下冰地段、不良冻土现象发育地段及地质复杂的高含冰量冻土地段，采取了修筑双柱式桥墩，以小跨度钢筋混凝土桥梁通过。在 550 km 的多年冻土地段共修建桥梁 120 km。其作用有三：减少对冻土的扰动，具有遮阳作用，可兼作动物通道。沿线冻土区车站站房采用桩基架空方式，电力塔架采用了钻孔插入桩基础。

对不同设计方案研究比选，确定了合理的孔跨和桥式方案，采用钻孔灌注桩基础和双柱式桥墩，经过 2～3 个冻融循环的考验，证明效果良好，受到国内外冻土专家的很高评价。

(12)隧道结构措施

在多年冻土区昆仑山、风火山隧道施工中，充分考虑冻融作用对隧道结构的影响，控制隧道开挖施工的环境温度，减少围岩冻融圈范围。采用合理的衬砌断面形式和钢筋混凝土衬砌结构，设置隔热保温层，减少围岩的热交换，减轻冻胀作用对衬砌的影响。按寒区隧道特点设置防排水系统，有效防止地下水的危害。昆仑山、风火山隧道结构安全可靠。

针对不同特点的冻土地段综合采用以上工程措施，取得了良好效果。经过 3 个冻融循环的沉降观测，多年冻土区地基冻土上限抬升 0.5～1.0 m 以上，冻土路基下界面负积温增加，地温降低；路基工后沉降量一般小于 2 cm。已建成的路基、桥涵和隧道工程结构稳定，没有出现明显的冻胀和融沉现象，铁路修建没有引发冻胀丘、热融滑塌等次生不良冻土地质灾害。冻土地段线路平顺，安全可靠，货运列车在多年冻土区运行平稳，运行速度达到 100 km/h 的设计速度。

三、相关案例

多年冻土、高寒缺氧、生态脆弱是青藏铁路建设中无法回避的三大难题，其中多年冻土尤为关键，冻土虽然在加拿大、俄罗斯等国家也存在，但他们是属高纬度冻土，比较稳定。而青藏铁路纬度低，海拔高，日照强烈，加上青藏高原构造运动频繁，且这里的多年冻土具有地温高、厚度薄等特点，其复杂性和独特性举世无双。青藏铁路有 111 km 线路铺设了一种特殊的路基，即在土路堤底部填筑一定厚度片石，上面再铺筑土层的路基。这种多孔隙的片石层通风路基为国内首创。它是效果较佳的保护冻土措施，好似散热排风扇，冬季从路堤及地基中排除热量，夏季较少吸收热量，起到冷却作用，能降低地基土温度 0.5 摄氏度以上。

全长 11.7 km 的青藏铁路清水河特大桥横架在可可西里冻土区，它是一种以桥代路的保护冻土措施，铁轨飞架而过可以不惊扰冻土。青藏铁路中这种以桥代路桥梁达 156.7 km，占多年冻土地段的四分之一。如此大规模采取以桥代路措施，在世界上也是首次。

此外，青藏铁路有的冻土路基两旁插有一排排直径约 15 cm、高约 2 m 的铁棒，这就是热棒。它是一种高效热导装置，具有独特的单向传热性能：热量只能从地面下端向地面上端传输，反向不能传热，可以说是一种不需动力的天然制冷机，大规模使用热棒可以保持多年冻土处于良好冻结状态。

青藏铁路建设中创造性地采取了解决冻土施工难题的相应对策：对于不良冻土现象发育地段，线路尽量绕避；对于高温极不稳定冻土区的高含冰量地质，采取以桥代路的办法；在施工中采用热棒、片石通风路基、铺设保温板、遮阳篷结构等多项设施，提高冻土路基的稳定性，堪称集世界冻土工程措施于一身。才使得运行在青藏铁路上的列车时速达 120 km。

青藏铁路格尔木至拉萨段，是目前全球穿越永久性冻土地带最长的高原铁路，这条铁路处于多年冻土区的线路长达 550 km。

【思考与练习题】

一、填 空 题

1. 根据地质成因，可把土划分为____、____、____、____、____、____和____、____等。按堆积年代的不同，土可分为____、____和____。

2. 分布在中国范围内的黄土，从早更新世开始堆积经历了整个____纪，目前还未结束。形成于早更新世(Q_1)的午城黄土和中更新世(Q_2)的离石黄土，称为____；晚更新世(Q_3)形成的马兰黄土及全新世下部的次生黄土，称为____；全新世上部及近几十年至近百年形成的最新黄土，称为新近堆积黄土。

3. 湿陷性黄土又可分为____和____。

4. 软土并非指某一特定的土，而是一类土的总称，一般包括____、____、____、____和____等。

5. 冻土根据其冻结时间分为____冻土和____冻土两种。

二、名词解释

1. 碎石土 2. 砂土 3. 粉土 4. 黏性土 5. 人工填土 6. 黄土 7. 黄土的湿陷性 8. 软土 9. 膨胀土 10. 冻土

三、简 答 题

1. 土的分类方式有哪几种?
2. 我国特殊土主要有哪几种? 它们各自最突出的工程地质问题是什么?
3. 什么是黄土? 黄土的基本特征有哪些?
4. 防治黄土湿陷的工程措施有哪些?
5. 软土工程性质的特征有哪些?
6. 常见的软土地基的加固措施有哪几种?
7. 膨胀土的工程性质有哪些?
8. 为防止冻害,建筑的地基可采取哪些处理措施?

四、论 述 题

如何理解黄土、膨胀土、软土和冻土的工程地质应用中的排水问题?

参 考 文 献

[1] 刘春原. 工程土质学[M]. 北京:中国建材工业出版社,2000.
[2] 窦明建. 公路工程地质[M]. 3 版. 北京:人民交通出版社,2003.
[3] 戚筱俊. 工程土质水文地质[M]. 2 版. 北京:中国水利水电出版社,1999.
[4] 华南农业大学. 地质学基础[M]. 2 版. 北京. 中国农业出版社,1999.
[5] 麻效祯. 地下水开开发与利用[M]. 北京:中国水利水电出版社,1999.
[6] 崔冠英. 水利工程地质[M]. 北京:中国水利水电出版社,1999.
[7] 王大纯,张人权,史毅虹等. 水文地质学基础[M]. 北京:地质出版社,2003.
[8] 许兆义,王连俊,杨成永等. 工程地质基础[M]. 北京:中国铁道出版社,2003.
[9] 盛海洋. 工程地质与桥涵水文[M]. 北京:机械工业出版社,2006.
[10] 左建,温庆博等. 工程地质及水文地质[M]. 北京:中国水利水电出版社,2004.
[11] 王启亮,盛海洋。工程土质[M]. 郑州:黄河水利出版社,2007.
[12] 巫朝新,车爱华,叶火炎等. 工程土质与土力学[M]. 北京:中国水利水电出版社 2005.
[13] 刘福臣,成自勇,崔自治等. 土力学[M]. 北京中国水利水电出版社,2005.
[14] 赵明华. 土力学与基础工程[M]. 武汉:武汉工业大学出版社,2000.
[15] 华南理工大学,东南大学,浙江大学,等. 地质及基础[M],第 3 版. 北京:中国建筑工业出版社,1998.
[16] 吴湘兴. 建筑地基基础[M]. 广州:华南理工大学出版社,1997.
[17] 高大钊. 土力学与基础工程[M]. 北京:中国建筑工业出版社,1998.
[18] 卢延浩. 土力学[M]. 南京:河海大学出版社,2002.
[19] 赵树德等. 土力学[M]. 北京:高等教育出版社,2001.
[20] 陈希哲. 土力学地基基础[M],第 3 版. 北京:清华大学出版社,1998.
[21] 杨小平. 土力学[M]. 广州:华南理工大学出版社,2001.
[22] 冯国栋. 土力学[M]. 北京:中国水利水电出版社,1986.
[23] 赵成刚. 土力学原理[M]. 北京:清华大学出版社,2004.
[24] 务新超. 土力学[M]. 郑州:黄河水利出版社,2003.
[25] 中华人民共和国建设部. GB 50007－2011 建筑地基基础设计规范[S]. 北京:中国建筑工业出版社,2012.
[26] 中国建筑科学研究院. JGJ 79－2012 建筑地基处理技术规范[S]. 北京:中国建筑工业出版社,2012.
[27] 中华人民共和国水利部. SL 237－1999 土工试验规程[S]. 北京:中国水利水电出版社,1999.
[28] 国家质量技术监督局,中华人民共和国建设部. GB/T 50123－1999 土工试验方法标准[S]. 北京:中国计划出版社,1999.
[29] 中华人民共和国住房和城乡建设部,中华人民共和国国家质量监督检验检疫总局. GB 50011－2010 建筑抗震设计规范[S]. 北京:中国建筑工业出版社,2010.
[30] 中华人民共和国住房和城乡建设部,中华人民共和国国家质量监督检验检疫总局. GB 50112－2013 膨胀土地区建筑技术规范[S]. 北京:中国建筑工业出版社,2013.
[31] 中华人民共和国建设部,中华人民共和国国家质量监督检验检疫总局. GB 50025－2004 湿陷性黄土地区建筑规范[S]. 北京:中国建筑工业出版社,2004.

[32] 中华人民共和国建设部,中华人民共和国国家质量监督检验检疫总局. GB 50021－2001 岩土工程勘察规范[S]. 北京:中国建筑工业出版社,2009.
[33] 中华人民共和国住房和城乡建设部,中华人民共和国国家质量监督检验检疫总局. SL 203－97 水工建筑物抗震设计规范[S]. 北京:中国水利水电出版社,1997.
[34] 中华人民共和国住房和城乡建设部,中华人民共和国国家质量监督检验检疫总局. GB 50487－2008 水利水电工程地质勘察规范[S]. 北京:中国计划出版社,1999.
[35] 中华人民共和国住房和城乡建设部,中华人民共和国国家质量监督检验检疫总局. SL 274－2001 碾压式土石坝设计规范[S]. 北京:中国水利水电出版社,2002.
[36] 宋继伟,"两钻取芯"技术在凝灰岩地层中的应用[J]. 湖北:西部探矿工程,2007(9).
[37] 蒋关鲁,王海龙,李安洪,高速铁路路基基地应力计算方法研究[J]. 铁道建筑,2009(4).
[38] 仲崇辉,王利民,高速铁路路基沉降观测的技术要求分析[J]. 山西建筑,2011.
[39] 卿三惠,西南铁路工程地质研究与实践[M]. 北京:中国铁道出版社,2009.
[40] 高勤运,汶川大地震对拟建兰渝铁路地质环境的影响分析[J]. 西安. 铁道工程报. 2008.
[41] 冯涛,武广高速铁路风化花岗岩微观变化特征研究[J]. 成都大学学报. 2009.
[42] 储成伍,外福线 K145－K172 路堤渗透破坏成因及整治措施探讨[J]. 铁道建筑. 1996(10).
[43] 铁道部第一勘测设计院,铁路工程地质手册[M]北京;中国铁道出版社,2011.
[44] 刘福臣,杨绍平. 工程地质与土力学[M]. 郑州:黄河水利出版社,2011.